Schnittpunkt 9

Mathematik

Rainer Maroska
Achim Olpp
Rainer Pongs
Claus Stöckle
Hartmut Wellstein
Heiko Wontroba

bearbeitet von
Martina Backhaus
Ilona Bernhard
Petra Kassel
Manfred Palte

Ernst Klett Verlag
Stuttgart · Leipzig

Schnittpunkt 9, Mathematik

Begleitmaterial:
Lösungsheft (ISBN 978-3-12-742393-8)
Arbeitsheft mit Lösungen (ISBN 978-3-12-742396-9)
Arbeitsheft mit Lösungen inklusive Lernsoftware (ISBN 978-3-12-742395-0)
Schnittpunkt Kompakt, Klasse 5/6 (ISBN 978-3-12-740358-9)
Schnittpunkt Kompakt, Klasse 7/8 (ISBN 978-3-12-740378-7)
Schnittpunkt Kompakt, Klasse 9/10 (ISBN 978-3-12-740398-5)
Kompetenztest 3, Klasse 9/10 (ISBN 978-3-12-740407-4)
Formelsammlung (ISBN 978-3-12-740322-0)

1. Auflage 1 9 8 7 6 5 | **2016 15 14 13 12**

Alle Drucke dieser Auflage sind unverändert und können im Unterricht nebeneinander verwendet werden. Die letzten Zahlen bezeichnen jeweils die Auflage und das Jahr des Druckes.

Internetadresse: www.klett.de

Autoren: Rainer Maroska, Achim Olpp, Rainer Pongs, Claus Stöckle,
Prof. Dr. Hartmut Wellstein, Heiko Wontroba
bearbeitet von: Martina Backhaus, Ilona Bernhard, Petra Kassel, Manfred Palte
Redaktion: Annette Thomas, Beate Zachmann

Zeichnungen / Illustrationen: Uwe Alfer, Waldbreitbach
Umschlagfoto: Fotosearch Stock Photography, BrandXPictures

Reproduktion: Meyle + Müller, Medien-Management, Pforzheim
DTP / Satz: topset Computersatz, Nürtingen
Druck: Stürtz GmbH, Würzburg
Printed in Germany

ISBN 978-3-12-742391-4

9 783127 423914

Willkommen im Schnittpunkt

Liebe Schülerin, lieber Schüler,

der Schnittpunkt soll dich in diesem Schuljahr beim Lernen begleiten und unterstützen. Damit du dich jederzeit zurecht findest, wollen wir dir ein paar Hinweise geben.

Jedes neue Kapitel beginnt mit einer **Doppelseite**, auf der es viel zu entdecken und auszuprobieren gibt und auf der du nachlesen kannst, was du in diesem Kapitel lernen wirst. Innerhalb der Kapitel wirst du vor allem die **Aufgaben** bearbeiten – gemeinsam mit anderen oder allein.

Auf vielen Aufgabenseiten findest du immer wieder bunt hervorgehobene Kästen, die Verschiedenes bieten:

- Wichtige mathematische Methoden und Vorgehensweisen, die du immer wieder brauchen wirst.
- Informationen, Daten und Diagramme zu einem interessanten Thema sowie einige Fragestellungen, zu denen du Antworten und Fragen finden kannst.
- Den Anstoß zu einer ausführlichen Beschäftigung mit einem Thema, bei dem es einiges zu entdecken gibt.
- Wissenswertes aus alter Zeit.
- Schaufenster in die Mathematik mit Interessantem, Staunenswertem, mit Spielen, Bastelideen, Gedankenexperimenten und echten Knobelnüssen.

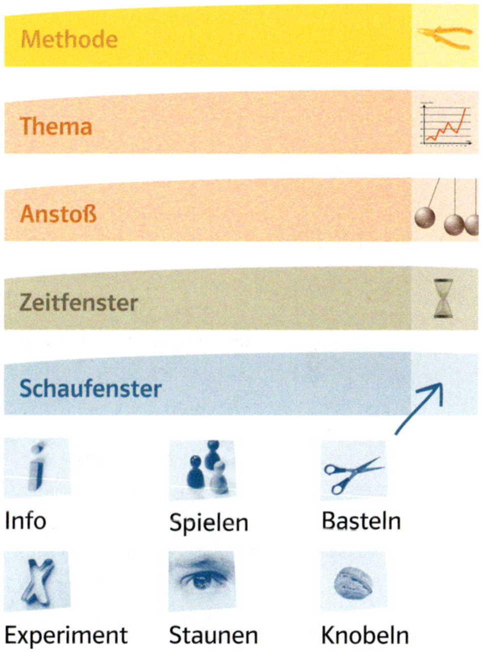

Am Ende jedes Kapitels findest du in der **Zusammenfassung** noch einmal alles, was du dazugelernt hast. Hier kannst du dich für die anstehenden Klassenarbeiten fit machen und jederzeit nachschlagen.

Unter **Üben • Anwenden • Nachdenken** sind Aufgaben zum Üben, Weiterdenken und Anknüpfen an früher Gelerntes zusammengestellt.
Die letzte Seite des Kapitels, der **Rückspiegel**, bietet dir eine Aufgabenauswahl, mit der du dein Wissen und Können testen kannst. Links findest du die leichteren, rechts die schwierigeren Aufgaben. Wenn du einen Aufgabentyp schon sehr gut beherrschst, kannst du nach rechts springen, wenn dir eine Art von Aufgaben noch Schwierigkeiten bereitet, wechselst du auf die linke Seite. Die Lösungen zu diesen Aufgaben findest du alle am Ende des Buches.
Nach dem letzten Kapitel kommt das **Bewerbungstraining**. Hier findest du Tipps und Übungsaufgaben, mit denen du dich auf Bewerbungstests vorbereiten kannst. Die Lösungen stehen ebenfalls am Ende des Buches.
Manche Aufgaben haben eine blaue Aufgabenziffer. Bei diesen musst du ein bisschen länger überlegen oder brauchst eine gute Idee.
Und jetzt wünschen wir dir viel Spaß und Erfolg!

Inhalt

[1] Diese Inhalte sind für Klasse 9 in Hessen nicht verbindlich.

[2] Diese Inhalte sind für Schleswig-Holstein nicht verbindlich.

Basiswissen | Binomische Formeln

Produkte, deren Faktoren aus Summen oder Differenzen mit gleichlautenden Summanden bestehen, können mithilfe der **binomischen Formeln** vorteilhaft ausmultipliziert werden.

$(a + b)^2 = a^2 + 2ab + b^2$ 1. binomische Formel
$(a - b)^2 = a^2 - 2ab + b^2$ 2. binomische Formel
$(a + b)(a - b) = a^2 - b^2$ 3. binomische Formel

Liegen binomische Terme als Summen- oder Differenzterme vor, lassen sie sich zu **Produkten** umformen (faktorisieren).

$x^2 + 2xy + y^2 = (x + y)^2$
$4x^2 - 4xy + y^2 = (2x - y)^2$
$9x^2 - y^2 = (3x + y)(3x - y)$

1 Wende die binomischen Formeln an.
a) $(y + z)^2$ b) $(u - v)^2$
c) $(s - t)^2$ d) $(c + d)(c - d)$
e) $(q + p)^2$ f) $(a + 2)^2$
g) $(g - h)(g + h)$ h) $(b + 3)(b - 3)$
i) $(5 - z)^2$

2 Berechne mithilfe der binomischen Formeln.
a) $(3a + 5b)^2$ b) $(9x + 11)(9x - 11)$
c) $(7x - 6y)^2$ d) $(10c + 13d)^2$
e) $(2{,}5u - 4v)^2$ f) $(15 - 4s)(15 + 4s)$

3 Wo steckt der Fehler?
Erkläre, was falsch gemacht wurde.
a) $(8x + 5y)^2 = 64x^2 + 40xy + 25y^2$
b) $(2a - 9b)^2 = 4a^2 - 36ab - 81b^2$
c) $(3x - 17)(3x + 17) = 9x^2 - 189$
d) $(12s + 7t)(12s - 7t) = 144s^2 + 49t^2$
e) $(x + 0{,}5y)^2 = x^2 + xy + 0{,}25y^2$

4 Ergänze.
a) $(2x + 3y)^2 = 4x^2 + \square + 9y^2$
b) $(11c + \square)^2 = 121c^2 + \square + 36d^2$
c) $(3z - \square)^2 = \square - 12y^2z + \square$
d) $(\square - 8m)^2 = \square - 48mn + 64m^2$
e) $(\square + \square)^2 = \square + ab + b^2$
f) $(\square - \square)^2 = \square - 16x^2y^2 + \square$

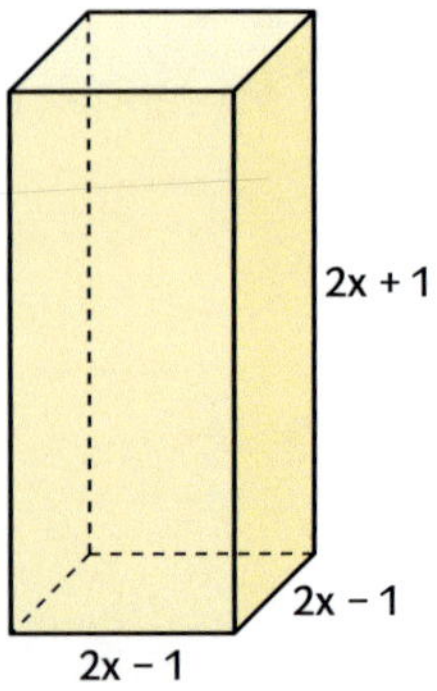

5 Vereinfache den Term.
Achte auf die Minusklammer.
a) $(a + b)^2 - (a - b)^2$
b) $(x + 4z)(x - 4z) - (x - 2z)^2$
c) $6p^2 - (5p - 6q)^2 + 5q^2$
d) $(2x - 3y)^2 + (4y - 3x)^2$
e) $(6u + 3v)^2 - (12u - 5v)(12u + 5v)$

6 Faktorisiere die Terme.
a) $25x^2 + 20xy + 4y^2$
b) $4p^2 - 8pq + 4q^2$
c) $9s^2 - 9t^2$
d) $36h^2 + 96gh + 64g^2$
e) $36z^2 - 1$
f) $4u^2 + v^2 + 4uv$

7 Mache den Binomtest.
Verändere den Term so, dass er mithilfe der binomischen Formeln faktorisiert werden kann.
a) $y^2 - 7y + 49$
b) $4n^2 + 16mn + 64m^2$
c) $x^2 + 6x + 6{,}25$
d) $16y^2 + 144xy + 81x^2$
e) $900x^2 - 600xy + 10y^2$

8 Klammere zunächst einen Faktor aus und faktorisiere anschließend.
a) $5a^2 - 5b^2$ b) $3a^2 + 6ab + 3b^2$
c) $2h^2 + 4hg + 2g^2$ d) $3uv^2 - 3uw^2$
e) $17x^2 + 34xy + 17y^2$ f) $26z^2 - 26$
g) $0{,}5x^2 + xy + 0{,}5y^2$ h) $72z^2 - 2$
i) $2abc + a^2b + bc^2$

9 Mithilfe der binomischen Formeln findest du die quadratische Ergänzung.
a) $x^2 + 10x + \square$ b) $x^2 - 6xy + \square$
c) $16m^2 - 72mn + \square$ d) $4n^2 + 32mn + \square$
e) $4n^2 + 2mn + \square$ f) $\square - 12n + 1$

10 Gib für die quadratische Säule einen möglichst einfachen Term an
a) für ihre Oberfläche.
b) für ihr Volumen.

Basiswissen | Gleichungen lösen

Um eine Gleichung zu lösen, führt man **Termumformungen** und **Äquivalenzumformungen** aus.

Termumformungen sind z. B. das Zusammenfassen gleichartiger Terme auf einer Seite einer Gleichung oder das Auflösen von Klammern.

Äquivalenzumformungen werden auf beiden Seiten der Gleichung ausgeführt:
- Addition oder Subtraktion desselben Terms
- Multiplikation mit derselben Zahl
- Division durch dieselbe Zahl (nicht 0!)

Mit der Probe, also dem Einsetzen der errechneten Lösung in die Ausgangsgleichung, kann kontrolliert werden, ob die Lösung richtig ist.

$$
\begin{aligned}
20x + 29 - 2x - 5 &= 5(2x + 8) & & \\
18x + 24 &= 10x + 40 & & |-10x \\
8x + 24 &= 40 & & |-24 \\
8x &= 16 & & |:8 \\
x &= 2 & &
\end{aligned}
$$

Probe:

linker Term	rechter Term
$20 \cdot 2 + 29 - 2 \cdot 2 - 5$	$5 \cdot (2 \cdot 2 + 8)$
$= 40 + 29 - 4 - 5$	$= 5 \cdot (4 + 8)$
$= 60$	$= 5 \cdot 12$
	$= 60$

1 Löse die Gleichung so weit wie möglich im Kopf.

a) $12x - 18 = 4x + 30$
b) $19x + 8 - 7x = 48 - 8x$
c) $29 - 17x = -18x + 30$
d) $34x - 27 + 8x = 50x - 87 - 2x$
e) $-x + 3x + 1 = -2x + 2 + 3x - 1$
f) $34 + 15x = 46 + 18x$

2 Löse die Gleichung und mache Proben.

a) $0{,}5x - 1 = 6$
b) $\frac{1}{3}x + 5 = 9$
c) $\frac{3}{4}x + \frac{7}{2} = \frac{1}{4}x + 6$
d) $\frac{5}{8}x - \frac{1}{4} = 1$
e) $1{,}5x + 8 = 6 - 0{,}5x$
f) $9{,}6x + 3 - 2{,}4x = -0{,}8x + 19$

3 Löse zuerst die Klammern auf, bevor du die Gleichung löst.

a) $6 \cdot (3x + 4) = 5 \cdot (2x + 8)$
b) $-12x + 4 \cdot (x - 9) = 3 \cdot (2 - 5x)$
c) $y + 2 \cdot (7 - y) - 5 = 13 \cdot (y - 9)$
d) $4 \cdot (y - 11) = 11 \cdot (y - 4)$
e) $3 \cdot (6 - u) + 4 \cdot (2u + 5) = 3 \cdot (u - 8)$

4 Die drei Schwierigen!

a) $\frac{1}{3}x + \frac{1}{2} \cdot (4 - 2x) = \frac{7}{6} + x$
b) $6 \cdot (5 + 6y) = \frac{3}{2} \cdot (9 + 21y) + 13{,}5$
c) $2 \cdot (1 + z) + 3 \cdot (7 - z) - 4 \cdot (2z - 1) - (6 - 12z) = 0$

5 Löse die Gleichung.

a) $(2x - 1)^2 + 40 = 4x^2 + 5$
b) $x^2 - (x - 2)^2 = 16$
c) $(x + 1)^2 + 2 = x(x - 1)$
d) $(x - 2)^2 + 95 = (x - 3)^2$
e) $(x - 1)(x + 2) + 4 = (x - 3)^2$
f) $(x - 4)(x + 4) = x^2 + 2(x - 3)$
g) $\left(x - \frac{2}{3}\right)^2 - \left(x + \frac{1}{3}\right)^2 = -\frac{2}{3}$

6 Die Lösungen ergeben ein Lösungswort. Ordne die Lösungen richtig zu.

a) $2 + (2x - 1)^2 = (1 + x)(4x - 3)$
b) $(3x - 2)^2 = (3x - 1)(1 + 3x) - 7$
c) $(9 - x)(9 + x) + 3x - 7 = -(x + 1)^2$
d) $3(x + 2)^2 + x + 2 = 3(x + 2)(x - 2)$
e) $2x^2 - 4 = (x + 2)^2 + (x - 4)(x + 4)$
f) $(x - 2)(x^2 + 2) - 2x^3 + x(x + 1)^2 = 0$

7 Stelle die Formel nach den in Klammern angegebenen Variablen um.

a) Rechteckumfang: $u = 2a + 2b$ [a]
b) Mittelwert: $m = \frac{a + b}{2}$ [b]
c) Trapezfläche: $A = \frac{a + c}{2} \cdot h$ [a; h]
d) Quaderoberfläche: $O = 2(ab + ac + bc)$ [b]

Basiswissen | Umfang und Flächeninhalt

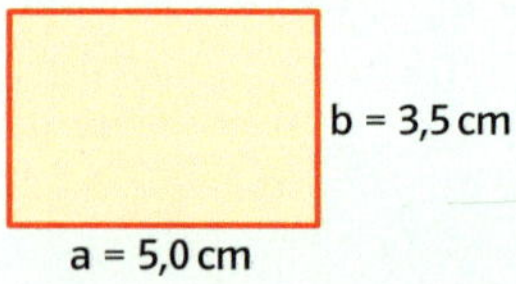

$u = 2 \cdot (a + b)$
$u = 2 \cdot (5{,}0 + 3{,}5)\,\text{cm}$
$u = 17{,}0\,\text{cm}$

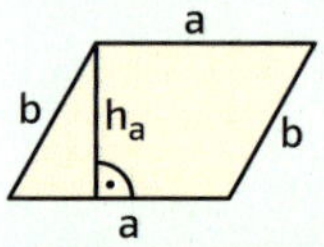

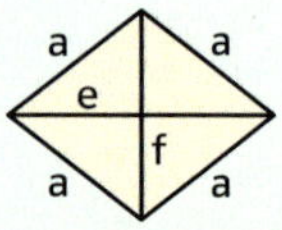

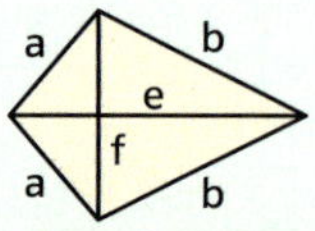

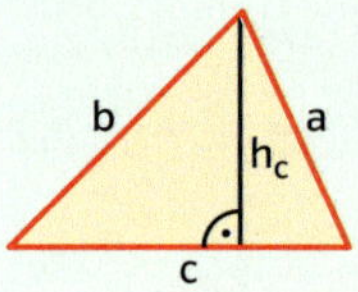

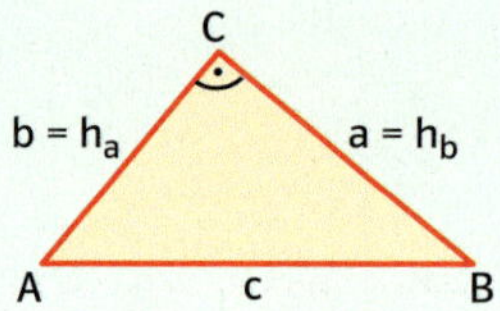

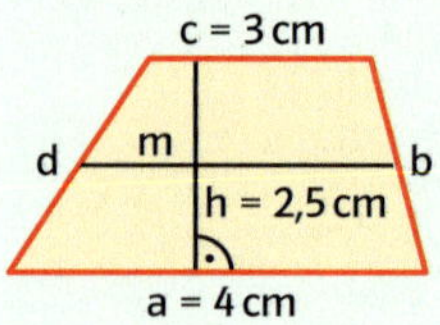

$A = \frac{1}{2} \cdot (a + c) \cdot h$
$A = \frac{1}{2} \cdot (4 + 3) \cdot 2{,}5\,\text{cm}^2$
$A = 8{,}75\,\text{cm}^2$

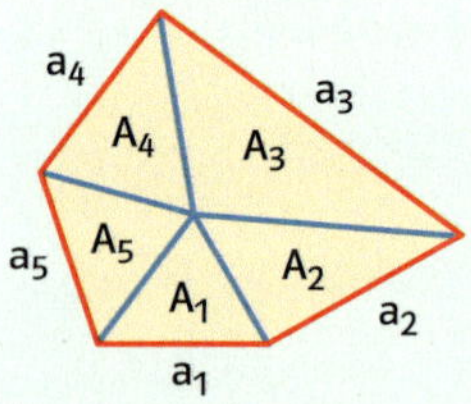

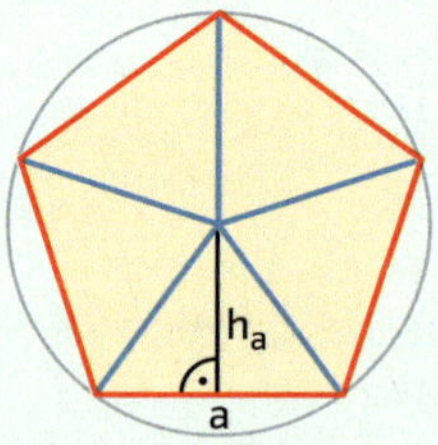

Für den Umfang und den Flächeninhalt ebener Figuren gelten die folgenden Formeln:

	Umfang	Flächeninhalt
Quadrat	$u = 4 \cdot a$	$A = a^2$
Rechteck	$u = 2 \cdot (a + b)$	$A = a \cdot b$
Parallelogramm	$u = 2 \cdot (a + b)$	$A = a \cdot h_a$ $A = b \cdot h_b$
Raute	$u = 4 \cdot a$	$A = a \cdot h_a$ $A = \frac{1}{2} \cdot e \cdot f$
Drachen	$u = 2 \cdot (a + b)$	$A = \frac{1}{2} \cdot e \cdot f$
Dreieck • allgemein	$u = a + b + c$	$A = \frac{1}{2} \cdot a \cdot h_a$ $A = \frac{1}{2} \cdot b \cdot h_b$ $A = \frac{1}{2} \cdot c \cdot h_c$
• rechtwinklig ($\gamma = 90°$)	$u = a + b + c$	$A = \frac{1}{2} \cdot a \cdot b$
Trapez	$u = a + b + c + d$	$A = \frac{1}{2} \cdot (a + c) \cdot h$ $A = m \cdot h$
Vieleck • allgemein • regelmäßig	 $u = a_1 + a_2 + \ldots + a_n$ $u = n \cdot a$	 $A = A_1 + A_2 + \ldots + A_n$ $A = n \cdot A_\Delta$

Gib Flächeninhalt und Umfang in Abhängigkeit von e an.

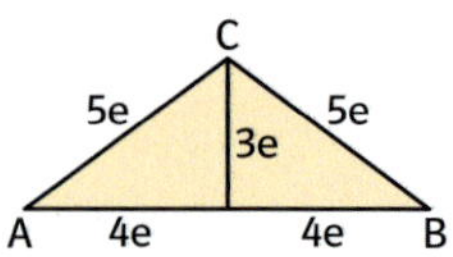

1 Berechne den Flächeninhalt des Dreiecks.
a) $c = 14{,}0\,\text{cm}$; $h_c = 5{,}0\,\text{cm}$
b) $a = 4{,}8\,\text{dm}$; $h_a = 0{,}5\,\text{m}$
c) $a = 2{,}8\,\text{cm}$; $b = 72\,\text{mm}$; $\gamma = 90°$

2 Berechne die Seite b des Dreiecks.
a) $u = 12{,}84\,\text{m}$; $a = 3{,}6\,\text{m}$; $c = 48\,\text{dm}$
b) $A = 399{,}84\,\text{mm}^2$; $h_b = 39{,}2\,\text{mm}$
c) $A = 143\,\text{cm}^2$; $c = 13\,\text{cm}$; $\alpha = 90°$

3 Berechne die fehlenden Größen a, b, u, A des Rechtecks.
a) $a = 6{,}3\,\text{cm}$; $b = 17{,}1\,\text{cm}$
b) $a = 8{,}8\,\text{dm}$; $u = 218\,\text{cm}$
c) $A = 30{,}96\,\text{cm}^2$; $b = 4{,}3\,\text{cm}$

4 Berechne den Flächeninhalt und den Umfang des Parallelogramms.
a) $a = 0{,}34\,\text{dm}$; $b = 8{,}22\,\text{cm}$; $h_a = 8{,}1\,\text{cm}$
b) $a = 29{,}2\,\text{m}$; $b = 6{,}4\,\text{m}$; $h_b = 29{,}1\,\text{m}$
c) $a = 10{,}6\,\text{cm}$; $h_b = 5{,}3\,\text{cm}$; $h_a = 5{,}0\,\text{cm}$

5 Wie verändert sich der Flächeninhalt einer Raute, wenn die Länge einer Diagonalen verdreifacht und die der anderen verdoppelt wird?

6 Welchen Flächeninhalt hat der trapezförmige Querschnitt eines Deiches, dessen Kronenbreite 16,25 m, dessen Sohlenbreite 32,75 m und dessen Höhe 14,10 m beträgt?

Basiswissen | Prismen

Ein Prisma wird von der **Grundfläche**, der **Deckfläche** und der **Mantelfläche** begrenzt. Diese bilden die **Oberfläche**. Grundfläche G und Deckfläche D sind deckungsgleiche Vielecke. Die Mantelfläche M besteht aus Rechtecken, die in einer Seite übereinstimmen. Diese ist die **Höhe** h des Prismas.
Quader und Würfel sind besondere Prismen.

Im **Schrägbild** wird das Prisma meist auf eine der folgenden Arten gezeichnet:
- auf der Grundfläche stehend, ein Mantelrechteck in der Zeichenebene;
- auf einem Mantelrechteck liegend, die Grundfläche in der Zeichenebene.

Die senkrecht zur Zeichenebene verlaufenden Strecken werden um 45° geneigt und auf die Hälfte verkürzt.

Für die Oberfläche O gilt $\mathbf{O = 2G + M}$.
Für die Mantelfläche M gilt $\mathbf{M = u \cdot h}$.
Dabei ist u der Umfang der Grundfläche.
Für das Volumen V gilt $\mathbf{V = G \cdot h}$.

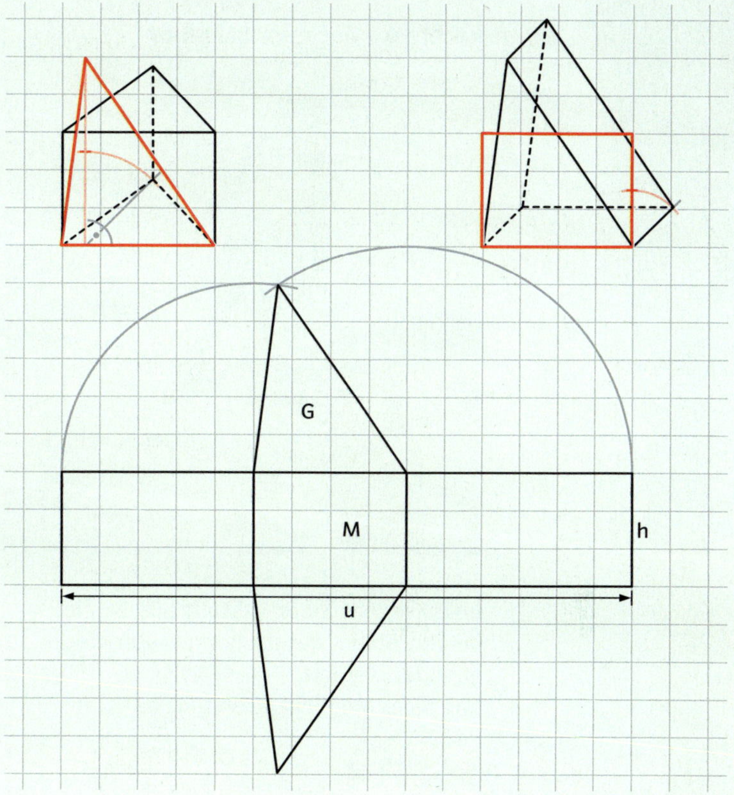

1 Zeichne das Netz des Prismas und berechne die Oberfläche. Fehlende Maße entnimmst du der Zeichnung.
a) Grundfläche: rechtwinkliges Dreieck mit $a = 4\,cm$; $b = 6\,cm$; $\gamma = 90°$; Höhe $h = 3\,cm$
b) Grundfläche: gleichseitiges Dreieck mit $a = 5\,cm$; Höhe $h = 4\,cm$
c) Grundfläche: symmetrisches Trapez mit $a = 6\,cm$; $c = 4\,cm$; $h_T = 3\,cm$; Höhe $h = 5\,cm$

2 Zeichne das Prisma auf zwei Arten im Schrägbild.
a) Grundfläche: Dreieck mit $b = 6\,cm$; $c = 8\,cm$; $\alpha = 90°$; Höhe $h = 7\,cm$
b) Grundfläche: gleichseitiges Dreieck mit $a = 7\,cm$; Höhe $h = 5\,cm$

3 Zeichne ein Sechseckprisma mit $a = 3\,cm$ und $h = 6\,cm$ im Schrägbild. Wähle eine günstige Lage.

4 Berechne das Volumen und die Oberfläche des Prismas. (Maße in cm)
a)

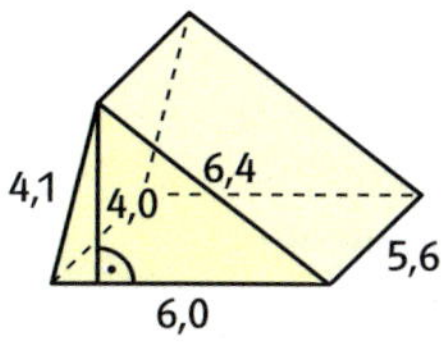

b)

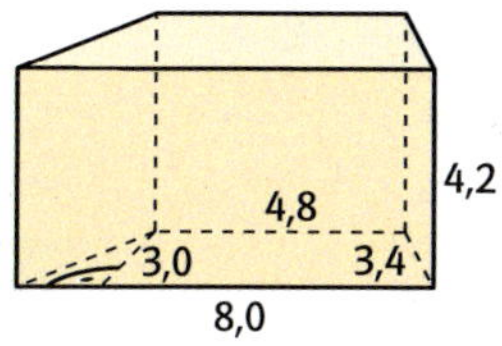

5 Welche Eckpunkte des Netzes vereinigen sich zu einem Eckpunkt des Prismas? Eine Schrägbildskizze hilft.

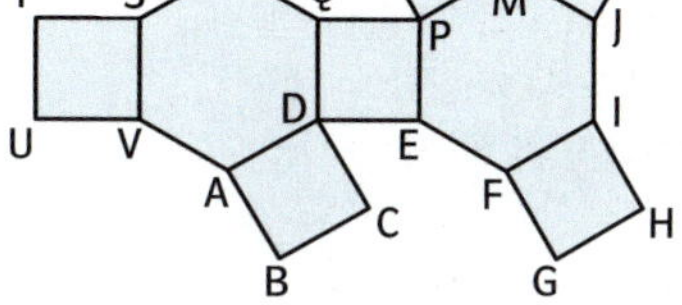

Größer, kleiner, gleich

Rechtecke auf dem Schulhof

Eine Knotenschnur besteht aus 24 gleich langen Teilen. Mit ihr können Rechtecke gebildet werden.
Wie viele Möglichkeiten gibt es?

Länge	Breite
11 Teile	?

Stellt eine Gleichung auf, die den Zusammenhang zwischen Länge und Breite bei insgesamt 24 Teilen beschreibt.

Welche symmetrischen Trapeze mit $b = c = d$ lassen sich aus der dargestellten Knotenschnur bilden?

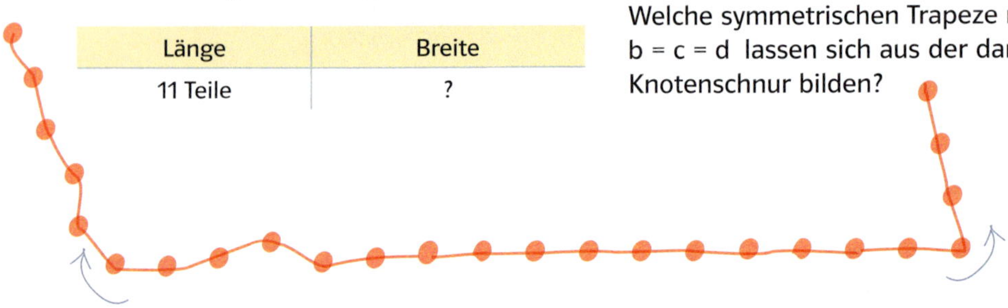

Wenn ihr euch einfach an den Händen fasst, geht es auch ohne Schnur.

Verändert auch die Anzahl der Knoten bzw. der Schülerinnen und Schüler.

Was kostet der Führerschein?

Maik plant, im nächsten Jahr den Führerschein für Kleinkrafträder zu machen. Er informiert sich über die zu erwartenden Kosten.
Die Fahrschule „Wagner" bietet folgende Konditionen an:
Grundgebühr: 150 €
Preis pro Fahrstunde: 25 €
Vom Gesetzgeber werden dabei mindestens 12 Fahrstunden vorgeschrieben.

Eine andere Fahrschule wirbt mit einer Anzeige in der Tageszeitung.

Maik möchte sich einen Überblick verschaffen. Dabei eignen sich eine Wertetabelle und ein Schaubild, um den Zusammenhang zwischen der Anzahl der Fahrstunden und den Kosten darzustellen.

Für welche Fahrschule soll sich Maik entscheiden? Begründe.

Anzahl der Stunden	0	10	…	
Kosten „Wagner" in €	…			
Kosten „Müller" in €	…			

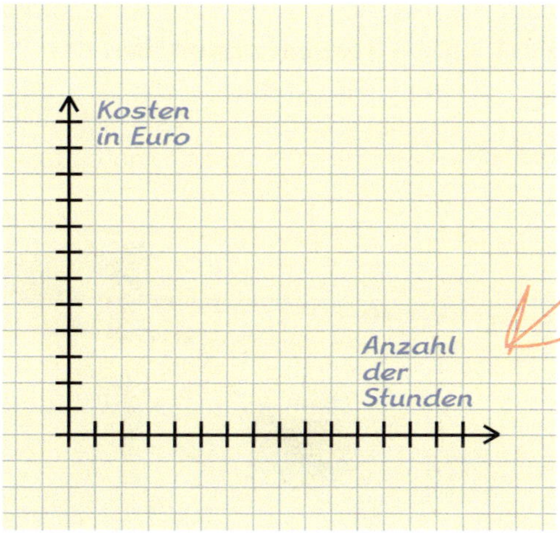

Erkundigt euch selbst nach aktuellen Preisen beim Erwerb des Führerscheins für Kleinkrafträder und vergleicht.

In diesem Kapitel lernst du,

- wie man mit Gleichungen arbeitet, die zwei Variablen enthalten,
- was ein lineares Gleichungssystem ist,
- wie man Gleichungssysteme löst,
- wie viele Lösungen ein Gleichungssystem haben kann,
- wie man mathematische Modelle zur Lösung von praktischen Problemen verwendet,
- wie man mit Systemen von linearen Ungleichungen arbeiten kann.

1 Lineare Gleichungen mit zwei Variablen

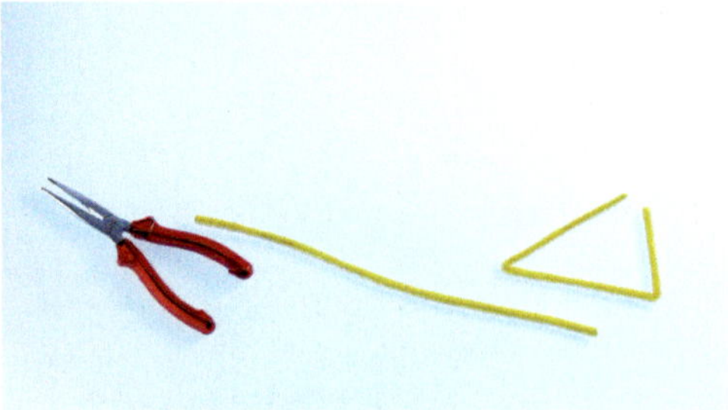

Aus einem 40 cm langen Draht lassen sich ohne Rest gleichschenklige Dreiecke biegen.
Die Maßzahlen der Seitenlängen sollen natürliche Zahlen sein.
→ Nenne verschiedene Möglichkeiten.

Die Gleichung $2x + y = 8$ enthält **zwei Variablen**. Ihre Lösungen sind **Zahlenpaare** (x ; y). Durch Probieren erhält man: (0 ; 8); (1 ; 6); (2 ; 4); (3 ; 2); (4 ; 0); (5 ; −2);….
Die Zahlenpaare lassen sich auch in einer Wertetabelle darstellen.

! *(4 ; 2) ≠ (2 ; 4)*

x	0	1	2	3	4	5…
y	8	6	4	2	0	−2…

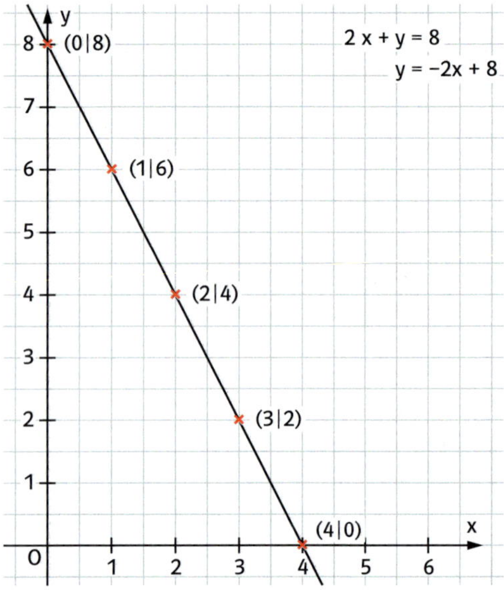

Die beiden Werte hängen voneinander ab. Legt man für eine der Variablen einen Wert fest, kann man daraus den zugehörigen Wert der anderen bestimmen.
Dazu formt man die Gleichung $2x + y = 8$ nach y um und erhält $y = -2x + 8$. Alle Lösungen können als Punkte im Koordinatensystem dargestellt werden. Zum Zahlenpaar (1 ; 6) gehört der Punkt P (1 | 6).
Alle Punkte liegen auf einer Geraden, dem Graphen einer linearen Funktion.

Eine Gleichung der Form $ax + by = c$ heißt **lineare Gleichung** mit den **zwei Variablen** x und y. Hierbei stehen a, b und c für gegebene Zahlen.
Lösungen dieser Gleichung sind **Zahlenpaare (x ; y)**, welche die Gleichung erfüllen.
Die zugehörigen Punkte im Koordinatensystem liegen auf einer Geraden.

Beispiel

Die Differenz zweier Zahlen beträgt 3.

Gleichung: $x - y = 3$
$y = x - 3$

Lösungen: (0 ; −3); (2,5 ; −0,5);
(3 ; 0); (3,5 ; 0,5); …

Wertetabelle:

x	0	2,5	3	3,5	…
y	−3	−0,5	0	0,5	…

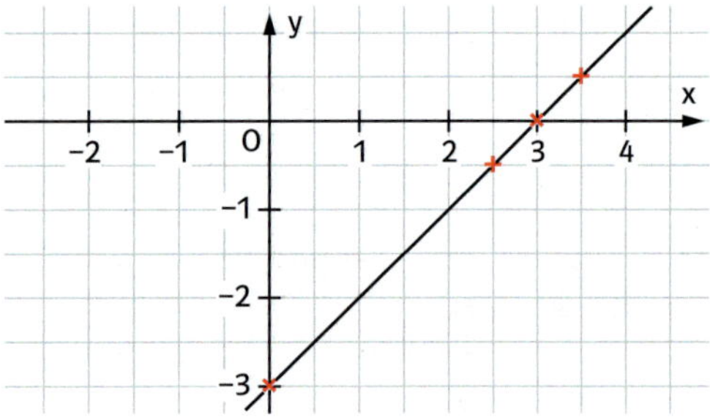

Aufgaben

1 Es gibt mehrere Lösungen.
a) 24 Schüler werden in Zweier- und Dreiergruppen eingeteilt.
b) Dora muss beim Einkaufen 52 € bezahlen.
Sie bezahlt mit 10-Euro-Scheinen und 2-Euro-Stücken.
c) Auf einer Waage sollen mit 3-kg- und 5-kg-Gewichten 68 kg zusammengestellt werden.

2 Stelle eine Gleichung mit zwei Variablen auf und löse das Rätsel.
a) Die Summe zweier Zahlen beträgt 9.
b) Die Summe aus einer Zahl und dem Dreifachen einer zweiten Zahl beträgt 10.
c) Die Differenz aus dem Dreifachen einer Zahl und dem Doppelten einer anderen Zahl beträgt 7.
d) Das 5-Fache einer Zahl, vermehrt um die Hälfte einer zweiten Zahl, ergibt 134.

3 Gib drei Lösungen für die Gleichung an. Rechne im Kopf.
a) $3x + 4y = 12$ b) $2x - 3y + 4 = 0$
c) $y = 2x + 5$ d) $-x + 3 = y + 2$
e) $x - 2y = 1$ f) $-2x - 1 = -y$

4 Zur zeichnerischen Darstellung benötigst du mindestens zwei Zahlenpaare. Mit einem dritten Zahlenpaar kannst du prüfen.
a) $x + y = 7$ b) $2x + y = 9$
c) $x - 2y = 3$ d) $3x - y = 3$
e) $2x + 3y = 5$ f) $5x - 3y = 2$

5 Stelle die Gleichung um in die Form
$y = mx + b$
und zeichne das Schaubild.
a) $y - 2x = 5$ b) $y - x = 3$
c) $y + 3x = 6$ d) $y + 2x = 2{,}5$
e) $y - 4 = x$ f) $y + 3 = \frac{1}{2}x$
g) $x - y = 5$ h) $2x - y = 3$

6 Ergänze die Zahlenpaare so, dass sie Lösung der Gleichung $y = -4x + 3$ sind.
a) (1 ; □) b) (0 ; □) c) (−2 ; □)
d) (□ ; 4) e) (□ ; −10) f) (1,5 ; □)

7 Prüfe zeichnerisch und rechnerisch, welche Zahlenpaare welche Gleichung erfüllen.

$2x - 3y + 3 = 0$	(4 ; 2)
$3x - y = 3$	(2 ; −2)
$x + y = 0$	(1,5 ; 1,5)
$2y + x = 8$	(−3 ; −1)

8 Stelle eine Gleichung auf und gib mindestens zwei Lösungen an.
a) Der Umfang eines Parallelogramms beträgt 28 cm.
b) Der Umfang eines symmetrischen Trapezes beträgt 30 cm. Die Grundseite ist doppelt so lang wie die Deckseite.
c) Der Umfang eines Drachens beträgt 30 cm.

9 Stelle eine Gleichung für die Summe der Kantenlängen auf und gib drei verschiedene Lösungen an.

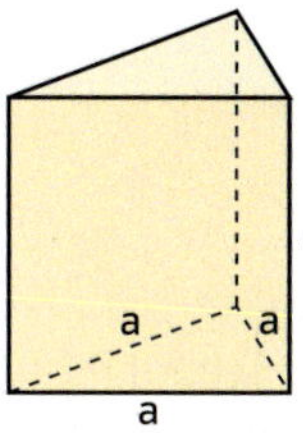

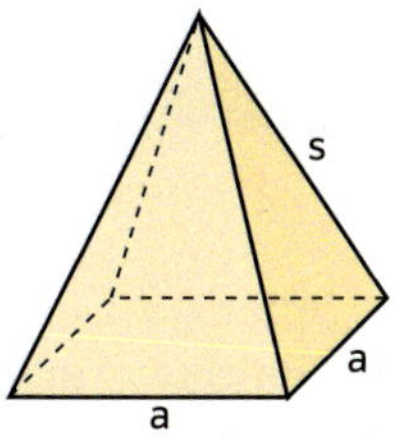

a) Die Kantensumme eines Prismas mit einem gleichseitigen Dreieck als Grundfläche beträgt 60 cm.
b) Die Summe aller Kantenlängen einer quadratischen Pyramide beträgt 40 cm.
c) Aus einem Draht von 1 m Länge soll das Kantenmodell einer quadratischen Säule hergestellt werden.

10 Ordne die Texte den Schaubildern zu.
A Die Summe zweier positiver Zahlen beträgt 8.
B Addiert man zwei Zahlen, erhält man 8.
C Werden zwei natürliche Zahlen addiert, so erhält man 8.
D Werden zwei ganze Zahlen addiert, so erhält man 8.

11 In der Schuldisco werden 124 € in 1-Euro- und 2-Euro-Münzen eingenommen. Es waren 79 Münzen. Probiere.

? *Setze die Augenzahlen für □ ein und suche Zahlenpaare (x ; y), die die Gleichung erfüllen.*
□ · x + □ · y = 30

1
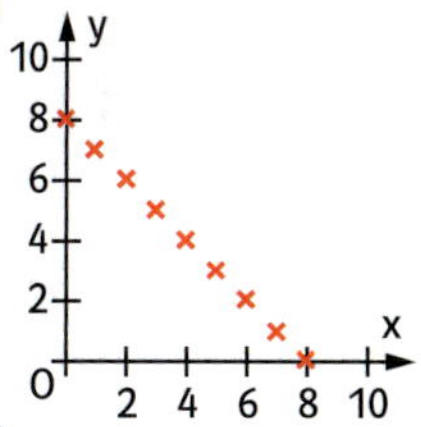

2
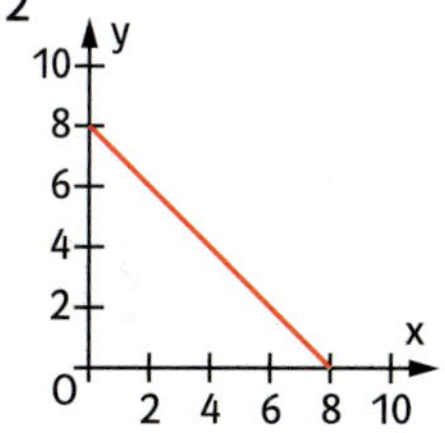

3
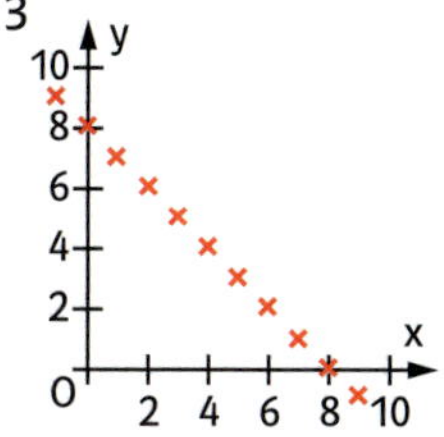

4
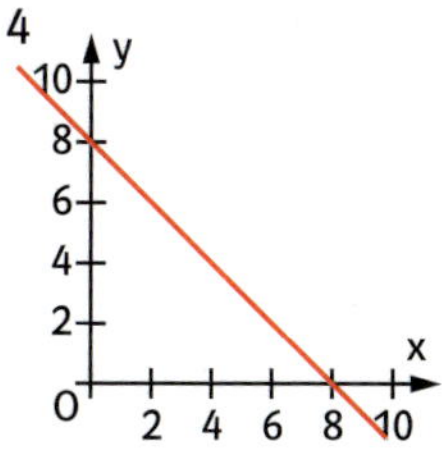

2 Lineare Gleichungssysteme

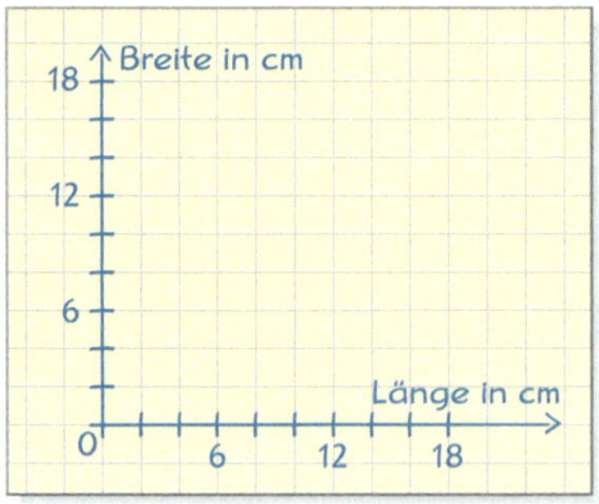

→ Welche Rechtecke mit ganzzahligen Seitenlängen lassen sich aus einem 36 cm langen Draht biegen? Stelle die jeweils zusammengehörigen Seitenlängen als Punkte im Schaubild dar.

→ Überlege dir nun Rechtecke, die doppelt so lang wie breit sind. Es entstehen wieder Punkte.

→ Gibt es ein Rechteck, welches beide Bedingungen erfüllt?

Zwei lineare Gleichungen mit zwei Variablen bilden ein **lineares Gleichungssystem**. Beim Lösen eines Gleichungssystems muss man Zahlenpaare (x ; y) finden, die beide Gleichungen erfüllen.

(1) $x + y = 6$	x	0	1	2	3	4	5
	y	6	5	4	3	2	1

(2) $x - y = 2$	x	0	1	2	3	4	5
	y	−2	−1	0	1	2	3

Das Zahlenpaar (4;2) ist Lösung des linearen Gleichungssystems. Im Schaubild findet man die Lösung als **Koordinaten des Schnittpunktes** der beiden zugehörigen Geraden.

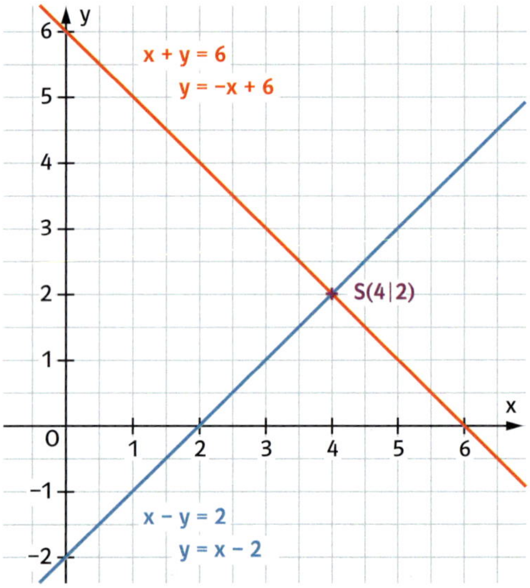

Ein **lineares Gleichungssystem** besteht aus zwei Gleichungen mit jeweils zwei Variablen. Die Koordinaten des Schnittpunktes S (x | y) der Geraden im Schaubild erfüllen beide Gleichungen und sind somit **Lösung dieses Gleichungssystems**.

Beispiel

In einem Stall leben Hasen und Hühner. Es sind insgesamt 9 Tiere mit 24 Füßen. Wie viele Hasen und Hühner sind es jeweils?

Anzahl der Hasen: x; Anzahl der Hühner: y

(1) $x + y = 9$ Gleichung für die Anzahl der Tiere

(2) $4x + 2y = 24$ Gleichung für die Anzahl der Beine

Die beiden Geraden schneiden sich im Punkt S (3 | 6).

Im Stall leben drei Hasen und sechs Hühner.

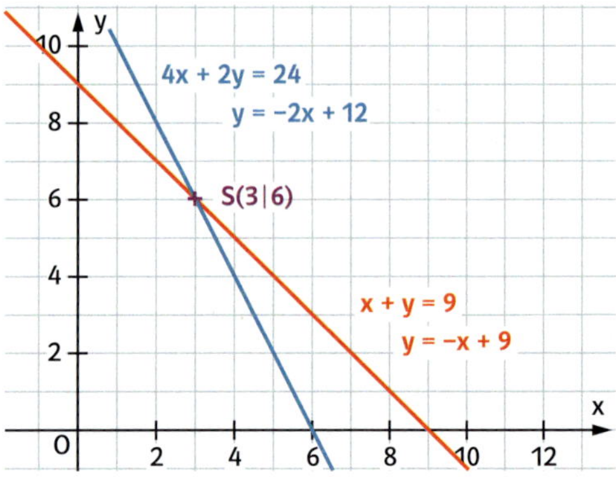

Die Anzahl der Lösungen eines linearen Gleichungssystems kann man an der Lage der zugehörigen Geraden im Koordinatensystem ablesen. Es gibt drei Fälle.

1. Fall	2. Fall	3. Fall
Das Gleichungssystem hat **genau eine Lösung**. (1) $x + 2y = 4$ (2) $x - y = 1$	Das Gleichungssystem hat **keine Lösung**. (1) $-3x + 2y = 1$ (2) $3x - 2y = 2$	Das Gleichungssystem hat **unendlich viele Lösungen**. (1) $x - y = -1$ (2) $2x - 2y = -2$
Durch Umformen erhält man die Funktionsgleichung der Form $y = mx + b$.		
(1′) $y = -\frac{1}{2}x + 2$ (2′) $y = x - 1$	(1′) $y = \frac{3}{2}x + \frac{1}{2}$ (2′) $y = \frac{3}{2}x - 1$	(1′) $y = x + 1$ (2′) $y = x + 1$
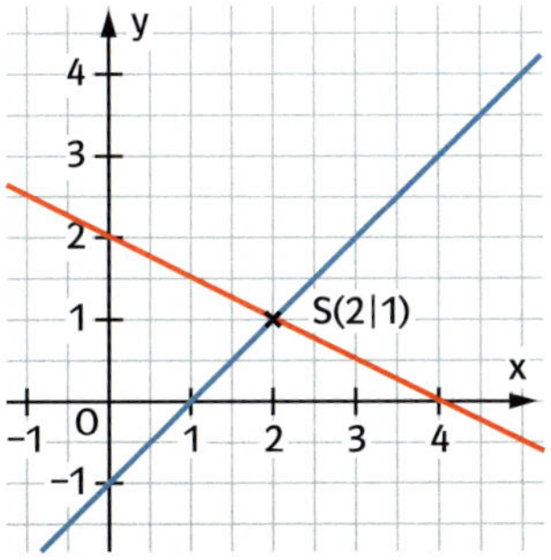	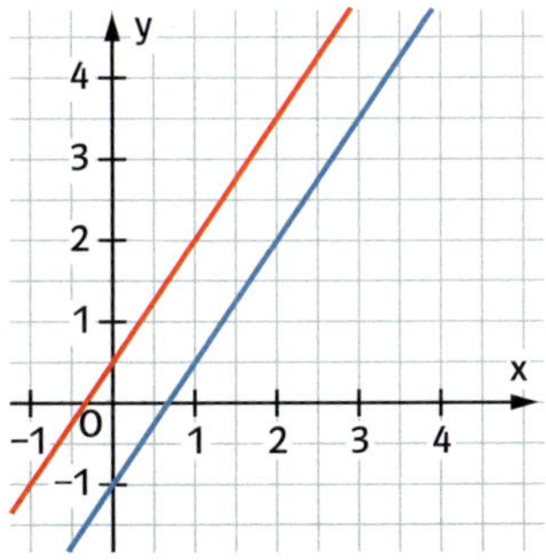	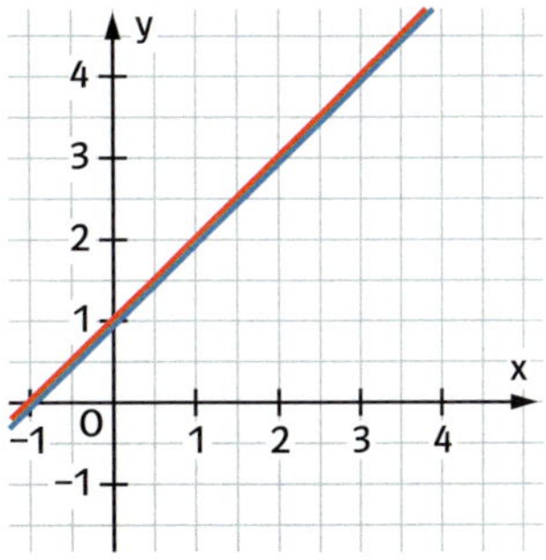
Die Geraden **schneiden sich in einem Punkt**.	Die Geraden **verlaufen parallel**. Sie haben keinen gemeinsamen Punkt.	Zu den zwei Gleichungen gehört **dieselbe Gerade**.
$L = \{(2\,;1)\}$	$L = \{\,\}$	**Die Koordinaten aller Punkte der Gerade erfüllen beide Gleichungen.**

Ein lineares Gleichungssystem mit zwei Variablen hat entweder genau **eine** Lösung, **keine** Lösung oder **unendlich viele** Lösungen.

Beispiel

(1) $y = 2x - 3$
(2) $y = mx + b$

Wenn man für m und b verschiedene Zahlen einsetzt, kann das Gleichungssystem unterschiedlich viele Lösungen besitzen.

Für $m = -1$ und $b = 1{,}5$ ergibt sich: $y = -x + 1{,}5$. Die Geraden schneiden sich im Punkt S (1,5 | 0). Es gibt genau eine Lösung, da die Geraden verschiedene Steigungen haben.

Für $m = 2$ und $b = 1$ ergibt sich: $y = 2x + 1$. Die Geraden verlaufen parallel, da sie die gleiche Steigung besitzen. Es gibt keine Lösung.

Für $m = 2$ und $b = -3$ erhält man: $y = 2x - 3$. Zu den Gleichungen gehört dieselbe Gerade. Es gibt unendlich viele Lösungen.

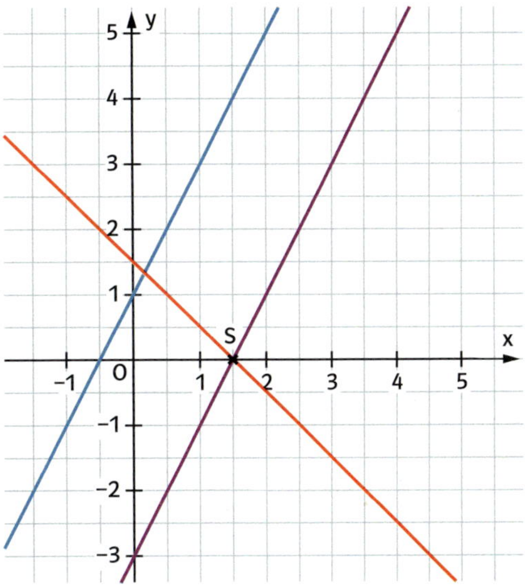

Peter liest die Lösung (3 ; 2) ab. Was sagst du?

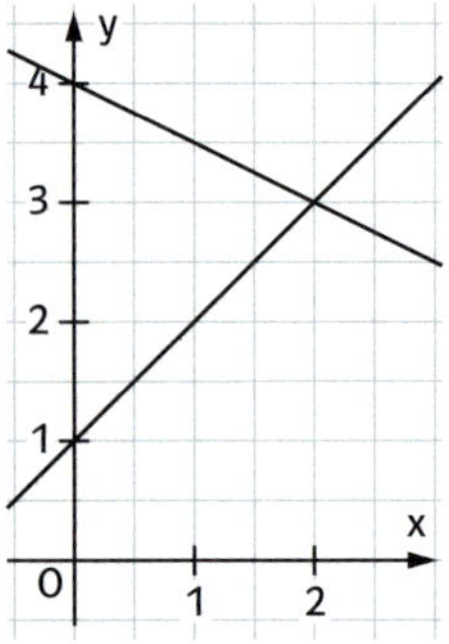

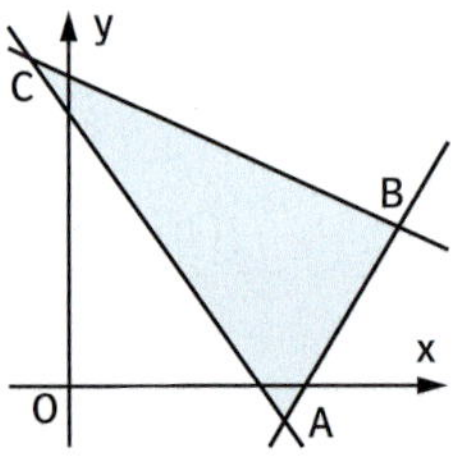

Aufgaben

1 Stelle das Gleichungssystem zeichnerisch dar und gib die Koordinaten des Schnittpunkts der beiden Geraden an. Setze zur Kontrolle die Koordinaten der Schnittpunkte in beide Gleichungen ein und prüfe, ob sie diese erfüllen.

a) $y = 2x - 3$
$y = -3x + 7$

b) $y = x + 1$
$y = -\frac{1}{2}x + 4$

c) $y = -2x + 1$
$y = -2x + 5$

d) $y = -3x - 2$
$y = x + 6$

e) $y = -\frac{1}{4}x - 2$
$y = -\frac{7}{4}x - 5$

f) $y = \frac{4}{3}x + 3$
$y = \frac{1}{3}x$

g) $y = \frac{1}{2}x + 1$
$y = -x - \frac{1}{2}$

h) $y = 3x - 3$
$y = -3x$

2 Stelle beide Gleichungen in die Form $y = mx + b$ um und löse das Gleichungssystem zeichnerisch.

a) $2y - x = 4$
$2y + 3x = 12$

b) $y + 4x = 0$
$y - 2x - 6 = 0$

c) $3x - y = -1$
$x + y = -3$

d) $2x + 24 = 6y$
$2x + 9 = 3y$

e) $3y + x = 3$
$y - x = 5$

f) $4y + 2x = 8$
$6y + 7x = 36$

3 Überlege gut, wie du die Koordinatenachsen einteilst. Löse zeichnerisch.

a) (1) $y = 50x - 300$
(2) $y = -100x + 900$

b) (1) $y = -0{,}02x + 1$
(2) $y = 0{,}02x + 5$

4 Die drei Geraden schneiden sich in drei Punkten und bilden so ein Dreieck ABC. Lies aus der Zeichnung die Koordinaten der drei Eckpunkte des Dreiecks ab.

a) $y = \frac{1}{2}x$
$y = -\frac{1}{2}x + 8$
$y = \frac{5}{2}x - 4$

b) $y = x - 1$
$y = -\frac{1}{2}x + 2$
$y = \frac{1}{2}x + 4$

5 In welchem Quadranten liegt der Schnittpunkt? Gelingt dir die Antwort im Kopf ohne Zeichnung?

a) $y = x$
$y = -x + 3$

b) $y = x$
$y = -x - 3$

c) $y = -x$
$y = x + 3$

d) $y = -x$
$y = x - 3$

6 Die Koordinaten des Schnittpunkts haben jeweils eine Nachkommaziffer. Zeichne besonders sorgfältig.

a) $y = \frac{1}{3}x + 4$
$y = 2x - 2$

b) $y = \frac{1}{5}x - 4$
$y = -3x + 4$

c) $y = -\frac{1}{2}x + 3$
$y = \frac{1}{3}x + 5$

d) $y = -x - 3$
$y = \frac{3}{2}x + 3$

7 Luise fotografiert mit einer Kleinbildkamera, Max mit der Digitalkamera seines Vaters. Sie vergleichen die Kosten.

Kleinbildkamera	Digitalkamera
Film und Entwicklung 3,00 €	CD, Bearbeitung 2,00 €
Preis pro Bild 0,05 €	Preis pro Bild 0,15 €

a) Ermittle die jeweiligen Kosten bei einer Anzahl von 6 bzw. 20 Bildern.

b) Stelle die beiden Zusammenhänge in einem gemeinsamen Koordinatensystem dar und bestimme die Anzahl der Bilder, bei der die Kosten gleich sind.

8 Markus ist mit seinen Eltern im Urlaub. Sie möchten Fahrräder ausleihen und finden zwei Angebote.

A: 10 € Grundgebühr und 3 € pro Tag
B: 5 € pro Tag

Was würdest du raten?

9 Zur Reparatur eines Daches liegen zwei Angebote vor.

A: Gerüstbau 125 €, je Arbeitsstunde 25 €
B: Gerüstbau kostenlos, je Arbeitsstunde 30 €

Beide Firmen veranschlagen 4 Arbeitstage.

10 Bei einer Grundgebühr von 100 € kann eine Hebebühne für 12 € pro Stunde ausgeliehen werden. Vergleiche die Kosten mit einem zweiten Verleiher, der 60 € Grundgebühr und 20 € je Stunde verlangt.

11 Zeige grafisch, wie viele Lösungen das Gleichungssystem hat.

a) (1) $y = 2x + 5$
(2) $y = 2x - 1$

b) (1) $2x + y = 4$
(2) $x + y = 3$

c) (1) $x + y = 5$
(2) $2x + 2y = 10$

d) (1) $3x + y = -2$
(2) $6x + 2y = 4$

12 Bilde aus den vorgegebenen Gleichungen jeweils zwei Gleichungssysteme mit einer Lösung, mit keiner Lösung und unendlich vielen Lösungen. Zeichne.

$y = \frac{1}{2}x + 5$	$4x - 2y - 10 = 0$
$y = \frac{1}{5}x - 3$	$2y = x + 10$
$y = -\frac{1}{2}x + 5$	$2x - y = 0$
$y = -2x - 5$	$2x + 4y - 20 = 0$
$y = -5x - 2$	$5x - 2 = y$
$5y - 2 = x$	$x - y - 5 = 0$

13 Was muss man für □ einsetzen, damit die beiden Gleichungen ein Gleichungssystem ohne Lösung bilden?

a) $y = \square x + 5$
$y = 2x - 5$

b) $y + \square x = 3$
$y = 2x - 5$

c) $2y = \square x - 3$
$y = 2x - 5$

d) $6x - \square y = 1$
$y = 2x - 5$

14 Eine lineare Gleichung lautet $3x - y = 6$.
Bestimme jeweils eine zweite Gleichung, damit für das entstehende Gleichungssystem die folgende Aussage wahr ist.
a) Es gibt keine Lösung.
b) Es gibt unendlich viele Lösungen.
c) Die Lösung lautet $L = \{(2\,;\,0)\}$.
Formuliere und löse mit einem Partner weitere derartige Aufgaben.

Treffpunkte

Bewegungen lassen sich zeichnerisch in einem Koordinatensystem darstellen. Im Allgemeinen wird auf der x-Achse die benötigte Zeit t und auf der y-Achse der zurückgelegte Weg s abgetragen.

Wenn man die Bewegungen von zwei Autos, Fahrrädern oder Schiffen in ein Koordinatensystem einträgt, kann man ablesen, wann und nach welchem Weg sich beide treffen.

Auto A fährt mit 60 km/h. Auto B fährt 40 Minuten später los, aber mit einer Geschwindigkeit von 90 km/h. Auto B holt Auto A nach 120 km und 1 h 20 min ein.

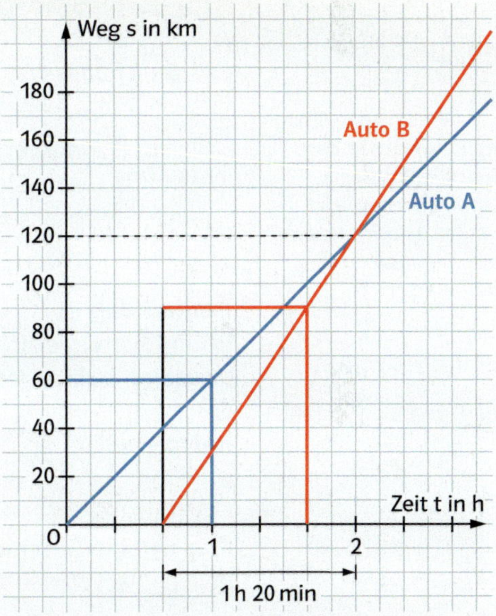

■ Vom Rastplatz „Dürre Buche" startet um 5:30 Uhr ein Schwertransporter. Ein LKW folgt ihm von dort um 6:00 Uhr. Der Schwertransporter fährt mit 40 km/h, der LKW ist doppelt so schnell. Wo und nach welcher Fahrzeit überholt der LKW den Schwertransporter?

■ Herr Peters fährt mit dem Auto von A-Stadt nach C-Hausen. Zur gleichen Zeit startet Herr Pauli in B-Dorf nach C-Hausen. Herr Peters fährt mit 90 km/h, Herr Pauli mit 50 km/h. Wie viele Kilometer ist Herr Peters im Augenblick des Überholens gefahren? Nach welcher Zeit überholt er?

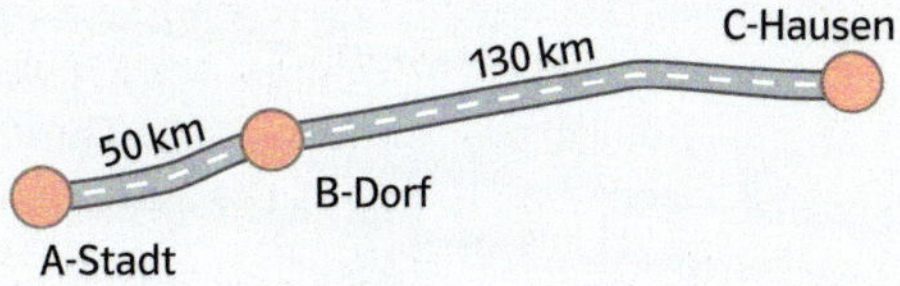

■ Frau Müller ist von C-Hausen nach A-Stadt unterwegs. Sie begegnet Herrn Pauli eine Stunde nach dem gemeinsamen Fahrtbeginn. Wie schnell ist Frau Müller gefahren?

3 Lösen durch Gleichsetzen

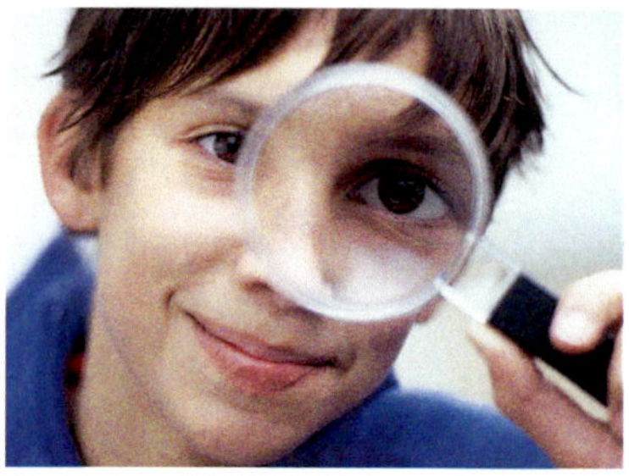

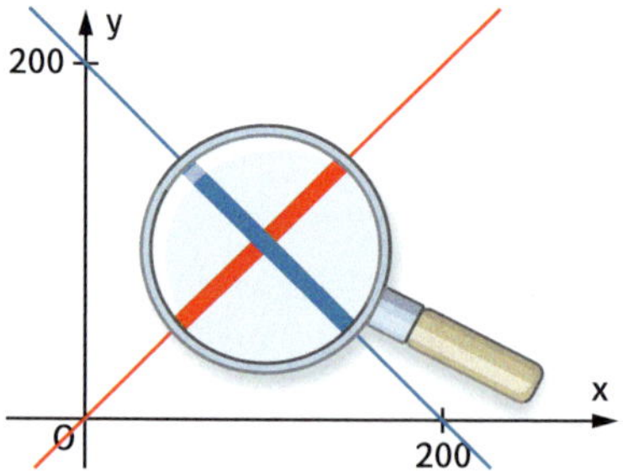

Löse das Gleichungssystem zeichnerisch.

(1) $y = \frac{3}{4}x - 1$ (2) $y = \frac{3}{5}x + 1$

→ Wie genau kannst du die Lösung ablesen?

→ Welche Probleme bekommst du bei der zeichnerischen Lösung des Gleichungssystems aus
(1) $y = -x + 199$ und (2) $y = x - 1$?

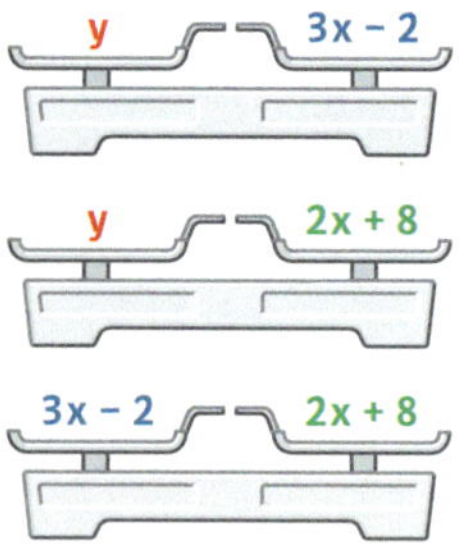

Die Lösungen von Gleichungssystemen lassen sich zeichnerisch nicht immer exakt bestimmen. Mit **rechnerischen Lösungsverfahren** ist dies aber möglich. Ziel ist es, aus zwei Gleichungen mit zwei Variablen eine Gleichung mit einer Variablen zu machen.

(1) $2y = 6x - 4$	$\vert :2$	Beide Gleichungen werden nach y aufgelöst.
(2) $y - 2x = 8$	$\vert +2x$	
(1′) $y = 3x - 2$		Die beiden Terme der rechten Seite werden gleichgesetzt.
(2′) $y = 2x + 8$		
$3x - 2 = 2x + 8$	$\vert -2x + 2$	Man erhält eine Gleichung mit einer Variablen, die sich lösen lässt.
$x = 10$		
$y = 3 \cdot 10 - 2$		Durch Einsetzen des Wertes für x kann man den Wert für y berechnen.
$y = 28$		

Das Gleichungssystem hat als Lösung das Zahlenpaar $x = 10$; $y = 28$, kurz $L = \{(10 ; 28)\}$.

! *Weil beim Lösen des Gleichungssystems Terme **gleichgesetzt** werden, spricht man vom Gleichsetzungsverfahren.*

Gleichsetzungsverfahren
Man löst beide Gleichungen des Gleichungssystems nach derselben Variablen auf.
Durch Gleichsetzen der Terme erhält man eine Gleichung mit einer Variablen.

Bemerkung

Häufig bietet es sich an, die beiden Gleichungen nach demselben Vielfachen einer Variablen aufzulösen.

Beispiele

a) (1) $y = 4x - 2$
(2) $y - 3x = 5$ $\quad | +3x$

Hier ist eine Gleichung bereits nach y aufgelöst.

(1′) $y = 4x - 2$
(2′) $y = 3x + 5$

Gleichsetzen von (1) und (2′):

$4x - 2 = 3x + 5 \quad | -3x + 2$
$x = 7$

Man kann in beide Gleichungen einsetzen:
Einsetzen von $x = 7$ in (1) liefert

$y = 4 \cdot 7 - 2$
$y = 26$
$L = \{(7 ; 26)\}$

! *Für die Probe müssen beide Gleichungen erfüllt sein.*

b) (1) $3x + 4y = 32$ $\quad | -4y$
(2) $3x + 7y = 47$ $\quad | -7y$

Hier ist das Auflösen beider Gleichungen nach 3x besonders vorteilhaft.

(1′) $3x = 32 - 4y$
(2′) $3x = 47 - 7y$

Gleichsetzen von (1′) und (2′):

$32 - 4y = 47 - 7y \quad | +7y - 32$
$3y = 15 \quad | :3$
$y = 5$

Einsetzen von $y = 5$ in (1′):

$3x = 32 - 4 \cdot 5$
$x = 4$
$L = \{(4 ; 5)\}$

Aufgaben

1 Gleichungssysteme lassen sich auch mit Balkenwaagen veranschaulichen.

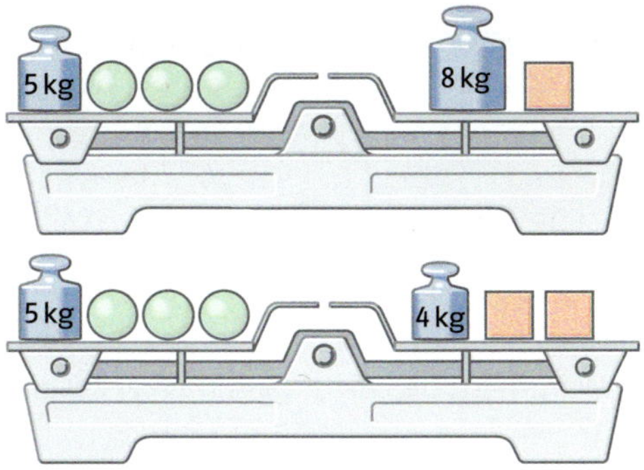

Wie viel wiegt ein Würfel?

2 Löse das Gleichungssystem rechnerisch.

a) $y = 3x - 4$
$y = 2x + 1$

b) $x = y + 5$
$x = 2y + 3$

c) $5x + 4 = 2y$
$6x - 1 = 2y$

d) $y = 4x + 2$
$5x - 1 = y$

e) $5y = 2x - 1$
$4x + 3 = 5y$

f) $12y + 12 = 6x$
$6x = 25y - 1$

3 Löse nach einer Variablen auf und rechne.

a) $x + 2y = 3$
$x + 3y = 4$

b) $2x + y = 5$
$5x + y = 11$

c) $12x - y - 15 = 0$
$8x - y + 1 = 0$

d) $2y - 3x = 9$
$3x + y = 18$

4 Wenn du geschickt umformst, gelingt dir eine schnelle Lösung.

a) $3x - 2y = 3$
$3x - y = 5$

b) $2x + 4y = 2$
$3x + 4y = 5$

c) $2x - 5y = 7$
$3y = 2x + 3$

d) $5x + 3y = 30$
$4x = 3y - 3$

e) $5x = y + 6$
$5x - 12 = 2y$

f) $5x + 2y = 3$
$3x - 2y = 11$

5 Löse im Kopf.

a) $y = x$
$y = -x$

b) $y = x$
$y = -x + 2$

c) $y = x + 2$
$y = 2x + 2$

d) $y = x - 5$
$y = -x + 5$

Erkläre dein Vorgehen. Kannst du dir auch das Schaubild vorstellen?

6 Beschreibe zunächst, wie du beim Umformen vorgehen willst, um schnell zur Lösung zu kommen.

a) $x + 5y = 13$
$2x + 6y = 18$

b) $7x + y = 37$
$3x + 2y = 30$

c) $2x + 3y = 4$
$4x - 4y = 28$

d) $4x = 6y + 2$
$5y = 2x - 7$

e) $3x + 4y - 5 = 2x + 3y - 1$
$6x - 2y + 2 = 4x - 3y + 5$

7 Gleichungsvariable müssen nicht immer x und y heißen.

a) $a = 2b + 4$
$a = b + 5$

b) $21 + 6n = 3m$
$12m - 36 = 6n$

c) $s = 5 + t$
$s = 2t + 1$

d) $5p + 5q = 10$
$3p + 5q = 14$

e) $2a + 2b = 0$
$5a - 27 = 4b$

f) $7z + 5p = 9$
$10p - 5z = -20$

8 Hier musst du die Gleichungen erst umformen.

a) $2x + 3y - 4 = 3x + 6y - 5$
$5x + 2y + 7 = 4x - 5y + 12$

b) $x + 5y + 2 = 6x + 4y - 12$
$6x + 3y - 4 = 2x + 2y + 9$

c) $2(x + 3) + 4y = 3(x - 2) + 7y$
$5x - 2(y + 3) = 4x + 8(y - 2{,}5)$

9 a) Finde zu den Gleichungen

$y = 2x - 4$ $y + x = 5$ $2y - x = 6$

jeweils eine zweite Gleichung, so dass das Gleichungssystem mit dem Gleichsetzungsverfahren vorteilhaft gelöst werden kann. Gib die Gleichungssysteme deinem Nachbarn zum Lösen.

b) Ergänze $y = 2x + 1$ durch eine weitere Gleichung zu einem Gleichungssystem mit der Lösung $x = 1$ und $y = 3$.
Vergleicht eure Gleichungen.
Das Schaubild hilft dir auch beim Finden verschiedener Lösungen.

10 Bestimme die Koordinaten des Schnittpunkts der beiden Geraden durch Rechnung exakt und vergleiche deine Lösung mit dem Schaubild. Zeichne selbst.

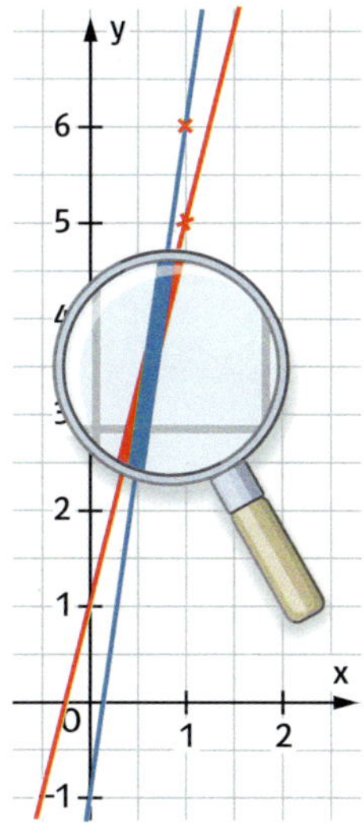

? *Heike sagt:*
„Das Gleichungssystem
$x + y = 3$
$x + 2y = 5$
hat die Lösung $x = 1$.“
Was hat Heike nicht bedacht?

Lösen durch Einsetzen

Bei manchen Gleichungssystemen ist ein weiteres Verfahren noch vorteilhafter. Überlege zunächst selbst, wie du vorgehen würdest.

(1) $5x + y - 281x + 5 = 20$
(2) $y = 281x$

Um aus zwei Gleichungen mit zwei Variablen eine Gleichung mit einer Variablen zu erhalten, kann man auch in die andere Gleichung **einsetzen.**

(1) $3x + 2y = 19$
(2) $y = x - 3$

Einsetzen von $x - 3$ in (1):

$$3x + 2(x - 3) = 19$$
$$3x + 2x - 6 = 19 \quad |+6$$
$$5x = 25 \quad |:5$$
$$x = 5$$

Einsetzen von $x = 5$ in (2):

$$y = 5 - 3$$
$$y = 2 \qquad L = \{(5\,;\,2)\}$$

Weil man das Gleichungssystem dadurch löst, dass man in eine Gleichung **einsetzt**, nennt man das Verfahren **Einsetzungsverfahren.**

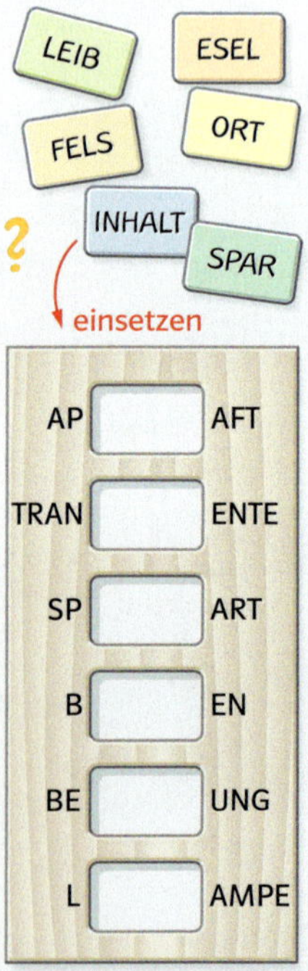

Suche selbst weitere Beispiele.

■ Löse mit dem Einsetzungsverfahren.

(1) $5x + y = 8$ (2) $y = 3x$	(1) $x + 2y = 49$ (2) $x = 5y$
(1) $3x + y = 11$ (2) $x + 1 = y$	(1) $x - 2y = 7$ (2) $5y + 4 = x$

■ Löse mit dem Einsetzungs- und dem Gleichsetzungsverfahren und vergleiche. Kannst du die Unterschiede und die Gemeinsamkeiten beschreiben?

(1) $5x + y = 7$ (2) $2x + y = 4$	(1) $x + 3y = 5$ (2) $x - 2y = 10$
(1) $3x - 2y = 2$ (2) $5x + 2y = 14$	(1) $4x + 3y = 15$ (2) $4x - 2y = 10$
(1) $x - 3y = 9$ (2) $2x = 3y - 3$	(1) $5x + 3y = 1$ (2) $x + 3y = 11$
(1) $4x + 2y = 16$ (2) $4y = 5x - 7$	(1) $4x + 3y = 11$ (2) $6y + 28 = 2x$

11 Wie viele Lösungen hat das Gleichungssystem?

a) $x + y = 2$ (1) $2x + 2y = 5$ (2)
b) $3x + 4y = 5$ (1) $9x + 12y = 15$ (2)
c) $x + y + 1 = 0$ (1) $x - y + 1 = 0$ (2)

Erkläre die Anzahl der Lösungen mithilfe eines Schaubildes. Was fällt dir bei der Rechnung auf?

12 Ergänze $y = 2x - 3$ durch eine zweite Gleichung zu einem Gleichungssystem,
a) das keine Lösung hat.
b) das unendlich viele Lösungen hat.
c) Warum gibt es nicht genau zwei Lösungen?

13 Löse das Gleichungssystem.

a) $5x + 2y = 20$ $3x - y = 1$	b) $7x + 3y = 64$ $6y - 8x = 40$
c) $11x - 6y = 39$ $2y + 17 = 5x$	d) $40 - 5x = 6y$ $4y + x = 8$
e) $5x + 28 = 3y$ $12y - 4x = 80$	f) $3(x - 3y) = 27$ $3(y - 4) = 4(x - 3)$

14 Wenn du bei einem Gleichungssystem beide Gleichungen nach y auflöst, kannst du die Gleichungen als lineare Funktionen auffassen.
Erkläre den Zusammenhang zwischen grafischer und rechnerischer Lösung von linearen Gleichungssystemen.

15 Ermittle die Gleichungen der beiden Geraden, lies die Koordinaten des Schnittpunkts ab und bestimme sie anschließend exakt durch Rechnung.

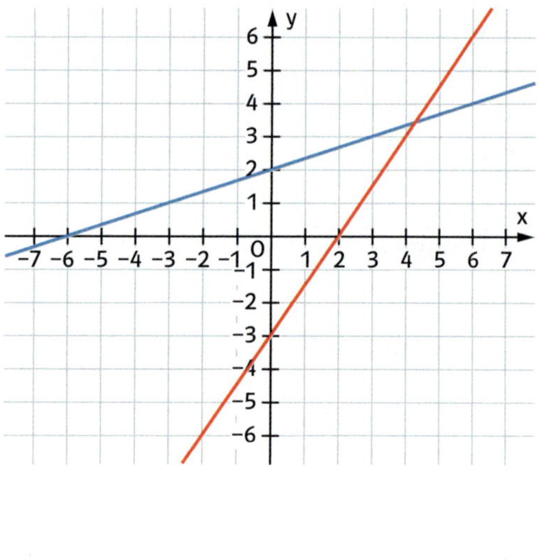

4 Lösen durch Addieren

Addiere die beiden rechten Terme und die beiden linken Terme der Gleichungen.
(1) $2x + 2y = 10$
(2) $2x = 2y + 6$
→ Kannst du jetzt lösen?
Stelle dir vor, dass du bei den beiden Waagen die beiden linken Waagschalen und die beiden rechten Waagschalen jeweils auf einer Waagschale zusammenlegst.
→ Vergleiche deinen rechnerischen Lösungsvorgang mit diesem Vorgehen.

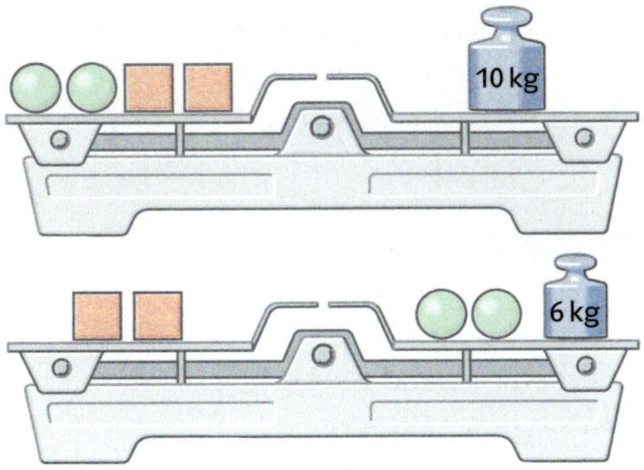

Wenn in einem Gleichungssystem in einer Gleichung eine Variable den Koeffizient 3 und in der zweiten Gleichung den Koeffizient −3 hat, kann man das Gleichungssystem lösen, nachdem man die beiden Gleichungen addiert hat.

Durch Addieren wird aus zwei Gleichungen mit zwei Variablen eine Gleichung mit einer Variablen.
Diese Gleichung hat die Lösung $x = 3$.
Durch Einsetzen in eine der beiden Ausgangsgleichungen erhält man $y = 1$.

(1) $4x + 3y = 15$
$+ \quad + \quad +$
(2) $3x - 3y = 6$
$7x = 21 \quad |:7$
$x = 3$
$x = 3$ in (1): $4 \cdot 3 + 3y = 15$
$y = 1$

Das Gleichungssystem hat als Lösung das Zahlenpaar $x = 3$; $y = 1$, kurz $L = \{(3\,;\,1)\}$.

Additionsverfahren
Man formt beide Gleichungen so um, dass beim Addieren beider Gleichungen eine Variable wegfällt.
So entsteht eine Gleichung mit einer Variablen.

Beispiele

a) Durch Umformen soll beim Addieren die Variable x wegfallen. Beim Vervielfachen beider Gleichungen sucht man daher ein gemeinsames Vielfaches der Koeffizienten von x.
(1) $2x + 3y = 9 \quad |\cdot 3$
(2) $3x - 4y = 5 \quad |\cdot(-2)$
(1′) $6x + 9y = 27$
(2′) $-6x + 8y = -10$
Gleichungen (1′) und (2′) addieren:
$17y = 17 \quad |:17$
$y = 1$
Einsetzen in (1):
$2x + 3 \cdot 1 = 9 \quad |-3$
$2x = 6 \quad |:2$
$x = 3$; $L = \{(3\,;\,1)\}$

b) Bei manchen Gleichungssystemen ist es einfacher zu subtrahieren. Dieses Vorgehen wird auch als Subtraktionsverfahren bezeichnet.
Hier fällt die Variable y weg und man bekommt eine Gleichung für x.
(1) $15x + 3y = 57$
(2) $7x + 3y = 33$
Gleichung (1) und (2) subtrahieren:
$8x = 24 \quad |:8$
$x = 3$
Einsetzen in (1):
$15 \cdot 3 + 3y = 57 \quad |-45$
$3y = 12 \quad |:3$
$y = 4$
$L = \{(3\,;\,4)\}$

? *Löse schnell durch Addieren oder Subtrahieren.*
(1) $x + y = 5$
(2) $x - y = 1$

Aufgaben

1 Wie schwer ist ein Würfel?

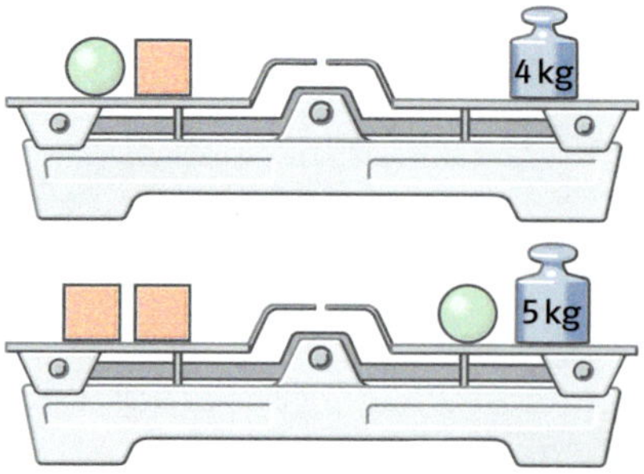

> *Ordne vor dem Addieren!*
> … x … y = …
> … x … y = …

2 Löse das Gleichungssystem.

a) $3x + y = 18$
$2x - y = 7$

b) $4x + 3y = 2$
$5x - 3y = 16$

c) $12x - 5y = 6$
$2x + 5y = 36$

d) $14x - 7y = 7$
$7y + 3x = 27$

e) $4x + 3y = 14$
$5y = 4x - 30$

f) $-28 = 6y + 5x$
$5x + 3y = -19$

> … + ○·y = …
> … − ·y = … |·○

3 Bei diesen Gleichungssystemen genügt es, eine der beiden Gleichungen geschickt zu multiplizieren.

a) $3x + y = 5$
$2x - 2y = 6$

b) $5x - 3y = 16$
$6x + y = 33$

c) $4x + 3y = 35$
$-2x - 5y = -21$

d) $4x - 3y = 1$
$5x + 6y = 50$

e) $3x + y = 12$
$7x - 5y = 6$

f) $2x - 3y = 13$
$9y + 4x = 11$

4 Vervielfache beide Gleichungen geschickt und löse das Gleichungssystem.

a) $5x + 2y = 16$
$8x - 3y = 7$

b) $5x + 4y = 29$
$-2x + 15y = 5$

c) $3x - 2y = -22$
$7x + 6y = 2$

d) $11x + 3y = 21$
$2x - 4y = 22$

e) $4x + 3y = 23$
$5y - 6x = 13$

f) $3y - 10x = 22$
$15x - 4y = -31$

5 a) Beschreibe die Vorteile des Additionsverfahrens.
b) Gib drei verschiedene lineare Gleichungssysteme an, die man vorteilhaft mit dem Additionsverfahren lösen kann.
c) Finde Gleichungssysteme mit der Lösung $x = 2$ und $y = 1$, die geschickt mit dem Additionsverfahren gelöst werden können.

Gleichungskette

- Löse diese Gleichungssysteme nacheinander.

1. $x + y = 1$
$x + 2y = 1$
2. $x + 2y = 1$
$2x + 3y = 1$
3. $2x + 3y = 1$
$3x + 5y = 1$
4. $3x + 5y = 1$
$5x + 8y = 1$
5. $5x + 8y = 1$
$8x + 13y = 1$

…

- Hast du das Baumuster für die Gleichungssysteme erkannt?
Erkläre die Gesetzmäßigkeit.
- Schreibe die nächsten drei Gleichungssysteme auf.
Wenn du die Lösungen ohne Rechnung angeben kannst, mache zur Kontrolle eine Probe.

6 Löse das Gleichungssystem.
Begründe, warum du ein bestimmtes Verfahren bevorzugst.

a) $8x + 3y - 47 = 0$
$4x - 2y - 6 = 0$

b) $14x - 5y + 3 = 2$
$4x + 15y - 26 = 23$

c) $5x - 2y + 36 = 4y$
$3y - 63 + 15x = 10x$

d) $45 - 4x + 6y = 5y$
$4x - 3y + 8 = 3x$

7 Löse die linearen Gleichungssysteme.
Was fällt dir auf?

a) $2x = 4y + 4$
$2x = 4y + 5$

b) $2x = 4y + 4$
$4y = 2x - 4$

Überprüfe deine Ergebnisse durch eine zeichnerische Lösung.
Kann man die Besonderheit schon am Gleichungssystem erkennen?

8 An der Kasse im Zoo zahlen zwei Erwachsene und zwei Kinder zusammen 28 €. Ein Erwachsener und drei Kinder müssen 22 € bezahlen.
Nun kommen drei Erwachsene mit vier Kindern.
Wie viel Eintritt müsste deine gesamte Familie bezahlen?

5 Modellieren mit linearen Gleichungssystemen

Beim Kauf eines Druckers muss man verschiedene Dinge beachten.
Neben dem Kaufpreis spielt vor allem der Preis für die Ausdrucke eine Rolle.
→ Vergleiche den Tintenstrahldrucker mit dem Laserdrucker.
→ Von welchen Überlegungen würdest du deine Kaufentscheidung abhängig machen?

Laserdrucker G35

Gerätepreis: 270,– €

Druckerkartusche: 70,– € (reicht für ca. 3500 Ausdrucke)

Tintenstrahldrucker JetX 67

Preis: 100,- €

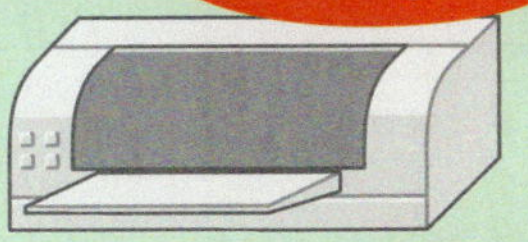

Druckerpatrone 30,- € (reicht für ca. 500 Ausdrucke)

Mithilfe von linearen Gleichungssystemen lassen sich Preise oder Angebote vergleichen und Entscheidungen vorbereiten. Bevor man die Mathematik zu Hilfe nehmen kann, muss man die Situation verstehen, strukturieren und meist auch vereinfachen.
Die mathematische Lösung muss dann noch in der Alltagssituation auf ein sinnvolles Ergebnis überprüft werden.
Diesen Kreislauf nennt man **mathematisches Modellieren**.

Reale Welt — **Übersetzen** → — **Mathematik**

Realsituation

Martinas Vater braucht einen Leihwagen für einen Tag. Er muss sich zwischen Angebot A und Angebot B entscheiden.

Angebot A	**Angebot B**
Leihgebühr: 45 €	Leihgebühr: 35 €
Kosten pro gefahrenem Kilometer:	
35 Cent	45 Cent

Vollkaskoversicherung inklusive!

Mathematisches Modell

Die Kosten lassen sich jeweils mit einer linearen Funktion darstellen.
Wir verwenden x für die Anzahl der Kilometer und y für die Kosten in Euro.
Angebot A: $y = 0{,}35x + 45$
Angebot B: $y = 0{,}45x + 35$
Wir erhalten ein lineares Gleichungssystem mit zwei Variablen.

Lösen ↓ — ↑ **Bewerten**

Mathematische Ergebnisse

Als rechnerische Lösung des linearen Gleichungssystems erhält man
$x = 100$ und $y = 80$
Das Schaubild eignet sich gut für die Entscheidung. Die beiden Geraden schneiden sich im Punkt P(100 | 80).

Reale Ergebnisse

Bei einer Fahrtstrecke von 100 km sind die Kosten gleich.
Aus dem Schaubild lässt sich ablesen, dass es ab 100 km billiger ist, das Angebot A zu nehmen, bei weniger als 100 km dagegen Angebot B.

← **Interpretieren**

Zur Bewertung des Ergebnisses muss Martinas Vater nur noch überschlagen, wie viele Kilometer er wohl fahren wird.

Das **mathematische Modellieren** läuft in Stufen ab.
1. **Übersetzen** der Realsituation in ein mathematisches Modell
2. **Lösen:** Ermitteln der mathematischen Ergebnisse
3. **Interpretieren** der Lösung in der Realsituation
4. **Bewerten** des realen Ergebnisses

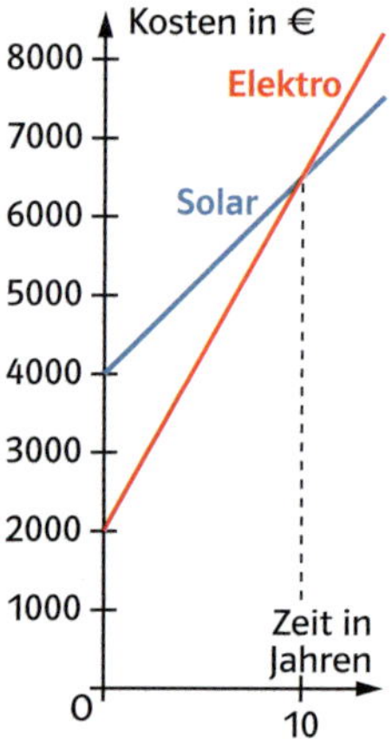

Beispiel

Familie Baumann hat zwei Angebote für die Warmwasseraufbereitung in ihrem neuen Haus.
Die Elektroanlage kostet in der Anschaffung 2000 € und 450 € Jahresenergiekosten.
Die Solaranlage kostet in der Anschaffung 4000 € und 250 € Energiekosten jährlich.

1. **Übersetzen:** Als mathematisches Modell zur Darstellung der Gesamtkosten beider Anlagen können beide Angebote mit linearen Funktionen im Schaubild veranschaulicht und verglichen werden.
   x sei die Anzahl der Jahre; y seien die Gesamtkosten in Euro
   Elektroanlage: $y = 450x + 2000$ Solaranlage: $y = 250x + 4000$
2. **Lösen:** Die beiden Geraden schneiden sich nach 10 Jahren, die Gesamtkosten betragen dann 6500 €.
3. **Interpretieren:** Am Schaubild erkennt man, dass in den ersten neun Jahren die Gesamtkosten bei der Elektroanlage geringer sind, ab dem elften Jahr sind die Gesamtkosten bei der Solaranlage günstiger.
4. **Bewerten:** Zur Entscheidung muss die Familie nun überlegen, ob sich die Investition lohnt. Dazu müssen noch weitere Aspekte wie z. B. die Kosten der Wartung, die Gesamtnutzungsdauer oder die Beschaffung von öffentlichen Fördermitteln berücksichtigt werden.

Aufgaben

1 Simone will sich einen neuen Drucker anschaffen. Sie prüft zwei Angebote:
Der erste Drucker kostet als Sonderangebot nur noch 99 €. Die Druckerpatrone kostet 30 €. Der zweite Drucker kostet 150 €, die Druckerpatrone jedoch nur 20 €. Bei beiden Modellen reicht eine Patrone für etwa 1000 Ausdrucke.
a) Was muss Simone beim Kauf berücksichtigen, wie soll sie sich entscheiden?
b) Wie müsste der Druckerpatronenpreis beim ersten Drucker gesenkt werden, um auch bei 10 000 Ausdrucken noch günstiger zu sein?

2 Die SMV veranstaltet ein Konzert in der Turnhalle. Der Eintritt kostet 4 €. Um das Kostenrisiko gering zu halten macht die Band zwei Angebote:
Entweder 300 € und zusätzlich 1 € pro Konzertbesucher oder 600 € und 0,40 € pro Besucher.
Welches Angebot würdest du wählen? Was musst du überlegen?
Die SMV macht ein drittes Angebot: 450 € und ab dem 400. Besucher zusätzlich 2 € für die Band.

3 Im Schaubild sind die Kosten für die unterschiedlichen Transportformen zum Transport von Gütern dargestellt.
a) Beschreibe die Unterschiede bei Schiff, Zug und LKW.
b) Auf welche Weise würdest du Güter transportieren? Gib Empfehlungen für einige Beispiele.
Was empfiehlst du an den Schnittpunkten?
c) Stelle für die Funktionen in der Grafik die Funktionsgleichungen auf und gib die Unterschiede der Kosten für eine Entfernung von 1200 km an.

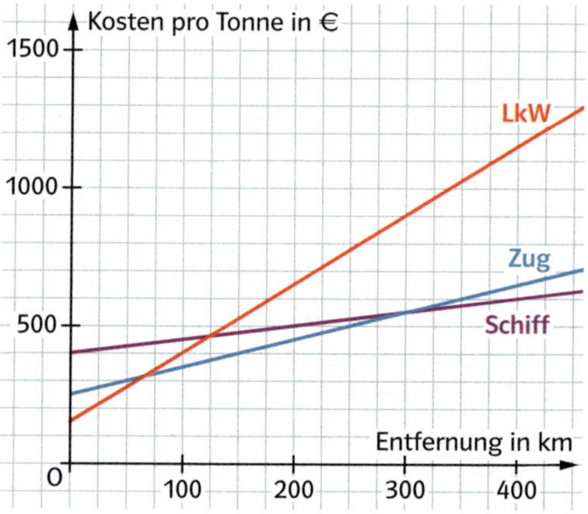

Break-even-Point

Um den Nutzen einer Produktion festzustellen, muss man die Kosten mit den Erlösen (Einnahmen) vergleichen.
Wenn die Kosten auf Dauer die Einnahmen übersteigen, geht die Firma bankrott.
Den Punkt, ab dem die Einnahmen die Kosten übersteigen, nennt man Nutzenschwelle oder „Break-even-Point“.
In dem Schaubild ist der Sachverhalt veranschaulicht.

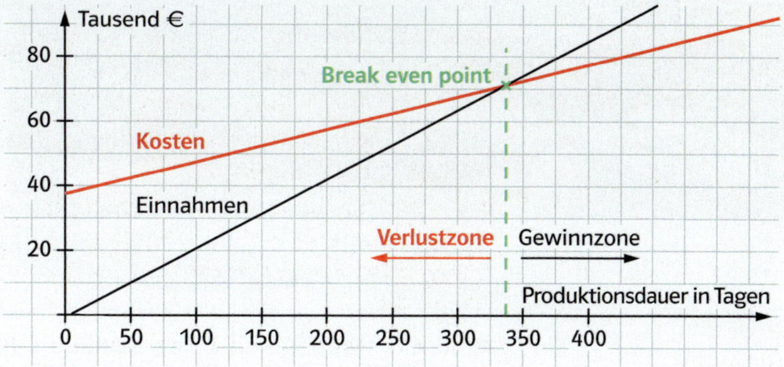

Zur Herstellung von Maschinenteilen werden fixe Kosten von 300 € berechnet. Pro Teil kommen 1,50 € variable Kosten dazu.
Beim Verkauf bringt jedes Teil 3,50 €.

- Stelle den Sachverhalt in einem Schaubild dar.
- Lies aus dem Schaubild ab, bei welcher Stückzahl die Nutzenschwelle liegt.
- Wie groß ist der Verlust bei 125, wie groß ist der Gewinn bei 250 verkauften Teilen?
- Auf welchen Betrag müsste man den festen Kostenanteil senken, um schon bei 100 verkauften Teilen die Nutzenschwelle zu erreichen?
- Wie ändert sich der „break-even-point“, wenn die festen Kosten 400 € betragen?
- Löse die Aufgaben auch rechnerisch.

Eine Firma holt zwei Angebote von verschiedenen Herstellern für Mikrochips ein.

Hersteller A
Versandkostenanteil:
10 € pro Lieferung
10 € für jeweils 10 Chips

Hersteller B
Mindestbestellmenge:
40 Chips
keine Versandkosten
40 Chips kosten 30 €
je 10 weitere 20 € mehr

- Stelle den Sachverhalt grafisch dar.
- Bei welchem Hersteller sollte die Firma 100 Chips bestellen?
- Für welche Bestellmenge ist welcher Hersteller am günstigsten?

Eine Autozeitschrift hat folgende monatliche Kosten für das Diesel- und Benzinmodell eines PKW veröffentlicht:

	Festkosten	Kraftstoffkosten/km
Benzin	190,95 €	0,12 €
Diesel	230,90 €	0,08 €

- Stelle Gleichungen für die Berechnung der monatlichen Gesamtkosten in Abhängigkeit von der Anzahl der gefahrenen Kilometer auf.
- Vergleiche die Kosten bei 5000 km, 10 000 km und 20 000 km Fahrleistung im Jahr.
- Stelle die unterschiedlichen Kosten in einem gemeinsamen Schaubild dar.
Was kannst du alles ablesen?
- Wann ist der Kauf eines Dieselfahrzeugs günstiger? Was muss man dabei noch berücksichtigen?
Hol dir die nötigen Informationen bei einem Autohändler.

6 Lineare Ungleichungen mit zwei Variablen

Kevin braucht für den Geburtstag seiner Schwester mindestens 25 €. Fürs Rasenmähen bekommt er in der Nachbarschaft 5 €, für das Austragen von Werbeprospekten 8 € in der Stunde.
→ Überlege verschiedene Möglichkeiten.

Aussageformen wie $x + 2y < 6$ heißen **lineare Ungleichungen mit zwei Variablen.** Nimmt man als Grundmenge für beide Variablen die Menge der rationalen Zahlen an, gibt es unendlich viele Zahlenpaare, die die Ungleichungen erfüllen, z. B. (0; 2), (1; 1,5), (...).
Die Gleichung $x + 2y = 6$ beschreibt eine Gerade g mit der Geradengleichung
g: $y = -0{,}5x + 3$.
Diese Gerade zerlegt die Koordinatenebene in zwei **Halbebenen L und L'.**
Die Ungleichung $x + 2y < 6$ beschreibt die Halbebene L: $y < -0{,}5x + 3$.
Alle Punkte der Halbebene L liegen unterhalb der **Randgeraden g** ($y < ...$). Die Randgerade gehört in diesem Fall nicht zur Halbebene L.
Soll auch sie zu L gehören, so schreibt man $y \leqq -0{,}5x + 3$. Dann gehört z. B. auch der Punkt (0 | 3) zu L.

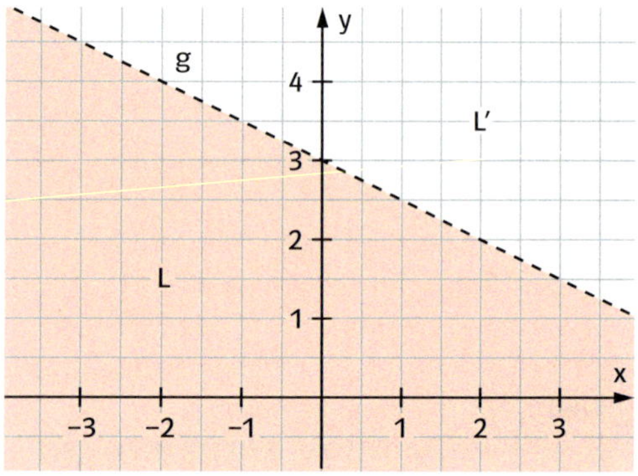

Ungleichungen der Form $ax + by < c$ oder $ax + by \leqq c$ heißen **lineare Ungleichungen mit zwei Variablen.** Lösungen einer solchen Ungleichung sind Zahlenpaare (x; y), die die Ungleichung zu einer wahren Aussage werden lassen. Im Koordinatensystem liegen die zugehörigen Punkte in einer von der **Randgeraden** $ax + by = c$ begrenzten **Halbebene.**

Bemerkung

- Multipliziert man eine Ungleichung mit einer negativen Zahl, so ist das Ungleichheitszeichen umzukehren. Gleiches gilt für die Division durch eine negative Zahl. Gleiche Halbebenen können durch verschieden aussehende Ungleichungen beschrieben werden, die sich durch Äquivalenzumformungen ineinander überführen lassen.

Beispiele

a) $3x - 4y \leqq 8 \quad | -3x$
$-4y \leqq -3x + 8 \quad | :(-4)$
$y \geqq \frac{3}{4}x - 2 \rightarrow$ g: $y = \frac{3}{4}x - 2$
Der Lösungsbereich liegt über der Randgeraden, die zum Lösungsbereich L gehört.

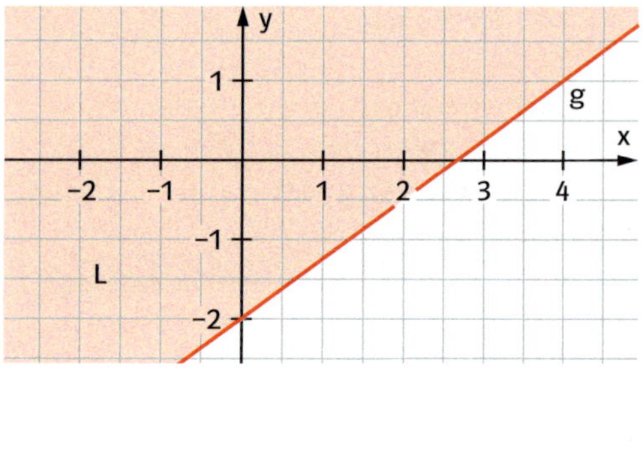

b) Die Ungleichung $-2x + 3y < 6$ mit $x \in \mathbb{Z}$ und $y \in \mathbb{Z}$ hat nur Punkte mit ganzzahligen Koordinaten als Lösungen.
Die zugehörige Geradengleichung hat die Form g: $y = \frac{2}{3}x + 2$
Die **Punktprobe** mit dem Punkt O(0|0) führt auf die wahre Aussage $-2 \cdot 0 + 3 \cdot 0 < 6$ oder $0 < 6$. Der Punkt O(0|0) liegt also in der Lösungshalbebene. Der Punkt (0|3) führt bei der Punktprobe auf die falsche Aussage $-2 \cdot 0 + 3 \cdot 3 < 6$ oder $9 < 6$, er gehört nicht zur Lösungshalbebene.
Lösungspunkte sind zum Beispiel auch (2|1) aus dem ersten Quadranten mit $-2 \cdot 2 + 3 \cdot 1 < 6$ oder $-1 < 6$ und (−10|−5) aus dem dritten Quadranten mit $5 < 6$.

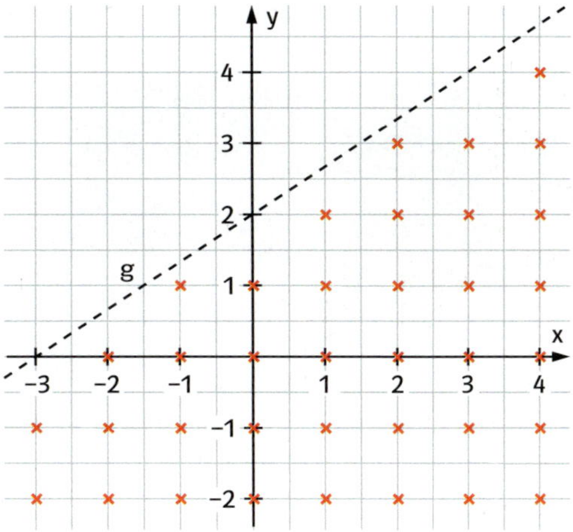

$y <$, $y \leqq$ } unterhalb von

$y >$, $y \geqq$ } oberhalb von

Ist die Gerade parallel zur y-Achse:

$x <$, $x \leqq$ } links von

$x >$, $x \geqq$ } rechts von

Aufgaben

1 Nenne fünf Lösungen mit $x \in \mathbb{N}$ und $y \in \mathbb{N}$.
a) $x + y \leqq -2$ b) $x < -2$
c) $y > 7$ d) $-3x + y \geqq 0$
e) $4x - 3y \leqq 1$ f) $-0{,}5x - 5y > 1$

2 Bestimme durch Einsetzen, welche Punkte Lösungen der Ungleichung $3x + 2y < 6$ sind.
A(1|1) B(5|5) C(−5|5) D(10|0)
E(0|−3) F(−3|−3) G(2|0) H(1,5|0,5)

3 Zeichne die Lösungshalbebenen und die Randgeraden in ein gemeinsames Koordinatensystem.
a) $x \geqq 4$ b) $y < -4{,}5$
c) $x - y > -2$ d) $-3x + 5y \geqq 15$

4 Bestimme die Gleichung der Randgeraden.
a) $-x + y < 1$ b) $2x - 3y \geqq 4$
c) $-2x - 4y \leqq 3$ d) $17x + 8y > 300$

5 Zeichne die Lösungshalbebenen in ein gemeinsames Koordinatensystem. Wähle eine geeignete Achseneinteilung.
a) $20x + 40y < 800$
$50x + 30y < 1500$
b) $4x + 3y \leqq 1200$
$2x + 3y \leqq 600$

6 Bestimme ohne zu zeichnen, welche der Punkte A(4|−4), B(3|2), C(2|−4), D(1|−1), E(7|0) und F(0|−3) zur Lösungshalbebene gehören und welche auf der Randgeraden liegen.
a) $x + 3y < 6$ b) $2x + y \geqq 0$

7 Bestimme die Ungleichungen, deren Lösungsmengen die folgende Schnittmenge haben.

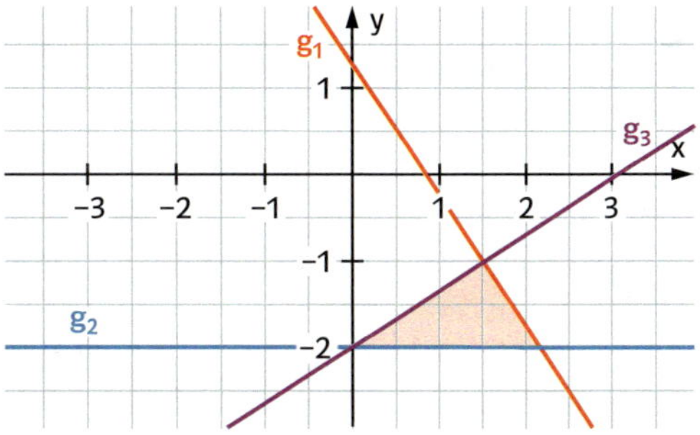

8 Beschreibe die folgenden Bereiche des Koordinatensystems durch Ungleichungen.
a) Erster Quadrant.
b) Halbebene über der Hauptdiagonalen.
c) Nicht der erste und nicht der zweite Quadrant.
d) Alle Punkte unterhalb der x-Achse.
e) Halbebene rechts der Nebendiagonale.

7 Systeme linearer Ungleichungen. Planungsgebiete

Eine Gießerei plant den Versand von Motorteilen, die in Kisten mit den Maßen 1,6 t/2,7 m³ und 2 t/1,8 m³ verpackt sind. Die zum Transport vorgesehenen Fahrzeuge haben eine Nutzlast von maximal 16 Tonnen und einen Laderaum von höchstens 18 m³.

→ Überlege dir verschiedene Möglichkeiten, wie die Fahrzeuge geschickt beladen werden können.

Bei der Planung von Abläufen müssen meist mehrere einschränkende Bedingungen gleichzeitig beachtet werden. Diese Bedingungen führen häufig auf ein System linearer Ungleichungen. Sucht man die Lösung eines Ungleichungssystems mit zwei Variablen, muss man für die beiden Variablen Werte finden, die alle Ungleichungen erfüllen.

Das Ungleichungssystem

(1) $x \geqq 5$
(2) $y \geqq 8$
(3) $x + 2y \leqq 64$
(4) $x + y \leqq 40$

hat $x = 10$ und $y = 10$ als mögliche Lösung, während zum Beispiel (10; 30) die einschränkende Bedingung (3) nicht erfüllt. Da ein System linearer Ungleichungen mit zwei Variablen oft mehrere, meist unendlich viele Lösungen hat, sucht man diese Lösungen **grafisch**. Dazu zeichnet man die Randgeraden und die zugehörigen Halbebenen:

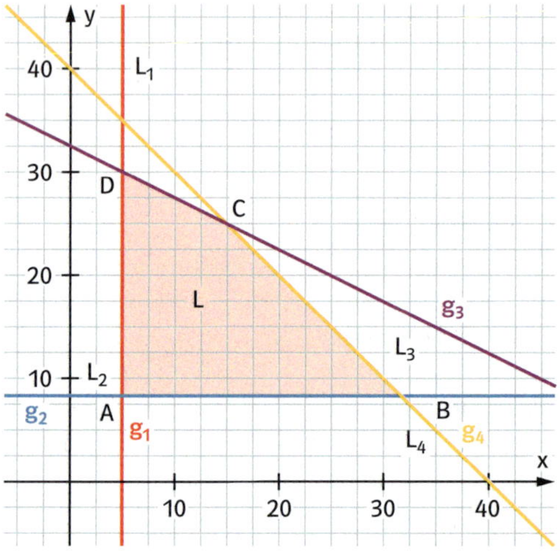

(1) $x \geqq 5 \quad \rightarrow L_1$
(2) $y \geqq 8 \quad \rightarrow L_2$
(3) $y \leqq -0{,}5x + 32 \quad \rightarrow L_3$
(4) $y \leqq -x + 40 \quad \rightarrow L_4$

Eine mögliche Lösung muss alle Ungleichungen erfüllen. Die Lösungen liegen daher in der Schnittmenge der Halbebenen. Die Schnittmenge L der Halbebenen ist das Viereck ABCD. Da hier die Randgeraden zu den Halbebenen dazugehören, gehören auch die Rand- und Eckpunkte des Vierecks ABCD zur Lösungsmenge L. Die Lösungsmenge enthält alle möglichen Lösungen, deren Sinn noch zu bedenken ist. Man nennt sie das **Planungsgebiet**. Das Planungsgebiet hat hier die **Eckpunkte** (A(5 | 8), B(32 | 8), C(16 | 24) und D(5 | 29,5).

Ungleichungssysteme lassen sich auch mit aufwändigeren Verfahren rechnerisch lösen.

Ein **System linearer Ungleichungen mit zwei Variablen** löst man grafisch. Die einschränkenden Geraden umschließen ein Vieleck, das die Schnittmenge der durch die Randgeraden bestimmten Halbebenen ist. Das Lösungsvieleck nennt man **Planungsgebiet**.
Je nachdem, ob die Geraden zu den von ihnen begrenzten Halbebenen gehören oder nicht, sind auch die **Rand- und Eckpunkte** des Planungsgebietes mögliche Lösungen oder nicht.

Beispiel

Die Ungleichungen (1) $x \geqq 0$

(2) $y \geqq 0$

(3) $x < 4$

(4) $y \leqq x + 0{,}5$

haben die Lösungsgebiete L_1, L_2, L_3 und L_4. Lösungen, die alle vier Ungleichungen gleichzeitig erfüllen, liegen in der Schnittmenge der einzelnen Lösungsgebiete. Die Schnittmenge ist hier das Viereck OBCD. Drei Ungleichungen schließen die Ränder des Planungsgebietes mit ein, die Ungleichung (3) schließt die Randpunkte aus. Die Eckpunkte haben die Koordinaten O(0 | 0), B(4 | 0), C(4 | 4,5) und D(0 | 0,5).

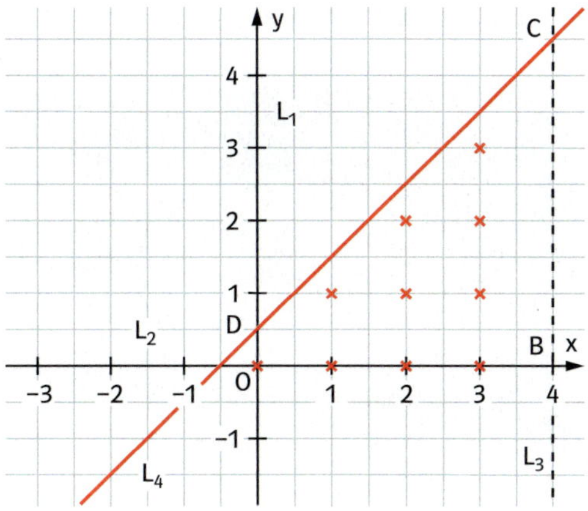

Lassen die Grundmengen für die Lösungsvariablen x und y nur ganzzahlige Lösungen zu, so besteht das Planungsgebiet nur aus den markierten Punkten. Die Randgerade zu Ungleichung (4) lässt keine Lösung zu, bei denen x und y gleichzeitig ganzzahlig sind.

Bemerkung

Beim Zeichnen der Planungsgebiete benutzt man nur die auftretenden Maßzahlen. Bei der Diskussion geeigneter Lösungen aus dem Planungsgebiet sind die Maßeinheiten und Definitionsmengen der jeweiligen Größen x und y zu beachten.

Aufgaben

1 Zeichne das Planungsgebiet und bestimme die Koordinaten der Eckpunkte (Einheit 1 cm).
Wo haben $x \in \mathbb{Z}$ und $y \in \mathbb{Z}$ jeweils ihre größten und kleinsten Werte?

a) $x \leqq 3$
$y \geqq -2$
$x - y \geqq 0$

b) $x > 0$
$x - y \geqq 0$
$2x + y \leqq 5$

c) $y \leqq -2$
$x - y \leqq -3$
$x + y \geqq 2$

d) $x + y > 1$
$0{,}5x + y > -0{,}5$
$2x - y > -2$

e) $x \geqq 0$
$x \leqq 4$
$-x + y \leqq 3$
$x + y \leqq 5$
$0{,}25x - y \leqq 1$

f) $x > 0$
$y > 0$
$x \leqq 6$
$y \leqq 7$
$x + y < 11$

g) $x \leqq 4$
$y \leqq 3$
$2x + y \geqq -3$
$x - y \leqq 3$

h) $x > 1$
$x < 5$
$y < 4$
$y > 2$

i) $x \geqq 3$
$x + y \leqq -1$
$0{,}5x - y > -4$

k) $y < 2$
$0{,}5x + y \leqq 2$
$2x - y < -0{,}5$

2 Gib ein Ungleichungssystem an, dessen Planungsgebiet die folgenden Eckpunkte hat. Zeichne das Planungsgebiet und bestimme Lösungen für $x \in \mathbb{Z}$ und $y \in \mathbb{Z}$ mit $x = y$.

a) A(−3 | −3), B(2 | −1), O(0 | 0)

b) A(−3 | −2), B(3 | −1), C(1 | 3), D(−3 | 3)

3 Beschreibe das abgebildete Planungsgebiet durch ein Ungleichungssystem.

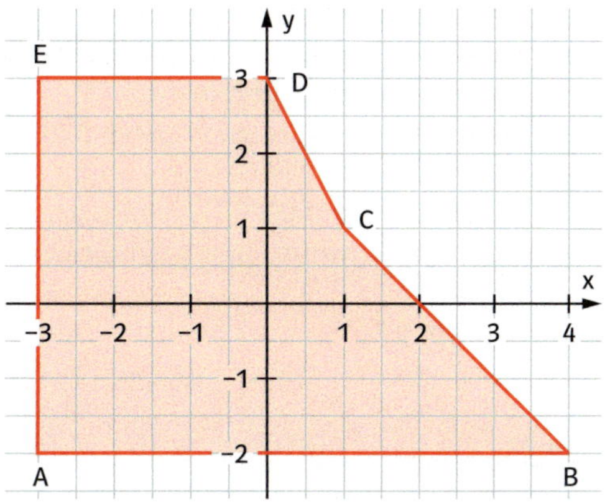

8 Lineares Optimieren

Ein Kraftwerk bezieht Kohle von zwei Gruben. Aufgrund der Lieferverträge müssen aus Grube I mindestens 500 t und aus Grube II 800 t wöchentlich abgenommen werden. Grube I kann höchstens 4000 t, Grube II höchstens 2000 t wöchentlich liefern. Das Kraftwerk kann selbst nicht mehr als 5000 t in der Woche verheizen. Beim Verstromen erzielt man für 1 t Kohle aus Grube I 40 € Gewinn und für 1 t aus Grube II 60 €.

→ Wie hoch ist der Gewinn bei verschiedenen wirtschaftlichen Situationen?

Eine Maschinenfabrik stellt Motormäher und Motorhacken her. In einem Monat können höchstens produziert werden: 600 Motoren für Mäher und Hacken, 500 Mäher ohne Motor und 400 Hacken ohne Motor. Wenn man die Anzahl der kompletten Mäher mit $x \in \mathbb{N}$ und die Anzahl der kompletten Hacken mit $y \in \mathbb{N}$ bezeichnet, ergibt sich:

(1) $x \geqq 0$ $\rightarrow g_1$: $x = 0$
(2) $y \geqq 0$ $\rightarrow g_2$: $y = 0$
(3) $x \leqq 500$ $\rightarrow g_3$: $x = 500$
(4) $y \leqq 400$ $\rightarrow g_4$: $y = 400$
(5) $x + y \leqq 600$ $\rightarrow g_5$: $y = -x + 600$

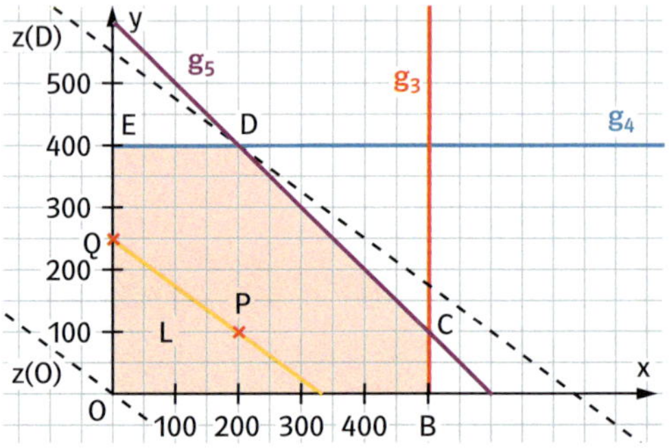

Die entstehenden Randgeraden umschließen das **Planungsgebiet** mit den Eckpunkten O(0 | 0), B(55 | 0), C(500 | 100), D(200 | 400) und E(0 | 400).

Erzielt man für einen Motormäher 300 € und für eine Motorhacke 400 € Gewinn, so ergibt sich ein Gesamtgewinn von $z = 300x + 400y$. Man spricht dann von der **Zielfunktion z**. Produziert und verkauft man zum Beispiel 200 Mäher und 100 Hacken (Punkt P im Planungsgebiet), beträgt der Gewinn $z = 300 \cdot 200 + 400 \cdot 100 = 100\,000$ €.
Die Produktionszahlen für einen möglichst hohen Gewinn ermittelt man folgendermaßen: Nimmt man zunächst an, der Gewinn wäre Null, so ergibt sich die Geradengleichung der **Zielgeraden für z = 0**: $0 = 300x + 400y$ oder $y = -\frac{3}{4}x$. Diese Ursprungsgerade wird in das Planungsdiagramm eingezeichnet.
Verschiebt man die Zielgerade parallel, so erhält man weitere Zielgeraden für verschiedenen Werte von z. Für die Gerade durch P(200 | 100) gilt: $z = 100\,000$. Diesen Wert erhält man für alle Punkte dieser Zielgeraden, z. B. für Q(0 | 250): $z = 300 \cdot 0 + 400 \cdot 250 = 100\,000$.
Die möglichen Gewinne kann man für beliebige Punkte des Planungsgebietes ermitteln:

Je größer der y-Achsenabschnitt der Zielfunktion ist, desto höher ist der Gewinn. Bei einer Produktion von 200 Mähern und 400 Hacken ist der Gewinn am höchsten.

Punkt	B (500 Mäher | 0 Hacken)	E (0 | 400)	C (500 | 100)	D (200 | 400)
Gewinn	$300 \cdot 500 + 400 \cdot 0 = 150\,000$ €	160 000 €	190 000 €	220 000 €

Beim **linearen Optimieren** sucht man für eine **Zielfunktion** den günstigsten Wert, in der Regel den größten oder den kleinsten. Die günstigsten Werte der Zielfunktion findet man durch Parallelverschiebungen der **Zielgeraden** für z = 0. Es sind diejenigen Punkte, die innerhalb des Planungsgebietes auf der Zielgeraden mit dem größten (bzw. kleinsten) y-Achsenabschnitt liegen.

Beispiel

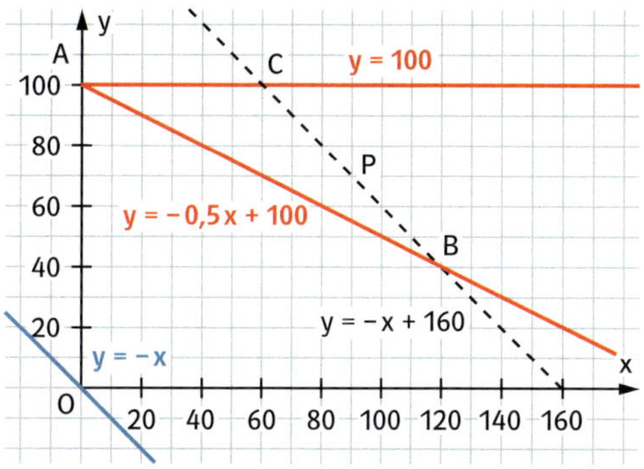

Das vorgegebene Planungsgebiet hat die Eckpunkte A(0 | 100), B(120 | 40), C(60 | 100). Für die Zielfunktion $z = 75x + 75y$ ergeben sich in den Eckpunkten folgende Werte:

Eckpunkt	A	B	C
z	7500	12 000	12 000

Im Eckpunkt A ergibt sich also für die Zielfunktion der kleinste Wert im Planungsgebiet. Den größten Wert hat die Zielfunktion sowohl im Eckpunkt B als auch im Eckpunkt C. Diesen Wert hat die Zielfunktion in allen Randpunkten des Planungsgebietes entlang der Strecke $\overline{BC}$, so zum Beispiel in Punkt P(90 | 70) mit $z = 75 \cdot 90 + 75 \cdot 70 = 12\,000$. Setzt man den Wert der Zielfunktion zunächst auf Null, so ergibt sich die Geradengleichung $0 = 75x + 75y$ oder $y = -x$. Der Graph der Zielfunktion ist parallel zur Strecke $\overline{BC}$. Verschiebt man ihn in die Eckpunkte B und C der größten Funktionswerte, so liegen alle Punkte der Strecke $\overline{BC}$ auf dem Graphen.

Aufgaben

1 Ein Landwirt möchte höchstens 40 ha seines Landes bebauen. Er will Weizen und Zuckerrüben anbauen, das bedeutet 5 Tage bzw. 10 Tage Arbeitsaufwand pro ha. Er hat höchstens 240 Arbeitstage im Jahr und 12 000 € Kapital zur Verfügung. Der Anbau von 1 ha Weizen kostet 200 € und der Anbau von 1 ha Zuckerrüben 600 €. 1 ha Weizen bringt 1000 € und 1 ha Zuckerrüben 1200 € Gewinn.

a) Wie viel ha Zuckerrüben können höchstens angebaut werden? Wie viel ha Weizen werden dann angebaut? Wie viel Kapital und Arbeitstage müssen aufgebracht werden.

b) Wo liegen die Punkte im Planungsgebiet, die die Bodenfläche, den Arbeitsaufwand, das Kapital voll ausnutzen?

c) Bei welcher Bebauung ist der Gewinn am größten?

2 In einer Realschule müssen 4200 m² Fußbodenbelag möglichst preiswert erneuert werden. Mindestens 1400 m² sind mit einem Kunststoffbelag auszustatten, der Rest mit einem Nadelfilzbelag. Die Folgekosten, Pflege und Reinigung, dürfen im Jahr 27 000 € nicht übersteigen.
Wie können die Gesamtkosten minimiert werden?

Belag	Verlege-kosten	Folge-kosten
Nadel-filz	$18\,\frac{€}{m^2}$	$9\,\frac{€}{m^2}$
Kunst-stoff	$30\,\frac{€}{m^2}$	$6\,\frac{€}{m^2}$

3 Eine Maschinenfabrik stellt Kreissägen und Tischbohrmaschinen her. In einem Monat können höchstens produziert werden: 600 Elektromotoren für Kreissägen oder Bohrmaschinen, 400 Kreissägen ohne Motor und 500 Bohrmaschinen ohne Motor. Eine Kreissäge bringt 300 € Gewinn und eine Tischbohrmaschine 200 €. Wie muss produziert werden, damit der Gewinn möglichst hoch ist?

Zusammenfassung

lineares Gleichungssystem

Zwei lineare Gleichungen mit jeweils zwei Variablen bilden zusammen ein **lineares Gleichungssystem.**

(1) $x - 2y = 2$
(2) $x + y = 5$

grafisches Lösungsverfahren

Die Lösungen der linearen Gleichungen lassen sich als Geraden darstellen.
Die Koordinaten des Schnittpunkts der beiden Geraden erfüllen beide Gleichungen und sind somit die **Lösung des Gleichungssystems**.
Ein Gleichungssystem hat
- **genau eine Lösung**, wenn sich die zugehörigen Geraden **in einem Punkt schneiden.**
- **keine Lösung,** wenn die Geraden parallel verlaufen.
- **unendlich viele Lösungen**, wenn zu den zwei Gleichungen **dieselben Geraden** gehören.

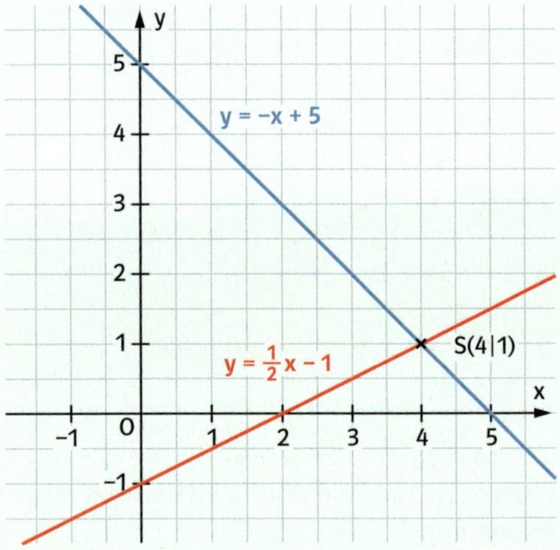

rechnerische Lösungsverfahren

Jedes Zahlenpaar, das beide Gleichungen erfüllt, ist eine Lösung des linearen Gleichungssystems.

$L = \{(4\,;\,1)\}$

Gleichsetzungsverfahren

Man löst beide Gleichungen nach derselben Variablen auf.
Durch Gleichsetzen der Terme erhält man eine Gleichung mit einer Variablen.
Man löst diese Gleichung und setzt die Lösung in eine der Gleichungen ein, um die Lösung für die zweite Variable zu bekommen.

(1) $y = 2x - 1$
(2) $y = -x + 5$
(1) = (2): $2x - 1 = -x + 5$
$x = 2$
Einsetzen in (1) ergibt
$y = 3$
$L = \{(2\,;\,3)\}$

Additionsverfahren

Man formt beide Gleichungen so um, dass beim **Addieren** oder **Subtrahieren** beider Gleichungen eine Variable wegfällt. So entsteht eine Gleichung mit einer Variablen.

(1) $3x + 5y = 10$
(2) $4x - 5y = 4$
(1) + (2): $7x = 14$
$x = 2$
$y = 0{,}8$
$L = \{(2\,;\,0{,}8)\}$

lineare Ungleichungen mit zwei Variablen

Die **Lösungen einer linearen Ungleichung** mit zwei Variablen $ax + by \leq c$ sind alle Zahlenpaare $(x\,;\,y)$, die die Ungleichung erfüllen. Im Koordinatensystem bilden die zugehörigen Punkte eine von der **Randgeraden** $ax + by = c$ begrenzte **Halbebene**.

$-x + 2y \leq 1$

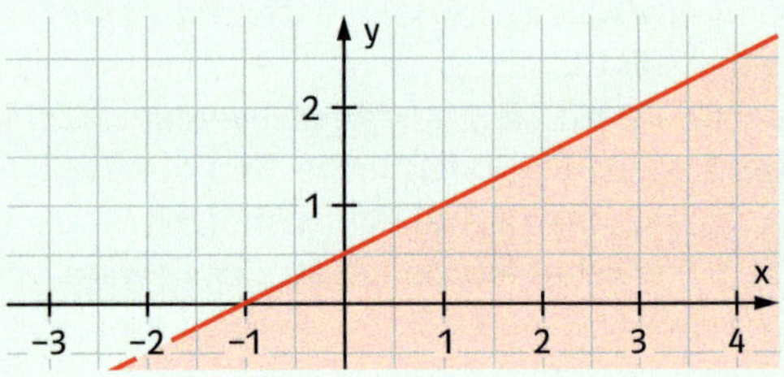

Üben • Anwenden • Nachdenken

1 Löse das Gleichungssystem. Überlege dir vorher, welches Verfahren am besten geeignet ist.

a) $y = 2x + 1$
$y = -x + 10$

b) $2x - y = 4$
$3x + y = 1$

c) $y = 3x - 15$
$2y = x + 10$

d) $3y + x = -1$
$y = x + 3$

e) $y + 3x = 7$
$x = y - 3$

f) $2x - 3 = y$
$3x + 2 = 2y$

g) $13x - 2y = 20$
$2x + y = 7$

h) $2x + 1 = 3y$
$4x - 5y = 0$

i) $2x + 3y = 0$
$x = 4y - 11$

k) $3x + 4y = 21$
$2x + 2y = 13$

l) $3x + 5y = -30$
$5x - 3y = 120$

m) $x + 2y = 2$
$9x + 14y = 64$

2 Löse das Gleichungssystem zeichnerisch und überprüfe deine Lösung durch Rechnung.

a) $y = 2x - 4$
$y = -3x + 6$

b) $y = \frac{1}{2}x - 2$
$y = -2x + 3$

c) $y = -\frac{3}{2}x + 3$
$y = \frac{1}{2}x - 5$

d) $y = -\frac{2}{5}x - \frac{4}{5}$
$y = -\frac{5}{2}x + 5{,}5$

e) $y + 2x + 6 = 0$
$y - x + 3 = 0$

f) $2x - y = 7$
$5x + 2y = 10$

3 Löse rechnerisch. Forme geschickt um.

a) $\frac{1}{2}x - 2 = \frac{1}{4}y$
$\frac{1}{3}x + 6 = 2y$

b) $\frac{1}{3}x + 3y = 29$
$3x - \frac{1}{5}y = -11$

c) $3y + 5x + 57 - 7x = 3x - 11y - 23$
$4y + 9x - y - 20 = 5x - 11 - 8x$

d) $10 + (4x - 3) + (y + 9) = 2x + (3y - 16) + 19$
$6x + 2 + (2y - 20) = (18x - 3) + (18 - y) - 3$

e) $2(y - 2) = 4(x - 3)$
$3(y + 4) = 4(x + 1)$

f) $9(x - y + 1) = 0$
$10x + y = 4(x + y) + 3$

4 Stelle durch Zeichnung und Rechnung fest, ob das Gleichungssystem eine, keine oder unendlich viele Lösungen hat.

a) $y = 3x - 4$
$y = 3x + 1$

b) $y = \frac{1}{2}x - 3$
$y = -\frac{1}{2}x + 3$

c) $2x + 3y = 9$
$y = -\frac{2}{3}x + 3$

d) $y = \frac{2}{5}x + 4$
$y = -\frac{2}{5}x + 4$

e) $2y = 3x - 5$
$y = \frac{3}{2}x + 1$

f) $8x - 6y + 12 = 0$
$-3y + 6 + 4x = 0$

g) $2x + 3y - 4 = 3x + 4y - 5$
$2y - 5x - 2 = -2x + 5y - 5$

5 Arbeite besonders sorgfältig.

a) $3(14 - 5x) - 2y = y + 3$
$2(9 - 2x) - y = y + 4$

b) $34 - 4(x + y) = 10 - x - y$
$41 - 8(y - x) = 5 - x - y$

c) $3(4x - y) - 2(3x - 1) = -13$
$-2(3y - x) - 5(x - 2y) = 10$

d) $(x + 5)(y + 2) = xy + 130$
$(x + 3)(y - 2) = xy + 14$

e) $(2x - 1)(3y - 5) = (2x - 3)(3y - 1)$
$3(5x - 2) = 2(5y - 4) + 2$

f) $(x + 3)(y - 4) + 3 = x(y - 2)$
$(2x + 5)(y - 1) + 10 = 2y(x + 3) - 6$

6 Achte auf die Brüche.

a) $\frac{x}{3} + \frac{y}{5} = 260$
$5x - 3y = 150$

b) $\frac{2x}{7} - \frac{3y}{5} = 5$
$\frac{x}{5} + \frac{2y}{25} = 1$

c) $x - y = 37$
$\frac{x-1}{y} = 3$

d) $x + y = 45$
$\frac{x}{y} = \frac{2}{3}$

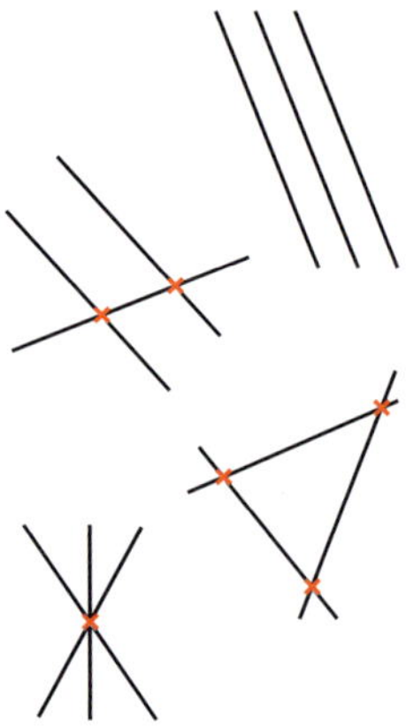

7 Drei verschiedene Geraden können keinen, einen, zwei oder drei Schnittpunkte haben. Zeichne und stelle fest, welcher der vier Fälle vorliegt.
Bestätige dein Ergebnis durch Rechnung, indem du die drei möglichen Gleichungssysteme untersuchst.

a) $y = 2x - 2$
$y = -x + 4$
$y = \frac{1}{2}x + 1$

b) $y = \frac{1}{2}x + 3$
$y = \frac{1}{2}x - 2$
$y = \frac{1}{2}x$

c) $y = -\frac{2}{3}x + 8$
$y = \frac{3}{5}x + \frac{2}{5}$
$y = \frac{5}{2}x - \frac{3}{2}$

d) $2y = 3x + 4$
$3y = -\frac{3}{2}x + 12$
$4y = 6x - 8$

e) Berechne bei den Dreiecken Umfang und Flächeninhalt. Miss die notwendigen Größen.

8 Entnimm der Zeichnung die Gleichungen der parallelen Geraden.
Übertrage die Schaubilder in dein Heft und lies die Schnittpunktkoordinaten auf eine Nachkommaziffer genau ab.

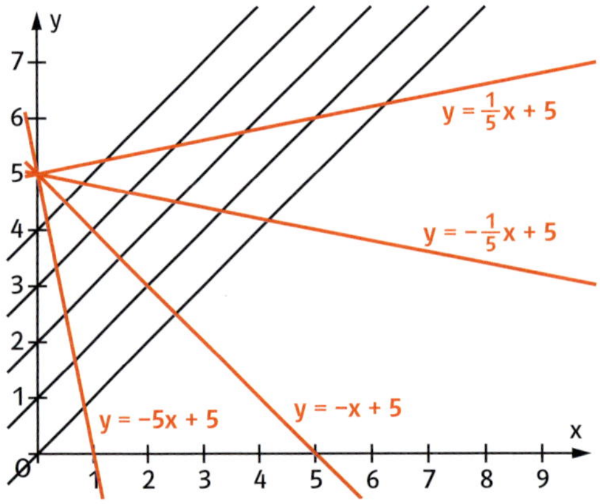

Überprüfe durch Rechnung.

9 Kleine Ursache – große Wirkung
Löse beide Gleichungssysteme rechnerisch.

$123x - 124y = 61$
$248x - 250y = 123$

$123{,}01x - 124y = 61$
$248x - 250y = 123$

Vergleiche die Ergebnisse.
In welchen Quadranten liegen die Schnittpunkte?

Noch mehr Variable

Es gibt auch lineare Gleichungssysteme mit drei Gleichungen und drei Variablen.

Beispiel:
(1) $2x + 3y + z = 1$
(2) $2y + 3z = 13$
(3) $2z = 6 \quad |:2$

aus (3) erhält man:
$z = 3$
$z = 3$ eingesetzt in (2): $2y + 3 \cdot 3 = 13$
$y = 2$
$y = 2$ und $z = 3$ eingesetzt in (1):
$2x + 3 \cdot 2 + 3 = 11$
$x = 1$
$L = \{(1;2;3)\}$

Die Art der Lösung erinnert an viele aneinandergestellte Dominosteine, die alle umkippen, wenn man den ersten Stein umwirft.

■ Löse nun selbst einige Gleichungssysteme mit drei Variablen.

$2x + 3y + 4z = 9$
$x + 2y = 10$
$3x = 12$

$2x + 3y - z = 20$
$y + z = 6$
$2y - z = 9$

$x + y + z = 24$
$x - y + z = 8$
$x + y - z = 2$

■ Finde drei natürliche Zahlen, bei denen sich die Summen 8, 10 und 12 ergeben, wenn man je zwei der drei Zahlen addiert. Vielleicht findest du die Lösung durch Raten. Bestätige deine Vermutung durch das entsprechende Gleichungssystem.

10 Erfinde einen Text, der zu dem Gleichungssystem passt.
Löse das Gleichungssystem rechnerisch und überprüfe die Lösung an deinem Text.

a) $x - y = 5$
$x + y = 5$

b) $3x + 4y = 36$
$x + y = 10$

11 Bilde aus den vorgegebenen Gleichungen je zwei Gleichungssysteme mit einer Lösung, mit keiner Lösung und mit unendlich vielen Lösungen.
Zeichne und rechne.

$y = -\frac{1}{2}x + 5$

$y = \frac{1}{2}x + 5$

$y = -5x + 2$

$2x + 4y - 20 = 0$

$y = \frac{1}{5}x - 3$

$4x - 2y - 10 = 0$

$2x - y = 0$

$x - y - 5 = 0$

$y = -2x - 5$

$5y - 2 = x$

$2y = x + 10$

$5x - 2 = y$

12 Konstruiere das Dreieck.
a) Eine Seite ist 10 cm lang. Die beiden anderen Seiten sind zusammen 12 cm lang, eine davon ist 5 cm länger als die andere.
b) Der Umfang des Dreiecks beträgt 18 cm. Die längste Seite ist 7 cm lang. Die beiden anderen unterscheiden sich um 1 cm in der Länge.

13 Legt man vier kongruente gleichschenklige Dreiecke zu einem großen Dreieck zusammen, so hat dies 46 cm Umfang. Legt man sie zu einem Parallelogramm zusammen, ist der Umfang 38 cm.
Wie lang sind die Seiten des Dreiecks?

Geradengleichung aus zwei Punkten

Mithilfe der Koordinaten zweier Punkte einer Geraden kann man deren Gleichung bestimmen.
Wenn man die Koordinaten der Punkte P und Q in die Geradengleichung $y = mx + b$ einsetzt, erhält man ein lineares Gleichungssystem mit den Variablen m und b.

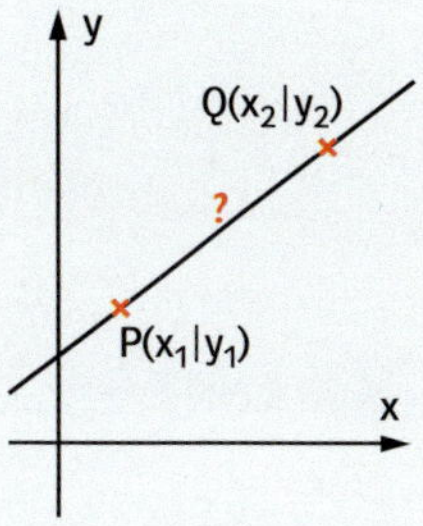

Beispiel: $P(2|2)$ und $Q(4|3)$
$P(2|2)$ ergibt: (1) $2 = 2m + b$
$Q(4|3)$ ergibt: (2) $3 = 4m + b$
Man erhält $m = \frac{1}{2}$ und $b = 1$.
Damit ergibt sich die Gleichung der Geraden: $y = \frac{1}{2}x + 1$.

■ Finde die Gleichung der Geraden, die durch P und Q verläuft.
$P(1|2)$ und $Q(5|6)$
$P(3|4)$ und $Q(6|1)$
$P(-1|2)$ und $Q(3|7)$

■ Prüfe ohne zu zeichnen, ob der Punkt Q auf der Geraden liegt, die durch P und R verläuft.
$P(2|3)$; $Q(3|4)$ und $R(5|7)$
$P(1|5)$; $Q(3|3)$ und $R(5|1)$

Mit der Formel $\frac{y - y_1}{x - x_1} = \frac{y_2 - y_1}{x_2 - x_1}$

kann man schnell die Gleichung einer Geraden mithilfe der Koordinaten zweier Punkte bestimmen. Man bezeichnet dies als **Zwei-Punkte-Form** der Geradengleichung.
Jeder der beiden Terme der Gleichung kann als Steigung der Geraden interpretiert werden.

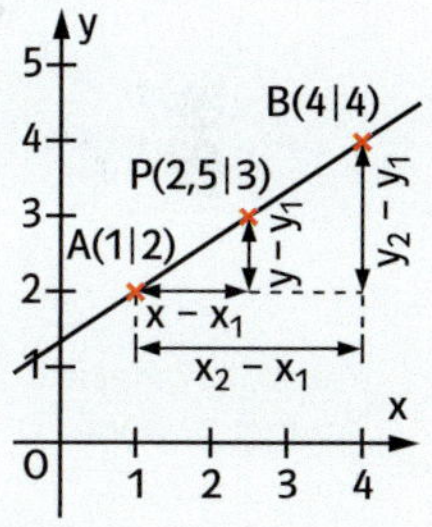

■ Bestimme mit der Zwei-Punkte-Form zunächst die Steigung m und anschließend die Gleichung der Geraden, die durch die Punkte P und Q verläuft.
$P(1|2)$; $Q(5|4)$
$P(2|4)$; $Q(4|2)$
$P(-1,5|-1,5)$; $Q(6|1)$
Forme die Gleichung um in die Form $y = mx + b$.

Grafische Lösung mit dem Computer

Mit einem Computerprogramm, in das ein Computer-Algebra-System (CAS) integriert ist, lassen sich lineare Gleichungssysteme mit zwei Variablen grafisch und rechnerisch lösen.

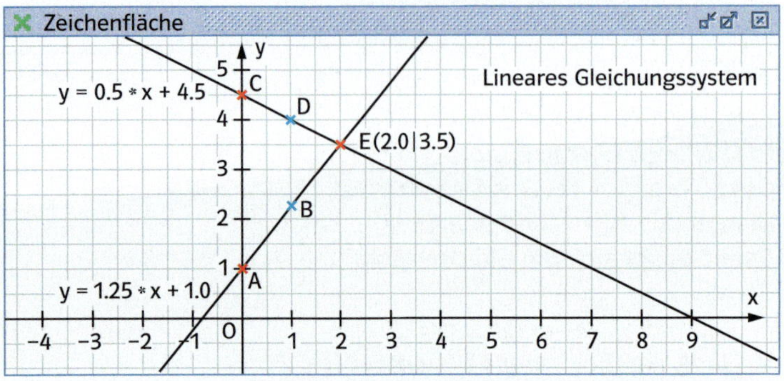

Die beiden Geraden lassen sich beliebig verändern. Die Punkte A und C auf der y-Achse bestimmen den y-Achsenabschnitt der jeweiligen Gerade.
Die Punkte B und D liegen auf einer Parallelen zur y-Achse mit dem Abstand 1 LE. Aus der Differenz der y-Koordinaten von B und A bzw. D und C ergibt sich die Steigung der Gerade.

- Überprüfe die Lösungen einiger Aufgaben, die du zeichnerisch oder rechnerisch gelöst hast, mit dem Computer.
- Die Gerade g geht durch die Punkte P(0 | −3) und Q(1 | 0), die Gerade h durch R(0 | 3) und T(1 | 2).
Ermittle die Koordinaten des Schnittpunkts S der beiden Geraden.

Wo schneiden sich die beiden Geraden?

- Es lassen sich auch Gleichungssysteme grafisch lösen, bei denen der Schnittpunkt weit entfernt vom Nullpunkt liegt. Durch Verschieben des Ursprungs oder eine andere Skalierung kann man am Computer den Schnittpunkt sichtbar machen.
- Löse die Aufgabe vom Rand.
- Löse die beiden Gleichungssysteme:

$y = 10x + 1$ $\quad$ $y = -\frac{1}{10}x + 10$

$y = 11x - 1$ $\quad$ $y = \frac{1}{5}x - 5$

14 In einem Basketballspiel der NBA hat Dirk Nowitzki in einem Spiel 43 Punkte erzielt. Neun Punkte davon waren Freiwürfe. Freiwürfe zählen einen Punkt, aus dem Spiel heraus gibt es zwei oder drei Punkte, das ist von der Wurfentfernung abhängig. Wie viele Dreier hatte Nowitzki in diesem Spiel, wenn er die Feldpunkte mit 15 Würfen erreicht hat?

15 Sarah arbeitet am Wochenende in einem Cafe als Kellnerin. Sie arbeitet täglich sechs Stunden. Der Cafebesitzer macht ihr zwei verschiedene Angebote. Entweder erhält sie 8 € pro Stunde und 5 % vom Umsatz oder 5 € pro Stunde und 8 % vom Umsatz. Beurteile die beiden Angebote. Was muss Sarah bei ihrer Entscheidung berücksichtigen?

16 Der Elektroladen bietet Glühbirnen und Energiesparleuchten an.

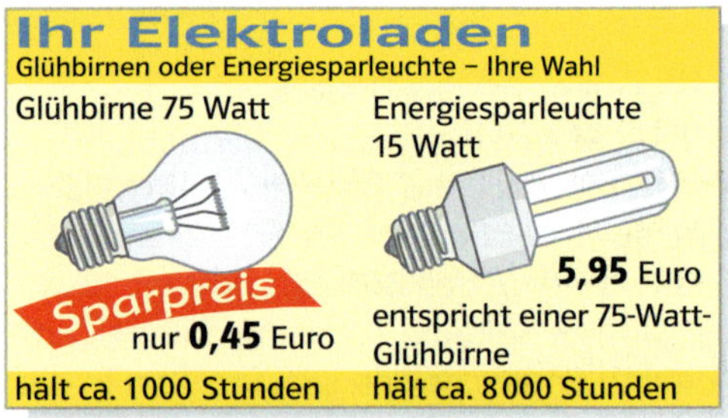

a) Stelle für die Gesamtkosten der beiden Angebote zwei Gleichungen auf.
b) Wie lange müssen eine 75-Watt-Glühbirne und eine 15-Watt-Energiesparleuchte eingeschaltet sein, damit die jeweiligen Gesamtkosten gleich hoch sind?
c) Stelle in einem Schaubild die Gesamtkosten der Glühbirne und der Energiesparleuchte im Vergleich dar.
Was lässt sich aus dem Schaubild ablesen?
d) Überprüfe in eurer Wohnung, wie viele Glühbirnen durch Energiesparleuchten ersetzt werden könnten.
Wenn du überschlägig ermittelst, wie lange die Birnen im Jahr brennen, kannst du ausrechnen, wie groß die Ersparnis in einem Jahr wäre.
Gib die Ersparnis auch in Prozent an.

Rückspiegel

Rückspiegel

1 Löse das Gleichungssystem. Zeichne.

a) $y = -3x + 7$
$y = -\frac{1}{3}x - 1$

b) $y = -\frac{1}{2}x + 4$
$y = x - 2$

2 Forme die Gleichungen um und löse das Gleichungssystem zeichnerisch.

a) $y + \frac{1}{2}x = 5$
$y + 1 = x$

b) $3y - 9x = 9$
$x - 2y = 4$

3 Löse das Gleichungssystem rechnerisch. Wähle ein geeignetes Verfahren.

a) $y = -x + 5$
$y = 2x - 1$

b) $2x - 3y = 4$
$4x + 3y = 2$

4 Löse das Gleichungssystem. Rechne.

a) $2x + 1 = 6y$
$x - 2y = 1$

b) $4x + 5y = 31$
$22 = 4x + 2y$

c) $4(x + 2) = 3(y + 2)$
$5(x + 5) = 4(y + 5)$

5 Die Gerade g geht durch die Punkte P(0 | 2) und Q(1 | 3), die Gerade h durch R(0 | 5) und S(1 | 4,5).
Bestimme die Funktionsgleichungen der beiden Geraden und berechne die Koordinaten ihres Schnittpunkts.

6 Stelle das Gleichungssystem grafisch dar und gib an, ob es eine oder keine Lösung hat.

a) $y = \frac{2}{3}x - 3$
$y = \frac{2}{3}x + 3$

b) $y = \frac{3}{4}x - 1$
$y = \frac{4}{3}x - 1$

7 Im Museum zahlen drei Erwachsene und zwei Kinder 19 € Eintritt. Ein Erwachsener mit drei Kindern zahlt 11 €.
Was müssen zwei Erwachsene und zwei Kinder bezahlen?

8 Familie Mann will sich ein Wohnmobil leihen. Sie bekommt zwei Angebote:

A: Grundgebühr 120 € und
für jeden Tag der Nutzung 25 €.
B: Grundgebühr 100 € und
für jeden Tag der Nutzung 30 €.

Was muss die Familie berücksichtigen und wofür soll sie sich dann entscheiden?

1 Löse das Gleichungssystem. Zeichne.

a) $y = \frac{4}{3}x - 2$
$y = -\frac{2}{3}x + 4$

b) $y = -\frac{3}{4}x + 3$
$y = \frac{5}{4}x - 1$

2 Forme die Gleichungen um und löse das Gleichungssystem zeichnerisch.

a) $y - \frac{1}{2}x - 1 = 0$
$2y + 6x - 16 = 0$

b) $2x + 5y = -4$
$5x + 2y = 11$

3 Löse das Gleichungssystem rechnerisch. Wähle ein geeignetes Verfahren.

a) $6y = 5x + 17$
$4 - 8x = 6y$

b) $2x + 3y - 12 = 0$
$6x - 3y + 12 = 0$

4 Löse das Gleichungssystem. Rechne.

a) $4x + 5y = 2$
$7x + 5y = 11$

b) $5x + 8y = 248$
$8x + 5y = 272$

c) $3(x + 7) - 2(y + 7) = 0$
$4(x + 21) - 3(y + 20) = 0$

5 Die Punkte P(0 | 2) und Q(3 | 3) liegen auf der Geraden g, die Punkte R(0 | 4) und S(4 | 0) auf der Geraden h.
Wie heißen die Funktionsgleichungen der beiden Geraden? Bestimme zeichnerisch und rechnerisch ihren Schnittpunkt.

6 Prüfe durch Rechnung, wie viele Lösungen das Gleichungssystem hat.
Begründe mithilfe des Schaubildes.

a) $3x - y = 4$
$2y + 8 = 6x$

b) $2x + 5y - 5 = 0$
$5y + 2x + 5 = 0$

7 Für einen Blumenstrauß mit 3 Rosen und 5 Tulpen zahlt Mara 8,50 €. Ihr Bruder zahlt für 5 Rosen und 3 Tulpen 9,90 €.
Wie viel Euro kosten 8 Rosen und 7 Tulpen?

8 Familie Munz liegen zwei Angebote für die Stromversorgung vor.

Tarif A: Grundgebühr 45,50 €
Kosten pro kWh 16,5 ct
Tarif B: Grundgebühr 75,25 €
Kosten pro kWh 15,5 ct

Für welchen Tarif soll sich Familie Munz entscheiden?
Welche Bedingungen sollen bei der Entscheidung berücksichtigt werden?

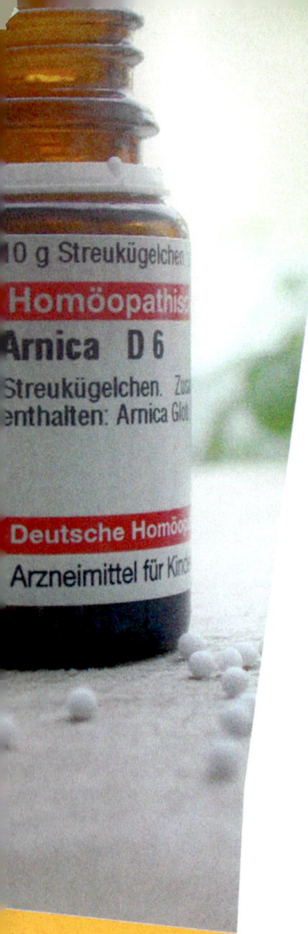

Wetten, dass ...

Wetten, dass ...
du den Bogen einer Tageszeitung nicht mehr als achtmal auf die Hälfte falten kannst?
Notiere, wie viele Lagen Papier bei jeder Faltung übereinander liegen.
Nach wie vielen Faltvorgängen wäre theoretisch die Dicke eines etwa 1000-seitigen Buches erreicht?

Wetten, dass ...
du ein Blatt Papier (0,1 mm stark) nicht mehr als 42-mal falten müsstest, um mit den übereinander liegenden Papierlagen die mittlere Entfernung von der Erde zum Mond (386 000 km) zu überbrücken?
Prüfe mit dem Taschenrechner nach.

Wetten, dass ...
du eine Eins mit 30 Nullen nicht in 10 Sekunden schreiben kannst?

Für große Zahlen aus einer Eins und angehängten Nullen gibt es die Potenzschreibweise. Sie spart Zeit und Platz.

- Wie viel Zeit sparst du, wenn du die Eins mit 30 Nullen als Zehnerpotenz schreibst?
- Wievielmal länger dauert es,
  – eine Eins mit 90 Nullen zu schreiben als eine Eins mit 30 Nullen?
  – 10^{90} zu schreiben als 10^{30}?

1 000 000 000 000 000 000 000 000 000 000

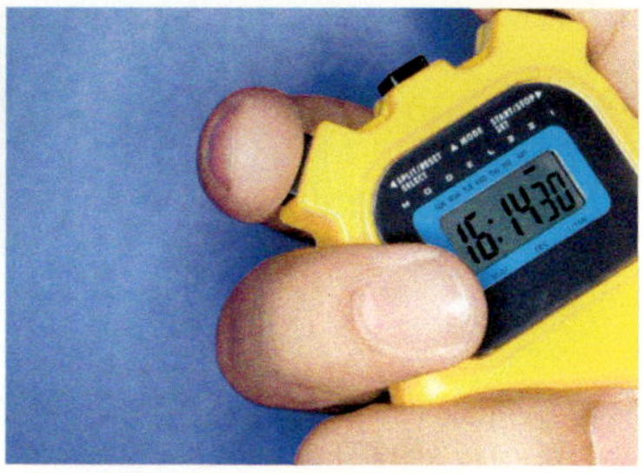

$100 = 10 \cdot 10 = 10^2$ (2 Nullen → Exponent 2)

$1000 = 10 \cdot 10 \cdot 10 = 10^3$ (3 Nullen → Exponent 3)

Wetten, dass ...
du eine Zahl schreiben kannst, die mehr als einmal um die Erde reicht? Das sind immerhin 40 000 km.

Die Zahl 10^{10} ist ausgeschrieben eine Eins mit 10 Nullen.
Wie viele Nullen hat dann $10^{(10^{10})}$?
Sind es 100 000, 1 Million, 10 Millionen oder noch mehr?
Ins Heft geschrieben passt eine Null gerade in ein Kästchen.

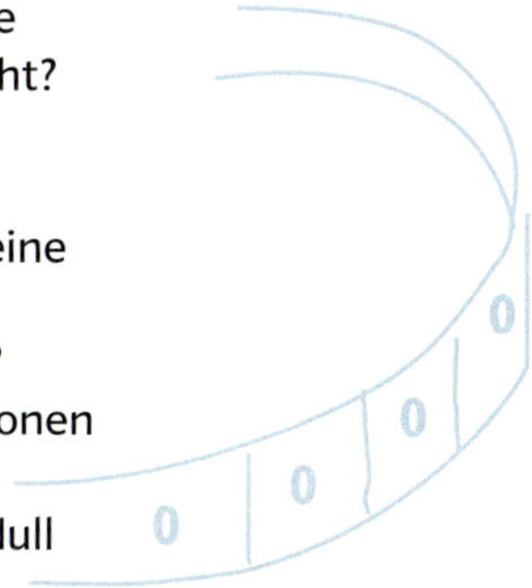

In diesem Kapitel lernst du,

- wie man mit Potenzen rechnet, wenn sie die gleiche Basis oder den gleichen Exponenten haben,
- dass auch Potenzen mit negativen Exponenten sinnvoll sind,
- wie man sehr große und sehr kleine Zahlen übersichtlich darstellt,
- dass die Potenzschreibweise für sehr große und sehr kleine Zahlen in vielen Anwendungen nützlich ist,
- was Potenzfunktionen sind und wie sie aussehen.

1 Potenzen

Eine Legende erzählt, dass der indische Erfinder des Schachspiels dieses Spiel einem Maharadscha zum Geschenk machte. Dieser gestattete dem Erfinder einen Wunsch.
Der Erfinder erbat sich für das erste Feld des Schachbretts ein Reiskorn und für jedes weitere jeweils doppelt so viele Körner wie auf dem vorherigen. Der Maharadscha, erfreut über solche Bescheidenheit, ließ ein Feld nach dem anderen mit der gewünschten Anzahl Körner belegen. Bald war sein Erstaunen groß.
→ Wie groß ist die Anzahl der Körner auf dem 5.; 10.; 20. Feld?
→ Schätze das Gewicht der Reiskörner auf dem 64. Feld.
Nimm an, dass 40 Reiskörner zusammen etwa 1g wiegen.
Vergleiche mit der Weltjahresernte 2004 von 560 Mio. t.

? *Probiere mit deinem Taschenrechner:*
$7^3 = ?$
$7^9 = ?$

Ein Produkt aus lauter gleichen Faktoren lässt sich vereinfacht in der Potenzschreibweise angeben: $2 \cdot 2 \cdot 2 = 2^3$ $\quad (-3) \cdot (-3) \cdot (-3) \cdot (-3) = (-3)^4$
Dabei benutzt man folgende Bezeichnungen:

Basis Exponent

$5 \cdot 5 \cdot 5 \cdot 5 = 5^4 = 625$

Potenz Potenzwert

Die Potenz a^n ist ein Produkt aus n gleichen Faktoren a.
$a^n = \underbrace{a \cdot a \cdot a \cdot a \cdot \ldots \cdot a}_{n \text{ Faktoren}}$
Dabei ist a eine rationale Zahl und n eine positive natürliche Zahl.

Beispiele
a) $3^4 = 3 \cdot 3 \cdot 3 \cdot 3 = 81$ **b)** $0{,}5^3 = 0{,}5 \cdot 0{,}5 \cdot 0{,}5 = 0{,}125$ **c)** $(-2)^1 = -2$
d) Das Produkt aus einer **geraden** Anzahl **negativer** Zahlen ist **positiv**.
$(-2)^4 = (-2) \cdot (-2) \cdot (-2) \cdot (-2) = 16$
e) Das Produkt aus einer **ungeraden** Anzahl **negativer** Zahlen ist **negativ**.
$(-2)^5 = (-2) \cdot (-2) \cdot (-2) \cdot (-2) \cdot (-2) = -32$

Bemerkung
Potenzen mit dem Exponenten 1 haben denselben Wert wie ihre Basis: $a^1 = a$.
Potenzen mit dem Exponenten 2 nennt man **Quadratzahlen**, Potenzen mit dem Exponenten 3 **Kubikzahlen**.

! *Quadratzahlen, die du auswendig wissen solltest:*
$11^2 = 121$
$12^2 = 144$
$13^2 = 169$
$14^2 = 196$
$15^2 = 225$
$16^2 = 256$
$17^2 = 289$
$18^2 = 324$
$19^2 = 361$
$20^2 = 400$
$25^2 = 625$
$35^2 = 1225$
$45^2 = 2025$

Aufgaben

1 Wofür steht 4^3?
$3 + 3 + 3 + 3$ $\quad 4 + 4 + 4$
$3 \cdot 3 \cdot 3 \cdot 3$ $\quad 4 \cdot 4 \cdot 4$

2 Rechne im Kopf.
a) 2^3 b) 2^5 c) 2^7 d) 2^9
e) 3^4 f) 4^3 g) 5^3 h) 6^3

3 Rechne im Kopf.
a) $1{,}1^2$ b) $1{,}6^2$ c) $2{,}5^2$ d) $4{,}5^2$
e) 140^2 f) 200^2 g) $0{,}1^2$ h) $0{,}01^2$

4 Berechne ohne Taschenrechner.
a) $0{,}5^2$ b) $0{,}2^2$ c) $0{,}2^3$ d) $0{,}3^3$
e) $\left(\frac{1}{2}\right)^3$ f) $\left(\frac{1}{2}\right)^4$ g) $\left(\frac{2}{3}\right)^3$ h) $\left(\frac{3}{4}\right)^3$

5 a) Schreibe die Zehnerpotenzen ausführlich und benenne sie.
10^1; 10^2; 10^3; … ; 10^{12}
b) Schreibe als Zehnerpotenz:
1 Milliarde; 10 Millionen; 10 Billionen; 100 Milliarden; 100 Trillionen

6 Gib den Potenzwert ohne Taschenrechner an.
a) $(-1)^5$ b) $(-2)^6$ c) $(-3)^4$
d) $(-0,2)^3$ e) $(-0,1)^6$ f) $(-5)^3$
g) $(-0,01)^2$ h) $\left(-\frac{1}{2}\right)^7$ i) $\left(-\frac{3}{4}\right)^2$
j) $\left(-\frac{3}{4}\right)^3$ k) $\left(-\frac{2}{5}\right)^4$ l) $\left(-\frac{3}{10}\right)^5$

7 Schreibe als Potenz. Es gibt mehrere Möglichkeiten.
a) 64 b) 81 c) 512
d) 625 e) $\frac{1}{16}$ f) $\frac{1}{81}$
g) $\frac{16}{625}$ h) $\frac{1}{10\,000}$ i) $\frac{81}{256}$

8 Vergleiche die Potenzwerte.
a) -2^4 und 2^4
b) $(-3)^3$ und -3^3
c) -4^2 und $(-4)^2$
d) $-(-5)^3$ und $-(-5^3)$

9 Was muss eingesetzt werden?
a) $4^{\square} = 64$ b) $\square^4 = 625$
c) $\square^4 = 81$ d) $\square^5 = -32$
e) $\square^{\square} = 128$ f) $\square^{\square} = \frac{8}{125}$

10 Bestimme durch Probieren mit dem Taschenrechner den größtmöglichen ganzzahligen Exponenten für n.
a) $2^n < 1000$ b) $3^n < 10\,000$
c) $1,5^n < 200\,000$ d) $0,4^n < 0,0005$

11 Probiere mit dem Taschenrechner.
a) Welche Potenz mit der Basis 3 liegt erstmals über dem Potenzwert von 1 000 000?
b) Welche Zweierpotenz liegt am dichtesten bei 10 000 000?
c) Welches Produkt braucht weniger Faktoren, um 1 000 000 000 zu übertreffen:
$1 \cdot 2 \cdot 3 \cdot 4 \cdot 5 \cdot \ldots$
oder $5 \cdot 5 \cdot 5 \cdot 5 \cdot \ldots$?

12 a) Wie viele Nachkommaziffern haben die folgenden Potenzen?
$0,123^5$ $0,12^5$
$0,123^6$ $0,123^5$
$0,123^7$ $0,1234^5$
b) Wie heißt die letzte Ziffer des genauen Potenzwertes?
$1,23^5$ $1,23^6$
$2,34^5$ $1,23^7$
$3,45^5$ $1,23^8$

13 Überlege
a) wie viele Urgroßeltern du hast.
b) wie viele Ur-Ur-Urgroßeltern du hast.
c) wie viele Vorfahren du vor sechs Generationen hattest.
d) wie viele Vorfahren du im Jahre 1650 gehabt haben musst, wenn man für den Abstand von zwei Generationen 25 Jahre annimmt.

14 Untersuchungen haben ergeben, dass sich die Anzahl der Keime in frisch gemolkener Kuhmilch etwa jede halbe Stunde verdoppelt.
Zu Beginn wurden 700 Keime gezählt.
a) Wie viele Keime sind nach sechs Stunden vorhanden?
b) Wie lange dauert es, bis sich eine Milliarde Keime gebildet haben?

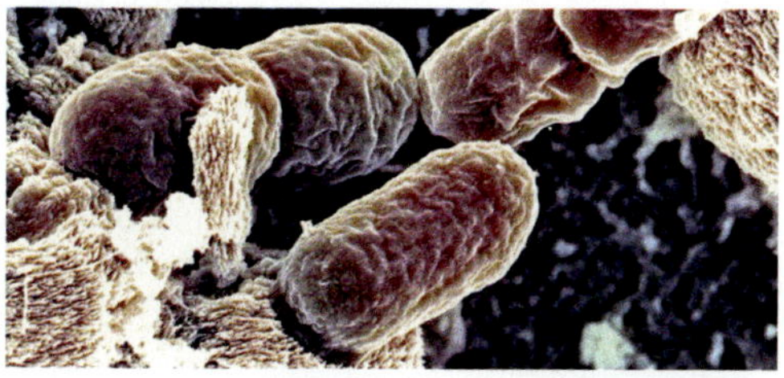

15 Die Erdbevölkerung wird bei gleich bleibendem Wachstum bis 2015 auf schätzungsweise 8,5 Mrd. Menschen anwachsen.
Zu diesem Zeitpunkt wird jemand diese Zahl als Information per E-Mail an zwei Personen weitergeben und diese am folgenden Tag wiederum an jeweils zwei Personen usw. Wie lange würde es dauern, bis diese Information jeden Erdbewohner erreicht? Schätze zuerst.

! *Potenzen, die du auswendig wissen solltest:*
$2^1 = 2$
$2^2 = 4$
$2^3 = 8$
$2^4 = 16$
$2^5 = 32$
$2^6 = 64$
$2^7 = 128$
$2^8 = 256$
$2^9 = 512$
$2^{10} = 1024$

$3^2 = 9$
$3^3 = 27$
$3^4 = 81$
$3^5 = 243$

$5^2 = 25$
$5^3 = 125$
$5^4 = 625$

? *Aus dem Papyrus Rhind (ca. 1700 v. Chr.): 7 Personen besitzen je 7 Katzen, jede Katze frisst 7 Mäuse, jede Maus frisst 7 Ähren Gerste, aus jeder Ähre können 7 Maß Körner wachsen. Wie viel Maß sind das?*

2 Potenzen mit gleicher Basis

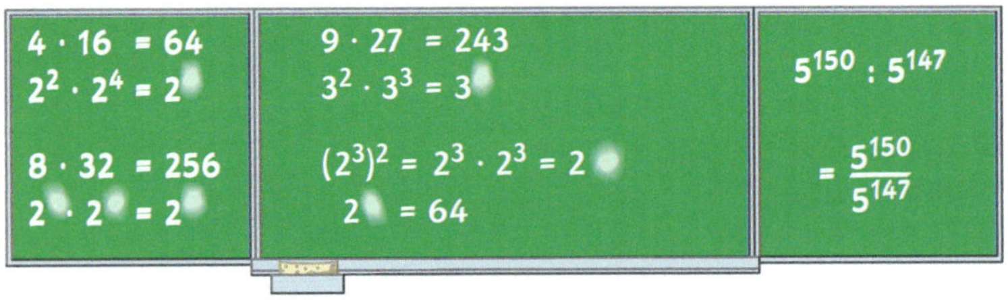

➔ Ergänze die Lücken auf dem linken und auf dem mittleren Tafelbild.
Dein Taschenrechner kann die Divisionsaufgabe auf der rechten Tafelseite nicht lösen.
➔ Hast du eine Idee?
➔ Überprüfe deine Vermutung mit kleineren Exponenten.

Bei der **Multiplikation** bzw. **Division** von Potenzen mit gleicher Basis lassen sich die einzelnen Potenzen zunächst wieder als Produkte darstellen.

$$a^6 \cdot a^4 = \underbrace{(a \cdot a \cdot a \cdot a \cdot a \cdot a)}_{\text{6 Faktoren}} \cdot \underbrace{(a \cdot a \cdot a \cdot a)}_{\text{4 Faktoren}}$$
$$= \underbrace{a \cdot a \cdot a \cdot a \cdot a \cdot a \cdot a \cdot a \cdot a \cdot a}_{\text{10 Faktoren}}$$
$$= a^{10}$$

$$\frac{a^6}{a^4} = \frac{a \cdot a \cdot a \cdot a \cdot a \cdot a}{a \cdot a \cdot a \cdot a}$$
$$= a \cdot a$$
$$= a^2$$

Für das Multiplizieren bzw. das Dividieren ergibt sich also folgender Zusammenhang:

$a^6 \cdot a^4 = a^{6+4} = a^{10}$ $\qquad \frac{a^6}{a^4} = a^{6-4} = a^2$

Ebenso gilt für beliebige Exponenten:

$a^m \cdot a^n = a^{m+n}$ $\qquad \frac{a^m}{a^n} = a^{m-n}$

Das **Potenzieren** von Potenzen lässt sich als Multiplikation von Potenzen mit gleicher Basis darstellen.

$$(a^3)^2 = a^3 \cdot a^3$$
$$= \underbrace{(a \cdot a \cdot a)}_{3} \cdot \underbrace{(a \cdot a \cdot a)}_{+\ 3} = 2 \cdot 3 = 3 \cdot 2 \text{ Faktoren}$$
$$= a^6$$

Für beliebige Exponenten gilt:
$(a^m)^n = a^{m \cdot n}$

Multiplikation:
Exponenten addieren!

Division:
Exponenten subtrahieren!

Potenzgesetze für Potenzen mit gleicher Basis

Potenzen mit gleicher Basis können **multipliziert** werden, indem man die Exponenten addiert und die Basis beibehält:
$a^m \cdot a^n = a^{m+n}$

Potenzen mit gleicher Basis können **dividiert** werden, indem man die Exponenten subtrahiert und die Basis beibehält: $\frac{a^m}{a^n} = a^{m-n}$
Für $a = 0$ gibt es keine Division.

Potenzen können potenziert werden, indem man ihre Exponenten multipliziert:
$(a^m)^n = a^{m \cdot n} = a^{mn}$

Beispiele

a) $2^5 \cdot 2^4 = 2^{5+4}$
$= 2^9$

b) $x^{2n} \cdot x^n = x^{2n+n}$
$= x^{3n}$

c) $\frac{0{,}7^{11}}{0{,}7^5} = 0{,}7^{11-5}$
$= 0{,}7^6$

d) $\frac{y^{n+5}}{y^3} = y^{(n+5)-3}$
$= y^{n+2}$

e) $(3^2)^4 = 3^{2 \cdot 4}$
$= 3^8$

f) $a^{2n+1} \cdot a^{n-3} = a^{(2n+1)+(n-3)}$
$= a^{3n-2}$

g) $\frac{a^{3m+1}}{a^{m-2}} = a^{(3m+1)-(m-2)}$
$= a^{2m+3}$

Aufgaben

1 Schreibe als Produkt von Potenzen. Es gibt mehrere Möglichkeiten.
a) $3 \cdot 3 \cdot 3 \cdot 3 \cdot 3$
b) $5 \cdot 5 \cdot 5 \cdot 5 \cdot 5 \cdot 5$
c) $6 \cdot 6 \cdot 6 \cdot 6$
d) $2 \cdot 2 \cdot 2 \cdot 2 \cdot 2 \cdot 2 \cdot 2 \cdot 2 \cdot 2$
e) $10 \cdot 10 \cdot 10 \cdot 10 \cdot 10$
f) $1 \cdot 1 \cdot 1 \cdot 1 \cdot 1 \cdot 1 \cdot 1 \cdot 1$

2 Stell dir vor, jede Benutzung der Potenztaste kostet 100 €. Rechne sparsam und doch schnell.
a) $5^4 \cdot 5^3$ b) $6^3 \cdot 6^8$ c) $2^{10} \cdot 2^{10}$
d) $5^7 : 5^3$ e) $6^8 : 6^2$ f) $2^{15} : 2^8$

3 Achte auf den Unterschied.

Beispiel: $3^2 + 3^3 = 9 + 27 = 36$
$3^2 \cdot 3^3 = 3^{2+3} = 3^5 = 243$

a) $2^2 + 2^4$; $2^2 \cdot 2^4$
b) $2^3 + 2^3$; $2^3 \cdot 2^3$
c) $3^4 - 3^2$; $3^4 : 3^2$
d) $5^5 - 5^2$; $5^5 : 5^2$

4 Schreibe mit einer Potenz.
a) $2^3 \cdot 2^5$ b) $7^9 \cdot 7^3$ c) $5 \cdot 5^4 \cdot 5^5$
d) $a^1 \cdot a^2 \cdot a^3 \cdot a^4$ e) $b^k \cdot b^m \cdot b^n$
f) $(-x)^x \cdot (-x)^y$ g) $\left(-\frac{x}{2}\right)^m \cdot \left(-\frac{x}{2}\right)$

5 Schreibe mit einer Potenz.
a) $8^7 : 8^3$ b) $9^{12} : 9^6$ c) $\frac{a^{13}}{a^{11}}$
d) $m^{10} : m^9$ e) $(3^p : 3^q) : 3^r$
f) $\frac{y^m}{y^n}$ g) $\frac{(-b)^{2m}}{(-b)^m}$ h) $\frac{(-0{,}05)}{(-0{,}05)^p}$

6 Zerlege die Potenz auf verschiedene Arten in ein Produkt von Potenzen.
a) 3^8 b) 5^7 c) 11^4 d) 10^{10}

7 Dein Taschenrechner kann $5^{200} : 5^{197}$ nicht berechnen. Kannst du ihm helfen? Überfordere deinen Taschenrechner mit ähnlichen Aufgaben und löse sie.

8 Berechne im Kopf.
a) $5^{13} : 5^{11}$ b) $2^{100} : 2^{90}$ c) $3^{333} : 3^{330}$
d) $4^{32} : 4^{28}$ e) $10^{259} : 10^{247}$ f) $\frac{6^{37}}{6^{34}}$

9 Was musst du einsetzen?
a) $3^{\square} \cdot 3^4 = 3^7$ b) $\square^2 \cdot 4^3 = 4^5$
c) $0{,}5^4 \cdot \square^7 = 0{,}5^{11}$ d) $12^{\square} : 12^9 = 12^3$
e) $2^{\square} : 2^{\square} = 1024$ f) $3^4 \cdot 243 = 3^{\square}$
g) Stellt euch gegenseitig solche Aufgaben und löst sie.

10 Vereinfache und achte auf die Unterschiede.
a) $3 \cdot (2x)^3$ b) $3 \cdot 2^3 \cdot x$
c) $3 \cdot 2x^3$ d) $(3 \cdot 2)^3 x$
e) $3^3 \cdot 2x^3$ f) $(-3)^2 \cdot 2x$
g) $-3 \cdot (2x)^2$ h) $(-3 \cdot 2x)^2$
i) $(-3 \cdot 2)^2 \cdot x$ j) $(-3)^2(2x)^2$

11 Überprüfe die Rechnungen.
$2^2 + 2^2 = 2^3$
$3^3 + 3^3 + 3^3 = 3^4$
$4^4 + 4^4 + 4^4 + 4^4 = 4^5$
…
Kannst du die begonnene Reihe fortsetzen und die Regel erklären?

12 Forme zuerst um.
a) $(2{,}5^4)^5$ b) $(1{,}2^6)^4$ c) $(3{,}3^3)^3$
d) $\left(\left(\frac{2}{3}\right)^3\right)^4$ e) $\left(\left(\frac{4}{5}\right)^6\right)^8$ f) $\left(\left(\frac{4}{3}\right)^5\right)^6$
g) $((-2)^2)^2$ h) $(-2^2)^2$ i) $((-3)^2)^3$

13 Schreibe die Potenz mit der kleinstmöglichen Basis.

Beispiel: $25^3 = (5^2)^3$
$= 5^{2 \cdot 3}$
$= 5^6$

a) 16^5 b) 49^4 c) 100^3
d) 27^2 e) 81^4 f) 64^3
g) 128^5 h) 125^6 i) 1024^7

14 Bilde mit drei gleichen Ziffern einmal den größten und dann auch den kleinsten Wert. Du kannst die Klammern verwenden.

! *Unterscheide:*
$(a^3)^4 = a^{12}$
$a^{(3^4)} = a^{81}$
$a^{3^4} = a^{81}$

3 Potenzen mit gleichen Exponenten

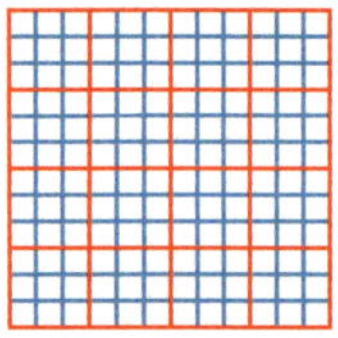

$(3 \cdot 3) \cdot (4 \cdot 4)$ Quadrate

$□^2 \cdot □^2 = □$

$(□)^2 = □$

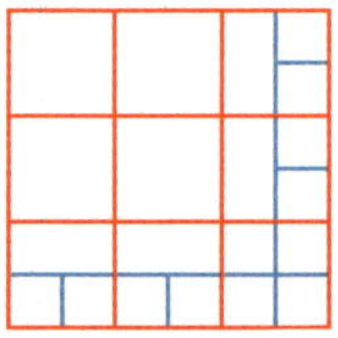

$3^2 \cdot 2^2$ Quadrate

$(□ \cdot □)^2 = □$

$□^2 = □$

Quadrate über Quadrate!

→ Wie viele Möglichkeiten findest du, die Gesamtzahl der kleinen Teilquadrate zu ermitteln?

→ Drücke deine Lösungswege in Potenzschreibweise aus.

Beim **Multiplizieren** bzw. **Dividieren** von Potenzen mit **gleichen Exponenten** lassen sich die einzelnen Potenzen in Produkte verwandeln und neu zusammenfassen.

$$a^3 \cdot b^3 = \underbrace{(a \cdot a \cdot a) \cdot (b \cdot b \cdot b)}_{\text{jeweils 3 Faktoren}} = \underbrace{(a \cdot b) \cdot (a \cdot b) \cdot (a \cdot b)}_{\text{3 gleiche Produkte als Faktoren}} = (a \cdot b)^3$$

$$\frac{a^4}{b^4} = \underbrace{\frac{a \cdot a \cdot a \cdot a}{b \cdot b \cdot b \cdot b}}_{\text{jeweils 4 Faktoren}} = \underbrace{\left(\frac{a}{b}\right) \cdot \left(\frac{a}{b}\right) \cdot \left(\frac{a}{b}\right) \cdot \left(\frac{a}{b}\right)}_{\text{4 Quotienten als Faktoren}} = \left(\frac{a}{b}\right)^4$$

Für das Multiplizieren bzw. Dividieren ergibt sich folgender Zusammenhang:

$a^3 \cdot b^3 = (a\,b)^3$ $\qquad$ $\frac{a^4}{b^4} = \left(\frac{a}{b}\right)^4$

Für beliebige Exponenten gilt:

$a^m \cdot b^m = (a\,b)^m$ $\qquad$ $\frac{a^m}{b^m} = \left(\frac{a}{b}\right)^m$

Multiplikation:
Basen multiplizieren!

Division:
Basen dividieren!

Potenzgesetze für Potenzen mit gleichen Exponenten

Potenzen mit gleichen Exponenten können **multipliziert** werden, indem man ihre Basen multipliziert und den Exponenten beibehält:

$a^n \cdot b^n = (a \cdot b)^n$

Potenzen mit gleichen Exponenten können **dividiert** werden, indem man ihre Basen dividiert und den Exponenten beibehält:

$\frac{a^n}{b^n} = \left(\frac{a}{b}\right)^n$; $b \neq 0$

Beispiele

a) $2{,}5^5 \cdot 4^5 = (2{,}5 \cdot 4)^5$
$= 10^5$

b) $\frac{45^3}{9^3} = \left(\frac{45}{9}\right)^3$
$= 5^3$

c) $\left(\frac{2}{3}\right)^4 = \frac{2^4}{3^4}$
$= \frac{16}{81}$

d) $\left(\frac{3}{4}\right)^5 \cdot \left(\frac{4}{3}\right)^5 = \left(\frac{3}{4} \cdot \frac{4}{3}\right)^5$
$= 1^5 = 1$

e) $2^n \cdot 3^n = (2 \cdot 3)^n$
$= 6^n$

f) $\frac{56^y}{14^y} = \left(\frac{56}{14}\right)^y$
$= 4^y$

g) Eine Potenz lässt sich als Produkt von Potenzen schreiben:
$12^3 = (2 \cdot 6)^3 = 2^3 \cdot 6^3$
$12^3 = (3 \cdot 4)^3 = 3^3 \cdot 4^3$

h) Eine Potenz lässt sich als Quotient von Potenzen schreiben:
$2^4 = \left(\frac{6}{3}\right)^4 = \frac{6^4}{3^4}$
$2^4 = \left(\frac{10}{5}\right)^4 = \frac{10^4}{5^4}$

Aufgaben

1 Rechne im Kopf.

a) $2^3 \cdot 5^3$
b) $5^4 \cdot 20^4$
c) $1{,}5^2 \cdot 4^2$
d) $1{,}25^3 \cdot 8^3$
e) $(-2)^5 \cdot 50^5$
f) $2{,}5^4 : 0{,}5^4$
g) $22^6 : 11^6$
h) $36^4 : 12^4$

2 Der Taschenrechner braucht deine Hilfe.

a) $\frac{16\,384^{25}}{8192^{25}}$
b) $\frac{370\,368^{20}}{123\,456^{20}}$
c) $\frac{28\,572^{30}}{9524^{30}}$
d) $\frac{55\,555^{55}}{11\,111^{55}}$

3 Unterscheide.

Beispiel: $2^3 + 5^3 = 8 + 125 = 133$
$2^3 \cdot 5^3 = (2 \cdot 5)^3 = 10^3 = 1000$

a) $3^2 + 4^2$, $3^2 \cdot 4^2$
b) $2^4 + 5^4$, $2^4 \cdot 5^4$
c) $3^2 + 10^2$, $3^2 \cdot 10^2$

4 Für das Produkt $2^3 \cdot 5^4$ gilt kein Potenzgesetz. Rechne dennoch im Kopf.

Beispiel:
$2^3 \cdot 5^3 \cdot 5 = (2 \cdot 5)^3 \cdot 5 = 10^3 \cdot 5 = 5000$

a) $2^4 \cdot 5^3$
b) $2^3 \cdot 5^2$
c) $3^3 \cdot 2^5$
d) $4^4 \cdot 5^3$
e) $5^4 \cdot 2^5$
f) $6^2 \cdot 5^4$

5 Berechne im Kopf.

a) $\frac{60^5}{30^5}$
b) $\frac{36^3}{12^3}$
c) $\frac{44^6}{(-22)^6}$
d) $\frac{(-85)^3}{17^3}$
e) $\frac{72^4}{6^2 \cdot 6^2}$
f) $\frac{16^3 \cdot 16^4}{(-64)^7}$

6 Berechne ohne Taschenrechner.

a) $12{,}5^3 \cdot 8^3$
b) $0{,}25^9 \cdot 4^9$
c) $2^4 \cdot \left(\frac{1}{2}\right)^4$
d) $(0{,}75)^2 \cdot 4^2$
e) $(-0{,}2)^6 \cdot 10^6$
f) $\left(\frac{1}{3}\right)^4 \cdot 9^4$

7 Forme um.

a) $x^2 \cdot y^2$
b) $a^5 \cdot b^5$
c) $2^3 \cdot z^3$
d) $10^4 \cdot x^4$
e) $m^7 \cdot n^7$
f) $y^6 \cdot 0{,}5^6$
g) $\frac{c^5}{d^5}$
h) $\frac{x^{10}}{y^{10}}$
i) $\frac{(3m)^2}{(2m)^2}$
j) $\frac{(8a)^4}{(2a)^4}$

8 Löse die Klammern auf.

a) $(3a)^2$
b) $(5x^2)^2$
c) $\left(\frac{3}{a}\right)^2$
d) $\left(\frac{x^2}{5}\right)^2$
e) $(3 + a)^2$
f) $(x^2 + 5)^2$
g) $(3 - a)^2$
h) $(x^2 - 5)^2$

9 Vereinfache.

a) $2^m \cdot 3^m$
b) $5^n \cdot 3^n$
c) $3^{2n} \cdot 4^{2n}$
d) $2^{n+1} : 4^{n+1}$
e) $a^{x-3} : (3a)^{x-3}$
f) $a^{2x-1} : (0{,}5a)^{2x-1}$

10 Forme um.

a) $a^{n+1} \cdot b^{n+1}$
b) $\left(\frac{3}{4}\right)^y \cdot \left(\frac{1}{2}\right)^y$
c) $s^{n+2} \cdot (s+1)^{n+2}$
d) $\left(-\frac{4}{7}\right)^{n+1} \cdot \left(-\frac{21}{2}\right)^{n+1}$
e) $(x+1)^n \cdot (x-1)^n$
f) $\frac{(x^2-9)^n}{(x-3)^n}$
g) $\frac{(2x+2)^3}{(x+1)^3}$
h) $\frac{(9y-6)^4}{(3y-2)^4}$

11 Die Aufgabe in der Multiplikationsmauer hat mehrere Lösungen.

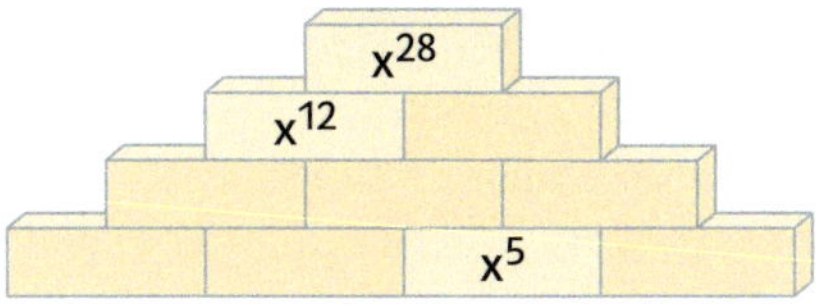

12 Zerlege alle roten Teilwürfel.

a) Wie viele kleine Würfel sind es dann insgesamt?
b) Ist das Produkt zweier Kubikzahlen wieder eine Kubikzahl? Überprüfe dies an Beispielen und weise es allgemein nach.

13 Zerlege den Quader.
a) In wie viele kleine Würfel lässt sich der Quader aufteilen? Schreibe in Potenzschreibweise.
b) Lege einen Quader mit eigener Würfelaufteilung fest. Lass deine Partnerin oder deinen Partner das Ergebnis überprüfen.

? Potenzen mit der Basis 20 lassen sich leicht im Kopf rechnen:
$20^4 = (2 \cdot 10)^4$
$= 2^4 \cdot 10^4$
$= 16 \cdot 10\,000$
$= 160\,000$

Berechne ebenso:
20^5
20^6
20^7
20^8
20^9
20^{10}

4 Potenzen mit negativen Exponenten

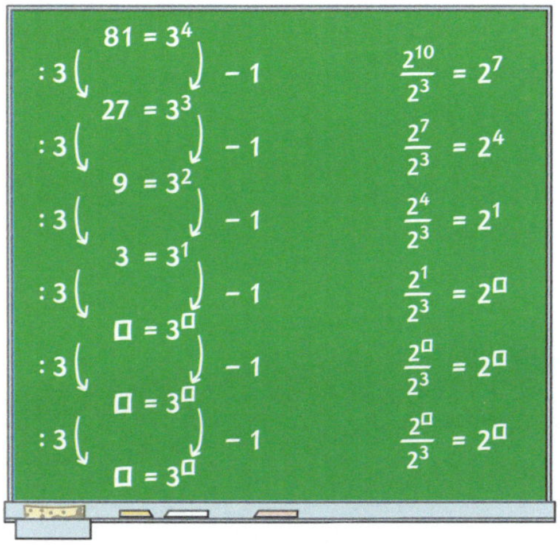

➔ Setze die Dreierreihe fort.
➔ Was bedeutet 3^{-4}?
➔ Stelle dir die Zweierreihe noch 20 Schritte fortgesetzt vor. Wie lautet dann die letzte Zeile?
➔ Bilde selbst solche Reihen.
➔ Was könnte der seltsame Ausdruck 10^0 bedeuten?

Der Exponent m der Potenz a^m zählt die Anzahl der Faktoren a. Es ist zweckmäßig, für Brüche aus Potenzen mit gleicher Basis eine erweiterte Zählregel einzuführen.

Für $\frac{a^m}{a^n}$ schreibt man a^{m-n}.
Die Zahl m zählt die Faktoren im Zähler, die Zahl n die Faktoren im Nenner.
Dabei kann n auch größer sein als m.
Das Kürzen des Bruchs entspricht dem Ausrechnen des Exponenten.

5 − 3 … … = 2
$a^{5-3} = \frac{a \cdot a \cdot a \cdot a \cdot a}{a \cdot a \cdot a} = a \cdot a = a^2$

3 − 5 … … = −2
$a^{3-5} = \frac{a \cdot a \cdot a}{a \cdot a \cdot a \cdot a \cdot a} = \frac{1}{a \cdot a} = a^{-2}$

Die Zählregel erklärt auch, was a^{-n} und a^0 bedeuten.

$a^{-n} = a^{0-n} = \frac{1}{a^n}$;

$a^0 = a^{n-n} = \frac{a^n}{a^n} = 1$

> Potenzen mit **negativen ganzen Zahlen im Exponenten** sind erklärt durch
> $a^{-n} = \frac{1}{a^n}$.
> Potenzen mit Exponent 0 sind erklärt durch $a^0 = 1$.
> In beiden Fällen muss gelten: $a \neq 0$.

Bemerkung

Die Voraussetzung $a \neq 0$ ist nötig, weil der Term 0^0 nicht sinnvoll definiert werden kann.
Die Reihe $4^0 = 1$; $3^0 = 1$; $2^0 = 1$; $1^0 = 1$ müsste nämlich mit $0^0 = 1$ fortgesetzt werden, die Reihe $0^4 = 0$; $0^3 = 0$; $0^2 = 0$; $0^1 = 0$ aber mit $0^0 = 0$.
Diese zwei Fortsetzungen passen nicht zusammen.

Beispiele

a) $2^{-4} = \frac{1}{2^4} = \frac{1}{16} = 0{,}0625$

b) $0{,}3^{-2} = \frac{1}{0{,}3^2} = \frac{1}{0{,}09}$

c) $x^{-3} = \frac{1}{x^3}$

d) $a^3 \cdot b^{-3} = \frac{a^3}{b^3} = \left(\frac{a}{b}\right)^3$

Aufgaben

1 Schreibe die Potenz als Bruch.

a) 2^{-3} b) 2^{-4} c) 5^{-2}
d) 1^{-8} e) $1{,}5^{-2}$ f) $0{,}05^{-4}$
g) $(-5)^{-2}$ h) $(-6)^{-5}$ i) $(-10)^{-10}$

2 Schreibe den Bruch als Potenz mit negativem Exponenten.

a) $\frac{1}{2^5}$ b) $\frac{1}{5^3}$ c) $\frac{1}{7^9}$ d) $\frac{1}{10^{10}}$

3 Berechne.

a) 2^{-6} b) 3^{-4} c) 4^{-3} d) $0{,}2^{-3}$
e) 1^{-7} f) 11^{-2} g) 2^{-10} h) $0{,}5^{-2}$

4 Berechne jeweils für
$n = 10; 9; 8; \ldots; 0; -1; \ldots; -10$

a) 2^n b) 3^n c) $0{,}1^n$
d) $(-3)^n$ e) $(-0{,}01)^n$ f) $(-1)^n$

5 Schreibe das Produkt als Bruch und berechne es mit dem Taschenrechner.

a) $4^{-3} \cdot 3^4$ b) $2^{-6} \cdot 5^{-1}$ c) $2^{-3} \cdot 5^{-3}$
d) $3^{-4} \cdot 9^2$ e) $8^5 \cdot 5^{-8}$ f) $12^{-6} \cdot 1728^3$

6 Lies genau. $(-3)^2 = (-3) \cdot (-3) = 9$;
aber $-3^2 = -3 \cdot 3 = -9$.
Ordne die Potenzen der Größe nach.

a) 3^{-3}; 2^{-3}; 3^2; 2^3; $(-2)^3$; $(-3)^2$; -2^3; -3^2
b) 3^{-4}; $(-4)^3$; $(-4)^{-3}$; -3^4; $(-3)^{-4}$

7 Berechne mit dem Taschenrechner.

a) $4^{-3} \cdot 5^{-2}$ b) $2^{-2} \cdot 8^{-1}$ c) $5^{-3} \cdot 7^{-4}$
d) $4^{-3} \cdot 7^3$ e) $8^{-2} \cdot 3^4$ f) $6^{-3} \cdot 6^8$
g) $2^{10} \cdot 5^{-3}$ h) $2^7 \cdot 3^4$ i) $4^{-5} \cdot 13^2$

8 Ausklammern spart Zeit. Runde, falls nötig, auf fünf Stellen nach dem Komma.

a) $2^{-3} \cdot 5^{-2} + 2^{-3} \cdot 3^{-4}$
b) $4^{-3} \cdot 5^{-1} + 4^{-3} \cdot 5^2$
c) $7^{-2} \cdot 9^{-2} + 7^{-2} \cdot 12^{-2}$
d) $11^{-3} \cdot 3^5 + 11^{-3} \cdot 5^3$

9 a) Schreibe mit positivem Exponenten.
x^{-5}; x^{-10}; y^{-4}; z^{-100}; x^{-1}
b) Schreibe mit negativem Exponenten.
$\frac{1}{x^3}$; $\frac{1}{x^7}$; $\frac{1}{y^6}$; $\frac{1}{z^{10}}$

10 Berechne 2^{20} und $2^{20} + 2^{-20}$. Erkläre.

Noch mehr Potenzgesetze

i

■ Vergleiche
$\left(\frac{1}{2}\right)^{-4}$ und 2^4; $\left(\frac{1}{5}\right)^{-3}$ und 5^3; $\left(\frac{1}{7}\right)^{-4}$ und 7^4.
Suche weitere solche Beispiele.

■ Vergleiche
$\left(\frac{2}{3}\right)^{-4}$ und $\left(\frac{3}{2}\right)^4$.
Suche weitere solche Beispiele.

■ Schreibe in Worten eine Regel auf, wie man Brüche mit negativen Potenzen in Brüche mit positiven Potenzen umwandelt.

Potenzieren von Brüchen

$\left(\frac{1}{a}\right)^{-n} = a^n$ und $\left(\frac{b}{a}\right)^{-n} = \left(\frac{a}{b}\right)^n$

Dabei muss $a \neq 0$ und $b \neq 0$ gelten.

■ Rechne im Kopf.
$\left(\frac{1}{2}\right)^{-1}$; $\left(\frac{1}{5}\right)^{-2}$; $\left(\frac{1}{2}\right)^{-3}$; $\left(\frac{1}{3}\right)^{-2}$; $\left(\frac{2}{5}\right)^{-1}$; $\left(\frac{10}{3}\right)^{-2}$

■ Tanja berechnet mit dem Taschenrechner $\left(\frac{1}{2}\right)^{-20}$ und muss 10-mal tippen.
Jana denkt erst nach und tippt dann nur halb so oft.

■ Kannst du $6^5 \cdot 6^{-7}$ und $6^{-5} \cdot 6^{-7}$ ausrechnen und dabei nur einmal auf die Potenzier-Taste drücken? Rechne weitere solcher Beispiele. Was vermutest du?

Potenzen gleicher Basis mit positiven oder negativen Exponenten kann man multiplizieren, indem man die Exponenten addiert. Es gilt:

$a^m \cdot a^n = a^{m+n}$ $a^m \cdot a^{-n} = a^{m-n}$
$a^{-m} \cdot a^n = a^{-m+n}$ $a^{-m} \cdot a^{-n} = a^{-m-n}$

! *Subtraktion ist Addition der Gegenzahl:*
$m - n = m + (-n)$

■ Begründe
$a^m \cdot a^{-n} = a^{m-n}$ und $a^{-m} \cdot a^{-n} = a^{-m-n}$
für $a = 5$; $m = 3$; $n = 4$.

■ Fasse zu einer einzigen Potenz zusammen und berechne.
$2^{-3} \cdot 2^5$; $2^3 \cdot 2^{-5}$; $2^{-3} \cdot 2^{-5}$; $2^{-7} \cdot 2^{-6}$
$5^{-4} \cdot 5^{-3}$; $4^8 \cdot 4^{-10}$; $25^{-3} \cdot 25^{-2}$; $125^{12} \cdot 125^{-13}$
$2^{-3} \cdot 2^5 \cdot 2^{-6}$; $4^2 \cdot 4^{-12} \cdot 4^{13}$; $5^{-9} \cdot 5^8 \cdot 5^{-6} \cdot 5^7$

5 Sehr groß – sehr klein

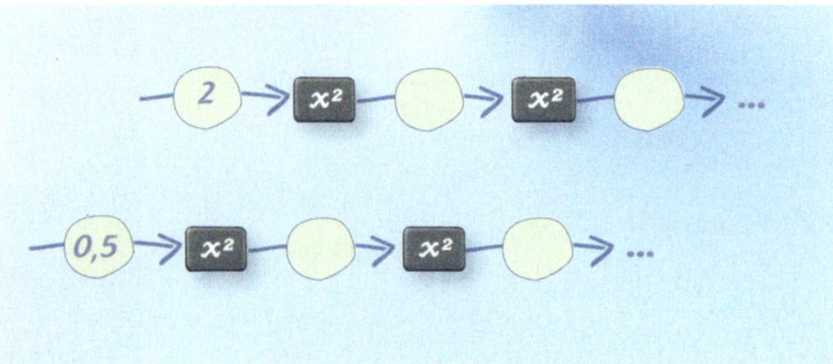

→ Berechne die Quadrierketten. Wie viele Schritte hält dein Taschenrechner durch?
→ Nach wie vielen Schritten überschreitet die Zweierkette 1 Million, 1 Milliarde, 1 Billion, 1 Billiarde?
→ Suche eine Startzahl, mit der dein Taschenrechner nach genau zehn Quadrierschritten das Weiterrechnen verweigert.

Um **große Zahlen** übersichtlich zu schreiben, trennt man Zehnerpotenzen ab.
Das kann man auch dann noch fortsetzen, wenn alle Endnullen verbraucht sind.

6 789 000 000
$= 678\,900\,000 \cdot 10^1$
$= 67\,890\,000 \cdot 10^2$
$= 6\,789\,000 \cdot 10^3$
$= \ldots$
$= \mathbf{6789 \cdot 10^6}$
$= 678{,}9 \cdot 10^7$
$= 67{,}89 \cdot 10^8$
$= \mathbf{6{,}789 \cdot 10^9}$

$10^9 < 6{,}789 \cdot 10^9 < 10^{10}$
also gilt
$10^9 < 6\,789\,000\,000 < 10^{10}$

0,000 012 3
$= 0{,}000\,012\,3 \cdot 10 \cdot \frac{1}{10}$
$= 0{,}000\,123 \cdot 10^{-1}$
$= 0{,}001\,23 \cdot 10^{-2}$
$= 0{,}0123 \cdot 10^{-3}$
$= 0{,}123 \cdot 10^{-4}$
$= \mathbf{1{,}23 \cdot 10^{-5}}$

$10^{-5} < 1{,}23 \cdot 10^{-5} < 10^{-4}$
also gilt
$10^{-5} < 0{,}000\,012\,3 < 10^{-4}$

Erhöht man den Exponenten um 1; 2; 3;…, muss man zum Ausgleich das Komma um 1; 2; 3;… Stellen nach links verschieben, denn: Erhöhen des Exponenten um 1 bedeutet Multiplikation mit 10, und Kommaverschiebung um 1 Stelle nach links bedeutet Division durch 10.
Sehr **kleine** positive **Zahlen** werden übersichtlich, wenn man Zehnerpotenzen mit negativem Exponenten abtrennt. Hat die abgetrennte Zehnerpotenz den Exponenten $-n$, verschiebt sich das Komma um n Stellen nach rechts.

In dieser **Zehnerpotenzschreibweise** erkennt man die Größe einer Zahl besonders gut, wenn vor dem Komma nur eine einzige Ziffer steht, die aber nicht die Null ist. Man sieht dann auch sofort, zwischen welchen Zehnerpotenzen die Zahl liegt.

Natürliche Zahlen und positive Dezimalzahlen kann man unwandeln in Produkte aus
- einer Dezimalzahl mit genau einer Ziffer vor dem Komma, die nicht Null ist, und
- einer Zehnerpotenz.

Diese Darstellung heißt **wissenschaftliche Schreibweise**. Sie ist besonders nützlich, um sehr große und sehr kleine Zahlen übersichtlich und vergleichbar zu machen.

Bemerkungen
Auch die Zahl 1 lässt sich in wissenschaftlicher Notation schreiben: $1 = 1 \cdot 10^0$
Im Englischen heißt die wissenschaftliche Schreibweise „scientific notation".

Beispiele
a) $98\,765{,}4 = 9{,}876\,54 \cdot 10^4$
4 Stellen nach **links**

b) $0{,}000\,012\,3 = 1{,}23 \cdot 10^{-5}$
5 Stellen nach **rechts**

c) $6759{,}2 \cdot 10^{-7} = 6{,}7592 \cdot 10^{3} \cdot 10^{-7}$

3 Stellen nach **links**

also $6759{,}2 \cdot 10^{-7} = 6{,}7592 \cdot 10^{-4}$

d) $0{,}000158 \cdot 10^{6} = 1{,}58 \cdot 10^{-4} \cdot 10^{6}$

4 Stellen nach **rechts**

also $0{,}000158 \cdot 10^{6} = 1{,}58 \cdot 10^{2}$

Aufgaben

1 Wandle in die wissenschaftliche Schreibweise um.

a) 789,461 b) 88 236,124
c) 765 000 000 d) 6000,0234
e) 0,000 068 f) 0,000 100 01
g) 0,010 020 03 h) 900 800 700 600

2 Schreibe ohne Zehnerpotenz.

a) $9{,}8 \cdot 10^{3}$ b) $7{,}58 \cdot 10^{5}$
c) $19{,}67 \cdot 10^{6}$ d) $19{,}67 \cdot 10^{-6}$
e) $6{,}75 \cdot 10^{-3}$ f) $81{,}8181 \cdot 10^{-5}$
g) $0{,}00051 \cdot 10^{4}$ h) $0{,}00051 \cdot 10^{-4}$

3 a) Schreibe die Zehnerpotenzen aus.
10^{6}; 10^{10}; 10^{-8}; 10^{-12}; 10^{-1}; 10^{1}
b) Wandle die ausgeschriebenen Zahlen in Zehnerpotenzen um.
100 000; 0,01; 0,000 0001; 10 000 000

4 Wandle in die wissenschaftliche Schreibweise um.

a) $76{,}09 \cdot 10^{3}$ b) $551{,}879 \cdot 10^{5}$
c) $12\,345{,}6789 \cdot 10^{5}$ d) $0{,}06878 \cdot 10^{3}$
e) $4456{,}98 \cdot 10^{-4}$ f) $0{,}06878 \cdot 10^{6}$
g) $12\,345{,}6789 \cdot 10^{8}$ h) $0{,}06878 \cdot 10^{9}$
i) $0{,}125 \cdot 10^{-2}$ j) $56{,}04 \cdot 10^{-3}$
k) $94\,767{,}886 \cdot 10^{-5}$ l) $0{,}0008761 \cdot 10^{-2}$

5 Ordne die sechs Zahlen nach Größe.

a) $0{,}0000001 \cdot 10^{6}$
$90 \cdot 10^{-2}$
$70\,000\,000 \cdot 10^{-8}$
$110\,000 \cdot 10^{-5}$
$120\,000\,000 \cdot 10^{-8}$
$0{,}000008 \cdot 10^{5}$

b) $1{,}234 \cdot 10^{2}$
$123{,}4 \cdot 10^{1}$
$0{,}1234 \cdot 10^{2}$
$0{,}0001234 \cdot 10^{9}$
$1\,234\,000 \cdot 10^{-8}$
$1{,}234 \cdot 10^{0}$

6 a) Der Taschenrechner zeigt für $2{,}5^{12}$ das Ergebnis 59 604,644 78.
Warum kann dieses Ergebnis nicht richtig sein?
b) Wie viele Stellen nach dem Komma hat $1{,}2^{2}$; $1{,}2^{3}$; … ; $1{,}2^{10}$; … $1{,}2^{n}$?

7 Der Taschenrechner gibt für 13^{12} das gerundete Ergebnis $2{,}329808512 \cdot 10^{13}$ aus. Man schreibt trotzdem das Gleichheitszeichen $13^{12} = 2{,}329808512 \cdot 10^{13}$.
Bereche ebenso.

a) 13^{20} b) 21^{9} c) $0{,}089^{6}$
d) $0{,}0000006^{7}$ e) $0{,}0157^{5}$
f) $0{,}0078^{4}$ g) $\left(\frac{2}{7}\right)^{8}$ h) $\left(\frac{11}{111}\right)^{11}$

8 Auch solche Produkte kannst du mit dem Taschenrechner berechnen.

a) $0{,}00000000075 \cdot 0{,}00034567$
b) $123\,456\,789\,000\,000\,000 \cdot 987\,654\,321\,000$
c) $0{,}000000000724 \cdot 169\,875\,557\,000$
d) $0{,}000000000765 \cdot 995\,200\,000\,000$
e) $0{,}000000000475 : 25\,000\,000\,000$

Welche der Ergebnisse sind genau, welche nur gerundet richtig?

9 Berechne mit dem Taschenrechner. Bestätige die Ergebnisse, indem du umformst und ein Rechengesetz anwendest.

a) $3{,}5 \cdot 10^{7} + 6{,}5 \cdot 10^{7}$
b) $8{,}7 \cdot 10^{4} - 10^{3} + 1{,}3 \cdot 10^{4}$
c) $0{,}45 \cdot 10^{5} + 55 \cdot 10^{3}$
d) $2{,}7 \cdot 10^{-4} + 7{,}3 \cdot 10^{-4}$
e) $6{,}9 \cdot 10^{-3} - 1{,}9 \cdot 10^{-3} + 5 \cdot 10^{-3}$
f) $36 \cdot 10^{-7} + 0{,}64 \cdot 10^{-5}$
g) $0{,}00014 \cdot 10^{3} + 8600 \cdot 10^{-4}$

Gehirne von Rechenkünstlern

1 Million Bit und mehr passen auf eine briefmarkengroße Fläche.

Nullen zählen

- Welche Zahl ist größer,
10^{100} oder 100^{10}; 10^{1000} oder 1000^{10}; 100^{1000} oder 1000^{100}?
- Du hast vier Einsen und vier Nullen. Schreibe damit eine Riesenzahl.
- Schreibe eine möglichst kleine Zahl aus drei Nullen, zwei Einsen und einem Komma.

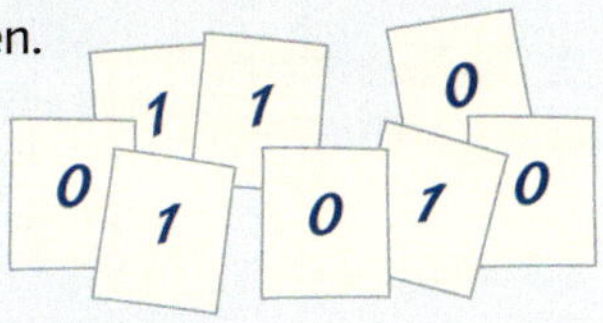

Maßeinheiten für Riesen und Zwerge

Große natürliche Zahlen werden in Tausenderschritten gestuft und benannt. In Zehnerpotenzen geschrieben haben sie Vielfache von 3 als Exponenten. Nach diesem Muster bildet man auch sehr große und sehr kleine Maßeinheiten.
Dadurch erreicht man, dass die Maßzahlen nicht unnötig lang werden. Die Stufen der Maßeinheiten haben besondere Namen. Die Liste zeigt als Beispiel die Längeneinheiten.

• *altgriechisch: gigas Riese nanos Zwerg*

• *μ ist der griechische Buchstabe für m, gelesen „mü".*

Grundeinheit 1m	
große Längeneinheiten	kleine Längeneinheiten
1 Kilometer = 1 km = 10^3 m	1 Millimeter = 1 mm = 10^{-3} m
1 Megameter = 1 Mm = 10^6 m	1 Mikrometer = 1 µm = 10^{-6} m
1 Gigameter = 1 Gm = 10^9 m	1 Nanometer = 1 nm = 10^{-9} m
1 Terameter = 1 Tm = 10^{12} m	1 Picometer = 1 pm = 10^{-12} m
1 Petameter = 1 Pm = 10^{15} m	1 Femtometer = 1 fm = 10^{-15} m
1 Exameter = 1 Em = 10^{18} m	1 Attometer = 1 am = 10^{-18} m

Auch andere Grundeinheiten werden auf diese Art gestuft:
1 Megahertz = 1 MHz = 10^6 Hz
1 Terawatt = 1 TW = 10^{12} W
1 Nanosekunde = 1 ns = 10^{-9} s
1 Femtogramm = 1 fg = 10^{-15} g

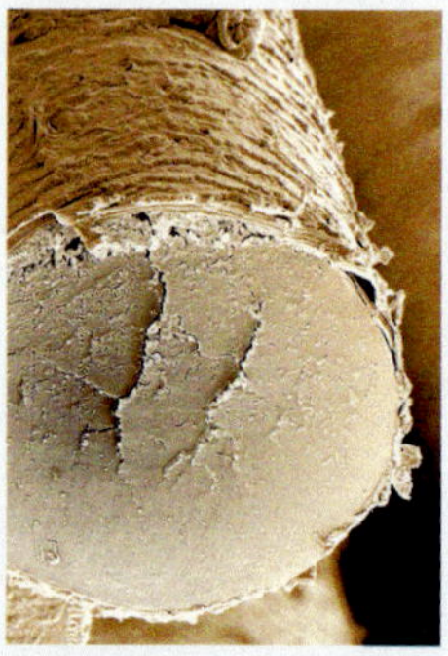

- Schreibe mit einer günstigen Einheit:
0,001 234 mg; 0,0538 ms; 0,000 007 mm; 1 500 000 kW; 0,000 000 012 s
- Das Mobilfunknetz D arbeitet mit der Frequenz 900 000 000 Hz.
Wie viele MHz sind das?
- Violettes Licht hat eine Wellenlänge von etwa 400 nm. Schreibe diese Länge in m. Rotes Licht hat die Wellenlänge 700 nm.
Welche Wellenlängen haben die anderen Farben?
- Ein Haar ist etwa $\frac{1}{10}$ mm dick. Wie oft müsste man es der Länge nach spalten, um Fasern von 1 nm Dicke zu bekommen?
- Die Erde ist von der Sonne etwa 150 Millionen km entfernt. Rechne diese gigantische Entfernung in m um und schreibe sie in einer günstigen Einheit. Wirklich große astronomische Entfernungen misst man aber in Lichtjahren. Informiere dich darüber.
- Die Bohrplattform Statfjord ist 271 m hoch und 840 kt schwer.
Ein Eisenatom hat einen Radius von 140 pm und eine Masse von $1{,}7 \cdot 10^{-6}$ ag.
In welchem Verhältnis stehen die Längenmaße?
Was bedeutet das Verhältnis zwischen der riesigen und der winzigen Masse?

Eisenatome im Gitter

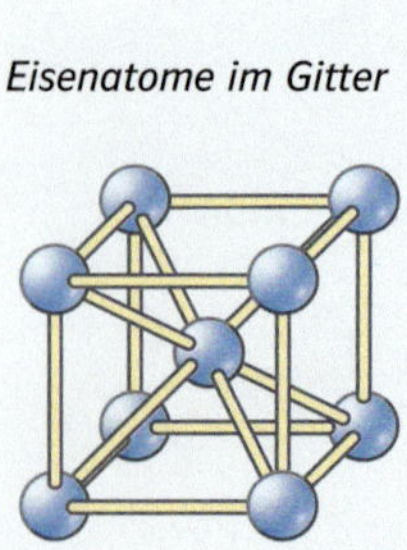

6 Potenzfunktionen

Mit Solarzellen kann Lichtenergie in elektrische Energie umgewandelt werden.
Die Tabelle zeigt die Ergebnisse eines Messversuchs (a = Abstand von der Lichtquelle, I = gemessene Stromstärke).

a (m)	0,25	0,50	1,00	2,00	4,00	10,0
I (mA)	160	40,0	10,0	2,50	0,63	0,10

→ Wie sieht der Graph der Funktion I = f(a) aus?
→ Welche Funktionsgleichung beschreibt den Zusammenhang zwischen Abstand und Stromstärke?

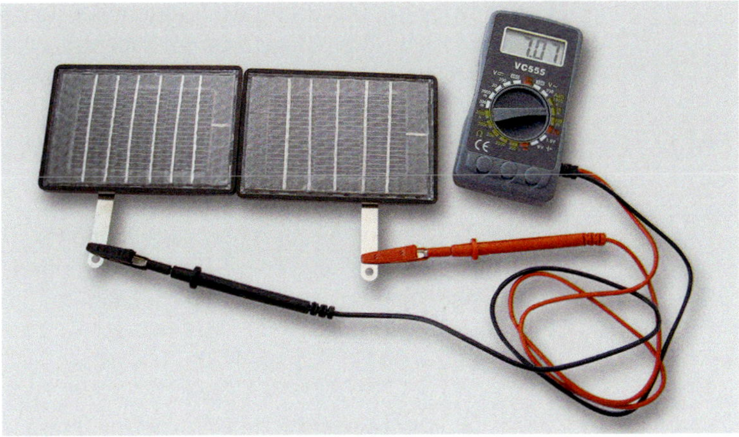

Funktionen, deren Funktionsgleichungen die Form $\mathbf{y = x^b}$ haben, heißen **Potenzfunktionen**.
Je nach Wert des Exponenten ergeben sich unterschiedliche Funktionstypen:

Ist der **Exponent natürlich**, also $\mathbf{y = x^n}$ ($n \in \mathbb{N}$), so ist der Graph eine **Parabel** n-ter Ordnung. Ist n gerade, ist die Parabel achsensymmetrisch zur y-Achse; ist n ungerade, ist der Graph eine zum Ursprung punktsymmetrische **Wendeparabel**.

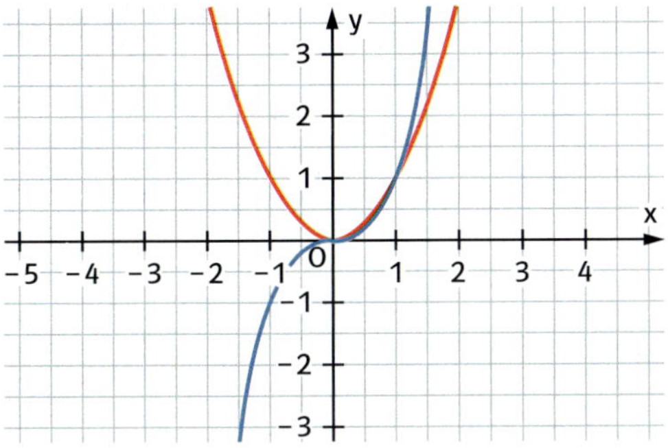

Ist der **Exponent eine negative ganze Zahl**, also $\mathbf{y = x^{-n}}$ ($n \in \mathbb{N}$; $x \neq 0$), so ist der Graph eine **Hyperbel**. Ist n gerade, ist die Hyperbel achsensymmetrisch zur y-Achse; ist n ungerade, ist die Hyperbel punktsymmetrisch zum Ursprung.

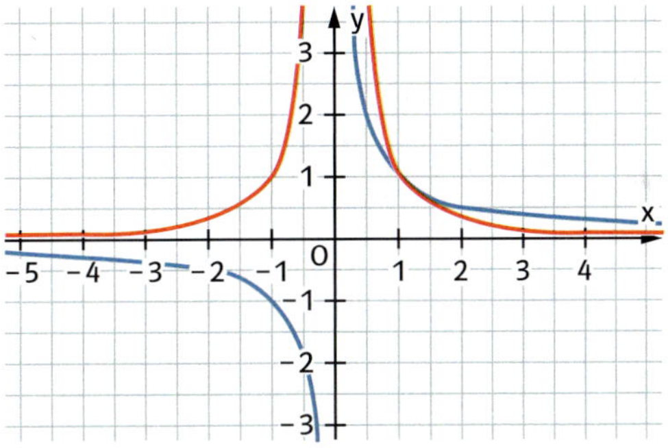

Bei vielen praktischen Anwendungen muss die Potenz meist noch mit einem Faktor a multipliziert werden: $y = \mathbf{a} \cdot x^b$

Funktionen der Form $\mathbf{y = ax^b}$ nennt man **Potenzfunktionen**. Je nach Wert des Exponenten ist der Graph eine Parabel, Wendeparabel oder Hyperbel.

Beispiele

a) Für die Funktion $y = a \cdot x^3$ ergeben sich für die Parameterwerte $a = 0{,}5$; $a = -1$ und $a = 2$ die rechts stehenden Funktionswerte:

x	−3	−1	0	2	4
$y = 0{,}5x^3$	−13,5	−0,5	0	4	32
$y = -x^3$	27	1	0	−8	−64
$y = 2x^3$	−54	−2	0	16	128

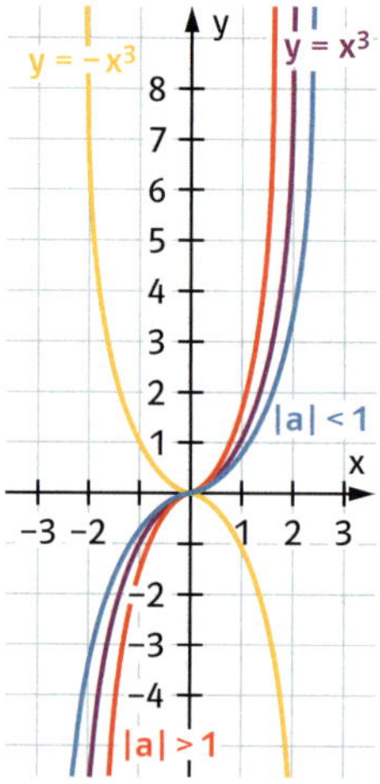

b) Funktionen des Typs $y = a x^3$:

a = 1: $y = x^3$

$|a| > 1$: Der Graph wird gegenüber dem von $y = x^3$ parallel zur y-Achse gestreckt.

$|a| < 1$: Der Graph wird gestaucht.

$a < 0$: Der Graph wird an der x-Achse gespiegelt.

Aufgaben

1 Zeichne die Graphen der Funktionen und beschreibe, wie sie sich vom Graphen der Funktion $y = x^4$ unterscheiden.

a) $y = -x^4$ b) $y = (-x)^4$

c) $y = 0{,}25x^4$ d) $y = -4x^4$

2 Die Leistung P (in kW), die zur Überwindung des Luftwiderstandes notwendig ist, hängt bei Autos nach der Formel $P = 10^{-5} \cdot v^3$ von der Geschwindigkeit v $\left(\text{in } \frac{\text{km}}{\text{h}}\right)$ ab.
Bestimme diese Leistung, wenn ein PKW 30, 60, 90, 120 und 150 $\frac{\text{km}}{\text{h}}$ fährt.

3 Zeichne den Graphen und beschreibe seine Symmetrieeigenschaften.

a) $y = x^{-1}$ b) $y = 2x^{-1}$

c) $y = -x^{-4}$ d) $y = (-x)^{-4}$

4 Mit welcher Funktion kann man die Abhängigkeit der Kantenlänge eines Würfels vom Rauminhalt beschreiben?
Gib die Funktionsgleichung an und zeichne den Graphen.

5 Ein Rasenmäher erzeugt eine Schallstärke, die in 10 m Entfernung mit $10^{-6}\,\text{W} \cdot \text{m}^{-2}$ gemessen wird. Die Schallstärke nimmt mit dem Quadrat der Entfernung ab.
Beschreibe die Abhängigkeit der Schallstärke von der Entfernung durch eine Funktionsgleichung und zeichne den Graphen.
Wie groß ist die Schallstärke in 20, 30 und 40 m Entfernung?
In welchem Abstand sinkt sie auf $10^{-9}\,\frac{\text{W}}{\text{m}^2}$?

6 Carina behauptet: „$y = -x^3$ hat den gleichen Graph wie $y = (-x)^3$."
Was meinst du dazu?

Funktionale Ästhetik

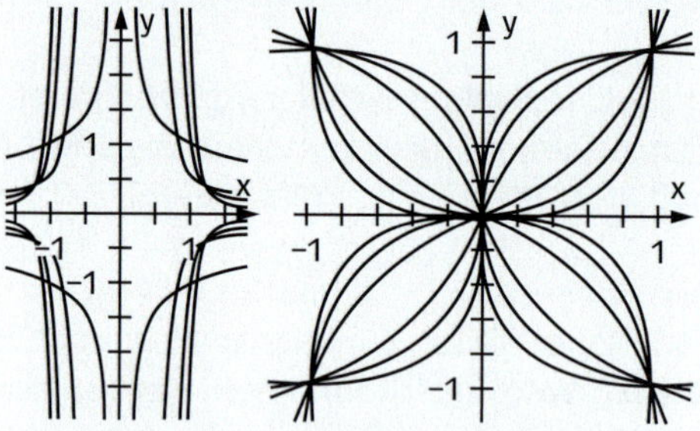

Wenn dir ein Funktionsplotter zur Verfügung steht, kannst du solche ästhetischen Kurvenscharen erzeugen.
Durchläuft in der Funktionsgleichung $y = x^t$ der Parameter t die Werte −2 bis +2 mit der Schrittweite 1, so ergibt sich die folgende Graphenschar:

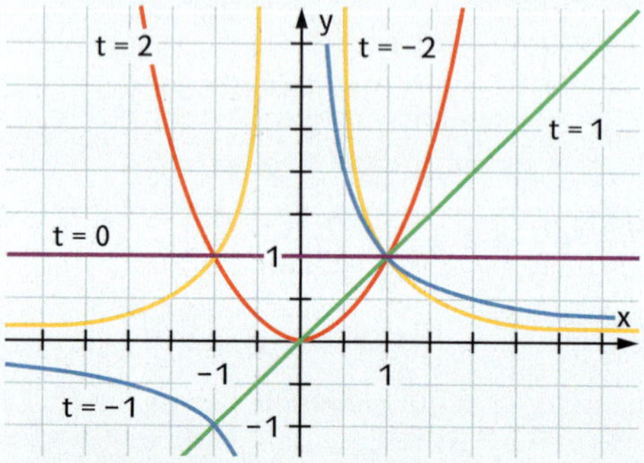

- Beschreibe die verschiedenen Graphen.
- Wie kann man einen Graphen
  - an der x-Achse spiegeln?
  - an der y-Achse spiegeln?
  - an den Winkelhalbierenden spiegeln?
  - vertikal verschieben?
  - horizontal verschieben?
- Erstelle auf ähnliche Art wie oben ästhetische Funktionsmuster.

Zusammenfassung

Potenzen

Ein Produkt aus n gleichen Faktoren schreibt man kürzer als Potenz.
$a \cdot a \cdot a \cdot \ldots \cdot a = a^n$
a ist die Basis, n der Exponent.
Es gilt: $a^1 = a$

Basis, Exponent
$5^4 = 625$
Potenz Potenzwert

Potenzgesetze für Potenzen mit gleicher Basis

Potenzen mit gleicher Basis können multipliziert bzw. dividiert werden, indem man ihre Exponenten addiert bzw. subtrahiert und ihre Basis beibehält:
$a^m \cdot a^n = a^{m+n}$
$a^m : a^n = a^{m-n}$; $a \neq 0$

$2^5 \cdot 2^4 = 2^{5+4}$
$= 2^9 = 512$
$10^7 : 10^3 = 10^{7-3}$
$= 10^4$
$= 10\,000$

Potenzen können potenziert werden, indem man ihre Exponenten multipliziert:
$(a^m)^n = a^{m \cdot n} = a^{mn}$

$(3^2)^3 = 3^{2 \cdot 3}$
$= 3^6$
$= 729$

Potenzgesetze für Potenzen mit gleichen Exponenten

Potenzen mit gleichen Exponenten können multipliziert bzw. dividiert werden, indem man ihre Basen multipliziert bzw. dividiert und den Exponenten beibehält:
$a^m \cdot b^m = (a\,b)^m$
$\frac{a^m}{b^m} = \left(\frac{a}{b}\right)^m$; $b \neq 0$

$4^3 \cdot 5^3 = (4 \cdot 5)^3$
$= 20^3$
$= 8000$
$8^5 : 4^5 = (8 : 4)^5$
$= 2^5$
$= 32$

Potenzgesetze für Potenzen mit negativen Exponenten

Potenzen mit einer negativen ganzen Zahl im Exponenten sind erklärt durch
$a^{-n} = \frac{1}{a^n}$; $a \neq 0$.

$2^{-5} = \frac{1}{2^5} = \frac{1}{32}$
$0{,}4^{-5} = \frac{1}{0{,}4^5} = \frac{1}{0{,}01024}$

Potenzen mit Exponent 0 sind erklärt durch $a^0 = 1$; $a \neq 0$.

Zahlen in wissenschaftlicher Schreibweise

Natürliche Zahlen und positive Dezimalzahlen kann man in Produkte der Form
$a \cdot 10^n$ oder $a \cdot 10^{-n}$
umwandeln. Hierbei ist a eine Dezimalzahl mit genau einer Ziffer vor dem Komma, die nicht die Null ist.

$9182{,}73 = 9{,}18273 \cdot 10^3$
$0{,}000034 = 3{,}4 \cdot 10^{-5}$
$9182{,}73 \cdot 10^{-4} = 9{,}18273 \cdot 10^{-1}$
$0{,}000034 \cdot 10^7 = 3{,}4 \cdot 10^2$

Potenzfunktionen

Eine Funktion der Form $y = a \cdot x^b$ nennt man **Potenzfunktion.** Je nach dem Wert von b hat sie die Form einer Parabel, Wendeparabel oder Hyperbel.

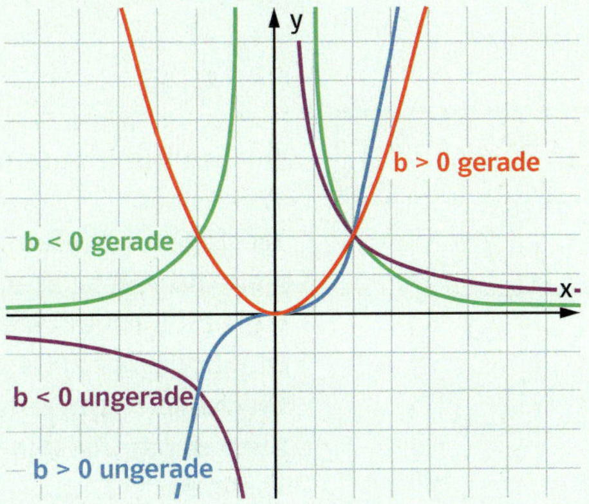

Üben • Anwenden • Nachdenken

1 Berechne ohne Taschenrechner.
a) 4^3 b) -4^4 c) $(-3)^1$
d) $(-3)^4$ e) $(-6)^3$ f) $(-2 \cdot 6)^3$

2 Vereinfache die Terme.
a) $a^2 \cdot a^3$ b) $x^4 \cdot x$ c) $b \cdot b^1 \cdot b^2$
d) $2x \cdot 3x^2$ e) $5c \cdot 2c^3$ f) $x^3 \cdot (-x^2)$
g) $-2x^2 \cdot 14x^6$ h) $25b^3 \cdot 4b \cdot b^2$

3 Gegeben sind drei Potenzen:
$4{,}3^4$; $1{,}23^6$; $3{,}456^5$
a) Wie viele Nachkommaziffern hat jeder Potenzwert? Erkläre.
b) Bestimme die letzte Ziffer ohne Taschenrechner.

4 Wladimir behauptet:
a) Die letzte Ziffer bei Potenzen mit dem Exponenten 10 lautet wie die Endziffer der Quadratzahl mit gleicher Basis.
$2^{10} = 1024$; $2^2 = 4$
Überprüfe an weiteren Beispielen.
b) Beim Vergleich der fünften Potenz gibt es auch einen erstaunlichen Zusammenhang mit der zugehörigen Basis.

5 Vereinfache die Terme.

Beispiel: $2 \cdot 10^3 \cdot 4 \cdot 10^4 = 2 \cdot 4 \cdot 10^3 \cdot 10^4$
$= 8 \cdot 10^7$
$= 80\,000\,000$

a) $5 \cdot 10^5 \cdot 7 \cdot 10^4$
b) $(-2) \cdot 10^6 \cdot 9 \cdot 10^7$
c) $1{,}2 \cdot 10^7 \cdot 1{,}2 \cdot 10^5$
d) $0{,}5 \cdot 10^3 \cdot (-1{,}6) \cdot 10^8$
e) $\frac{20 \cdot 10^5}{4 \cdot 10^3}$ f) $\frac{42 \cdot 8^5}{14 \cdot 8^3}$
g) $\frac{(-2)^5 \cdot 4^{11}}{(-2)^2 \cdot 4^9}$ h) $\frac{(-4)^7 \cdot (-7)^5}{(-7)^4 \cdot (-4)^4}$

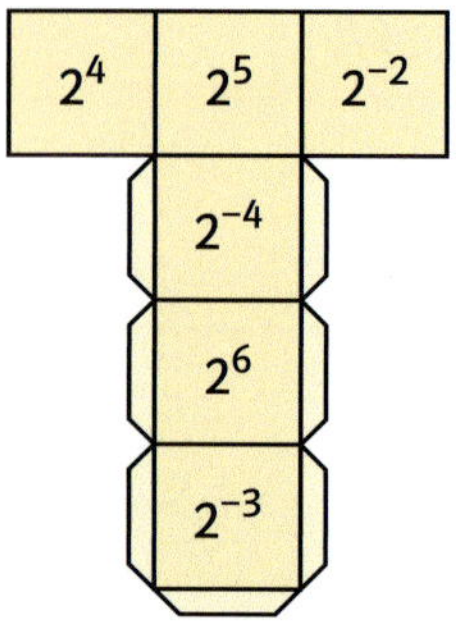

6 Stellt mit eurem Partner zwei gleiche Würfel her.
Würfelt mit beiden Würfeln und multipliziert die Werte. Wer den höheren Potenzwert hat, erhält einen Punkt.
Ihr könnt das Spiel durch zusätzliche Würfel mit schwierigeren Potenzen oder auch durch Division der gewürfelten Werte variieren.

7 Ergänze.

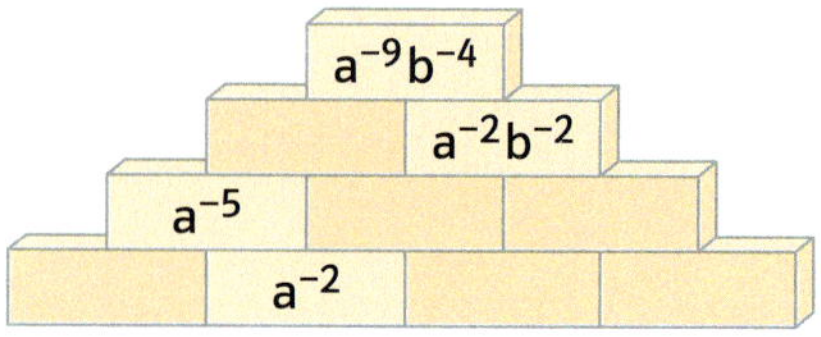

8 Erkläre den Unterschied
a) zwischen $x^5 \cdot x^3$ und $(x^5)^3$.
b) zwischen ab^2 und $(ab)^2$.
c) zwischen $a^2 + a^2$ und a^4.
d) zwischen $a^2 \cdot b^{-3}$ und $\frac{a^2}{b^{-3}}$.

9 Vereinfache die Terme.
a) $\frac{10a^3}{4a^5}$ b) $\frac{8m^3n^3}{12m^2}$ c) $\frac{(6x)^4}{(3x)^2}$
d) $\frac{(x \cdot y)^5}{x \cdot y^5}$ e) $\frac{(4x)^4}{(12x^2)^2}$ f) $\frac{-(ab)^3}{(-2ab)^2}$

10 Ergänze die Exponenten.
a) $(2^2)^{\square} = 2^8$ b) $(2^{\square})^4 = 256$
c) $(4^2)^2 = 4 \cdot 4^{\square}$ d) $2^{\square} \cdot 2^8 = 32$
e) $(x^{2r})^{\square} = x^{8r}$ f) $a^{\square} \cdot b^3 = \frac{b^3}{a^{-5}}$

11 Welche Terme gehören zusammen? Welche Terme haben keinen Partner?

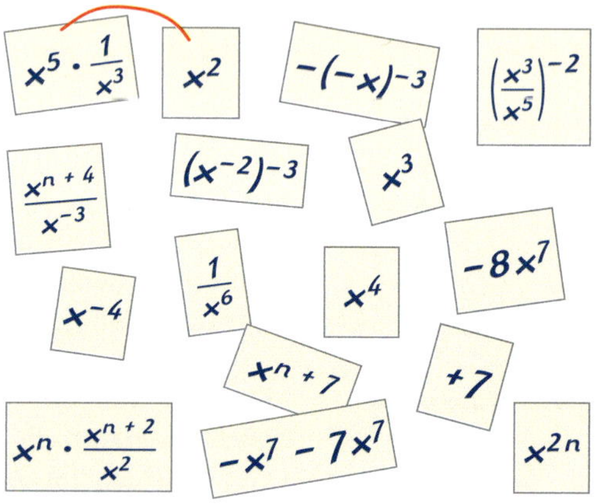

12 Kleine Unterschiede, große Auswirkungen – erkläre.
a) 3^4; -3^4; $(-3)^4$; $(-3)^{-4}$; -3^{-4}
b) x^4; $-x^4$; $(-x)^4$; x^{-4}; $(-x)^{-4}$; $-x^{-4}$
c) x^n; $-x^n$; $(-x)^n$; $(-x)^{-n}$; $-x^{-n}$

13 Probiere mit dem Taschenrechner. Wie heißt die größte Potenz, die du mit dem Taschenrechner berechnen kannst
a) mit der Basis 5?
b) mit der Basis 3?
c) mit der Basis 2?
d) mit der Basis 10?

14 Forme um.
a) $(x^2 + x^3)^2$ b) $(x^2 - x^4)^2$
c) $(x^3 + x^5)(x^3 - x^5)$ d) $(2y^3 + 3y^2)^2$
e) $(3y - 4y^4)^2$ f) $y^3 \cdot (y^2 + y^4)^2$
g) $y^3 \cdot (y^2 - y^4)^2$ h) $(a^2 - b^2)^2(a^2 - b^2)$

15 Vereinfache.
a) $a^{-4} \cdot a^{-5}$ b) $a^{-3} : a^7$
c) $a^9 \cdot a^{-12}$ d) $x^6 \cdot x^{-7} \cdot x^{-5}$
e) $x^1 \cdot x^2 \cdot x^3 \cdot x^4$ f) $x^9 \cdot x^3 : x^{-11}$
g) $(x^{-1} \cdot x^{-5} \cdot x^{-9}) : (x^{-5} \cdot x^{-5} \cdot x^{-5})$

16 Schreibe ohne negative Exponenten.
a) $\frac{a^2 \cdot a^{-2}}{a^2}$ b) $\frac{x^2 \cdot y^4}{x \cdot y^5}$ c) $-a^{-1} \cdot a^{-2}$
d) $\frac{3x^2 \cdot y^{-3}}{12x^3 \cdot y^{-2}}$ e) $\frac{18x^{-3}y^{-1}}{9x^{-1}y^{-3}}$

17 Vereinfache.
a) $x^{a+2} \cdot x^{-2}$ b) $y^{-2x} \cdot y^{3x}$
c) $5^{2a-2} \cdot 5^{a+3}$ d) $3 \cdot x^0 \cdot y^{-2}$
e) $2^{-a+1} \cdot 2^a$ f) $(x^{-2})^{-y}$
g) $\frac{x^{2y+2}}{x^{-2y}}$ h) $\frac{a^{x-5}}{a^{-x-5}}$
i) $\frac{1}{2^3 \cdot y^{-2}(xy)^4}$ j) $\frac{a^3 \cdot b^{-4}}{a^{-4} \cdot b^3}$

18 a) Welche Zahl liegt genau in der Mitte zwischen den beiden Zahlen
0 und 10^3;
0 und 10^{-3};
10^1 und 10^3?
b) Welcher Abschnitt des Zahlenstrahls ist länger?
Von 10^{-3} bis 10^3 oder von 10^{-9} bis 10^3;
von 10^1 bis 10^5 oder von 10^{-1} bis 10^{-5}?

19 Unterscheide die beiden Potenzen, indem du sie als Quotienten schreibst.
10^3 und 10^{-3}
10^6 und 10^{-6}
10^n und 10^{-n}
10^{n+1} und 10^{-n-1}
10^{m-n} und 10^{n-m}

20 Die folgende Zahl gibt an, wie viele verschiedene Möglichkeiten bestehen, die ersten 10 Züge beim Schach zu spielen:
169 518 829 100 544 000 000 000 000 000 000
a) Schreibe die Zahl in Zehnerpotenzschreibweise.
b) Ein Schachcomputer benötigt pro Zug eine millionstel Sekunde. Wie lange würde er brauchen, um alle diese Züge zu spielen? Vergleiche mit dem Alter der Erde von ca. 4,5 Milliarden Jahren.

21 Eine sehr kleine positive Zahl, die man in einen 10-stelligen Taschenrechner eingeben kann, lautet $1 \cdot 10^{-99}$.
a) Mit welcher Zahl muss man $1 \cdot 10^{-99}$ multiplizieren, um 1 zu erhalten?
b) Wie heißt die kleinste positive Zahl, die sich eingeben lässt?
Welches ist die zweitkleinste positive Zahl? Kann der Taschenrechner die Differenz der beiden Zahlen ermitteln?

22 Stelle die Durchmesser in Zehnerpotenzschreibweise in der Einheit m dar.

Herpesvirus	180 nm
Rotes Blutkörperchen	7,5 µm
Maul- und Klauenseuchevirus	14 nm
Tuberkelbazillus	1 µm
Zuckermolekül	700 pm
Atomkern	10 fm

23 Die Wasserhyazinthe in Ostafrika wächst so schnell, dass sich die von ihr bedeckte Fläche in zwölf Tagen verdoppelt. Sie kommt vor allem auch im Viktoriasee vor, dem mit 68 000 km² größten See Afrikas. Wie lange braucht eine 1 m² große Wasserhyazinthe, bis sie den See vollständig bedeckt? Schätze zuerst.

? *Der Turmbau zu Babel*

2^4
$2^{-7} + 2^{-7}$
$2^7 + (2^2)^3 + (2^{-3})^{-2}$
$2^5 \cdot 2^{-4} + 2^{-6} \cdot 2^7 - 2^{-7} \cdot 2^8 + 2^9 \cdot 2^{-8}$

Die waagerechten Striche gelten als Bruchstriche. Rechne von oben nach unten.

Das mittlere Bild zeigt den Rand der Sonne und die zum Größenvergleich daneben gesetzten Planeten. Das rechte Bild zeigt die Sonne und die Planetenbahnen. Vielerorts gibt es Planetenwege (Bild links). Sie sollen die Maße unseres Sonnensystems erfahrbar machen. Dazu muss man die Maße verkleinern.

Planet	Merkur	Venus	Erde	Mars
Entfernung zur Sonne in km	57 909 175	108 208 930	149 597 890	227 936 640
Durchmesser in km	4879	12 103	12 756	6794

Jupiter	Saturn	Uranus	Neptun	Pluto
778 412 010	1 426 725 400	2 870 972 200	4 498 252 900	5 906 376 200
142 985	120 534	51 115	49 533	2296

Die Planetenbahnen sind nicht genau Kreise und die Planeten sind nicht genau Kugeln. Die Maße sind daher Mittelwerte.

Für die folgenden Rechnungen solltest du die Zahlen runden und in wissenschaftliche Schreibweise umwandeln.
Von einem Planetenweg könnte man verlangen:
Er soll die größte Entfernung auf 1 km
und den größten Durchmesser auf 2 m verkleinern,
und die kleinste Entfernung und der kleinste Durchmesser sollen noch erkennbar sein.

- Lassen sich alle diese Forderungen erfüllen oder nur einige? Sind Kompromisse nötig?
- Vor dem Bau eines Planetenwegs braucht man eine maßstäbliche Planskizze.

Das Licht legt in einem Jahr $9{,}46 \cdot 10^{12}$ km zurück. Diese Entfernung heißt 1 Lichtjahr, abgekürzt 1 Lj.

Gegenüber den kosmischen Entfernungen ist unser Sonnensystem mit zwölf Milliarden km Durchmesser sehr klein. Es gehört zur Milchstraße mit 100 000 Lj Durchmesser. Der unserer Sonne nächste Stern heißt Alpha-Centauri. Er ist 4,28 Lj entfernt.

*Seit 2007 zählt Pluto nicht mehr zu den Planeten. Der Merkspruch: „**M**ein **V**ater **e**rklärt **m**ir **j**eden **S**amstag **u**nsere **n**eun **P**laneten." gilt also nicht mehr. Fällt dir ein Merkspruch für unsere acht Planeten ein?*

Der Andromeda-Nebel ist das am weitesten entfernte Himmelsobjekt, das mit bloßem Auge sichtbar ist. Sein Durchmesser ist 150 Milliarden Lichtjahre, seine Entfernung vom Sonnensystem 2,7 Millionen Lj.

- Stelle die Entfernungen in wissenschaftlicher Schreibweise in der Einheit km dar.
- Wie oft passt das Sonnensystem in die Milchstraße, wie oft in den Andromeda-Nebel?

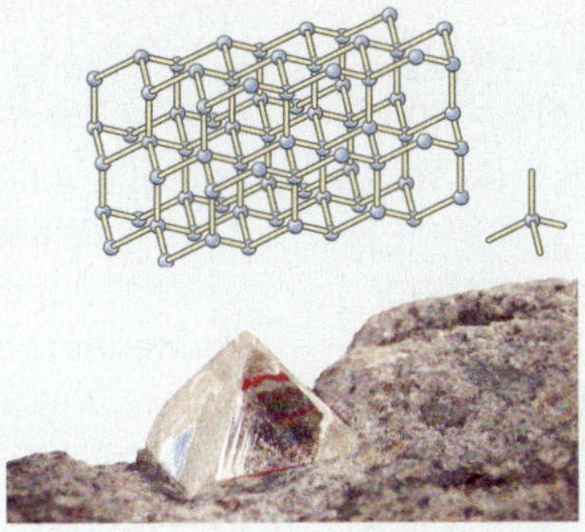

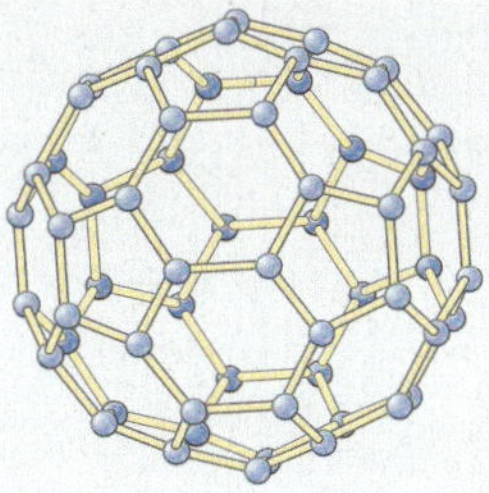

Kohlenstoff ist ein Grundbaustein des Lebens. In reiner Form kommt er als Graphit und als Diamant vor. Diese zwei Stoffe unterscheiden sich nur in der Anordnung der Atome. Erst 1985 entdeckte man, dass sich Kohlenstoffatome auch kugelförmig verbinden können. Die Entdecker nannten diese Kugeln Buckyballs oder Fullerene. Sie wollten damit den Architekten Richard Buckminster Fuller ehren, der für die Weltausstellung (Expo) 1967 in Montreal (Kanada) ein kugelförmiges Gebäude konstruiert hatte.
Der kleinste Buckyball besteht aus 60 Atomen und ist etwa 1 nm dick. Man nennt ihn und verwandte Moleküle deshalb **Nano-Teilchen**. Es gibt auch Nano-Rohre aus Kohlenstoff. Sie sind etwa 1,5 nm dick und 1 mm lang.

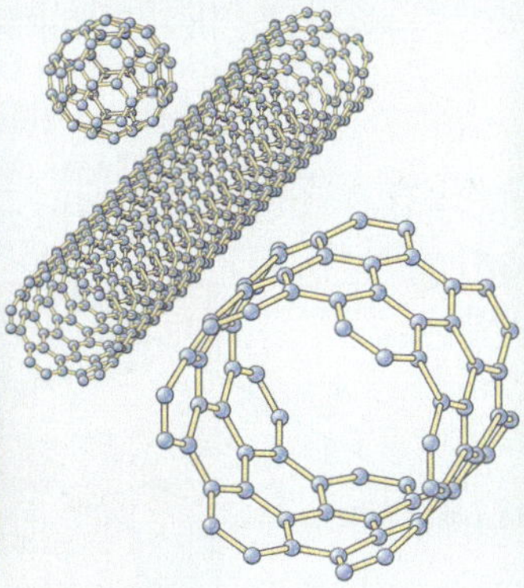

- Ein Fußball hat etwa 22 cm Durchmesser. Wie viele Buckyball-Moleküle müsste man aneinander legen, um eine 22 cm lange Strecke zu bekommen?
- Denke dir statt des Buckyballs und des Fußballs Würfel mit den entsprechenden Kantenlängen. Wie viele kleine Würfel passen in einen großen?
- Die Expo-Kugel hat etwa 63 m Durchmesser. Vergleiche sie mit dem Fußball und dem Buckyball.
- Rohre für Öl-Pipelines haben etwa 0,85 m Durchmesser und sind 25 m lang. Denke dir ein Nano-Rohr so vergrößert, dass es gleich dick bzw. gleich lang wie ein Pipeline-Rohr ist. Wie viel länger bzw. wie viel dicker wäre es dann?

Von Nanomaterialien versprechen sich die Forscher sehr viel. Bereits jetzt gibt es Nano-Beschichtungen, von denen der Schmutz abperlt wie vom Blatt der Lotuspflanze. In einigen Jahren wird man extrem dünne hochfeste Drähte, energiesparende Stromleiter, winzige Zahnräder herstellen können. Arzneimittel können vielleicht in Buckyballs gefüllt und so durch die Blutbahn zu erkrankten Organen transportiert werden.

! *flops:*
***fl**oating point **o**perations **p**er **s**econd*
Anzahl der Rechenoperationen pro Sekunde

24 Berechne das Produkt. Wandle das Ergebnis in wissenschaftliche Schreibweise um.
a) $450{,}8 \cdot 800{,}4$ b) $2{,}896 \cdot 9997{,}4$
c) $0{,}0089 \cdot 0{,}068$ d) $0{,}00004 \cdot 0{,}0012$
e) $0{,}00067 \cdot 123{,}9$ f) $8888{,}1 \cdot 0{,}075$

25 Bringe das Ergebnis in wissenschaftliche Darstellung. Versuche es im Kopf.
a) $4 \cdot 10^2 \cdot 2 \cdot 10^5$ b) $3 \cdot 10^3 \cdot 3 \cdot 10^8$
c) $6 \cdot 10^5 \cdot 3 \cdot 10^2$ d) $8 \cdot 10^5 : (2 \cdot 10^3)$
e) $12 \cdot 10^2 \cdot 5 \cdot 10^{-4}$ f) $24 \cdot 10^{-6} : (2 \cdot 10^5)$

! *Zahlen vor dem Rechnen in Speicher eingeben!*

26 Berechne $x \cdot y$ und $x : y$ und wandle das Ergebnis in wissenschaftliche Schreibweise um.

	a)	b)	c)
x	$3{,}5 \cdot 10^6$	$0{,}09 \cdot 10^7$	$1{,}502 \cdot 10^{-5}$
y	$7{,}33 \cdot 10^4$	$0{,}008 \cdot 10^3$	$12{,}5 \cdot 10^4$

	d)	e)	f)
x	$0{,}57 \cdot 10^4$	$12{,}5 \cdot 10^{-8}$	$81{,}32 \cdot 10^5$
y	$0{,}013 \cdot 10^{-9}$	$0{,}002 \cdot 10^5$	$0{,}0026 \cdot 10^6$

27 Liegt die Zahl zwischen 1 und 10?
a) $5634{,}99 \cdot 10^{-3}$ b) $13456 \cdot 10^{-6}$
c) $0{,}00005 \cdot 10^7$ d) $0{,}0000015 \cdot 10^6$
e) $1200{,}007 \cdot 10^{-4}$
f) $0{,}0000000011 \cdot 10^9$

28 Nach der 3. binomischen Formel gilt
$$\frac{a^2 - b^2}{a - b} = a + b.$$
a) Setze $a = 1{,}00000001$ und $b = 1$ und vergleiche die zwei Werte.
Was beobachtest du? Welches Ergebnis ist das richtige?
b) Probiere die Formel für ähnliche Zahlen wie in a) aus und versuche den Fehler zu erklären.

29 Der Taschenrechner kann positive Zahlen von $1 \cdot 10^{-99}$ bis $9{,}999999999 \cdot 10^{99}$ anzeigen. Zahlen wie $5{,}6 \cdot 10^0$; $5{,}6 \cdot 10^1$; $5{,}6 \cdot 10^2$; … sind größer als 1, und Zahlen wie $5{,}6 \cdot 10^{-1}$; $5{,}6 \cdot 10^{-2}$; … sind kleiner als 1. Welcher Prozentsatz aller positiven Taschenrechner-Zahlen ist kleiner 1?

30 Im Jahr 2005 kam der schnellste deutsche Großrechner auf eine Rechenleistung von 12,7 Teraflops. Was Flops sind, kannst du am Rand lesen.
a) Wie lange bräuchte der Computer, um eine Einmaleins-Tabelle für die Zahlen von 1 bis 1 Million zu berechnen?
b) Wie lange bräuchte er, um alle reinen Rechenaufgaben in diesem Kapitel zu lösen? Du brauchst nicht zwischen den Grundrechenarten zu unterscheiden. Potenzieren mit n entspricht n − 1 Multiplikationen.
Überlegt, wie ihr zusammen die Aufgaben überschlägig zählen könnt.
c) Umfangreiche Rechnungen können auch auf dem Super-Rechner 24 Stunden lang dauern. Wie viele Rechenoperationen führt die Maschine dann aus?

31 Der Mensch hat 25 Billionen rote Blutkörperchen. Sie nehmen durch ihre Oberfläche Sauerstoff auf und transportieren ihn zu den Organen.
Welchen Flächeninhalt haben sie insgesamt? Die Dicke brauchst du bei der Rechnung nicht zu berücksichtigen.

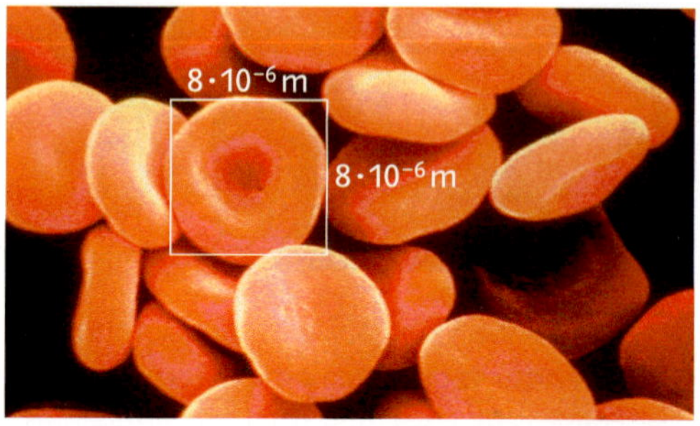

32 Schwebeteilchen mit einer Korngröße bis zu 10 µm nennt man Feinstaub. Dieser ist gesundheitsschädlich. Durch Filter und Belastungsgrenzwerte versucht man die Gefahr zu beschränken.
a) Welche Vergrößerung muss ein Mikroskop haben, damit man ein solches Korn sehen kann?
b) Stell dir die Körner als Würfel vor. Wie viele Körner müsste man zusammenpacken, um einen Würfel mit 1 cm Kantenlänge zu bekommen?

Rückspiegel

Rückspiegel

1 Berechne ohne Taschenrechner.

a) $2^3 \cdot 2^5$ b) $(-3)^2 \cdot (-3)^3$
c) $3^{-4} \cdot 3^7$ d) $20^{-4} \cdot 0{,}5^{-4}$
e) $(2^5)^2$ f) $((-3)^2)^2$

2 Berechne ohne Taschenrechner.

a) $\frac{(-3)^8}{(-3)^5}$ b) $\frac{20^{-4}}{5^{-4}}$
c) $\frac{4^{-3}}{4^{-6}}$ d) $\frac{0{,}2^{-4}}{0{,}1^{-4}}$

3 Bestimme mit dem Taschenrechner die größt- bzw. kleinstmögliche Zahl n.

a) $2^n < 10\,000$ b) $20^n < 500\,000$
c) $0{,}2^n < 0{,}0001$ d) $0{,}9^n < 0{,}1$

4 Ergänze durch Multiplizieren.

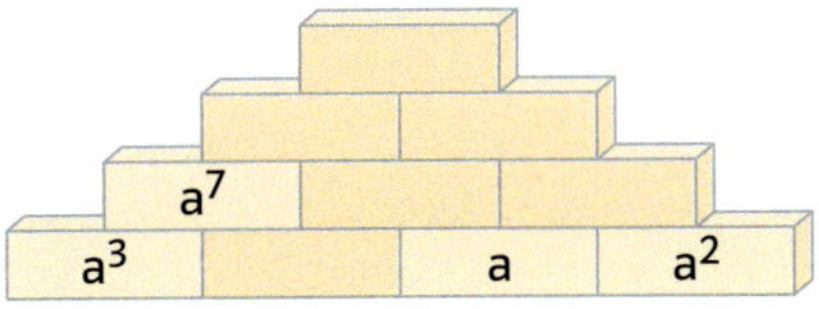

5 Wende ein Potenzgesetz an.

a) $5^n \cdot 5^{2-n}$ b) $2^{m-1} \cdot 3^{m-1}$
c) $y^{n-2} \cdot y^{n+3}$ d) $(x^m)^{2n}$
e) $\frac{a^{m-3}}{2a^{m+3}}$ f) $\left(\frac{1}{3}\right)^{-n}$

6 Klammere aus und berechne. Runde auf fünf Stellen nach dem Komma.

a) $2^{-5} \cdot 3^{-4} + 2^{-5} \cdot 5^{-2}$
b) $2{,}5^{-4} \cdot 5^{-3} + 2{,}5^{-4} \cdot 3^{-5}$

7 Schreibe in wissenschaftlicher Schreibweise.

a) 198 766 987 b) 10 000 000 001
c) 0,000 67 d) 0,000 000 100 002

8 Blaues Licht hat die Wellenlänge $4{,}8 \cdot 10^{-7}$ m. Wie viele Wellen passen in eine Strecke von 1 m?

1 Forme um.

a) $x^a \cdot x^b$ b) $y^n \cdot 3y^n$
c) $2a^m b \cdot ab^m$ d) $(x^{n+2})^3$
e) $(-8x)^{m-n} \cdot (-0{,}25)^{m-n}$
f) $((-x)^{2m})^{3n}$

2 Vereinfache.

a) $\frac{x^a}{2x^a}$ b) $\frac{(3y)^{-x}}{(9y)^{-x}}$
c) $\frac{t^{-m}}{t^{-2m}}$ d) $\frac{ab^{n-1}}{ba^{n-1}}$

3 Gib die Anzahl der Nachkommaziffern ohne Taschenrechner an.

$0{,}4^2$	$0{,}45^3$	$0{,}2^3$
$0{,}4^3$	$0{,}456^3$	$0{,}02^4$
$0{,}4^4$	$0{,}4567^3$	$0{,}002^5$

4 Ergänze. Es gibt mehrere Lösungen.

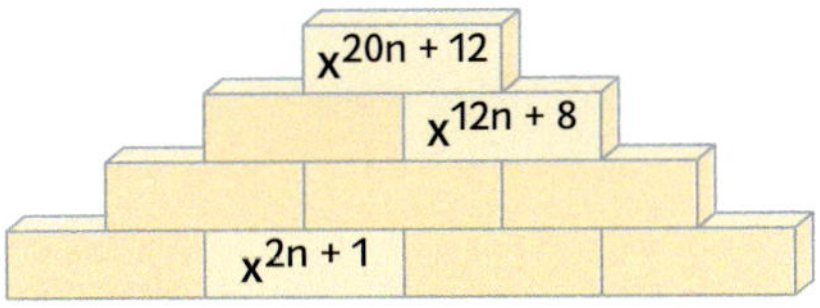

5 Wende ein Potenzgesetz an.

a) $\frac{x^{n+1}}{x}$ b) $\frac{x^{3m+2}}{x^{2m+1}}$
c) $\frac{y^{3n}}{2y^{n-1}}$ d) $\frac{y^{2m+1} \cdot y^{4m-2}}{y^{m-6}}$

6 Bestimme die kleinste natürliche Zahl n, für die $1{,}7^{-n} < 0{,}01$ gilt.

7 Berechne das Produkt. Gib seinen Wert in wissenschaftlicher Schreibweise an.

a) $6{,}89 \cdot 0{,}075 \cdot 10^8$
b) $0{,}0087 \cdot 10^{-5} \cdot 9{,}01 \cdot 10^{-12}$

8 Die Wellenlänge der Röntgenstrahlen liegt zwischen 0,000 000 000 006 m und 0,000 000 01 m. Schreibe diese Angabe in übersichtlicher Weise.

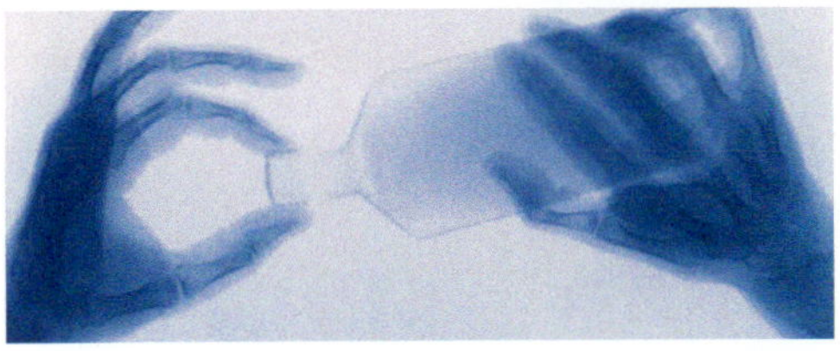

Who's perfect?

Das unten abgebildete gelbe Quadrat hat die Seitenlänge 7 cm.
Kann es mit den neun Quadraten, deren Seitenlängen 4 cm; 3 cm; 2 cm und 1 cm betragen, vollständig abgedeckt werden?
Lässt sich das gelbe Quadrat auch mit weniger Quadraten abdecken?

Aufzeichnen und Ausschneiden kann dir helfen.
Zeichne ein Quadrat mit 11 cm Seitenlänge und überdecke es mit möglichst wenigen Quadraten.
Wie hoch ist die geringste Anzahl von Teilquadraten?

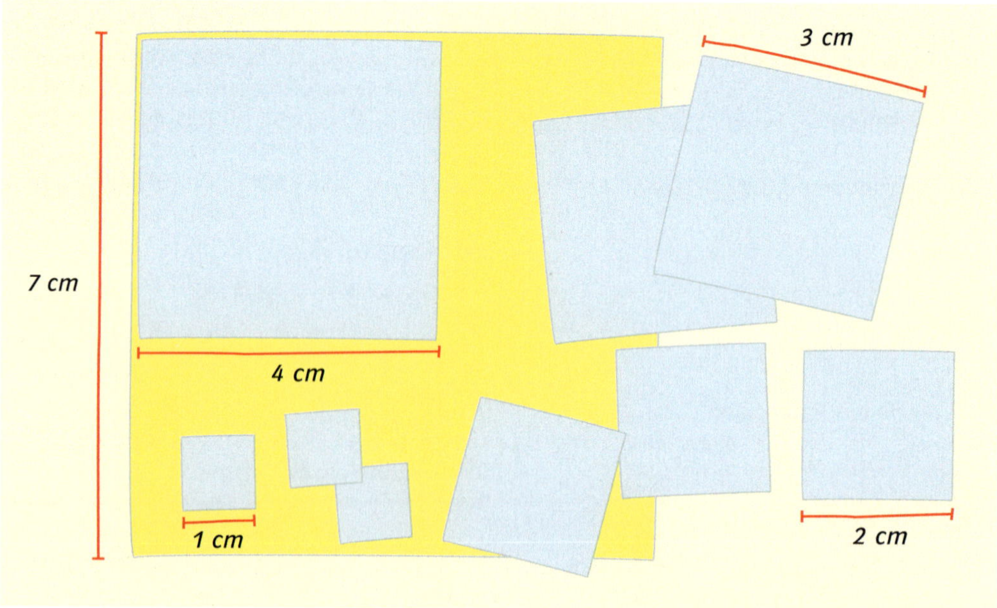

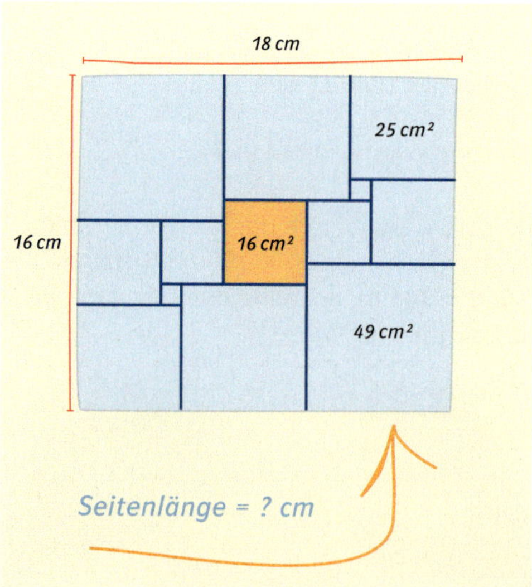

Das nebenstehende Rechteck ist 18 cm lang und 16 cm breit. Es wird in 13 Quadrate zerlegt.
Das orange gefärbte Quadrat kommt dreimal vor, alle anderen jeweils zweimal.
Bestimme die Seitenlängen aller Quadrate.

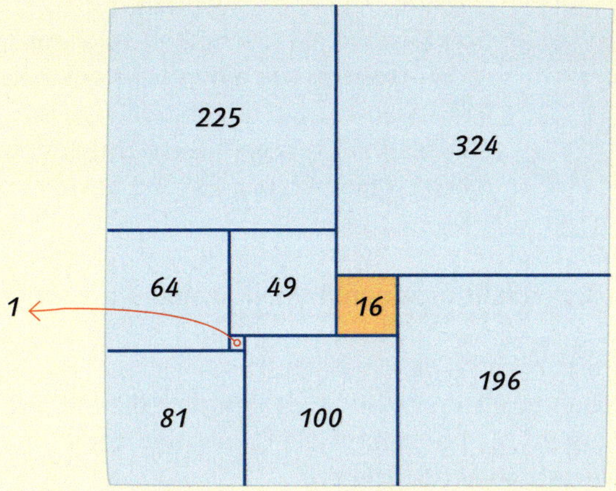

Rechtecke bzw. Quadrate, die in lauter verschiedene Quadrate unterteilt werden können, heißen perfekte Rechtecke bzw. perfekte Quadrate.

Das abgebildete Rechteck besteht aus neun Quadraten. Es ist das Rechteck mit der geringsten Anzahl von unterschiedlichen Teilquadraten.
In den einzelnen Quadraten stehen jeweils die Maßzahlen der Flächeninhalte.
Bestimme durch Probieren die Seitenlängen der eingezeichneten Quadrate.
Berechne den Umfang des gesamten Rechtecks.

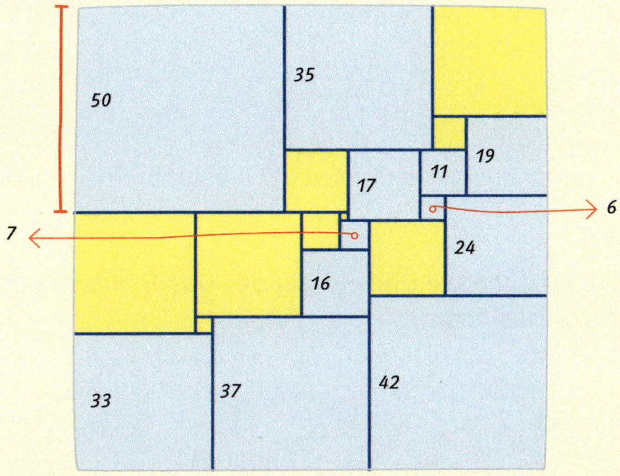

Links siehst du ein perfektes Quadrat. Es hat die geringste Anzahl von unterschiedlichen Teilquadraten und wurde 1948 vom Engländer T. H. Willcocks entdeckt.

Einige Seitenlängen der Teilquadrate sind eingetragen.
In wie viele Teilquadrate wurde das Quadrat unterteilt?
Weise nach, dass die gelben Teilflächen auch wirklich Quadrate sind.

In diesem Kapitel lernst du,

- was Quadratwurzeln sind und wie man sie näherungsweise bestimmen kann,
- wie man mit Quadratwurzeln rechnet,
- wie man Quadratwurzeln umformt und vereinfacht,
- was n-te Wurzeln sind und wozu man sie verwendet.

1 Quadratwurzeln

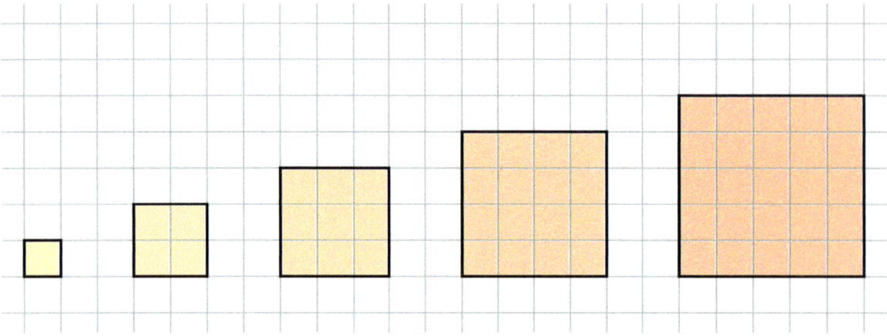

Die Quadrate werden größer.
→ Setze die Reihe fort. Notiere alle Möglichkeiten bis 100 Kästchen Flächeninhalt.
→ Kann man auch Quadrate mit zwei oder drei Kästchen Flächeninhalt zeichnen?
→ Ein Quadrat hat einen Flächeninhalt von 144 Kästchen. Gib die Seitenlänge an.
→ Welchen Umfang hat ein Quadrat mit einem Flächeninhalt von 100 Kästchen?

Radikand

Zahl unter dem Wurzelzeichen $\sqrt{49}$

Multipliziert man eine Zahl mit sich selbst, erhält man deren **Quadratzahl**. Dieser Vorgang heißt **Quadrieren**.

$15 \cdot 15 = 15^2 = 225$ Allgemein schreibt man: $a \cdot a = a^2$

Umgekehrt lässt sich zu einer vorgegebenen Quadratzahl die Zahl finden, die mit sich selbst multipliziert diese Quadratzahl ergibt. Man bestimmt die **Quadratwurzel**.
Diesen Vorgang bezeichnet man als **Wurzelziehen** (**Radizieren**).
Für die Zahl 49 erhält man die Zahl 7 als Quadratwurzel, denn $7 \cdot 7 = 49$.

! *Für den Radikanden 0 gilt:*
$\sqrt{0} = 0$, da $0^2 = 0$

Die **Quadratwurzel** einer positiven Zahl b ist die positive Zahl a, die mit sich selbst multipliziert die Zahl b ergibt: $a^2 = b$
Man verwendet die Schreibweise $a = \sqrt{b}$ und sagt:
„a ist die Quadratwurzel von b.“

Bemerkungen

- Die Quadratwurzel einer negativen Zahl gibt es nicht, da keine Zahl mit sich selbst multipliziert einen negativen Wert ergibt.

- Bei positiven Zahlen ist das Wurzelziehen die Umkehrung des Quadrierens und das Quadrieren die Umkehrung des Wurzelziehens.
Allgemein gilt: $\sqrt{a^2} = a$ und $(\sqrt{a})^2 = \sqrt{a} \cdot \sqrt{a} = a$.

12 1,5 $\frac{1}{10}$ 0,2
5 17
30
7 10 0,5
0,02

298 4 0,25
144 99
2,5
0,04
900 49
289 $\frac{1}{100}$ 2,25

? *Wie kann man die Zahlen auf dem oberen und unteren Notizzettel einander sinnvoll zuordnen?*

Beispiele

a) $\sqrt{36} = 6$; da $6^2 = 36$
b) $\sqrt{121} = 11$; da $11^2 = 121$
c) $\sqrt{0,25} = 0,5$; da $0,5^2 = 0,25$
d) $\sqrt{\frac{1}{4}} = \frac{1}{2}$; da $\left(\frac{1}{2}\right)^2 = \frac{1}{4}$
e) $\sqrt{8^2} = \sqrt{64} = 8$
f) $(\sqrt{0,81})^2 = 0,9^2 = 0,81$

Aufgaben

1 Welche Zahl passt nicht in die Reihe?
a) 1; 25; 49; 55; 64; 81; 121; 196
b) 144; 169; 225; 325; 400; 625; 900
c) 0,04; 0,16; 0,36; 0,50; 0,81; 1,21; 2,56
d) $\sqrt{\frac{1}{4}}$; $\sqrt{\frac{4}{9}}$; $\sqrt{\frac{16}{27}}$; $\sqrt{\frac{9}{25}}$; $\sqrt{\frac{49}{64}}$; $\sqrt{\frac{16}{81}}$

2 Bestimme die Quadratwurzel im Kopf.
a) $\sqrt{16}$ b) $\sqrt{49}$ c) $\sqrt{100}$
d) $\sqrt{225}$ e) $\sqrt{121}$ f) $\sqrt{169}$
g) $\sqrt{256}$ h) $\sqrt{400}$ i) $\sqrt{625}$
j) $\sqrt{0,25}$ k) $\sqrt{0,36}$ l) $\sqrt{1,44}$

3 Berechne.

a) $\sqrt{2{,}89}$ b) $\sqrt{3{,}24}$ c) $\sqrt{5{,}29}$
d) $\sqrt{20{,}25}$ e) $\sqrt{26{,}01}$ f) $\sqrt{0{,}0144}$
g) $\sqrt{0{,}0004}$ h) $\sqrt{0{,}0784}$ i) $\sqrt{4{,}4521}$

4 Das geht auch ohne Taschenrechner.

a) $\sqrt{\frac{16}{49}}$ b) $\sqrt{\frac{4}{81}}$ c) $\sqrt{\frac{36}{121}}$
d) $\sqrt{\frac{196}{144}}$ e) $\sqrt{\frac{169}{225}}$ f) $\sqrt{\frac{400}{729}}$
g) $\sqrt{\frac{5}{20}}$ h) $\sqrt{\frac{12}{27}}$ i) $\sqrt{\frac{44}{99}}$

5 Fülle die Lücken.

a) $\sqrt{\color{gray}\blacksquare\color{black}1} = 9$ b) $\sqrt{14\color{gray}\blacksquare} = 12$
c) $\sqrt{1\color{gray}\blacksquare\color{black}9} = 13$ d) $\sqrt{\color{gray}\blacksquare\color{black}21} = 11$
e) $\sqrt{\frac{81}{\color{gray}\blacksquare}} = \frac{9}{11}$ f) $\sqrt{\frac{\color{gray}\blacksquare}{25}} = \frac{2}{\color{green}\blacksquare}$

6 Welche Ziffern muss man einsetzen?

Beispiel: $\sqrt{2\color{gray}\blacksquare\color{black}6} = \color{gold}\blacksquare\color{black}6$
Für $\color{gray}\blacksquare$ wird 5, für $\color{gold}\blacksquare$ wird 1 eingesetzt: $\sqrt{256} = 16$

a) $\sqrt{1\color{gray}\blacksquare\color{black}1} = 11$ b) $\sqrt{32\color{gray}\blacksquare} = \color{gold}\blacksquare\color{black}8$
c) $\sqrt{6\color{gray}\blacksquare\color{gold}\blacksquare} = 2\color{gold}\blacksquare$ d) $\sqrt{\color{gray}\blacksquare\color{black}76} = 2\color{gold}\blacksquare$
e) $\sqrt{\color{gray}\blacksquare\color{black}89} = \color{gold}\blacksquare\color{black}7$ f) $\sqrt{\color{gray}\blacksquare\,\color{gray}\blacksquare\color{black}1} = \color{gold}\blacksquare\color{black}1$

7 Die Summe der eingesetzten Ziffern ergibt 41.

a) $\sqrt{\color{gray}\blacksquare\color{black}4} = 8$ b) $\sqrt{1\color{gray}\blacksquare\,\color{gold}\blacksquare} = 13$
c) $\sqrt{2\color{gray}\blacksquare\color{black}9} = \color{gold}\blacksquare\color{black}7$ d) $\sqrt{3 + \color{gray}\blacksquare\,\color{gold}\blacksquare} = 4$
e) $\sqrt{54 - \color{gray}\blacksquare} = 7$ f) $\sqrt{72 \cdot \color{gray}\blacksquare} = 12$

8 Natascha behauptet: „Vier der sechs Quadratwurzeln sind keine natürlichen Zahlen. Dies kann ich ohne Taschenrechner nachweisen.“
Hast du eine Idee, wie Natascha vorgeht?

$\sqrt{765\,432}$ $\sqrt{7\,531\,357}$
$\sqrt{344\,569}$ $\sqrt{12\,345\,678}$
$\sqrt{852\,743}$ $\sqrt{23\,503\,104}$

9 Welche der Rechnungen sind falsch? Begründe.

a) $\sqrt{2{,}5} = 0{,}5$
b) $\sqrt{490} = 70$
c) $40^2 = 160$
d) $\sqrt{3600} = 60$
e) $\sqrt{0{,}4} = 0{,}2$
f) $0{,}005^2 = 0{,}000\,025$

10 Der Pariser Platz in Berlin ist quadratisch und ungefähr 144 a groß.
Pia geht einmal um den Platz.

11 Ein Rechteck hat die Länge a und die Breite b.
Berechne die Seitenlänge eines dazu flächengleichen Quadrats.

a) a = 18 m; b = 8 m
b) a = 30 m; b = 7,5 m
c) a = 20 m; b = 3,2 m
d) a = 2,88 m; b = 0,5 m

Zahlenzauber

Auch Wurzeln haben etwas Zauberhaftes.

- Wie gehts wohl weiter?

$\sqrt{1}$
$\sqrt{121}$
$\sqrt{12321}$
$\sqrt{1234321}$
$\sqrt{123454321}$

- Wie gehts weiter?
Prüfe deine Vermutung auch nach.

$\sqrt{16}$ $\sqrt{81}$ $\sqrt{49}$
$\sqrt{1156}$ $\sqrt{9801}$ $\sqrt{4489}$
$\sqrt{111556}$ $\sqrt{998001}$ $\sqrt{444889}$

- Ziehe die Wurzel. Was fällt dir auf?

121 484
10201 12321
14641 40804
44944 1002001

- Berechne. Was stellst du fest?

26^2 264^2
307^2 836^2

- Vergleiche die Wurzeln $\sqrt{169}$ und $\sqrt{961}$.

- Der Mathematiker Hill fand heraus, dass 139 854 276 eine Quadratzahl ist, die alle Ziffern von 1 bis 9 benutzt.
Was er nicht wusste: es gibt noch mehr davon. Überprüfe.

$\sqrt{152\,843\,769}$ $\sqrt{597\,362\,481}$
$\sqrt{842\,973\,156}$

12 Die Figuren bestehen aus aneinander gereihten Quadraten. Der Flächeninhalt der Quadratreihe ist gegeben.
Berechne den Umfang der Quadratreihe.

a)
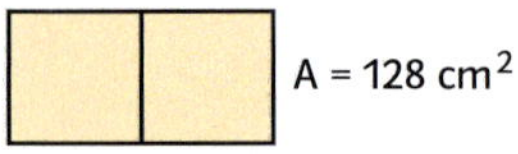

b)
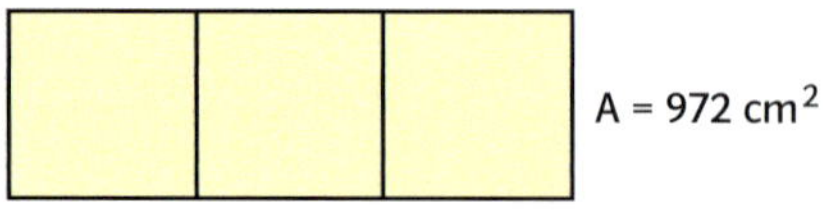

c)
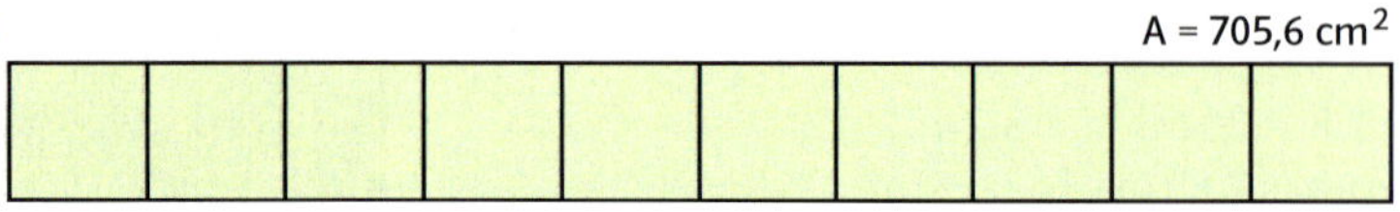

13 Die Oberfläche ist gegeben. Berechne die Kantenlänge a eines Würfels.

a)
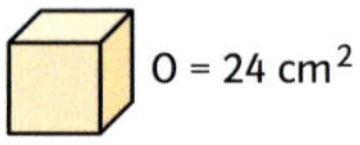

b)
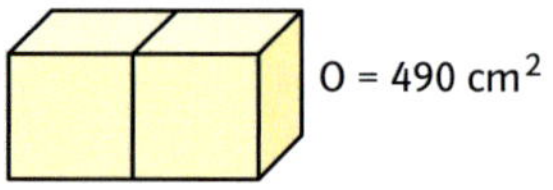

c)
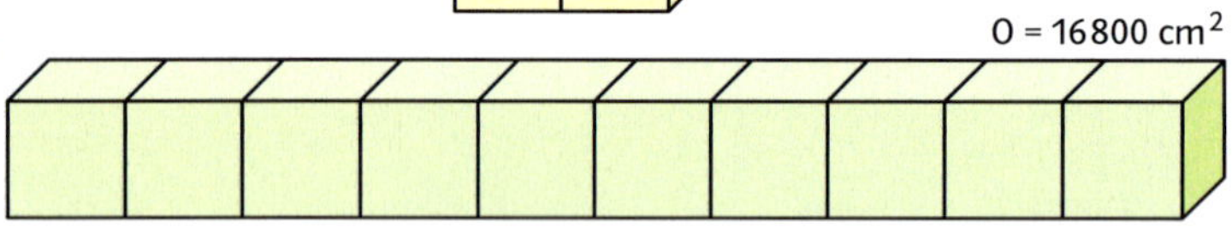

d) Ein Quader besteht aus 100 in Reihe aneinander gesetzten Würfeln und hat eine Oberfläche von $1608\,cm^2$.
Welches Volumen hat der Körper?

14 Berechne das Volumen für die vorgegebene Oberfläche.

a)
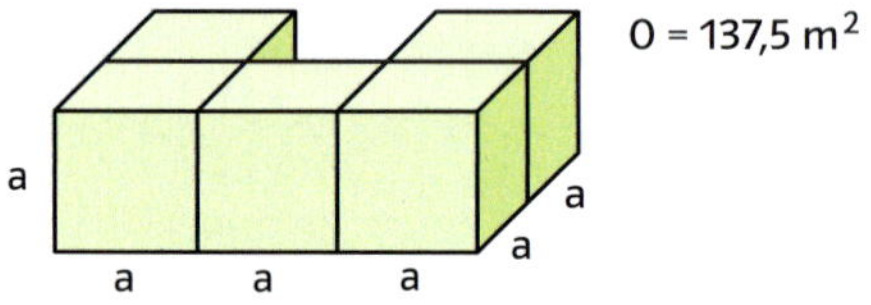

b)
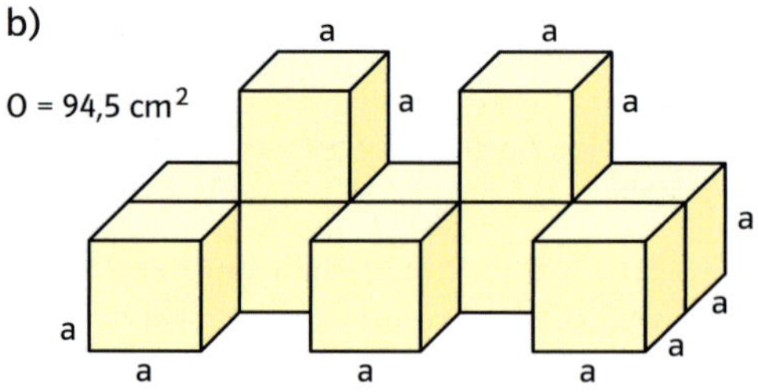

15 Ohne Taschenrechner geht es schneller.

a) $\sqrt{1\,234\,567\,890\,987\,654\,321^2}$

b) $\sqrt{122\,333\,444\,455\,555\,666\,666^2}$

16 Berechne mit dem Taschenrechner. Was meinst du zu den Ergebnissen?

$\sqrt{15{,}9} + \sqrt{16{,}1}$

$\sqrt{15{,}99} + \sqrt{16{,}01}$

$\sqrt{15{,}999} + \sqrt{16{,}001}$

$\sqrt{15{,}9999} + \sqrt{16{,}0001}$

$\sqrt{15{,}999\,99} + \sqrt{16{,}000\,01}$

17 Berechne.

a) $(\sqrt{81})^2$ b) $\sqrt{7{,}5^2}$ c) $(\sqrt{0{,}36})^2$

d) $\left(\sqrt{\frac{1}{4}}\right)^2$ e) $\sqrt{\left(\frac{2}{5}\right)^2}$ f) $\left(\sqrt{\frac{37}{74}}\right)^2$

Wurzeln und Variablen

Wir vereinbaren: Wird aus einem quadratischen Term die Wurzel gezogen, benutzen wir nur die Werte, für die der Term positiv ist oder den Wert null hat.

- Vereinfache.

a) $\sqrt{x^2}$ b) $(\sqrt{2a})^2$ c) $(\sqrt{5xy})^2$

d) $\sqrt{4z^2}$ e) $\sqrt{9a^2b^2}$ f) $(\sqrt{5rs})^2$

- Schreibe ohne Wurzelzeichen.

a) $\sqrt{(a+b)^2}$ b) $\sqrt{(x-y)^2}$

c) $\sqrt{(2v+w)^2}$ d) $\sqrt{(0{,}1a-0{,}9b)^2}$

e) $\sqrt{(x+y+z)^2}$ f) $\sqrt{(2a-3b+4c)^2}$

- Vereinfache. Nenne einen Wert, den man für x nicht einsetzen darf.

a) $(\sqrt{3+x})^2$ b) $(\sqrt{x-5})^2$

c) $(\sqrt{0{,}5-x})^2$ d) $\left(\sqrt{y+\frac{1}{4}}\right)^2$

e) $(\sqrt{4+x})^2$ f) $(\sqrt{2x-8})^2$

- Verwandle zuerst in ein Binom.

Beispiel: $\sqrt{x^2-6x+9} = \sqrt{(x-3)^2} = x-3$

a) $\sqrt{x^2+2x+1}$ b) $\sqrt{a^2+10a+25}$

c) $\sqrt{4y^2+20y+25}$ d) $\sqrt{100-20x+x^2}$

e) $\sqrt{49a^2+28ab+4b^2}$

- Ergänze den Radikanden. Ziehe dann die Wurzel.

a) $\sqrt{x^2+6x+\square}$

b) $\sqrt{2{,}25s^2-15s+\square}$

c) $\sqrt{\square+7{,}5t+6{,}25}$

2 Bestimmen von Quadratwurzeln

Durch Zerschneiden und Umlegen der beiden Quadrate lässt sich ein neues größeres Quadrat bilden.

→ Wie groß ist der Flächeninhalt des neuen Quadrats?

→ Warum ist der Umfang der ursprünglichen Quadrate viel leichter zu bestimmen als der des neuen?

→ Bestimme die Seitenlänge des großen Quadrats. Miss so genau wie möglich.

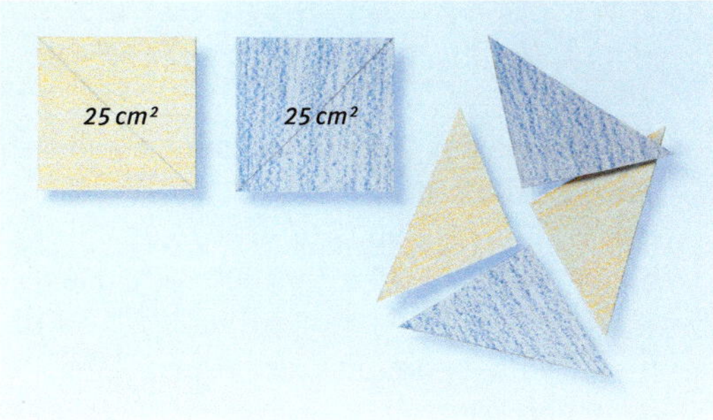

Quadratwurzeln wie z. B. $\sqrt{3}$ oder $\sqrt{7{,}4}$ lassen sich zunächst nur abschätzen. Bei der Quadratwurzel der Zahl 2 erkennt man, dass sie zwischen 1 und 2 liegen muss, da für die Quadrate die Eingrenzung $1^2 < 2 < 2^2$ gilt. Der Bereich der Eingrenzung heißt **Intervall**.
$\sqrt{2}$ liegt zwischen den natürlichen Zahlen 1 und 2, das heißt $\sqrt{2}$ liegt im Intervall [1; 2].
Durch Probieren lässt sich eine größere Genauigkeit mit mehr Dezimalen erreichen:
Wegen $1{,}4^2 < 2 < 1{,}5^2$ liegt $\sqrt{2}$ zwischen 1,4 und 1,5; also im Intervall [1,4; 1,5].
Wegen $1{,}41^2 < 2 < 1{,}42^2$ liegt $\sqrt{2}$ zwischen 1,41 und 1,42; also im Intervall [1,41; 1,42].

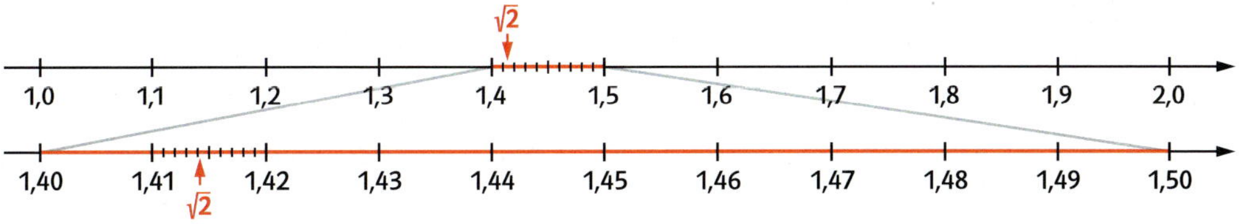

Auf diese Weise gelangt man zu immer mehr Nachkommaziffern. Beispielsweise lauten die ersten 40 Ziffern von $\sqrt{2}$ so: 1,414 213 562 373 095 048 801 688 724 209 698 078 569 …

Quadratwurzeln aus positiven Zahlen, die keine Quadratzahlen sind, haben beliebig viele Nachkommaziffern.

Beispiel
Näherung für $\sqrt{30}$: $5 < \sqrt{30} < 6$; da $5^2 < 30 < 6^2$
Durch systematisches Probieren erhält man eine bessere Näherung.
$5{,}1^2 = 26{,}01$; $5{,}2^2 = 27{,}04$; $5{,}3^2 = 28{,}09$; $5{,}4^2 = 29{,}16$; $5{,}5^2 = 30{,}25$
Damit gilt: $5{,}4 < \sqrt{30} < 5{,}5$
Auf diese Art und Weise kann man zu immer mehr Nachkommastellen gelangen.

Aufgaben

1 Welche Werte lassen sich genau, welche nur näherungsweise bestimmen?
a) $\sqrt{20}$ b) $\sqrt{144}$ c) $\sqrt{80}$
d) $\sqrt{4{,}5}$ e) $\sqrt{6{,}25}$ f) $\sqrt{10{,}24}$
g) $\sqrt{0{,}4}$ h) $\sqrt{0{,}09}$ i) $\sqrt{0{,}081}$

2 Zwischen welchen natürlichen Zahlen liegt die Quadratwurzel?
Beispiel: $6 < \sqrt{40} < 7$; da $6^2 < 40 < 7^2$
a) $\sqrt{20}$ b) $\sqrt{50}$ c) $\sqrt{70}$ d) $\sqrt{120}$
e) $\sqrt{190}$ f) $\sqrt{350}$ g) $\sqrt{500}$ h) $\sqrt{700}$

Wie heißt die 37. Nachkommastelle von $\frac{1}{3}$? Wie die von $\sqrt{3}$? Welche Frage ist unfair?

3 Fülle die Lücken. Manchmal sind auch mehrere Lösungen möglich.

a) $7 < \sqrt{\square 5} < 8$ b) $6 < \sqrt{4\square} < 7$

c) $12 < \sqrt{1\square 8} < 13$ d) $13 < \sqrt{\square\square 7} < 14$

4 Welche der Quadratwurzeln lassen sich exakt bestimmen?

a) $\sqrt{9}$; $\sqrt{0{,}9}$; $\sqrt{900}$; $\sqrt{90}$; $\sqrt{0{,}09}$

b) $\sqrt{4}$; $\sqrt{0{,}04}$; $\sqrt{0{,}4}$; $\sqrt{4000}$; $\sqrt{0{,}0004}$

5 Corinna behauptet, der Bruch $\frac{665\,857}{470\,832}$ habe den Wert $\sqrt{2}$.
Christian sagt: „Wenn ich den Bruch quadriere und die Endziffern des Zählers und Nenners betrachte, kann das Ergebnis nicht die Zahl 2 sein."
Wer von beiden hat Recht?

6 Welcher Wurzelwert gehört zu welcher Quadratzahl? Schätze ab.

21,7485… 217,9449… 746
473 23,7697…
565 20,1494… 406
27,3130… 47 500

7 Vergleiche die Brüche mit der Taschenrechner-Anzeige von $\sqrt{2}$.

$\frac{1}{1}$; $\frac{3}{2}$; $\frac{7}{5}$; $\frac{17}{12}$; $\frac{41}{29}$; $\frac{99}{70}$; $\frac{239}{169}$; $\frac{577}{408}$

Wie heißen die nächsten drei Brüche? Berechne für diese Brüche $\frac{a}{b}$ den Term $a^2 - 2b^2$. Was bemerkst du?

Nicht vorstellbare Zahlen

Berechnet man mit dem Taschenrechner $\sqrt{2}$, dann erscheint in der Anzeige 1,414 213 562. Multipliziert man diese Zahl schriftlich mit sich selbst, erhält man nicht die Zahl 2.
Die letzte Ziffer in der Taschenrechneranzeige ist eine 2 und damit erhält das Quadrat dieser Zahl an der letzten Stelle die Ziffer 4. Diese Überlegung gilt für alle Endziffern von 1 bis 9. Stände an der nächsten Stelle eine Null, wäre das Quadrat dieser Zahl ebenfalls von 2 verschieden. Damit kann $\sqrt{2}$ kein abbrechender Dezimalbruch sein.
Man kann zeigen, dass $\sqrt{2}$ auch kein periodischer Dezimalbruch ist:
Wenn $\sqrt{2}$ ein periodischer Dezimalbruch wäre, könnte man $\sqrt{2}$ als vollständig gekürzten, echten Bruch $\frac{p}{q}$ darstellen, wobei p und q natürliche Zahlen sind.
Durch Quadrieren entsteht aus $\sqrt{2} = \frac{p}{q}$ die Gleichung $2 = \frac{p^2}{q^2}$ bzw. $2 = \frac{p \cdot p}{q \cdot q}$.
Auch für den Bruch $\frac{p \cdot p}{q \cdot q}$ gilt: Zähler und Nenner besitzen keinen gemeinsamen Teiler; man kann also nicht kürzen. Der Wert des Quotienten $\frac{p \cdot p}{q \cdot q}$ kann daher nicht die Zahl 2 sein.
$\sqrt{2}$ ist damit weder ein abbrechender noch ein periodischer Dezimalbruch. Man bezeichnet $\sqrt{2}$ als **irrationale Zahl**. Die irrationalen Zahlen bilden zusammen mit den rationalen Zahlen die Menge der **reellen Zahlen** ℝ.
Neben einigen Wurzeln gibt es auch noch andere irrationale Zahlen wie beispielsweise 0,123 456 789 101 112 13… mit der Folge der natürlichen Zahlen. Die Zahl ist weder abbrechend noch periodisch.

- Erkläre die Entstehungsregel der irrationalen Zahl.
  1,121 231 234 123 45… 1,010 010 001 000 01… 9,898 998 999 899 99…
- Welche der Zahlen sind irrational, welche rational? Gib das Bildungsgesetz an.
  0,232323… 0,122333…
  1,4916253649… 0,7142857142857…
- Die Skizze zeigt, wie $\sqrt{2}$ auf der Zahlengeraden konstruiert werden kann.
  Konstruiere in gleicher Weise.
  $\sqrt{8}$ $\sqrt{50}$ $\sqrt{72}$

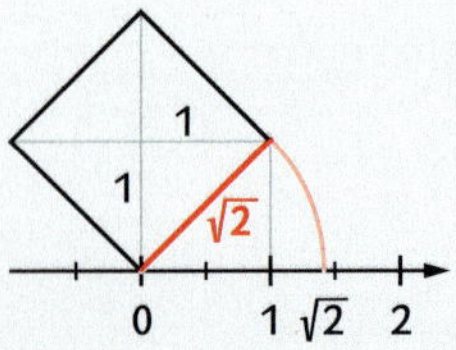

Heron-Verfahren

Mit einem Verfahren, das nach **Heron von Alexandria** (ca. 60 n. Chr.) benannt wurde, lassen sich Quadratwurzeln berechnen. Der Grundgedanke des Heron-Verfahrens ist die schrittweise Annäherung an ein Quadrat durch flächengleiche Rechtecke.

Um beispielsweise die Quadratwurzel der Zahl $R = 18$ zu bestimmen, kann man mit einem Rechteck beginnen, das die Seitenlängen $a_1 = 6\,\text{cm}$ und $b_1 = 3\,\text{cm}$ hat. Die Quadrate der Maßzahlen $3^2 = 9$ und $6^2 = 36$ schließen nämlich die Zahl 18 ein.

Da der Wert 6 zu groß und der Wert 3 zu klein ist, bildet man den Mittelwert von Länge und Breite. Damit erhält man eine neue Rechteckslänge a_2.

$\frac{a_1 + b_1}{2} = \frac{6 + 3}{2}\,\text{cm} = 4{,}5\,\text{cm}$

Die neue Rechtecksbreite b_2 bestimmt man aus dem Quotienten

$\frac{R}{a_2} = \frac{18}{4{,}5} = 4\,\text{cm}.$

Im nächsten Schritt ergibt sich:

$a_3 = \frac{a_2 + b_2}{2} = \frac{4{,}5 + 4}{2}\,\text{cm} = 4{,}25\,\text{cm}$ und

$b_3 = \frac{R}{a_3} = \frac{18}{4{,}25}\,\text{cm} \approx 4{,}24\,\text{cm}.$

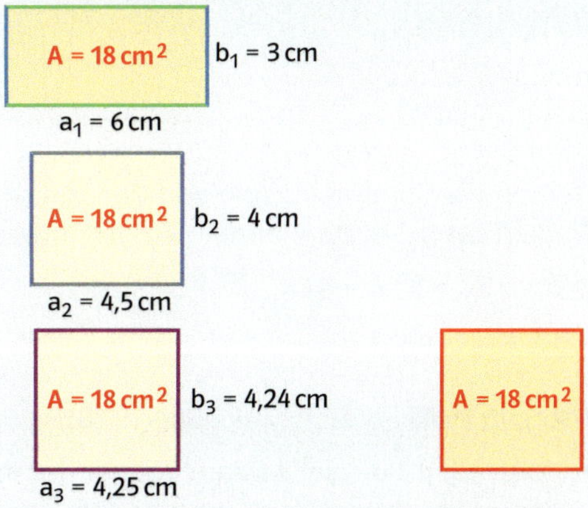

Vergleicht man die Eingrenzung $[a_3; b_3] = [4{,}25; 4{,}24]$ mit der Anzeige des Taschenrechners von $\sqrt{18} = 4{,}2426\ldots$, stellt man fest, dass man bereits eine gute Annäherung erzielt hat.
Wiederholt man diese Schritte, dann bekommt man sehr rasch noch bessere Näherungen für die zu bestimmende Quadratwurzel. Die heutigen Taschenrechner arbeiten nach einem ähnlichen Verfahren.

■ Bestimme mit dem Heron-Verfahren auf drei Dezimalen genau.
$\sqrt{7}$ $\sqrt{23}$ $\sqrt{200}$

Mit einer Tabellenkalkulation lässt sich das Heron-Verfahren leicht durchführen.
Formel in Zelle B9: =(B8+C8)/2
Zelle C9: =$C$1/B9

■ Erstelle das Rechenblatt. Füge weitere Zeilen an. Was stellst du fest?
■ Wähle als ersten Schätzwert für die Länge des Quadrats den Wert 1. Wie viele Schritte braucht das Programm dann mehr?
■ Bestimme $\sqrt{500}$ mit dem Schätzwert 1, anschließend mit dem Schätzwert 22.
■ Bestimme $\sqrt{5\,000\,000}$ mit dem Schätzwert 1. Verwende anschließend den Schätzwert 2000. Wie viele Schritte sparst du?

C9 fx =$C$1/B9

	A	B	C	D
1	Flächeninhalt des Rechtecks:		18	
2				
3	Erster Schätzwert für die Seitenlänge des Quadrates:		6	
4				
5	Schritt	Rechtecklänge	Rechteckbreite	Flächeninhalt
6	1	6,00000000000000	3,00000000000000	18
7	2	4,50000000000000	4,00000000000000	18
8	3	4,25000000000000	4,23529411764706	18
9	4	4,24264705882353	4,24263431542461	18
10	5	4,24264068712407	4,24264068711450	18
11				
12				

3 Multiplikation und Division

Vergleiche die Terme der linken und der rechten Tafelhälfte.
→ Was fällt dir auf?
→ Stelle eine Vermutung auf.

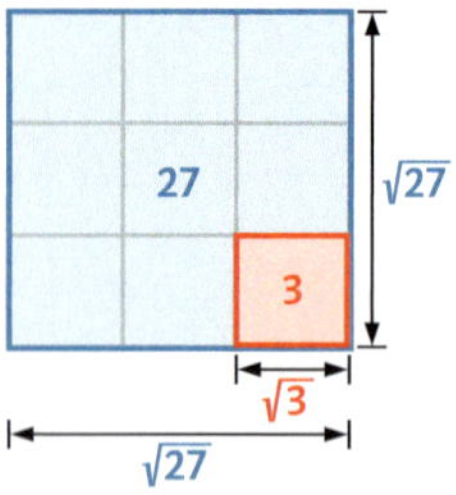

$\sqrt{3} \cdot \sqrt{27} = 9$

Werden die Quadratwurzeln von Quadratzahlen multipliziert bzw. dividiert, kann man das Produkt bzw. den Quotienten sehr leicht bestimmen:

$\sqrt{49} \cdot \sqrt{36} = 7 \cdot 6 = 42$ $\qquad$ $\sqrt{\frac{225}{9}} = \frac{15}{3} = 5$

$\sqrt{49 \cdot 36} = \sqrt{1764} = 42$ $\qquad$ $\sqrt{\frac{225}{9}} = \sqrt{25} = 5$

Also gilt: $\sqrt{49} \cdot \sqrt{36} = \sqrt{49 \cdot 36}$ bzw. $\frac{\sqrt{225}}{\sqrt{9}} = \sqrt{\frac{225}{9}}$

Im folgenden Beispiel ist das Produkt der Radikanden eine Quadratzahl. Mit geeigneten Näherungswerten gelangt man zu derselben Vermutung.

$\sqrt{27} \cdot \sqrt{3} \approx 5{,}196 \cdot 1{,}732 = 8{,}999\,472 \approx 9$ $\qquad$ $\sqrt{27 \cdot 3} = \sqrt{81} = 9$

Mit einem weiteren Beispiel lässt sich dies begründen.
Aus $(\sqrt{3})^2 = 3$ und $(\sqrt{5})^2 = 5$ sowie $(\sqrt{15})^2 = 15$ erhält man
$(\sqrt{3} \cdot \sqrt{5})^2 = (\sqrt{3})^2 \cdot (\sqrt{5})^2 = 3 \cdot 5 = 15 = (\sqrt{15})^2 = (\sqrt{3 \cdot 5})^2$.
Zieht man links und rechts die Quadratwurzel, erhält man: $\sqrt{3} \cdot \sqrt{5} = \sqrt{3 \cdot 5}$.
Ersetzt man die Zahlen 3 und 5 durch die Variablen a und b, erhält man eine allgemein gültige Regel. Für die Division gilt entsprechendes.

Quadratwurzeln kann man multiplizieren bzw. dividieren, indem man die Radikanden miteinander multipliziert bzw. dividiert und dann die Wurzel zieht.

$\sqrt{a} \cdot \sqrt{b} = \sqrt{a \cdot b}$; $a, b \geqq 0$ $\qquad$ $\frac{\sqrt{a}}{\sqrt{b}} = \sqrt{\frac{a}{b}}$; $a \geqq 0$; $b > 0$

Beispiele

a) $\sqrt{5} \cdot \sqrt{20} = \sqrt{5 \cdot 20} = \sqrt{100} = 10$

b) $\sqrt{64 \cdot 81} = \sqrt{64} \cdot \sqrt{81} = 8 \cdot 9 = 72$

c) $\frac{\sqrt{175}}{\sqrt{7}} = \sqrt{\frac{175}{7}} = \sqrt{25} = 5$

d) $\sqrt{\frac{9}{121}} = \frac{\sqrt{9}}{\sqrt{121}} = \frac{3}{11}$

Aufgaben

? $\sqrt{ROT} \cdot \sqrt{ORT} = TOR$
Erkläre.

1 Rechne im Kopf.
a) $\sqrt{3} \cdot \sqrt{12}$
b) $\sqrt{8} : \sqrt{2}$
c) $\sqrt{36 \cdot 25}$
d) $\sqrt{32} \cdot \sqrt{2}$
e) $\sqrt{99} : \sqrt{11}$
f) $\sqrt{121 \cdot 49}$

2 Berechne.
a) $\sqrt{0{,}49 \cdot 100}$
b) $\sqrt{10} \cdot \sqrt{3{,}6}$
c) $\sqrt{2{,}5} \cdot \sqrt{0{,}9}$
d) $\sqrt{400 \cdot 0{,}64}$
e) $\sqrt{\frac{1}{2}} \cdot \sqrt{\frac{9}{8}}$
f) $\sqrt{\frac{4}{25} \cdot \frac{49}{9}}$

3 Rechne auch mit mehr als zwei Faktoren.

a) $\sqrt{2} \cdot \sqrt{6} \cdot \sqrt{12}$ b) $\sqrt{49 \cdot 25 \cdot 9}$
c) $\sqrt{81 \cdot 36 \cdot 4}$ d) $\sqrt{7} \cdot \sqrt{21} \cdot \sqrt{3}$
e) $\sqrt{24} \cdot \sqrt{8} \cdot \sqrt{2} \cdot \sqrt{6}$
f) $\sqrt{144 \cdot 25} \cdot \sqrt{3} \cdot \sqrt{12}$

4 Fülle die Lücken.

a) $\sqrt{14} \cdot \sqrt{126} = \square$ b) $\sqrt{396} : \sqrt{11} = \square$
c) $\sqrt{\square} \cdot \sqrt{289} = 34$ d) $\sqrt{675} : \sqrt{\square} = 15$
e) $\sqrt{117} \cdot \sqrt{\square} = 39$ f) $\sqrt{\square 80} : \sqrt{5} = 14$
g) $\sqrt{14\square} \cdot \sqrt{3} = 21$ h) $\sqrt{50\square} : \sqrt{3} = 13$
i) $\sqrt{92} \cdot \sqrt{\square 3} = 46$ j) $\sqrt{396} : \sqrt{\square 4} = 3$

5 Am besten ohne Taschenrechner.

a) $\sqrt{25 \cdot 4 \cdot 100}$
b) $\sqrt{100} \cdot \sqrt{400} \cdot \sqrt{25}$
c) $\sqrt{10\,000 \cdot 400 \cdot 9\,000\,000}$
d) $\sqrt{200} \cdot \sqrt{5} \cdot \sqrt{2} \cdot \sqrt{5}$

6 Setze für $\blacksquare$ und $\square$ die richtigen Werte ein.

a) $\sqrt{5} \cdot \sqrt{\square} = 10$
b) $\sqrt{36} \cdot \sqrt{\square 6} = 24$
c) $\sqrt{6} \cdot \sqrt{2\square} = 1\blacksquare$
d) $\sqrt{19\blacksquare} : \sqrt{4} = 7$
e) $\sqrt{\square 76} : \sqrt{\blacksquare 4} = 3$
f) $\sqrt{\blacksquare} \cdot \sqrt{\square\blacksquare 2} = \blacksquare 6$

7 Vervollständige die Wurzelpyramide durch Multiplizieren bzw. Dividieren. In der Spitze steht die Kontrollzahl.

a)

b)

8 Vervollständige das Rechennetz. Wie heißen die fehlenden Zahlen?

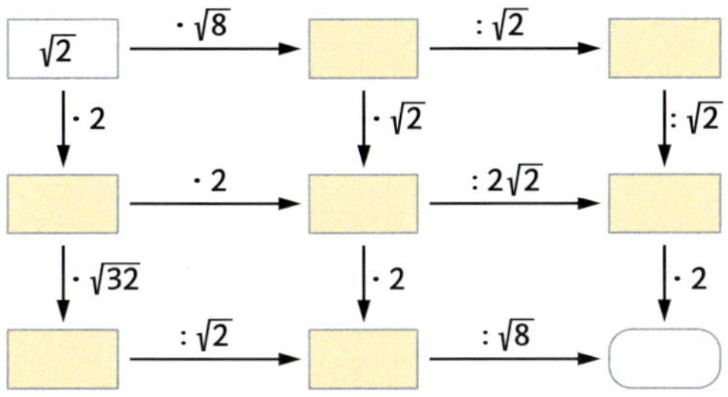

9 Lege aus den Dominosteinen eine geschlossene Kette.

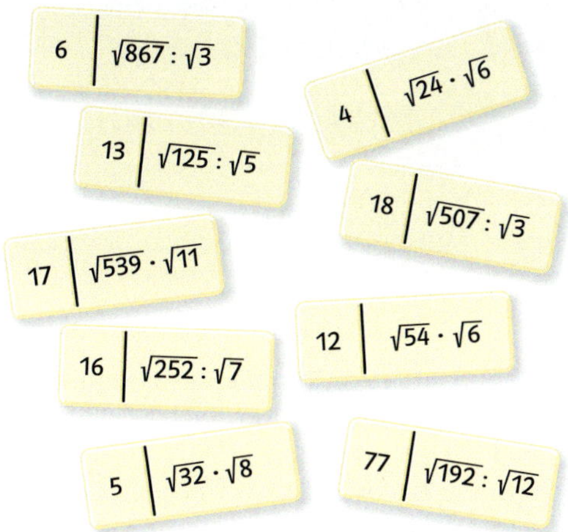

10 Löse ohne Taschenrechner.

a)
$\sqrt{400}$
$\sqrt{40\,000}$
$\sqrt{4\,000\,000}$
$\sqrt{400\,000\,000}$
$\sqrt{40\,000\,000\,000}$
$\sqrt{4\,000\,000\,000\,000}$

b)
$\sqrt{12\,100}$
$\sqrt{1\,210\,000}$
$\sqrt{121\,000\,000}$
$\sqrt{12\,100\,000\,000}$
$\sqrt{1\,210\,000\,000\,000}$
$\sqrt{121\,000\,000\,000\,000}$

Löse das Rechenpuzzle mit vier Kärtchen.

$\frac{\square}{\square} : \frac{\square}{\square} = 1$

11 Geht das auch ohne Taschenrechner?

a) $\sqrt{6\,400\,000\,000\,000\,000}$
b) $\sqrt{3\,000\,000\,000} \cdot \sqrt{1\,200\,000\,000\,000}$
c) $\sqrt{144\,000\,000\,000\,000\,000\,000\,000\,000\,000}$

12 Berechne.

a) $\sqrt{y} \cdot \sqrt{4y}$ b) $\sqrt{2a} \cdot \sqrt{8a}$
c) $\sqrt{27t^3} \cdot \sqrt{3t}$ d) $\sqrt{144x^2y^2}$
e) $\sqrt{2{,}25s^4t^2}$ f) $\sqrt{0{,}0064x^4y^2}$

13 Vereinfache.

a) $\sqrt{\frac{49}{121x^2}}$ b) $\sqrt{\frac{36y^4}{169x^2}}$
c) $\sqrt{4x^2} \cdot \sqrt{\frac{13}{52x^2}}$ d) $\sqrt{\frac{105y}{7x^2}} \cdot \sqrt{15y}$
e) $\sqrt{12xy} \cdot \frac{\sqrt{51y}}{\sqrt{17x}}$ f) $\frac{\sqrt{132a^3}}{\sqrt{11b^2}} \cdot \sqrt{\frac{ab}{3a^2b}}$

14 Vereinfache die Terme.

a) $\sqrt{\frac{2x}{7}} \cdot \sqrt{\frac{18x}{7}}$ b) $\sqrt{\frac{x^3}{75}} \cdot \sqrt{\frac{3}{x}}$
c) $\sqrt{\frac{54y}{15x}} \cdot \sqrt{\frac{35y}{56x}}$ d) $\sqrt{\frac{2a}{27b^2}} : \sqrt{\frac{8a^3}{3}}$
e) $\sqrt{\frac{63ab^2}{88b}} : \sqrt{\frac{7a^3b}{22}}$ f) $\sqrt{150xyz} : \sqrt{\frac{3xy^3}{32z}}$

Der Radikand ist eine 9 mit 100 Nullen.
$\sqrt{90\,000\,000\ldots}$
Ist die Quadratwurzel eine natürliche Zahl?
Was ändert sich, wenn der Radikand eine 9 mit 101 Nullen ist?

4 Addition und Subtraktion

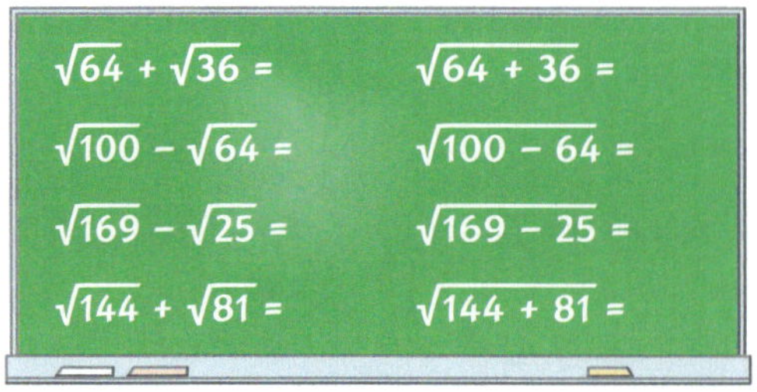

Vergleiche die Terme auf der linken Seite mit denen auf der rechten Seite.
→ Was bemerkst du?

Im Gegensatz zur Multiplikation und Division von Quadratwurzeln lassen sich bei der Addition bzw. Subtraktion zweier Quadratwurzeln die Radikanden nicht unter einer Wurzel zusammenfassen.

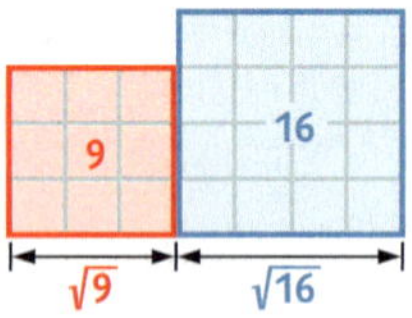

$\sqrt{9} + \sqrt{16} = 3 + 4 = 7$

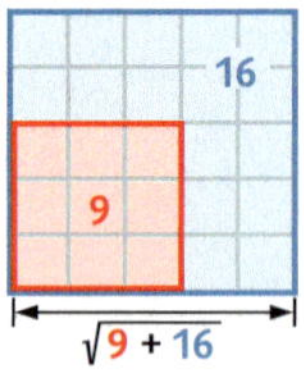

$\sqrt{9 + 16} = \sqrt{25} = 5$

Diese Überlegungen gelten auch für die Subtraktion.

$\sqrt{25} - \sqrt{16} = 5 - 4 = 1$

$\sqrt{25 - 16} = \sqrt{9} = 3$

Quadratwurzeln mit gleichen Radikanden lassen sich mithilfe des **Distributivgesetzes** (**Verteilungsgesetzes**) zusammenfassen.

$5 \cdot \sqrt{3} + 2 \cdot \sqrt{3} = (5 + 2) \cdot \sqrt{3} = 7 \cdot \sqrt{3}$

oder

$7 \cdot \sqrt{3} - 2 \cdot \sqrt{3} = (7 - 2) \cdot \sqrt{3} = 5 \cdot \sqrt{3}$

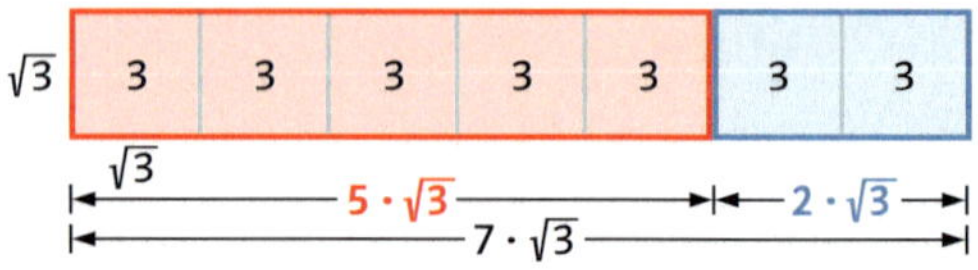

Summen bzw. Differenzen, in denen Quadratwurzeln mit gleichen Radikanden vorkommen, können durch **Ausklammern** zusammengefasst werden.

Beispiele

a) $2 \cdot \sqrt{5} + 3 \cdot \sqrt{5} = (2 + 3) \cdot \sqrt{5}$
$= 5 \cdot \sqrt{5}$

b) $7 \cdot \sqrt{2} - 3 \cdot \sqrt{2} = (7 - 3) \cdot \sqrt{2}$
$= 4 \cdot \sqrt{2}$

c) $6 \cdot \sqrt{a} + 9 \cdot \sqrt{b} - 5 \cdot \sqrt{a} - 8 \cdot \sqrt{b} = 6 \cdot \sqrt{a} - 5 \cdot \sqrt{a} + 9 \cdot \sqrt{b} - 8 \cdot \sqrt{b} = \sqrt{a} + \sqrt{b}$

Aufgaben

1 Rechne im Kopf.

a) $4\sqrt{2} + 3\sqrt{2}$
b) $7\sqrt{3} - 4\sqrt{3}$
c) $12\sqrt{7} - \sqrt{7}$
d) $\sqrt{5} + 5\sqrt{5}$
e) $3\sqrt{11} - 4\sqrt{11}$
f) $-2\sqrt{3} + \sqrt{3}$

2 Fasse zusammen.

a) $2\sqrt{3} + 3\sqrt{3} + 4\sqrt{3}$
b) $5\sqrt{7} - 4\sqrt{7} + \sqrt{7}$
c) $10\sqrt{3} - 5\sqrt{3} - 2\sqrt{3} - \sqrt{3}$

3 Schreibe so einfach wie möglich.

a) $4\sqrt{5} + 3\sqrt{5} + 8\sqrt{3} + 2\sqrt{3}$
b) $2\sqrt{3} + 3\sqrt{2} - 2\sqrt{2} + \sqrt{3}$
c) $8\sqrt{7} - 5\sqrt{11} - 5\sqrt{7} + 4\sqrt{11}$
d) $13\sqrt{17} - 8\sqrt{23} - \sqrt{23} - 11\sqrt{17}$
e) $-\sqrt{13} - 6\sqrt{19} - 6\sqrt{13} + 5\sqrt{19} - \sqrt{19}$

4 Vereinfache.

a) $10\sqrt{6} + (3\sqrt{7} - 2\sqrt{6}) - 5\sqrt{7}$
b) $\sqrt{5} - (3\sqrt{8} - 4\sqrt{5}) + (\sqrt{8} - 5\sqrt{5})$
c) $3\sqrt{3} - (3\sqrt{2} - 4\sqrt{3}) - (6\sqrt{3} - 2\sqrt{2})$
d) $9(\sqrt{5} - \sqrt{7}) - 2(\sqrt{7} + 4\sqrt{5})$

5 Die Lösungen sind ganzzahlig.

a) $\sqrt{3}(\sqrt{27} + \sqrt{3})$
b) $\sqrt{5}(\sqrt{125} - 2\sqrt{5})$
c) $2\sqrt{3}(\sqrt{12} - \sqrt{3})$
d) $2\sqrt{5}(4\sqrt{5} - \sqrt{20} + \sqrt{80})$

6 Fülle die Lücken.

a) $\square(\sqrt{5} + \sqrt{3}) = \sqrt{35} + \sqrt{21}$
b) $\sqrt{7}(\square + \sqrt{2}) = \sqrt{21} + \sqrt{14}$
c) $3\sqrt{11}(4 - \square) = \square - 3\sqrt{22}$

7 Berechne.

a) $(19\sqrt{2} - 11\sqrt{2}) : 4$
b) $(20\sqrt{5} + 5\sqrt{5}) : \sqrt{5}$
c) $7\sqrt{3} - 12\sqrt{6} : 4\sqrt{2}$
d) $3\sqrt{5} - \sqrt{2} \cdot \sqrt{5} - 2\sqrt{5}$

8 Fasse zusammen.

a) $4\sqrt{x} + 5\sqrt{x}$
b) $17\sqrt{y} - 16\sqrt{y}$
c) $11\sqrt{a} - 10\sqrt{a}$
d) $12\sqrt{t} - 13\sqrt{t}$
e) $3\sqrt{5x} - 2\sqrt{5x}$
f) $-2\sqrt{2a} - \sqrt{2a}$

9 Vereinfache.

a) $\sqrt{x}(\sqrt{9x} + \sqrt{16x})$
b) $(\sqrt{81a} - \sqrt{36a}) \cdot \sqrt{a}$
c) $(\sqrt{18y} + \sqrt{2y}) \cdot \sqrt{2y}$
d) $\sqrt{3x}(\sqrt{48x} - \sqrt{75x})$
e) $\sqrt{m}(\sqrt{m} + \sqrt{n}) - \sqrt{mn}$
f) $\sqrt{x^3y}\left(\sqrt{xy} - \sqrt{\frac{x}{y}}\right)$

10 Die Ergebnisse lauten 1; 2; 3 und 4.

a) $\frac{7\sqrt{3} + 12\sqrt{5} - 10\sqrt{3} + 3\sqrt{3}}{4\sqrt{5}}$
b) $\frac{5\sqrt{2} - \sqrt{3} - 9\sqrt{2} + 5\sqrt{3}}{\sqrt{3} - \sqrt{2}}$
c) $\frac{3(\sqrt{6} - \sqrt{2}) - (\sqrt{2} - \sqrt{6})}{2\sqrt{6} - 2\sqrt{2}}$
d) $\frac{(2\sqrt{2} - 1)(3\sqrt{2} + 1)}{11 - \sqrt{2}}$

Zahlenzauber

■ Berechne.

$\sqrt{1 \cdot 2 \cdot 3 \cdot 4 + 1}$
$\sqrt{2 \cdot 3 \cdot 4 \cdot 5 + 1}$
$\sqrt{3 \cdot 4 \cdot 5 \cdot 6 + 1}$

Kannst du $\sqrt{7 \cdot 8 \cdot 9 \cdot 10 + 1}$ ohne Taschenrechner berechnen?

■ Wie gehts jeweils weiter?

$\sqrt{1 \cdot 3 + 1}$	$\sqrt{1 \cdot 5 + 4}$
$\sqrt{2 \cdot 4 + 1}$	$\sqrt{2 \cdot 6 + 4}$
$\sqrt{3 \cdot 5 + 1}$	$\sqrt{3 \cdot 7 + 4}$
…	…

$\sqrt{1 \cdot 4 + 5}$
$\sqrt{2 \cdot 5 + 6}$
$\sqrt{3 \cdot 6 + 7}$
$\sqrt{4 \cdot 7 + 8}$
…

Beschreibe den Radikanden mit eigenen Worten.
Welche Regel vermutest du?
Bestimme nun ohne Taschenrechner $\sqrt{100 \cdot 103 + 104}$.

$\sqrt{1 + 4 \cdot 2}$	$\sqrt{1^2 + 1 + 2}$
$\sqrt{4 + 4 \cdot 3}$	$\sqrt{2^2 + 2 + 3}$
$\sqrt{9 + 4 \cdot 4}$	$\sqrt{3^2 + 3 + 4}$
…	…

Stelle für den Radikanden einen Term mit Variablen auf und weise nach, dass er stets eine Quadratzahl ist.

■ Was fällt dir auf?
Setze fort und überprüfe.

$\sqrt{676}$	$\sqrt{2601}$	$\sqrt{5776}$
$\sqrt{576}$	$\sqrt{2401}$	$\sqrt{5476}$

■ Wie gehts weiter? Berechne.

$\sqrt{1 \cdot 3 \cdot 5 \cdot 7 + 16}$
$\sqrt{2 \cdot 4 \cdot 6 \cdot 8 + 16}$
$\sqrt{3 \cdot 5 \cdot 7 \cdot 9 + 16}$

Für diese Folge von Quadratwurzeln gilt:
$\sqrt{n(n+2)(n+4)(n+6) + 16} = n(n+6) + 4$.
Führe den allgemeinen Nachweis, indem du die rechte Seite quadrierst und mit dem Radikanden vergleichst.

5 Umformen von Wurzeltermen

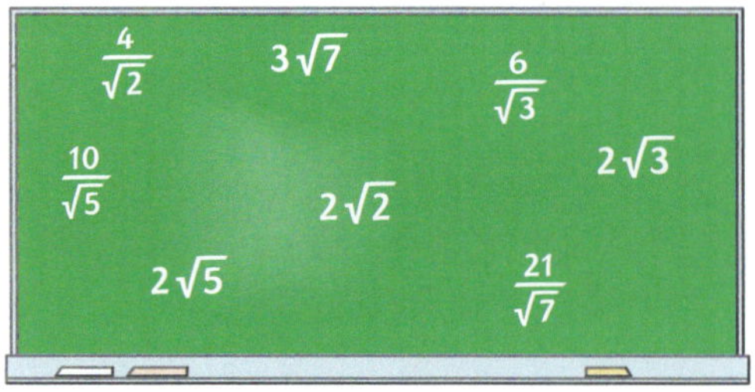

Berechne alle Wurzelwerte mithilfe des Taschenrechners.
→ Was stellst du fest? Beschreibe mit eigenen Worten, was du entdeckt hast.
→ Finde weitere Wurzelausdrücke, die genauso aufgebaut sind.
→ Welche der Terme lassen sich ziemlich leicht bestimmen, welche nur mit Mühe?

Durch **teilweises Wurzelziehen** lassen sich die Werte von Quadratwurzeln auch ohne die Verwendung eines Taschenrechners leichter eingrenzen und abschätzen.
Überschlägt man $\sqrt{3}$ mit 1,732, kann nach der Regel zur Multiplikation gerechnet werden:
$\sqrt{300} = \sqrt{100 \cdot 3} = \sqrt{100} \cdot \sqrt{3} = 10 \cdot \sqrt{3} \approx 10 \cdot 1{,}732 = 17{,}32$
Der Radikand wird dabei in ein Produkt mit einer Quadratzahl als Faktor zerlegt.

Beim **teilweisen Wurzelziehen** wird der Radikand so in ein Produkt zerlegt, dass einer der Faktoren eine Quadratzahl ist.
$\sqrt{a^2 b} = \sqrt{a^2} \cdot \sqrt{b} = a \cdot \sqrt{b};\ a, b \geqq 0$

Beispiele

a) $\sqrt{75} = \sqrt{25 \cdot 3} = \sqrt{25} \cdot \sqrt{3} = 5 \cdot \sqrt{3}$

b) $\sqrt{80} = \sqrt{4} \cdot \sqrt{20} = 2 \cdot \sqrt{20} = 2 \cdot \sqrt{4} \cdot \sqrt{5} = 2 \cdot 2 \cdot \sqrt{5} = 4 \cdot \sqrt{5}$

oder $\sqrt{80} = \sqrt{16 \cdot 5} = \sqrt{16} \cdot \sqrt{5} = 4 \cdot \sqrt{5}$

! Eine Näherungsrechnung von $\frac{6}{\sqrt{3}}$ gelingt im Kopf nur schwer.
$6 : 1{,}7 = \square$
Probiere es aus.

Tritt bei einem Bruch wie $\frac{6}{\sqrt{3}}$ eine Quadratwurzel im Nenner auf, kann eine Abschätzung des Werts mühsam sein. Durch geschicktes Erweitern lässt sich die Division mit einer Quadratwurzel vermeiden. Aus dem Quotient kann ein Produkt werden, dessen Wert sich leichter abschätzen lässt. Der Nenner wird dadurch **rational**.

$\frac{6}{\sqrt{3}} = \frac{6 \cdot \sqrt{3}}{\sqrt{3} \cdot \sqrt{3}} = \frac{6 \cdot \sqrt{3}}{3} = 2 \cdot \sqrt{3} \approx 2 \cdot 1{,}732 = 3{,}454$

Eine Quadratwurzel im Nenner eines Bruchs kann durch Erweitern beseitigt werden. Man spricht vom **Rationalmachen des Nenners**.

? Wie groß sind die Maßzahlen der Seitenlängen des inneren und des äußeren Quadrats?

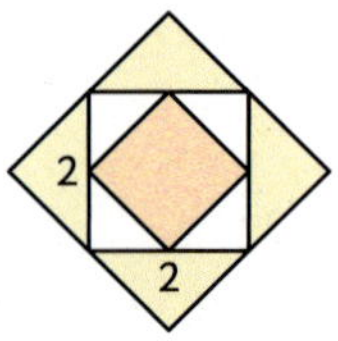

Beispiele

c) $\frac{28}{\sqrt{7}} = \frac{28 \cdot \sqrt{7}}{\sqrt{7} \cdot \sqrt{7}} = \frac{28 \cdot \sqrt{7}}{7} = 4 \cdot \sqrt{7}$

d) $\frac{25}{3 \cdot \sqrt{5}} = \frac{25 \cdot \sqrt{5}}{3 \cdot \sqrt{5} \cdot \sqrt{5}} = \frac{25 \cdot \sqrt{5}}{3 \cdot 5} = \frac{5 \cdot \sqrt{5}}{3}$

Aufgaben

1 Ziehe teilweise die Wurzel.
a) $\sqrt{50}$ b) $\sqrt{8}$ c) $\sqrt{18}$ d) $\sqrt{32}$
e) $\sqrt{48}$ f) $\sqrt{20}$ g) $\sqrt{45}$ h) $\sqrt{98}$

2 Bringe einen Faktor vor die Wurzel.
a) $\sqrt{0{,}02}$ b) $\sqrt{0{,}08}$ c) $\sqrt{0{,}72}$
d) $\sqrt{1{,}08}$ e) $\sqrt{2{,}88}$ f) $\sqrt{11{,}25}$

3 Bringe den Faktor unter die Wurzel.

Beispiel: $3 \cdot \sqrt{2} = \sqrt{3^2 \cdot 2} = \sqrt{9 \cdot 2} = \sqrt{18}$

a) $4 \cdot \sqrt{3}$ b) $2 \cdot \sqrt{5}$ c) $6 \cdot \sqrt{8}$
d) $0{,}3 \cdot \sqrt{2}$ e) $5 \cdot \sqrt{0{,}4}$ f) $10 \cdot \sqrt{0{,}07}$

4 Welche der Terme auf dem Rand haben den gleichen Wert? Rechne ohne Taschenrechner.

5 Ziehe die Wurzel so weit wie möglich.
a) $\sqrt{9x}$ b) $\sqrt{5a^2}$ c) $\sqrt{81z}$
d) $\sqrt{15y^2}$ e) $\sqrt{18x^2}$ f) $\sqrt{27s^2t^3}$
g) $\sqrt{\frac{3a^2}{b^2}}$ h) $\sqrt{\frac{x^3}{9y}}$ i) $\sqrt{\frac{32xy^2}{25}}$

6 Kürze vor dem Vereinfachen.
a) $\sqrt{\frac{2y^2}{18}}$ b) $\sqrt{\frac{3x^3}{12x^2}}$ c) $\sqrt{\frac{12x^3}{27x}}$
d) $\sqrt{\frac{24a}{8a^3}}$ e) $\sqrt{\frac{10a^4b^3}{5ab^2}}$ f) $\sqrt{\frac{88r^2s^4}{11rs}}$

7 Vereinfache und ziehe teilweise die Wurzel.
a) $\sqrt{\frac{2a}{3b}} \cdot \sqrt{\frac{24}{3b}}$ b) $\sqrt{\frac{11}{3y^2}} \cdot \sqrt{\frac{12x^2}{99}}$
c) $\sqrt{\frac{5}{9x^2}} : \sqrt{\frac{12}{5y}}$ d) $\sqrt{\frac{7a}{3b^2}} : \sqrt{21a^2}$

8 Rechne wie im Beispiel.

$\sqrt{70\,000} = \sqrt{10\,000} \cdot \sqrt{7} = 100 \cdot \sqrt{7}$

a) $\sqrt{300}$ b) $\sqrt{500}$
c) $\sqrt{28\,800}$ d) $\sqrt{8\,000\,000}$

9 Vereinfache.
a) $6 \cdot \sqrt{12} + 4 \cdot \sqrt{27}$ b) $3\sqrt{48} - 11\sqrt{3}$
c) $\sqrt{54} - \sqrt{24}$ d) $5\sqrt{28} - 3\sqrt{63}$
e) $\sqrt{32x^2} - \sqrt{8x^2}$ f) $\sqrt{80x} - \sqrt{20x}$
g) $\sqrt{125x^2y} - \sqrt{45x^2y}$ h) $\sqrt{108x^3} + \sqrt{147x^3}$

10 Schwierige Aufgaben mit den einfachen Ergebnissen 1; 2; 3 und 4.
a) $\frac{\sqrt{75x} - \sqrt{48x} + \sqrt{27x}}{2\sqrt{3x}}$ b) $\frac{\sqrt{8y} + 2\sqrt{2y} - \sqrt{18y}}{\sqrt{2y}}$
c) $\frac{\sqrt{27} \cdot 4\sqrt{x} + \sqrt{48x}}{2\sqrt{12x}}$ d) $\frac{\sqrt{4x}(\sqrt{18x} + \sqrt{27x})}{\sqrt{8x^2} + \sqrt{12x^2}}$

11 Vereinfache.
a) $(\sqrt{8} + \sqrt{18})^2$ b) $(\sqrt{6} + \sqrt{8})^2$
c) $(\sqrt{12} - \sqrt{3})^2$ d) $(\sqrt{2} + 2\sqrt{50})^2$
e) $(10\sqrt{2} - 2\sqrt{54})^2$ f) $(7\sqrt{7} + \sqrt{63})^2$

12 Welche Terme haben denselben Wert?

$2\sqrt{2}$	$\frac{15}{\sqrt{5}}$	$\frac{21}{\sqrt{7}}$	$\frac{30\sqrt{3}}{\sqrt{60}}$
$3 \cdot \sqrt{5}$	$\frac{7\sqrt{45}}{\sqrt{35}}$	$\frac{12}{\sqrt{18}}$	$2\sqrt{3}$
$\frac{6}{\sqrt{3}}$	$3\sqrt{7}$	$\frac{4}{\sqrt{2}}$	$\frac{24}{2\sqrt{12}}$

13 Mache den Nenner rational.
a) $\frac{1}{\sqrt{3}}$ b) $\frac{1}{\sqrt{7}}$ c) $\frac{2}{\sqrt{5}}$
d) $\frac{3}{\sqrt{2}}$ e) $\frac{4}{\sqrt{2}}$ f) $\frac{9}{\sqrt{3}}$
g) $\frac{10}{\sqrt{5}}$ h) $\frac{16}{\sqrt{20}}$ i) $\frac{22}{\sqrt{33}}$

14 Schreibe ohne Wurzel im Nenner.
a) $\frac{4}{3\sqrt{2}}$ b) $\frac{1}{2\sqrt{3}}$ c) $\frac{15}{4\sqrt{5}}$
d) $\frac{21}{4\sqrt{7}}$ e) $\frac{25}{6\sqrt{10}}$ f) $\frac{16}{2\sqrt{8}}$
g) $\frac{88}{3\sqrt{11}}$ h) $\frac{51}{2\sqrt{17}}$ i) $\frac{115}{5\sqrt{23}}$

15 Schreibe mit rationalem Nenner.
a) $\frac{3 + \sqrt{2}}{\sqrt{2}}$ b) $\frac{\sqrt{2} - 1}{\sqrt{2}}$ c) $\frac{\sqrt{14} + \sqrt{21}}{\sqrt{7}}$
d) $\frac{6 + \sqrt{3}}{3\sqrt{3}}$ e) $\frac{4 + \sqrt{8}}{2\sqrt{2}}$ f) $\frac{\sqrt{5} + \sqrt{3}}{\sqrt{5} \cdot \sqrt{3}}$

16 Beseitige die Wurzel im Nenner.
a) $\frac{2}{\sqrt{x}}$ b) $\frac{y}{\sqrt{y}}$ c) $\frac{x}{3\sqrt{x}}$
d) $\frac{x + 1}{\sqrt{x}}$ e) $\frac{xy - y}{x\sqrt{y}}$ f) $\frac{2y - y\sqrt{2}}{\sqrt{2y}}$

17 Vereinfache so weit wie möglich.
a) $\frac{\sqrt{128a} + \sqrt{8a}}{\sqrt{a}}$
b) $\frac{\sqrt{12x} + 2\sqrt{75x}}{2\sqrt{3x}}$
c) $\frac{(\sqrt{2x} - \sqrt{x})(\sqrt{2x} + \sqrt{x})}{x\sqrt{2}}$
d) $\frac{\sqrt{25x^2 - 60xy + 36y^2} + \sqrt{36y^2}}{\sqrt{50x^2}}$
e) $\frac{\sqrt{5x} + \sqrt{x}}{\sqrt{x}}(\sqrt{5} - 1) + (\sqrt{32} - \sqrt{2})^2$

18 Wie geht's weiter?

$2 \cdot \sqrt{\frac{2}{3}} = \sqrt{2\frac{2}{3}}$ $3 \cdot \sqrt{\frac{3}{8}} = \sqrt{3\frac{3}{8}}$
$4 \cdot \sqrt{\frac{4}{15}} = \sqrt{4\frac{4}{15}}$

Prüfe nach und versuche eine Regel zu finden.

$6 \cdot \sqrt{2}$
$2 \cdot \sqrt{18}$
$4 \cdot \sqrt{27}$
$\sqrt{32}$
$12 \cdot \sqrt{3}$
$4 \cdot \sqrt{2}$
$\sqrt{72}$
$3 \cdot \sqrt{8}$
$3 \cdot \sqrt{48}$
$2 \cdot \sqrt{108}$
$\sqrt{432}$
$2 \cdot \sqrt{8}$
$6 \cdot \sqrt{12}$

6 3. Wurzel

Aus den kleinen Würfeln soll ein großer Würfel gebaut werden.

→ Wie viele kleine Würfel würdest du verwenden – 26; 27 oder 28?

→ Aus 125 kleinen Würfeln soll ein großer Würfel gebildet werden. Geht das?

→ Du hast 1000 kleine Würfel zur Verfügung. Wie viele verschiedene, aus kleinen Würfeln zusammengesetzte große Würfel lassen sich bauen?

Zahlen der Form a^3 wie z. B. $5 \cdot 5 \cdot 5 = 5^3 = 125$ heißen **Kubikzahlen.**
Will man umgekehrt zu einer vorgegebenen Kubikzahl die Zahl bestimmen, die dreimal mit sich selbst multipliziert wieder die Kubikzahl ergibt, sucht man die **3. Wurzel** oder die **Kubikwurzel** der Zahl. $\sqrt[3]{27} = 3$; da $3 \cdot 3 \cdot 3 = 27$.

Von Zahlen, die keine Kubikzahlen sind, lassen sich Kubikwurzeln näherungsweise bestimmen. Durch Probieren gelangt man beispielsweise so zur Kubikwurzel der Zahl 50:
Wegen $3^3 < 50 < 4^3$ liegt $\sqrt[3]{50}$ zwischen 3 und 4; also im Intervall [3; 4].
Wegen $3{,}6^3 < 50 < 3{,}7^3$ liegt $\sqrt[3]{50}$ zwischen 3,6 und 3,7; also im Intervall [3,6; 3,7].

Wurzelexponent
$\sqrt[3]{6859}$
Radikand

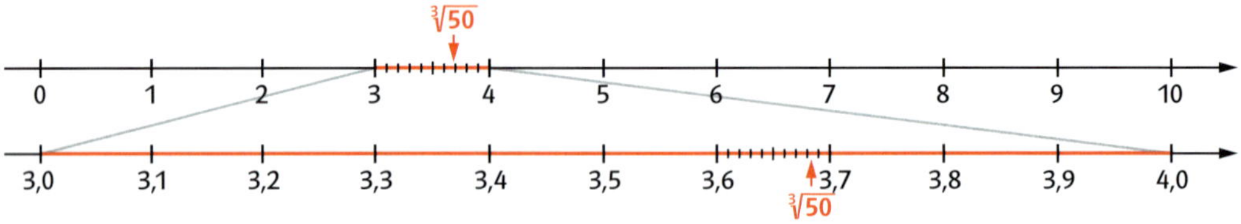

Die **Kubikwurzel** einer positiven Zahl b ist die positive Zahl a, deren 3. Potenz gleich der Zahl b ist: $\sqrt[3]{b} = a$, wenn $a^3 = b$ und $a, b \geqq 0$.

Beispiele

a) $\sqrt[3]{125} = 5$; da $5^3 = 125$

b) $\sqrt[3]{0{,}343} = 0{,}7$; da $0{,}7^3 = 0{,}343$

! *Bei Quadratwurzeln schreibt man den Wurzelexponenten in der Regel nicht:* $\sqrt[2]{49} = \sqrt{49}$.

Aufgaben

1 Berechne im Kopf.
a) $\sqrt[3]{8}$ b) $\sqrt[3]{64}$ c) $\sqrt[3]{216}$
d) $\sqrt[3]{343}$ e) $\sqrt[3]{1000}$ f) $\sqrt[3]{512}$
g) $\sqrt[3]{0{,}001}$ h) $\sqrt[3]{0{,}027}$ i) $\sqrt[3]{0{,}125}$

2 Zwischen welchen natürlichen Zahlen liegt die Kubikwurzel? Schätze zuerst.
a) $\sqrt[3]{20}$ b) $\sqrt[3]{60}$ c) $\sqrt[3]{90}$
d) $\sqrt[3]{170}$ e) $\sqrt[3]{300}$ f) $\sqrt[3]{700}$

3 Berechne die Kubikwurzeln der Zahlen. Was fällt dir auf?
a) 8; 80; 800; 8000; 80 000; 800 000
b) 0,027; 0,27; 2,7; 27; 270; 2700; 27 000

4 Ergänze.
a) $\sqrt[3]{\square} = 3$ b) $\sqrt[3]{\square} = 12$
c) $\sqrt[3]{\square 12} = 8$ d) $\sqrt[3]{\square 2 \square} = 9$
e) $\sqrt[3]{64 + \square} = 5$ f) $\sqrt[3]{72 \cdot \square} = 6$

Zusammenfassung

Quadratwurzel	Die Quadratwurzel einer positiven Zahl b ist die positive Zahl a, die mit sich multipliziert wiederum die Zahl b ergibt: $a^2 = b$. Schreibweise: $a = \sqrt{b}$ Diese Regel gilt auch für die Zahl Null.	$\sqrt{64} = 8$; da $8 \cdot 8 = 64$ $\sqrt{1{,}21} = 1{,}1$; da $1{,}1 \cdot 1{,}1 = 1{,}21$ $\sqrt{\frac{9}{49}} = \frac{3}{7}$; da $\frac{3}{7} \cdot \frac{3}{7} = \frac{9}{49}$ $\sqrt{0} = 0$; da $0 \cdot 0 = 0$
näherungsweise Bestimmung von Quadratwurzeln	Von Quadratwurzeln aus positiven Zahlen, die keine Quadratzahlen sind, lassen sich durch Eingrenzung beliebig viele Nachkommaziffern bestimmen. Jede Eingrenzung heißt **Intervall**.	$\sqrt{3}$ liegt im Intervall [1,7; 1,8], denn $1{,}7^2 < 3 < 1{,}8^2$ $\sqrt{3}$ liegt im Intervall [1,73; 1,74], denn $1{,}73^2 < 3 < 1{,}74^2$
Multiplikation und Division von Quadratwurzeln	Quadratwurzeln kann man multiplizieren bzw. dividieren, indem man die Radikanden miteinander multipliziert bzw. dividiert und dann die Wurzel zieht. $\sqrt{a} \cdot \sqrt{b} = \sqrt{a \cdot b}$ a, $b \geqq 0$ $\frac{\sqrt{a}}{\sqrt{b}} = \sqrt{\frac{a}{b}}$ $a \geqq 0$, $b > 0$	$\sqrt{7} \cdot \sqrt{28} = \sqrt{7 \cdot 28} = \sqrt{196} = 14$ $\frac{\sqrt{112}}{\sqrt{7}} = \sqrt{\frac{112}{7}} = \sqrt{16} = 4$
Zusammenfassen von Quadratwurzeln	Summen bzw. Differenzen, in denen Quadratwurzeln mit gleichen Radikanden vorkommen, können durch **Ausklammern** zusammengefasst werden.	$5\sqrt{3} + 2\sqrt{3} = (5 + 2)\sqrt{3} = 7\sqrt{3}$ $8\sqrt{2} - 5\sqrt{2} = 3\sqrt{2}$
teilweises Wurzelziehen	Beim **teilweisen Wurzelziehen** wird der Radikand so in ein Produkt zerlegt, dass einer der Faktoren eine Quadratzahl ist. $\sqrt{a^2 \cdot b} = \sqrt{a^2} \cdot \sqrt{b} = a \cdot \sqrt{b}$ mit a, $b \geqq 0$	$\sqrt{175} = \sqrt{25 \cdot 7} = \sqrt{25} \cdot \sqrt{7} = 5 \cdot \sqrt{7}$
Rationalmachen des Nenners	Eine Quadratwurzel im Nenner eines Bruches lässt sich durch Erweitern beseitigen.	$\frac{2\sqrt{5}}{\sqrt{2}} = \frac{2\sqrt{5} \cdot \sqrt{2}}{\sqrt{2} \cdot \sqrt{2}} = \frac{2\sqrt{5 \cdot 2}}{2} = \sqrt{10}$
Kubikwurzel	Die Kubikwurzel einer positiven Zahl b ist die positive Zahl a, deren dritte Potenz gleich der Zahl b ist: $\sqrt[3]{b} = a$; wenn $a^3 = b$ a, $b \geqq 0$	$\sqrt[3]{343} = 7$; da $7^3 = 343$

Üben • Anwenden • Nachdenken

zu Aufgabe 4:

$\frac{A}{1}$ $\frac{P}{3}$ $\frac{T}{8}$ $\frac{R}{4}$ $\frac{O}{3}$ $\frac{S}{0}$ $\frac{N}{2}$ $\frac{U}{5}$ $\frac{C}{9}$ $\frac{M}{6}$ $\frac{D}{7}$ $\frac{E}{3}$

1 Welche Kärtchen gehören zusammen? Ordne zu. Mit Taschenrechner ist die Aufgabe langweilig.

$\sqrt[3]{8000}$ $\quad 20 \quad$ $\sqrt{1936}$ $\quad 33 \quad$ 85 $\quad \sqrt{576} \quad$ 44 $\quad \sqrt[4]{14641} \quad$ 24 $\quad \sqrt{1089} \quad$ 11 $\quad \sqrt{7225}$

2 Ziehe die Wurzel.

a) $\sqrt{121x^2}$
b) $\sqrt{625x^2y^2}$
c) $\sqrt{\frac{64x^2}{169}}$
d) $\sqrt{\frac{196x^2}{36y^2}}$
e) $\sqrt{\frac{153xy^3}{17xy}}$
f) $\sqrt{48ab \cdot 3ab^3}$
g) $\sqrt[3]{\frac{448s^3}{7s}}$
h) $\sqrt[4]{\frac{16a^4}{81}}$

3 Multipliziere bzw. dividiere so, dass ganzzahlige Ergebnisse entstehen. Es können auch mehr als zwei Wurzeln verwendet werden.

Beispiel: $(\sqrt{18} \cdot \sqrt{27}) : \sqrt{6} = \sqrt{81} = 9$

$\sqrt{27}$ $\quad \sqrt{2}$ $\quad \sqrt{6}$ $\quad \sqrt{3}$ $\quad \sqrt{96}$
$\sqrt{48}$ $\quad \sqrt{12}$ $\quad \sqrt{18}$ $\quad \sqrt{72}$

4 Setze die fehlenden Ziffern ein und bilde das Lösungswort.
Du musst die Buchstaben zuerst noch in die richtige Reihenfolge bringen.

a) $\sqrt{\square 24} = 3^2 \cdot 2$
b) $\sqrt{2\square 6} = 8\sqrt{4}$
c) $\sqrt{\square 1} \cdot \sqrt{49} = 8^2 - 1$
d) $\sqrt{\square 15} : \sqrt{35} = \sqrt{16} - 1$
e) $\sqrt{484} - \sqrt{28\square} = 2 \cdot \sqrt{4} + 1$
f) $\sqrt{196} - \sqrt{\square 6} \cdot \sqrt{4} = 2$
g) $3\sqrt{\square} \cdot \sqrt{24} = 6^2$
h) $(\sqrt{12} + \sqrt{\square 8})^2 = 108$

5 Im magischen Quadrat haben jede Zeile, Spalte und Diagonale denselben Summenwert. Diese magische Zahl lautet $15\sqrt{2}$.

$\sqrt{32}$	$\sqrt{18}$	
$\sqrt{8}$		

Bei diesem magischen Quadrat haben die Zeilen, Spalten und Diagonalen denselben Produktwert.

2		$\sqrt{6}$
		$2\sqrt{2}$
		6

? *Eine Mathematiklehrerin antwortete auf die Frage nach Ihrem Alter: „Im Jahre x werde ich Wurzel aus x Jahre alt sein." Die Lehrerin wurde im Jahre 2005 zum ersten Mal Mutter. Wann wurde die Lehrerin geboren?*

Alles ganz!

Die komplizierten Wurzelterme haben alle einen ganzzahligen Wert.

■ Prüfe nach.

$\sqrt[3]{1003003001}$
$\sqrt[4]{104060401}$
$\sqrt[3]{4096} - \sqrt[4]{4096}$
$\sqrt{126} \cdot \sqrt{6776}$
$(\sqrt{60} + \sqrt{735})^2$
$(\sqrt{693} + \sqrt{308})^2$
$(\sqrt{28} + \sqrt{63} + \sqrt{175})^2$
$\sqrt[3]{80^2 + 40^2}$
$\sqrt[2]{27} \cdot \sqrt[3]{27} \cdot \sqrt[4]{27} \cdot \sqrt[6]{27} \cdot \sqrt[12]{27}$
$(\sqrt[3]{162} + \sqrt[3]{48})^3$
$\sqrt{4848^2 + 5555^2} - \sqrt{5852^2 + 4485^2}$

Faszinierende Fehler!
Ganz und trotzdem falsch.

■ Erkläre.

$\sqrt{16} + \sqrt{9} = \sqrt{16 + 9}$
$\sqrt{169} - \sqrt{25} = \sqrt{169 - 25}$
$\sqrt{4} + \sqrt{36} + \sqrt{81} = \sqrt{4 + 36 + 81}$
$\sqrt{196} - \sqrt{36} + \sqrt{9} = \sqrt{196 - 36 + 9}$
$\sqrt{961 - 25 - 36} = \sqrt{961} - \sqrt{25} - \sqrt{36}$

Gleiche Symbole stehen für gleiche Ziffern.

■ Ergänze so, dass die Rechnung stimmt.

$\sqrt{\square\square\square\square} = \square\square$
$\sqrt[\square]{\square\square\square\square} = \square\square$

6 Ordne richtig zu.

$\sqrt[3]{32} \cdot \sqrt[3]{16}$	5
$\sqrt[3]{2197} - \sqrt[5]{16\,807}$	21
$\sqrt{1764} \cdot \sqrt{0{,}25}$	6
$\sqrt{87\,025} : \sqrt[3]{205\,379}$	8

7 Vereinfache.

a) $\sqrt{2y} \cdot \sqrt{50yz^2}$ b) $\sqrt{28xy^2} \cdot \sqrt{7x}$

c) $\sqrt{2a^2b} \cdot \sqrt{8bc^2}$ d) $\sqrt{5x \cdot 15xy \cdot 12y}$

e) $\sqrt[3]{\frac{4x}{45y^2}} \cdot \sqrt[3]{\frac{20x^4}{6x^2y}}$ f) $\sqrt{\frac{15a}{6b^2}} : \sqrt{\frac{5}{18a}}$

8 Durch geschicktes Abzählen von Kästchen lassen sich Quadrate mit bestimmten Flächeninhalten darstellen. Das Beispiel zeigt, wie man die Länge $\sqrt{29}$ erhält.

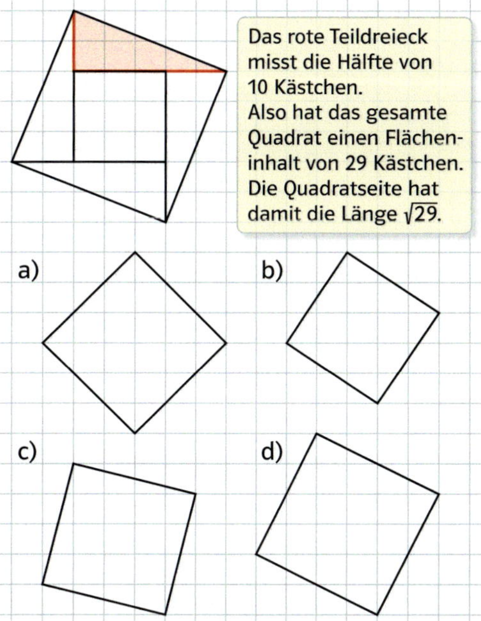

Welche Quadratwurzeln werden durch die Seitenlängen der abgebildeten Quadrate dargestellt?

9 Fasse gleichartige Terme zusammen.

a) $\sqrt{5} + 5\sqrt{5} - 10\sqrt{5} + 15\sqrt{5}$

b) $3\sqrt{2x} - 2\sqrt{3x} - 3\sqrt{3x} + 2\sqrt{2x}$

c) $\sqrt{ab} + a\sqrt{b} + 2\sqrt{ab} + b\sqrt{a} + 4\sqrt{ab}$

10 Ziehe die Wurzel so weit wie möglich.

a) $\sqrt{45}$ b) $\sqrt{160}$ c) $\sqrt{68}$

d) $\sqrt{176}$ e) $\sqrt{396}$ f) $\sqrt{768}$

Zahlenzauber

■ Wie hängen die Quadrate mit den Wurzeltermen zusammen?
Überprüfe und setze fort.

$\sqrt{1}$
$\sqrt{1+3}$
$\sqrt{1+3+5}$
$\sqrt{1+3+5+7}$

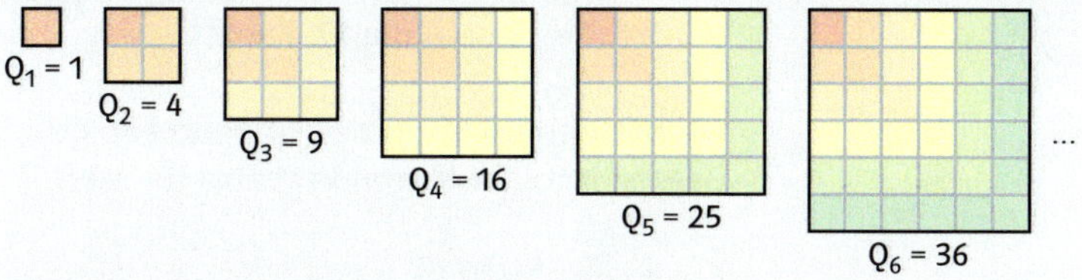

■ Wie weit muss man addieren, bis die Summe eine Quadratzahl wird?
$1^3 + 2^3 + 3^3 + \ldots = \square^2$
Wie verhält es sich bei den 5. Potenzen?

■ Die Grafik zeigt eine Treppe mit sechs Stufen. Aus wie vielen Bausteinen besteht sie?

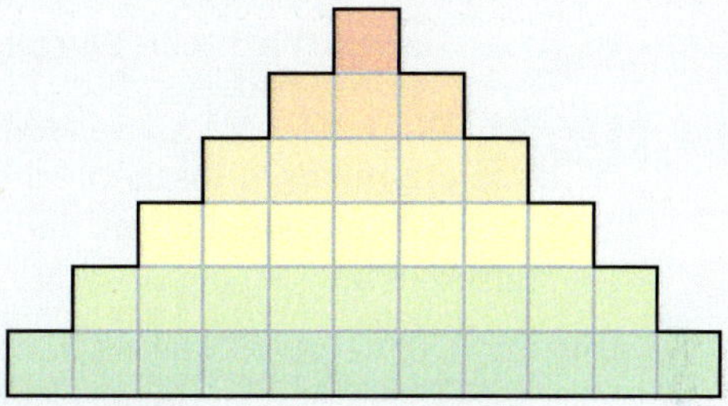

Zerschneide die Treppe mit einem geradlinigen Schnitt so, dass sich aus den beiden Teilen ein Quadrat legen lässt. Zähle erneut die Anzahl der verwendeten Bausteine. Eine andere Treppe besteht aus 144 Bausteinen. Wie viele Steine liegen dann in der untersten Reihe?

■ Auch für Kubikwurzeln gibt es Zauberhaftes.

$\sqrt[3]{1 \cdot 2 \cdot 3 + 2}$
$\sqrt[3]{2 \cdot 3 \cdot 4 + 3}$
$\sqrt[3]{3 \cdot 4 \cdot 5 + 4}$

Wie geht es weiter?
Bestimme ohne Taschenrechner
$\sqrt[3]{999 \cdot 1000 \cdot 1001 + 1000}$.

Fibonacci-Zahlen

Leonardo von Pisa (ca. 1170 – 1250), auch Leonardo Fibonacci, war ein berühmter Gelehrter des Mittelalters. Nach ihm wurde die Fibonacci-Zahlenfolge benannt.
1; 1; 2; 3; 5; 8; 13; 21; …

■ Nach welcher Gesetzmäßigkeit entstehen die Glieder der Zahlenfolge? Wie lautet die 11., wie die 12. Zahl?

■ Mit den Gliedern der Fibonacci-Folge lassen sich auf folgende Weise Quotienten bilden:
$\frac{1}{1}$; $\frac{2}{1}$; $\frac{3}{2}$; $\frac{5}{3}$; $\frac{8}{5}$; $\frac{13}{8}$; …
Setze die Folge der Quotienten um fünf weitere Glieder fort. Bestimme den Dezimalwert auf sechs Nachkommastellen genau. Was fällt dir auf?

■ Vergleiche die Quotienten auch mit dem Term $\frac{1}{2} + \frac{1}{2}\sqrt{5}$.
Diesen Zahlenwert kann man auch über die verschachtelte Wurzel
$\sqrt{1 + \sqrt{1 + \sqrt{1 + \sqrt{1 + \ldots}}}}$ bestimmen.
Probiere mit dem Taschenrechner. Starte zunächst mit zwei Einsen, dann mit drei Einsen usw.

■ Das Tabellenblatt zeigt, wie man solche Schachtelwurzeln mit dem Computer berechnen kann. Versuche es selbst.

A6 ▾ f_x =$A$5+B$5

	A	B	C	D
1				
2	Berechnung von Schachtelwurzeln wie $\sqrt{2+\sqrt{2+\sqrt{2+\sqrt{2}}}}$ …			
3				
4	Summe	Wurzel der Summe		
5	2	1,4142135623731	Dieser Wert ist	
6	3,4142135623731	1,847759065	$\sqrt{2+\sqrt{2}}$.	
7	3,8477590650226	1,961570561		
8	3,9615705608065	1,990369453	Dieser Wert ist	
9	3,9903694533444	1,997590912	$\sqrt{2+\sqrt{2+\sqrt{2}}}$.	
10	3,9975909124103	1,999397637		
11	3,9993976373924	1,999849404		
12	3,9998494036783	1,999962351		
13	3,9999623505652	1,999990588		
	3,9999905876192	1,999997647		

11 Vereinfache.
a) $\sqrt{45x^2y} \cdot \sqrt{5y} - \sqrt{48x^3y^2} : \sqrt{3x}$
b) $\sqrt{121x^2} + \sqrt{112x^3y} : \sqrt{7xy} - \sqrt{49x^2}$
c) $(\sqrt{24x^3} + \sqrt{54x^3}) : \sqrt{6x}$

12 Ziehe teilweise die Wurzeln und fasse dann zusammen.
a) $\sqrt{147} + \sqrt{32} + \sqrt{27} + \sqrt{128}$
b) $\sqrt{96} + \sqrt{150} - \sqrt{294} + \sqrt{384}$
c) $\sqrt{500x} - \sqrt{320x} + \sqrt{108x} - \sqrt{27x}$

13 Forme so um, dass im Nenner keine Wurzel steht.
a) $\frac{z}{3\sqrt{z}}$ b) $\frac{\sqrt{12x} + 9x}{\sqrt{3x}}$ c) $\frac{\sqrt{x^2y} - \sqrt{xy^2}}{\sqrt{xy}}$

14 Wende die binomischen Formeln an.
a) $\sqrt{x^2 + 12x + 36}$
b) $\sqrt{y^2 - 2 + \frac{1}{y^2}}$
c) $\sqrt{\frac{4}{9}a^2x + \frac{2}{3}abx + \frac{1}{4}b^2x}$
d) $\sqrt{x^3 + 2x^2 + x}$

15 Vereinfache so weit wie möglich.
a) $\sqrt{128} + \frac{\sqrt{5a^2}}{\sqrt{5a}} + \frac{4\sqrt{a} - a\sqrt{2}}{\sqrt{2a}}$
b) $\frac{2\sqrt{y} + \sqrt{2y}}{\sqrt{2y}} + \frac{8\sqrt{y} - 2\sqrt{2y}}{\sqrt{8y}}$
c) $(\sqrt{8} + \sqrt{2})^2 - (\sqrt{18} - 1)\left(\frac{\sqrt{18x} + \sqrt{x}}{\sqrt{x}}\right)$

16 a) Vergleiche $\sqrt{5}$ mit den Brüchen
$\frac{9}{4}$; $\frac{38}{17}$; $\frac{161}{72}$; $\frac{682}{305}$
b) Es gilt $\frac{161}{72} = \frac{4 \cdot 38 + 9}{4 \cdot 17 + 4}$
und $\frac{682}{305} = \frac{4 \cdot 161 + 38}{4 \cdot 72 + 17}$.
Setze die Folge aus Teilaufgabe a) nach diesem Muster fort und prüfe, wie gut die Brüche den Wert $\sqrt{5}$ annähern.

17 a) Für welche Zahlen ist der Radikand gleich seiner Wurzel?
b) Bei welcher Zahl ist der Radikand 10-mal so groß wie die Quadratwurzel?
c) Für welche Zahl ist der Radikand halb so groß wie die Quadratwurzel?
d) Für welche Zahlen ist der Wert der Wurzel größer als der Radikand?

Rückspiegel

1 Ziehe die Quadratwurzel.

a) $\sqrt{36}$ b) $\sqrt{121}$ c) $\sqrt{225}$
d) $\sqrt{729}$ e) $\sqrt{1089}$ f) $\sqrt{2025}$

2 Bestimme die Wurzel.

a) $\sqrt[3]{64}$ b) $\sqrt[3]{216}$ c) $\sqrt[3]{343}$
d) $\sqrt[4]{81}$ e) $\sqrt[5]{7776}$ f) $\sqrt[11]{2048}$

3 Berechne.

a) $\sqrt{6} \cdot \sqrt{24}$ b) $\sqrt{28} \cdot \sqrt{7}$
c) $\sqrt{400 \cdot 289 \cdot 16}$ d) $\sqrt{3} \cdot \sqrt{96} \cdot \sqrt{2}$
e) $\frac{\sqrt{3} \cdot \sqrt{7}}{\sqrt{2}} \cdot \sqrt{42}$ f) $\frac{\sqrt{294}}{\sqrt{7}} \cdot \sqrt{\frac{56}{3}}$

4 Fasse zusammen.

a) $3\sqrt{5} + 2\sqrt{5} + \sqrt{5}$
b) $3\sqrt{17} - 4\sqrt{19} + \sqrt{17} - \sqrt{19}$
c) $13\sqrt{31} - 7\sqrt{29} - \sqrt{31} - 11\sqrt{29} + 19\sqrt{29}$

5 Ziehe teilweise die Wurzel.

a) $\sqrt{32}$ b) $\sqrt{72}$ c) $\sqrt{147}$
d) $\sqrt{275}$ e) $\sqrt{480}$ f) $\sqrt{432}$

6 Mache den Nenner rational.

a) $\frac{1}{\sqrt{3}}$ b) $\frac{5}{\sqrt{10}}$ c) $\frac{57}{\sqrt{19}}$
d) $\frac{91}{7\sqrt{13}}$ e) $\frac{\sqrt{2}+1}{2\sqrt{2}}$ f) $\frac{\sqrt{3}+\sqrt{27}}{2\sqrt{3}}$

7 Vereinfache.

a) $\sqrt{18} + \sqrt{12} - \sqrt{72} + \sqrt{75}$
b) $\sqrt{108} - \sqrt{48} + \sqrt{147} + \sqrt{300} - \sqrt{3}$
c) $(3\sqrt{2} + \sqrt{98})^2$
d) $(2\sqrt{72} - \sqrt{2})^2 - (5\sqrt{7} - \sqrt{28})^2$
e) $\frac{12}{\sqrt{2}} + (\sqrt{6} - \sqrt{3})^2$

8 Der aus Würfeln zusammengesetzte Körper hat ein Volumen von $384\,cm^3$. Berechne die Oberfläche.

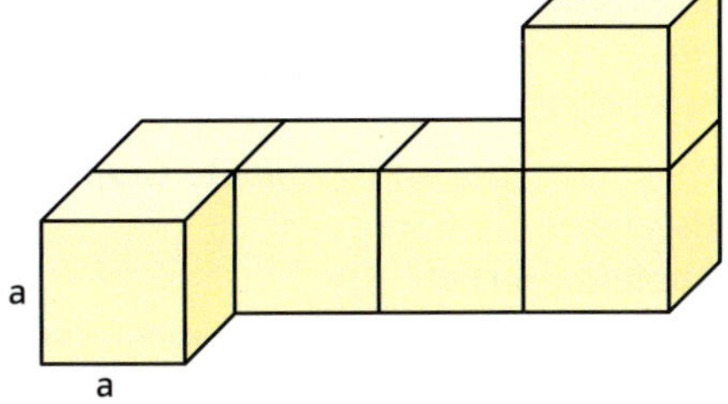

Rückspiegel

1 Ziehe die Quadratwurzel.

a) $\sqrt{0{,}04}$ b) $\sqrt{1{,}44}$ c) $\sqrt{6{,}25}$
d) $\sqrt{\frac{4}{9}}$ e) $\sqrt{\frac{121}{196}}$ f) $\sqrt{\frac{676}{841}}$

2 Bestimme die Wurzel.

a) $\sqrt[3]{3{,}375}$ b) $\sqrt[3]{13{,}824}$
c) $\sqrt[3]{0{,}343}$ d) $\sqrt[4]{39{,}0625}$
e) $\sqrt[5]{0{,}000\,32}$ f) $\sqrt[7]{0{,}000\,0128}$

3 Berechne.

a) $\sqrt{75x} \cdot \sqrt{3x}$ b) $\sqrt{20x} \cdot \sqrt{45x^3}$
c) $\sqrt{\frac{2a^2}{3b}} \cdot \sqrt{\frac{32}{3b}}$ d) $\sqrt{49x^2 \cdot 225y^2}$
e) $\frac{\sqrt{48x^3}}{\sqrt{10x^2}} \cdot \sqrt{\frac{5x}{6}}$ f) $\frac{\sqrt{448x^3}}{\sqrt{42xy}} \cdot \sqrt{6y}$

4 Fasse zusammen.

a) $5\sqrt{e} + 4\sqrt{e} + 3\sqrt{e} + 2\sqrt{e} + \sqrt{e}$
b) $3\sqrt{a} - 5\sqrt{b} - 4\sqrt{a} + 6\sqrt{b}$
c) $x\sqrt{yz} - y\sqrt{xz} + 2x\sqrt{yz} + 2y\sqrt{xz}$

5 Ziehe teilweise die Wurzel.

a) $\sqrt{98x^2}$ b) $\sqrt{36x^3}$ c) $\sqrt{112x^2y}$
d) $\sqrt{\frac{a^2b^3}{4ab}}$ e) $\sqrt{\frac{144x}{75y^2}}$ f) $\sqrt{\frac{98x^3}{576xy^2}}$

6 Mache den Nenner rational.

a) $\frac{2a}{\sqrt{a}}$ b) $\frac{20y}{\sqrt{8y}}$ c) $\frac{t}{2\sqrt{t}}$
d) $\frac{y\sqrt{5}}{5\sqrt{5y}}$ e) $\frac{x+1}{2\sqrt{x}}$ f) $\frac{\sqrt{p}-\sqrt{q}}{p \cdot \sqrt{q}}$

7 Vereinfache.

a) $\sqrt{300y} - \sqrt{45y} + \sqrt{175y} - \sqrt{75y}$
b) $(\sqrt{3x} + \sqrt{12x})(\sqrt{75x} - \sqrt{12x})$
c) $(\sqrt{16a+32} - \sqrt{9a+18}) : \sqrt{a+2}$
d) $\frac{\sqrt{80x^3} - x\sqrt{20x} + \sqrt{180x^3}}{x\sqrt{5x}}$
e) $\frac{(\sqrt{50x} - \sqrt{32x})^2 \cdot (\sqrt{27x} + \sqrt{3x})^2}{\sqrt{9216x^4}}$

8 a) Es gibt nur eine reelle Zahl, deren Quadratwurzel gleich dem Radikand ist. Stimmt das?
b) Welche Zahl ist doppelt so groß wie ihre Quadratwurzel?
c) Die Kubikwurzel einer Zahl und die Quadratwurzel einer anderen Zahl sind gleich. Nenne zwei Beispiele.

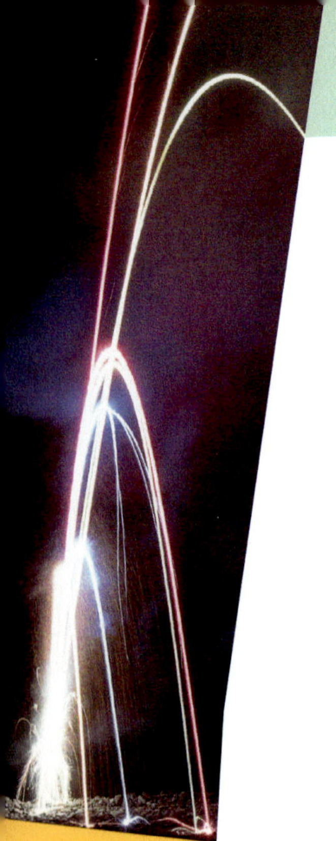

Immer geradeaus?

Im Schulhof könnt ihr euch zu „lebenden Graphen“ aufstellen. Oben seht ihr eine „Gerade“ mit der Steigung $m = 1$.

- Bildet auch Geraden mit anderen Steigungen.

Stellt euch auch so auf, dass die Gerade die y-Achse in jeweils einem anderen Punkt schneidet.

- Wie heißen die zugehörigen Funktionsgleichungen?

Versucht nun einen weiteren Graphen nach folgender Vorschrift aufzustellen:

Geht vom Startpunkt aus einen Schritt (zwei Schritte, drei Schritte ...) in x-Richtung nach rechts (bzw. nach links). Von dort bewegt ihr euch dann die Quadratzahl eurer Schritte in y-Richtung. Ihr dürft auch halbe Schrittweiten „einbauen“.

- Wie könnte der neu gebildete Graph aussehen?
- Skizziere im Heft.
- Versuche den Verlauf des Graphen mit einer Funktionsgleichung zu beschreiben.

Rechtecke mit gleich großen Quadraten ausfüllen

- Lassen sich in das rechts abgebildete blaue Rechteck zehn gleich große Quadrate so hineinlegen, dass nur $5\,cm^2$ des Rechtecks frei bleiben? Wenn du eine rechnerische Lösung gefunden hast, lege das Rechteck mit Quadraten aus.

- Versuche es einmal mit sechs gleich großen Quadraten. Nun sollen $15\,cm^2$ des Rechtecks frei bleiben.
Überprüfe auch hier dein Ergebnis durch Auslegen des Rechtecks mit den entsprechenden Quadraten.

- Erfinde selbst ähnliche Aufgaben für das blaue Rechteck.

- Du kannst auch Aufgaben für Rechtecke mit anderen ganzzahligen Seitenlägen erfinden. Was musst du bei der Wahl der Rechtecksseiten beachten?

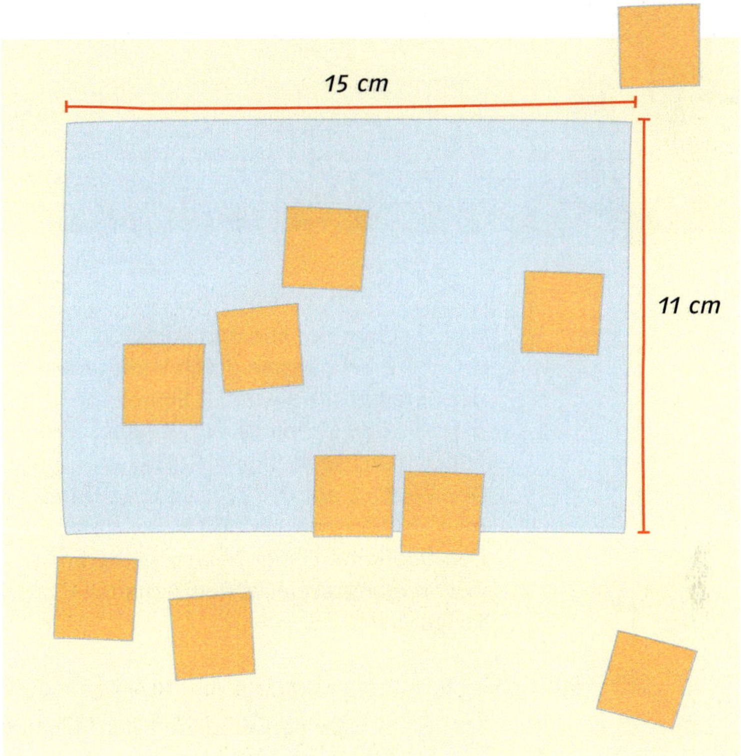

- Ein anderes Rechteck hat einen Flächeninhalt von $247\,cm^2$.
Kannst du sechs gleich große Quadrate so hineinlegen, dass eine $31\,cm^2$ große Restfläche frei bleibt?

- Geht es bei diesem Rechteck auch mit 15 Quadraten und $7\,cm^2$ freier Fläche?

In diesem Kapitel lernst du,

- was man unter einer quadratischen Funktion und einer quadratischen Gleichung versteht,
- dass es Parabeln mit verschiedener Form und Lage gibt,
- was Nullstellen der quadratischen Funktion sind und wie sie bestimmt werden,
- was eine quadratische Ergänzung ist,
- wie man quadratische Gleichungen auch mit einer Formel lösen kann,
- wie man mit quadratischen Funktionen und Gleichungen modelliert.

1 Lineare Funktionen

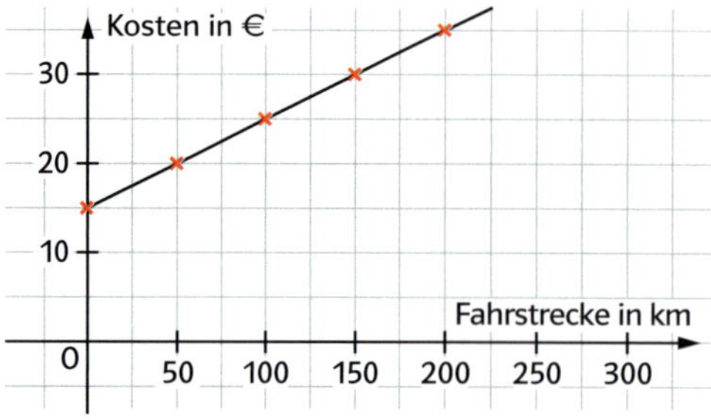

Dem Schaubild kann man die durchschnittlichen monatlichen Kosten für einen Motorroller entnehmen.

→ Wie hoch sind die Kosten für 50 km?
→ Wie lautet die Funktionsgleichung?
→ Wie weit kommt man für 30 €?
→ Wie verändern sich Funktionsgleichung und Graph für einen Roller mit anderem Kraftstoffverbrauch?

Den Graphen der linearen Funktion $y = \frac{1}{2}x + 2$ erhält man durch Verschieben der Geraden $y = \frac{1}{2}x$ um 2 Einheiten in positiver y-Richtung. Die Gerade schneidet die y-Achse im Punkt P(0|2).
Den Wert +2 auf der y-Achse bezeichnet man als **y-Achsenabschnitt b**.
Den Quotienten $\frac{1}{2}$ der beiden Katheten des Steigungsdreiecks nennt man die **Steigung m**.

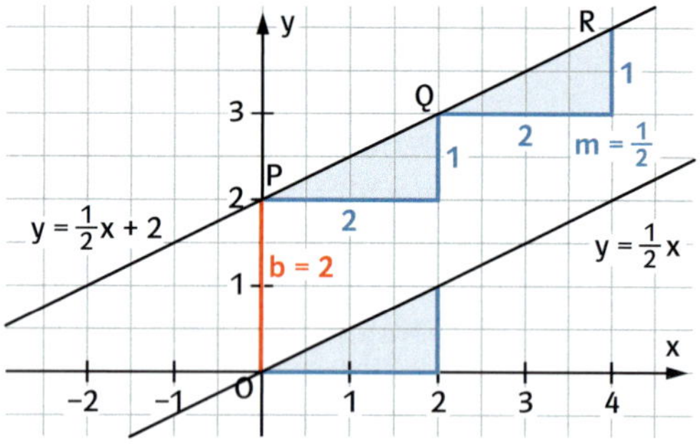

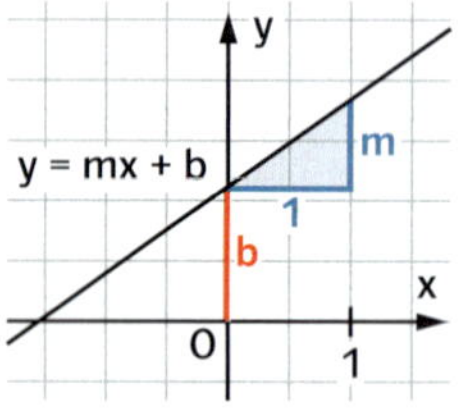

Eine Funktion mit der Gleichung **y = mx + b** heißt **lineare Funktion**.
Ihr Graph ist eine Gerade mit der **Steigung m**. Die Gerade schneidet die y-Achse im Punkt P(0|b). Man bezeichnet b als **y-Achsenabschnitt**.

Bemerkung

Der Graph einer proportionalen Funktion geht durch O(0|0). Es gilt also $b = 0$.

Beispiele

! *Geraden mit gleicher Steigung m verlaufen parallel.*

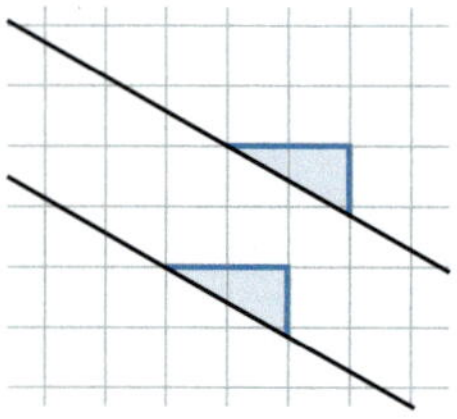

a) Der Graph der Funktion $y = \frac{1}{3}x + 0{,}5$ kann mithilfe des y-Achsenabschnitts $b = 0{,}5$ und der Steigung $m = \frac{1}{3}$ gezeichnet werden.

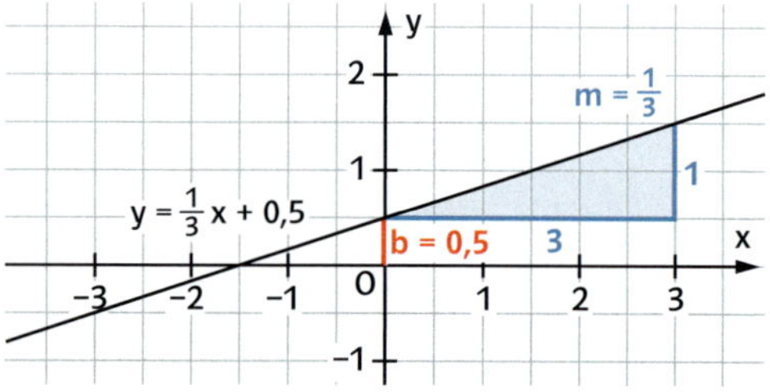

b) Die Gleichung einer Geraden durch die Punkte A(1|1) und B(3|0) lässt sich bestimmen aus der
Steigung $m = \frac{y_B - y_A}{x_B - x_A} = \frac{0 - 1}{3 - 1} = \frac{-1}{2} = -\frac{1}{2}$
und dem y-Achsenabschnitt $b = 1{,}5$.
Somit gilt: $y = -\frac{1}{2}x + 1{,}5$.

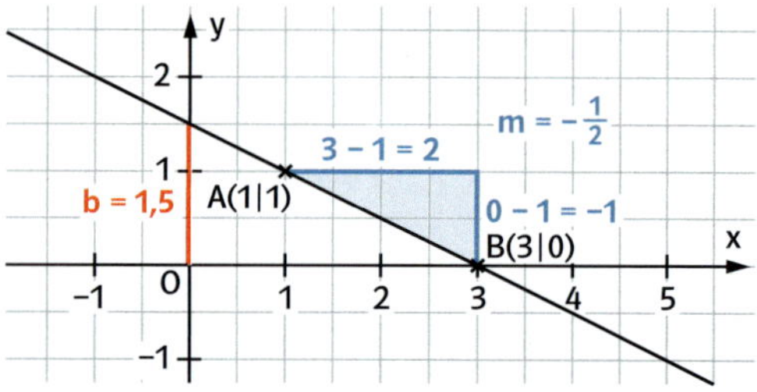

Aufgaben

1 Ordne den Graphen die Funktionsgleichungen zu. Begründe deine Entscheidung.

(A) $y = 2x + 1{,}5$ (B) $y = -\frac{3}{2}x + 2$

(C) $y = -\frac{1}{2}x - 1$ (D) $y = 1{,}5x - 1{,}5$

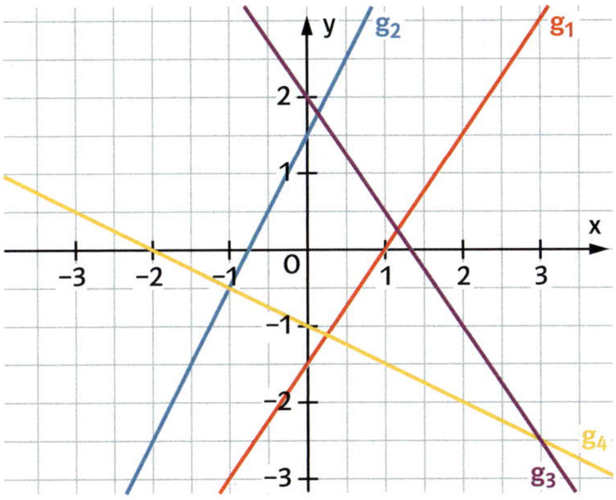

2 Zeichne den Graphen zur Funktionsgleichung. Verwende den y-Achsenabschnitt b und die Steigung m.

a) $y = x - 4$ b) $y = 0{,}5x + 2$

c) $y = \frac{2}{3}x - 1$ d) $y = -\frac{3}{4}x + 2{,}5$

e) $y = 2 - x$ f) $y = -1 - 0{,}4x$

3 Wie lauten die Funktionsgleichungen?

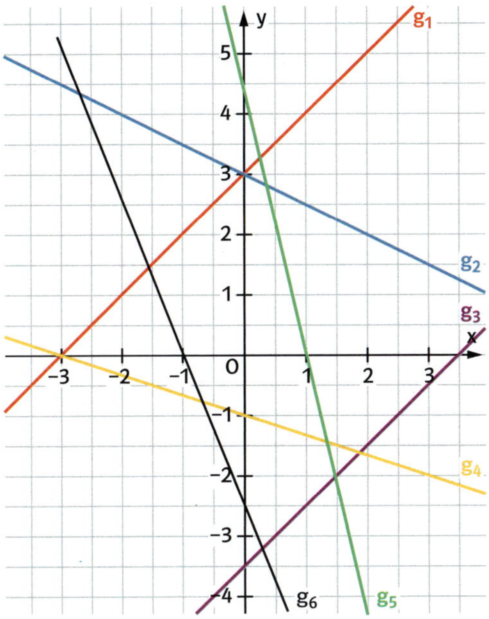

4 Zeichne die Gerade durch die Punkte A und B und bestimme die Funktionsgleichung.

a) A(1|5); B(4|8) b) A(2|7); B(6|15)

c) A(8|8), B(2|5) d) A(−2|−8); B(3|2)

e) A(0|6); B(−3|0) f) A(−3,5|5); B(−1|−2)

5 Die Gerade geht durch die Punkte P und Q. Bestimme die Funktionsgleichung ohne zu zeichnen.

a) P(2|3); Q(6|1) b) P(1|1); Q(−2|4)

c) P(4|5); Q(−2|1) d) P(−4|−3); Q(6|−1)

6 Gib die Gleichung der Geraden an, die durch den Punkt P(4|6) geht und die Steigung m besitzt.

a) $m = 1$ b) $m = \frac{1}{2}$

c) $m = -2$ d) $m = -\frac{1}{2}$

7 Ein Dreieck hat die Eckpunkte A(−4|−5), B(6|5) und C(2|7).
Bestimme die Gleichungen der drei Geraden, auf denen die Eckpunkte liegen.

8 Sind die Geraden g_1 durch A und B und g_2 durch C und D parallel? Weise auch durch Rechnung nach.

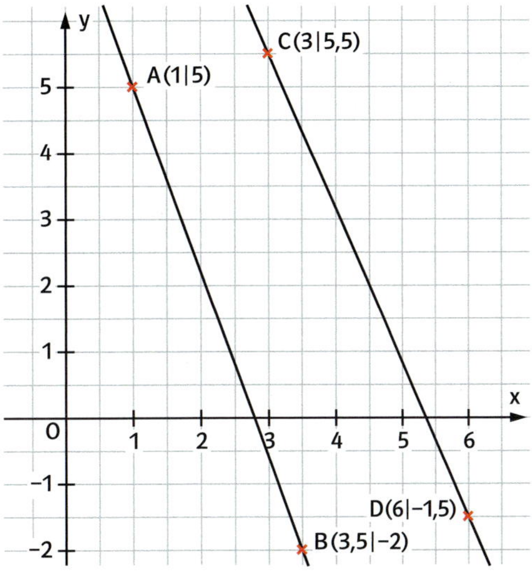

9 Die Gerade g geht durch die Punkte A(−4|−2) und B(2|10).
Liegt der Punkt C(−1|4) auf der Gerade g?
Entscheide auch für den Punkt D(40|86).

! *Geradensteigung aus 2 Punkten*

Vergleiche die beiden Steigungsdreiecke.

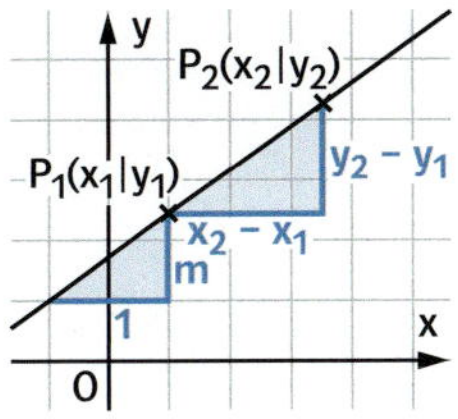

Für die Steigung gilt:
$m = \frac{y_2 - y_1}{x_2 - x_1}$

2 Die quadratische Funktion $y = x^2 + c$

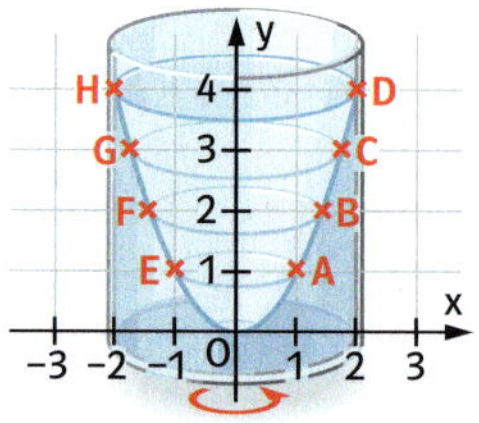

Ein Becherglas wird um seine Achse gedreht. Das Wasser bildet eine rotierende Fläche. Ihre Schnittfigur mit der x-y-Ebene ist eine charakteristische Kurve.
→ Lies die Koordinaten der Punkte A, B, C, D, E, F, G, und H in dem hinterlegten Koordinatensystem ab.

Viele Bogenformen in Architektur und Technik lassen sich mithilfe von Funktionsgleichungen beschreiben. Dabei kommt die Variable x im Quadrat vor wie z. B. in $y = x^2$. Man spricht deshalb von einer quadratischen Funktion.

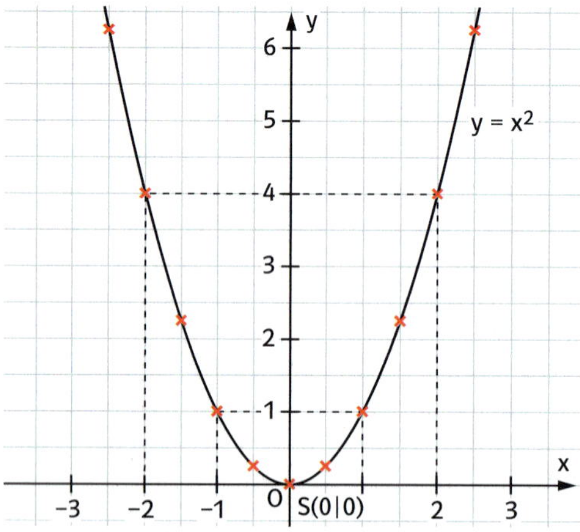

Zum Zeichnen des Graphen von $y = x^2$ wird eine Wertetabelle für den Bereich $-3 \leqq x \leqq 3$ mit der Schrittweite 0,5 erstellt:

x	−3	−2,5	−2	−1,5	−1	−0,5	0
y	9	6,25	4	2,25	1	0,25	0

x	0,5	1	1,5	2	2,5	3
y	0,25	1	2,25	4	6,25	9

Den tiefsten Punkt S(0|0) dieser **Normalparabel** bezeichnet man als **Scheitel S**.
Die x-Werte 2 und −2 zum Beispiel haben denselben y-Wert 4. Da für andere x-Werte Ähnliches gilt, ist die Normalparabel achsensymmetrisch zur y-Achse.

Die einfachste **quadratische Funktion** hat die Gleichung $\mathbf{y = x^2}$.
Ihr Graph heißt **Normalparabel**.

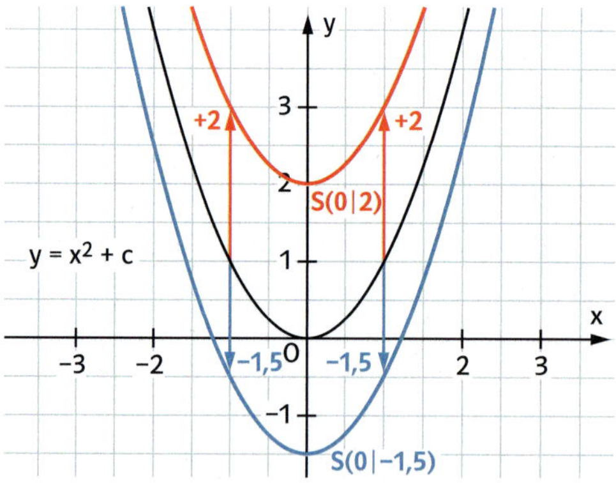

Addiert man zu den y-Werten der Normalparabel einen festen Summanden c, so verschiebt sich der Graph in y-Richtung. Die Form bleibt erhalten.
So entstehen die Graphen der Funktionen $\mathbf{y = x^2 + c}$ aus der Normalparabel durch Verschiebung in y-Richtung. Der Summand **c** gibt dabei die Länge und die Richtung der Verschiebung an:
$c > 0$ Verschiebung nach oben, $c < 0$ Verschiebung nach unten. Der Scheitel hat dann die Koordinaten **S(0|c)**.

Der Graph der Funktion $\mathbf{y = x^2 + c}$ entsteht aus der Normalparabel durch Verschiebung in y-Richtung. Der Scheitel hat die Koordinaten **S(0|c)**.

Aufgaben

1 Stelle eine Parabelschablone her. Zeichne dazu die Normalparabel möglichst genau auf Millimeterpapier. Wähle das Intervall $-3 \leqq x \leqq 3$ und die Schrittweite 0,2. Klebe das Schaubild auf Karton und schneide die Parabel aus.

2 Untersuche den Graphen der Funktion $y = x^2$ im Intervall $-1 \leqq x \leqq 1$. Eine Einheit soll 10 cm betragen.

3 Entscheide und begründe, ob eine lineare oder eine quadratische Funktion vorliegt.

a) $y = 2x$ b) $y = x^2 + 2$
c) $y = -x + \left(\frac{1}{2}\right)^2$ d) $y = x^2 + 0{,}5$
e) $y = 3x + 2^2$ f) $y = 3x^2 + 2$

4 Welche Punkte liegen nicht auf der Normalparabel?

A(1|1) B(1|−1) C(−1|1)
D(2|−2) E(0,5|0,5) F(−2|4)
G(1,5|3) H(−1,5|−2,25) I(2,5|6,25)

5 Liegt der Punkt P auf der Normalparabel, oberhalb oder unterhalb der Kurve? Löse zunächst ohne Zeichnung und überprüfe dann dein Ergebnis mit dem Graphen.

a) P(3,5|12,25) b) P(−2,4|5,76)
c) P(1,4|2,1) d) P(0,9|1,0)
e) P(−0,4|0,4) f) P(−1,8|3,6)

6 Gib die Funktionsgleichungen der Parabeln an.

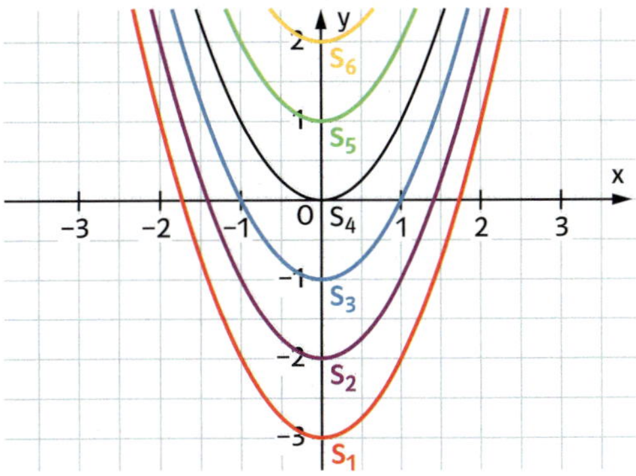

7 Die Punkte liegen auf der Normalparabel. Bestimme die fehlende Koordinate.

a) $P_1(6|\square)$, $P_2(1{,}2|\square)$ b) $P_3(1{,}2|\square)$, $P_4(0{,}8|\square)$
c) $P_5(-0{,}5|\square)$, $P_6(0{,}1|\square)$ d) $P_7(-3{,}5|\square)$, $P_8(2{,}9|\square)$
e) $P_9(\square|1{,}69)$, $P_{10}(\square|10)$ f) $P_{11}(\square|6)$, $P_{12}(\square|3)$

8 Zeichne das Schaubild.

a) $y = x^2 + 2$ b) $y = x^2 - 3$
c) $y = x^2 + 1{,}6$ d) $y = x^2 - 4{,}2$
e) $y = 5 + x^2$ f) $y = x^2 + \frac{13}{4}$

9 Wie heißt die Funktionsgleichung der verschobenen Normalparabel?

a) S(0|5) b) S(0|−7) c) S(0|−1,5)
d) S(0|8) e) S(0|−0,5) f) S(0|3,5)

10 Eine Parabel mit der Funktionsgleichung $y = x^2 + c$ verläuft durch den Punkt P. Bestimme die Parabelgleichung.
Beispiel: Der Punkt P(1|2) hat die Koordinaten $x = 1$ und $y = 2$. In $y = x^2 + c$ eingesetzt erhält man: $2 = 1 + c$; $c = 1$
Es gilt: $y = x^2 + 1$

a) P(1|3) b) P(2|6) c) P(−1|3)
d) P(1|−3) e) P(0,5|2,75) f) P(−2|2)
g) P(−3|1) h) P(−0,5|−1,75) i) P(−2|−7)

! *Mit 5 Punkten kannst du die Normalparabel schnell skizzieren.*

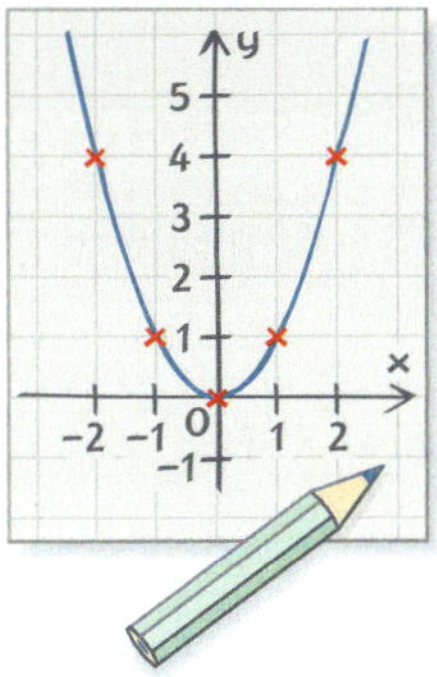

Schülerparabeln

- Stellt euch im Schulhof so auf, dass eine Normalparabel zu sehen ist.
- Bewegt euch nun alle in gleich großen Schritten und mit vereinbarter Anzahl von Schritten in Richtung der y-Achse.
- Habt ihr eure neue Parabel gebildet, dann findet die Parabelgleichung.

3 Die quadratische Funktion $y = ax^2 + c$

x	−2	−1	0	1	2	3
y	5	2	1	2	5	10

x	−2	−1	0	1	2	3
y	7	1	−1	1	7	17

x	−2	−1	0	1	2	3
y	8	2	0	2	8	18

x	−2	−1	0	1	2	3
y	−4	−1	0	−1	−4	−9

x	−2	−1	0	1	2	3
y	1	0,25	0	0,25	1	2,25

$y = -x^2$

$y = \frac{1}{4} \cdot x^2$

$y = 2 \cdot x^2$

$y = 2 \cdot x^2 - 1$

$y = x^2 + 1$

Wertetabellen und Funktionsgleichungen sind durcheinandergeraten.
→ Welche Wertetabelle gehört zu welcher Gleichung?
→ Zwei Gleichungen beschreiben eine veränderte Lage der Normalparabel.
→ Drei Gleichungen beschreiben eine veränderte Form der Normalparabel. Versuche sie zu skizzieren.

Multipliziert man die y-Werte der Funktion $y = x^2$ mit einem konstanten Faktor a, erhält man die Funktionsgleichung $\mathbf{y = a \cdot x^2}$.
An a lässt sich die Form und Öffnung der Parabel erkennen.
Ist Faktor **a positiv** ($a > 0$), ist die Parabel nach oben geöffnet.
Ist Faktor **a negativ** ($a < 0$), ist die Parabel nach unten geöffnet.
Die Graphen zeigen:

$a > 0$		$a < 0$	
Die Parabel ist			
nach oben geöffnet		nach unten geöffnet	
$a > 1$	$0 < a < 1$	$a < -1$	$-1 < a < 0$
Die Parabel ist			
schmaler	breiter	schmaler	breiter
als die Normalparabel			

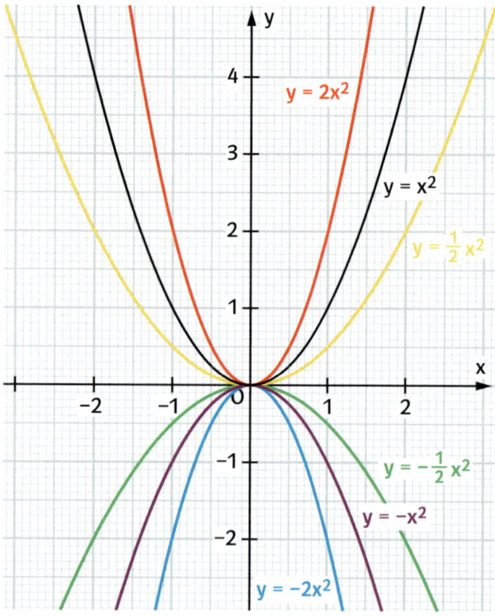

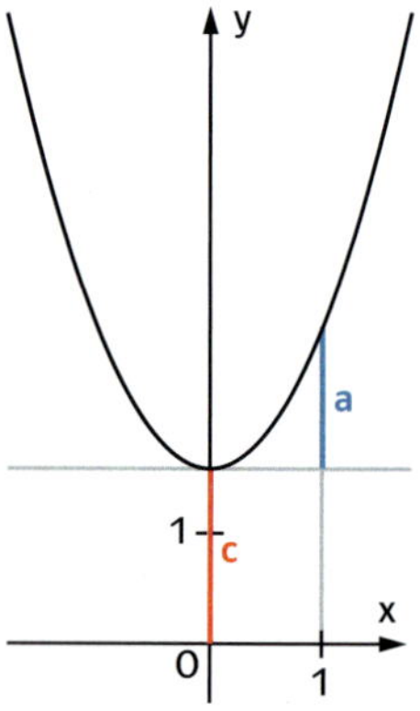

Der Graph der Funktion $\mathbf{y = ax^2 + c}$ ist eine Parabel.
Der Faktor a bestimmt die Form und Öffnung der Parabel, der Summand c die Lage. Der Scheitel hat die Koordinaten $S(0|c)$.

Beispiel

Der Graph der Funktion $y = \frac{1}{8}x^2 - 2{,}5$ ist eine nach oben geöffnete Parabel. Sie ist breiter als die Normalparabel und der Scheitel hat die Koordinaten $S(0|-2{,}5)$.

x	−6	−4	−2	0	2	4	6
y	2	−0,5	−2	−2,5	−2	−0,5	2

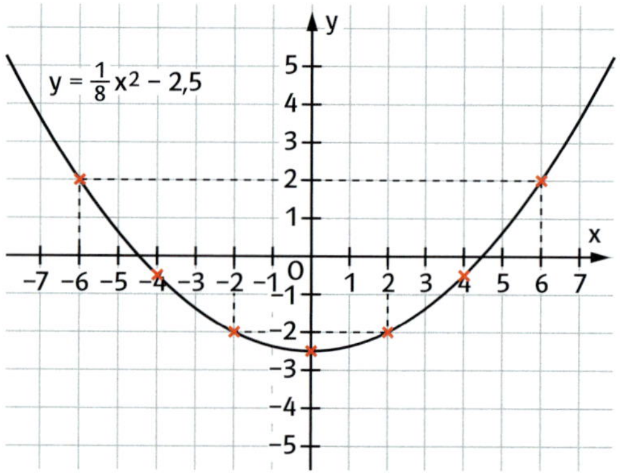

Aufgaben

1 Zeichne das Schaubild der Funktion. Erstelle dazu eine Wertetabelle. Wenn du Werte geschickt wählst, kannst du dir Arbeit sparen.

a) $y = 2x^2$ b) $y = \frac{1}{2}x^2$
c) $y = 3x^2$ d) $y = -\frac{1}{4}x^2$
e) $y = \frac{5}{2}x^2$ f) $y = -2x^2$

2 Beschreibe Form und Öffnung der Parabel. Skizziere dazu die Parabel im Koordinatensystem.

a) $y = 5x^2$ b) $y = \frac{1}{5}x^2$
c) $y = -4x^2$ d) $y = -\frac{1}{4}x^2$
e) $y = 0{,}3x^2$ f) $y = \frac{6}{5}x^2$

3 Zeichne das Schaubild der Funktion.

a) $y = 2x^2 + 1$ b) $y = \frac{1}{2}x^2 - 4$
c) $y = 3x^2 - 2$ d) $y = \frac{1}{3}x^2 + 2$
e) $y = \frac{5}{2}x^2 - 1$ f) $y = 1{,}5x^2 - 3$

4 Vergleiche die drei Parabeln und stelle ihre Unterschiede fest.
Wenn du nicht sicher bist, zeichne die drei Schaubilder.

a) $y = x^2 + 3$; $y = x^2 - 3$; $y = x^2$
b) $y = x^2$; $y = 2x^2$; $y = x^2 + 2$
c) $y = x^2 + 2$; $y = 2x^2 + 2$; $y = \frac{1}{2}x^2 + 2$
d) $y = \frac{1}{2}x^2 + 3$; $y = \frac{1}{3}x^2 + 3$; $y = \frac{1}{4}x^2 + 4$

5 Beschreibe Lage und Form der Parabel im Vergleich zur Normalparabel. Am besten ohne zu zeichnen.

a) $y = 10x^2$ b) $y = x^2 - 100$
c) $y = \frac{1}{10}x^2 + 10$ d) $y = 100x^2 - 100$
e) $y = -x^2 + 100$ f) $y = -0{,}01x^2 + 10$

6 Zeichne die Schaubilder der quadratischen Funktion $y = ax^2 - a$ für

$a = 0{,}5$ $a = 1$ $a = 1{,}5$
$a = 2$ $a = 2{,}5$ $a = 3$.

7 Stellt euch gegenseitig die Aufgabe, an einer Funktionsgleichung die Besonderheiten der zugehörigen Parabel zu erkennen, ohne zu zeichnen.
Beispiel: $y = -2{,}5x^2 + 1$
„Die Parabel ist nach unten geöffnet und ist schmaler als die Normalparabel. Ihr Scheitel ist $S(0|1)$."

8 Gib die Funktionsgleichung der Parabel in der Form $y = ax^2 + c$ an.

a) $a = 1$; $S(0|-2)$ b) $a = -0{,}5$; $S(0|4)$
c) $a = -3$; $S(0|3)$ d) $a = \frac{5}{6}$; $S(0|-5)$

9 Eine Parabel mit der Funktionsgleichung $y = ax^2$ verläuft durch den Punkt P. Bestimme die Parabelgleichung.

a) $P(1|3)$ b) $P(-1|-3)$ c) $P(4|5)$
d) $P(2|0)$ e) $P(-2|6)$ f) $P(0|-2{,}5)$

10 Es sind Funktionsgleichungen und Schaubilder quadratischer Funktionen gegeben. Welches Schaubild gehört zu welcher Funktionsgleichung?

a) $y = 3x^2$ b) $y = 2x^2 - 3$
c) $y = \frac{1}{2}x^2 - 3$ d) $y = \frac{1}{3}x^2$
e) $y = -x^2 + 2$ f) $y = x^2 + 2$
g) $y = -2x^2 + 3$ h) $y = -\frac{1}{3}x^2 + 3$

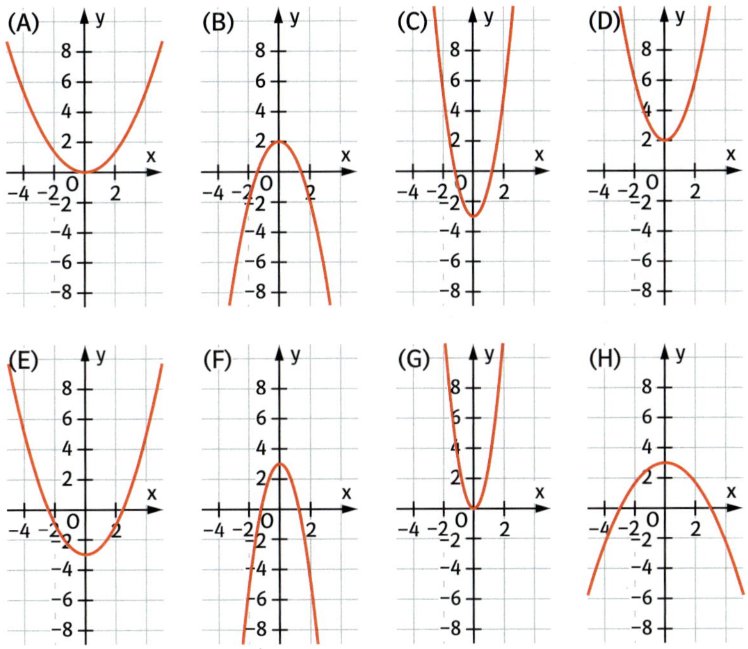

! *Zum raschen Skizzieren von Parabeln multipliziert man die y-Werte der Normalparabel mit dem angegebenen Faktor.*

Für $y = \frac{1}{2}x^2$ erhält man:

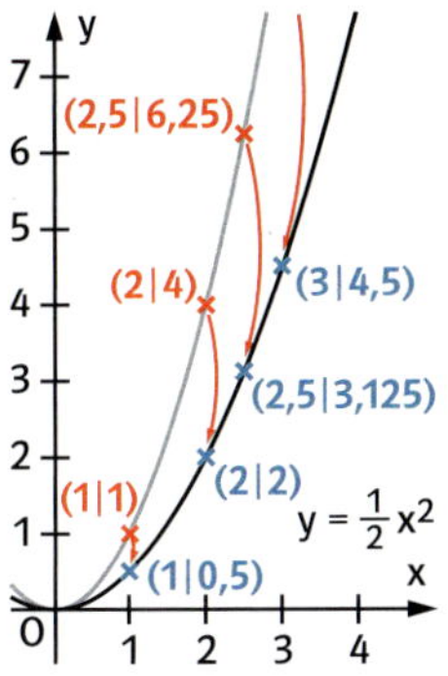

11 Lies den Faktor a ab und gib die Funktionsgleichung an.

Beispiel:
Für A: P(2|1) eingesetzt in $y = a x^2$:

$1 = a \cdot 4;\ a = \frac{1}{4}$ Lösung: $y = \frac{1}{4}x^2$

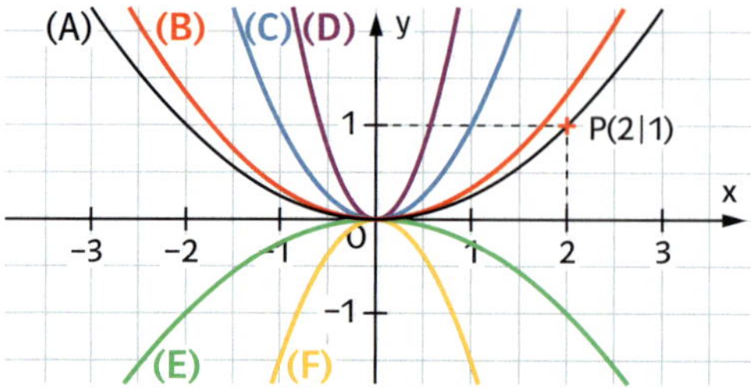

12 Bestimme die Funktionsgleichung der Form $y = a x^2 + c$. Gegeben sind c und der Punkt P.

a) $c = 1$; P(2|2) b) $c = -2$; P(1|3)
c) $c = 3$; P(−2|−4) d) $c = -4$; P(−4|−5)

13 Welcher Punkt liegt auf welchem Graph?

A(1|2)	$y = \frac{1}{2}x^2 + 4$
B(2|6)	$y = x^2 - 2$
C(−2|2)	$y = 2x^2 - 4$
D(1|−2)	$y = -2x^2 + 4$

DGS I

Mit dem Computer lassen sich quadratische Funktionen der Form $\mathbf{y = a \cdot x^2 + c}$ grafisch darstellen. Die Variablen **a** und **c** kann man über Schieberegler verändern.

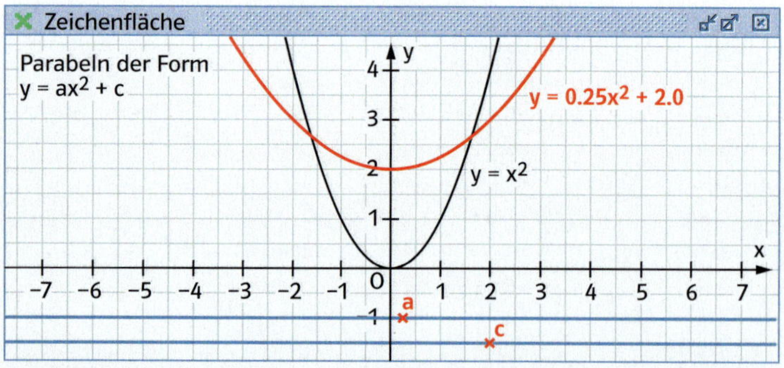

- Entdecke die Wirkung der beiden Variablen a und c experimentell.
- Beschreibe die Graphen $y = a x^2 - c$ für $a = c$. Skizziere einige ins Heft. Was fällt dir auf?

14 Die Wertetabelle gehört zu einer quadratischen Funktion. Bestimme ihre Funktionsgleichung.

a)

x	−2	−1	0	1	2
y	9	3	1	3	9

b)

x	−2	−1	0	1	2
y	−4	−2,5	−2	−2,5	−4

15 Die Parabel wird an der x-Achse gespiegelt. Gib die neue Funktionsgleichung an.

a) $y = -x^2$ b) $y = 3x^2$
c) $y = x^2 - 1$ d) $y = \frac{1}{2}x^2 + 2$

16 Bestimme die fehlenden Koordinaten der Parabelpunkte. Es können mehrere Lösungen möglich sein.

a) $y = 2x^2 - 1$ P(0|□) Q(2|□)
b) $y = -x^2 + 1$ P(0|□) Q(□|0)
c) $y = x^2 - 2$ P(□|14) Q(3,5|□)
d) $y = -3x^2 + 2$ P(0,5|□) Q(−□|0)

17 Haben die beiden Parabeln gemeinsame Punkte? Bestätige deine Antwort durch eine Skizze.

a) $y = 2x^2 + 3$; $y = 2x^2 - 3$
b) $y = x^2 + 3$; $y = 2x^2$
c) $y = 2x^2 + 3$; $y = x^2 + 3$
d) $y = 2x^2 - 3$; $y = \frac{1}{2}x^2 + 3$
e) $y = 2x^2 - 3$; $y = -2x^2 + 3$
f) $y = -\frac{1}{2}x^2$; $y = 2x^2 + \frac{1}{2}$

18 a) Wie groß muss a sein, damit der Punkt P(3|−6) auf der Parabel $y = a x^2$ liegt?
b) Wie muss c gewählt werden, damit der Punkt P(−1|−1) auf der Parabel $y = 9x^2 + c$ liegt? Wo liegt dann der Scheitel S?
c) Wie groß muss a sein, damit der Punkt P(−1|5) auf der Parabel $y = a x^2 + 3$ liegt?
d) Eine Parabel hat die Gleichung $y = -x^2 + c$. Sie schneidet die x-Achse in den Punkten $P_1(3|0)$ und $P_2(-3|0)$. Wo liegt der Scheitel S der Parabel?

4 Die quadratische Funktion $y = (x - d)^2 + c$

- Ergänze die Wertetabellen.
- Was fällt dir beim Ausfüllen auf?
- Wo vermutest du den Scheitel?
- Siehst du einen Zusammenhang zwischen Scheitel und Funktionsgleichung?

x	−4	−3	−2	−1	0	1	2
$y = (x + 1)^2$	9						

x	−2	−1	0	1	2	3	4
$y = (x - 1)^2$		4					

x	−5	−4	−3	−2	−1	0	1
$y = (x + 2)^2$			1				

x	−1	0	1	2	3	4	5
$y = (x - 2)^2$					1		

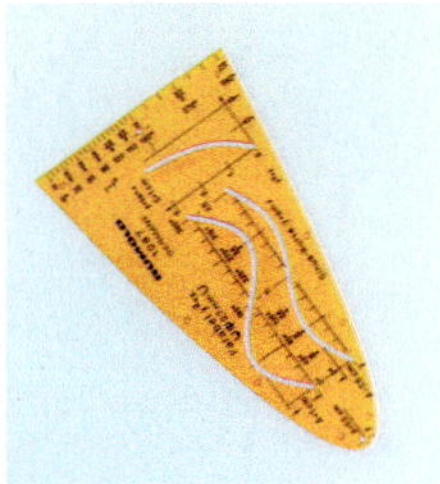

Setzt man in die Funktionsgleichung $y = (x - 4)^2$ für x den Wert 4 ein, erhält man die y-Koordinate des Scheitels S(4|0). Man sieht (blaue Parabel), dass die Symmetrieachse gegenüber der Normalparabel um 4 LE nach rechts verschoben ist. Allgemein gilt, dass die Graphen der Funktionsgleichungen $y = (x - d)^2$ für alle **positiven** Werte von **d** nach **rechts** verschoben sind. Für **d < 0** ergibt sich demnach eine Verschiebung nach **links**.

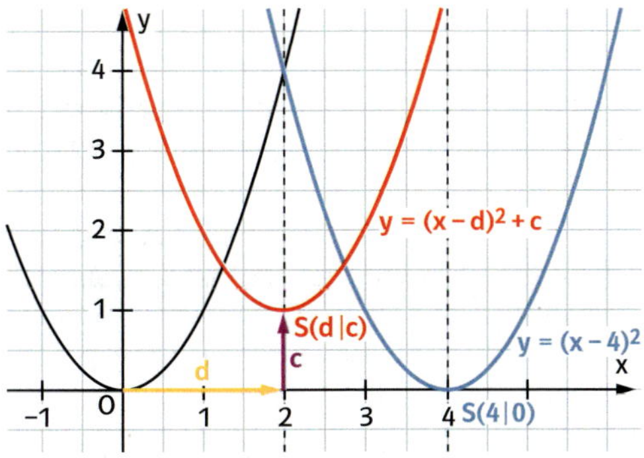

Das rote Schaubild der Funktion $\mathbf{y = (x - d)^2 + c}$ erhält man, indem die Normalparabel zunächst um d Einheiten in x-Richtung und um c Einheiten in y-Richtung verschoben wird. Da man die Koordinaten des Scheitels S(d|c) leicht bestimmen kann, nennt man $y = (x - d)^2 + c$ die Scheitelform der quadratischen Funktion.

Der Graph einer quadratischen Funktion mit $\mathbf{y = (x - d)^2 + c}$ ist eine um **d in x-Richtung** und um **c in y-Richtung** verschobene Normalparabel mit dem Scheitel **S(d|c)**. Man nennt $y = (x - d)^2 + c$ die **Scheitelform** der quadratischen Funktion.

Beispiele

a) Zum Zeichnen des Graphen der Funktion $y = (x + 4)^2 + 3$ verschiebt man den Scheitel der Normalparabel um 4 Einheiten in x-Richtung nach links und um 3 Einheiten in y-Richtung nach oben.

b) Eine verschobene Normalparabel hat den Scheitel S(−1,5|−2,5).
Man bestimmt die zugehörige Funktionsgleichung, indem man die Koordinaten in die Scheitelform einsetzt:
$y = (x - (-1{,}5))^2 - 2{,}5$
Die Funktionsgleichung lautet:
$y = (x + 1{,}5)^2 - 2{,}5$

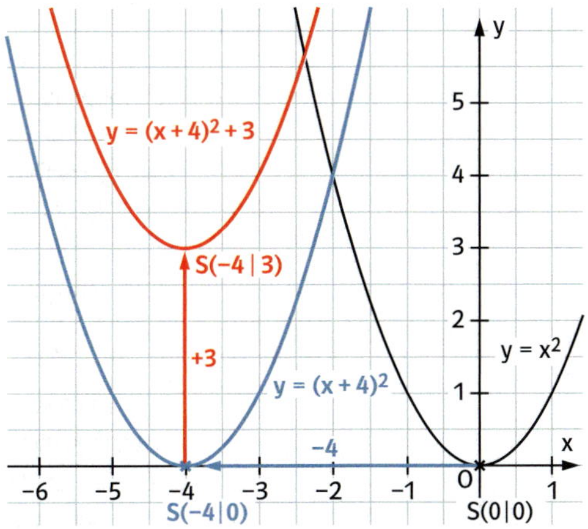

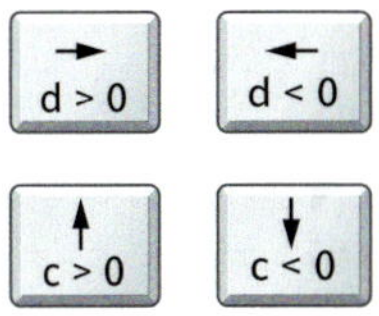

$x^2 + 6x + \ldots$
$x^2 + 2\cdot 3\cdot x + \ldots$
$a^2 + 2\cdot a\cdot b + \ldots$

Auch quadratische Funktionen der Form $y = x^2 + px + q$ haben verschobene Normalparabeln als Graphen. Das erkennt man, indem man die Funktionsgleichung durch Umformungen auf die Scheitelform $y = (x - d)^2 + c$ bringt. Für diese Umformung benötigt man die Binomischen Formeln.

$y = x^2 + 4x + 4$ | 1. Binomische Formel
$y = (x + 2)^2$

Es liegt eine Normalparabel mit dem Scheitelpunkt S(−2|0) vor.

Häufig kann man die Umformung in ein Binom nur mithilfe einer so genannten **quadratischen Ergänzung** ausführen.

Bei der Funktionsgleichung	$y = x^2 + 4x + 3$
muss auf beiden Seiten 1 addiert werden:	$y + 1 = x^2 + 4x + 4$
Nun ist die Umformung in ein Binom möglich:	$y + 1 = (x + 2)^2$
Durch Subtraktion von 1 erhält man als Scheitelform	$y = (x + 2)^2 - 1$

Die Scheitelform lässt erkennen, dass die Normalparabel um 2 Einheiten in x-Richtung nach links und um 1 Einheit in y-Richtung nach unten verschoben ist.

Die Funktionsgleichung $y = x^2 + px + q$ lässt sich durch quadratisches Ergänzen auf die Scheitelform bringen. Dann lassen sich die Scheitelkoordinaten der verschobenen Normalparabel ablesen.

! *Skizzieren*
- *Gehe vom Scheitel aus 1 LE nach rechts und 1 LE nach oben, dann 2 LE nach rechts und 4 LE nach oben usw.*
- *Nutze dann die Achsensymmetrie der Parabel.*
Beispiel:
$y = (x + 1{,}5)^2 + 1$

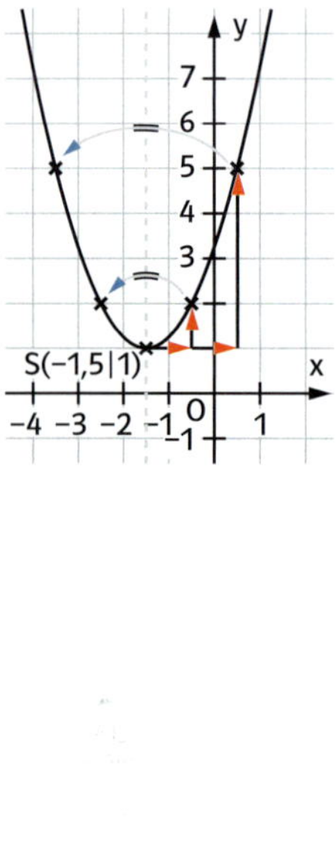

Beispiele

c) Bestimmung des Scheitelpunkts der quadratischen Funktion mit $y = x^2 + 6x - 7$

$y + 7 = x^2 + 6x$ | $+3^2$
$y + 16 = x^2 + 6x + 9$
$y + 16 = (x + 3)^2$ | −16
$y = (x + 3)^2 - 16$

Der Scheitelpunkt ist S(−3|−16).

d) Eine Normalparabel hat den Scheitelpunkt S(3|−9).
$y = (x - 3)^2 - 9$ ergibt sich durch Einsetzen der Koordinaten, durch Auflösen der Klammer erhält man $y = x^2 - 6x + 9 - 9$ und als Funktionsgleichung $y = x^2 - 6x$.

Aufgaben

1 Gib die Koordinaten des Scheitels der Parabel an und zeichne dann.
a) $y = (x - 2)^2 + 3$ b) $y = (x + 1)^2 + 2$
c) $y = (x + 3)^2 - 6$ d) $y = (x - 4)^2 - 7$

2 Gib die Funktionsgleichung und die Koordinaten des Scheitels an.
Die Normalparabel ist verschoben um
a) 3 LE nach rechts und um 2 LE nach oben.
b) 2,5 LE nach rechts und um 4,5 LE nach unten.

3 Eine verschobene Normalparabel hat den Scheitel S. Gib die Funktionsgleichung in Scheitelform an.
a) S(3|2) b) S(4|−3) c) S(−2|1)
d) S(−3|−6) e) S(0|1) f) S(−5|0)

4 Stelle eine mögliche Funktionsgleichung der Parabel auf.
a) Scheitel S liegt im 1. Quadranten und die Parabel ist nach oben geöffnet.
b) Scheitel S liegt im 4. Quadranten und die Parabel ist nach unten geöffnet.

5 Liegt der Punkt P auf der Parabel? Rechne und überprüfe durch Zeichnung.
a) $y = (x - 4)^2$ P(1|9)
b) $y = (x - 2)^2 - 1$ P(0|−5)
c) $y = (x + 1)^2 + 2$ P(−2|3)

6 Zeichne das Parabelpaar und lies die Koordinaten der Schnittpunkte ab.
a) $y = (x + 3)^2 + 2$
$y = (x - 1)^2 + 2$
b) $y = x^2 + 6x + 6$
$y = x^2 - 2x + 6$

7 Eine verschobene Normalparabel geht durch die Punkte P_1 und P_2. Finde über die Achsensymmetrie den Scheitel. Du kannst dir auch mit einer Schablone helfen.

a) $P_1(1|3)$ und $P_2(3|3)$
b) $P_1(3|4)$ und $P_2(7|4)$
c) $P_1(-2|0)$ und $P_2(-4|0)$
d) $P_1(-2|-6)$ und $P_2(4|6)$
e) $P_1(-2|1)$ und $P_2(-3|2)$

8 Forme mithilfe der quadratischen Ergänzung um.

$x^2 - 2x + 3$
$x^2 + 2x + 2$
$x^2 + 4x + 8$
$x^2 - 6x - 1$
$x^2 - 3x - 1{,}25$
$x^2 + 10x + 10$
$x^2 - 14x - 1$
$x^2 + 5x + 7{,}25$

9 Wandle um in die Scheitelform. Bestimme den Scheitel und zeichne dann die Parabel.

a) $y = x^2 + 2x - 3$ b) $y = x^2 - 4x + 3$
c) $y = x^2 + 6x + 3$ d) $y = x^2 - 8x + 19$
e) $y = x^2 + 5x + 4{,}75$ f) $y = x^2 - x + 5{,}75$

10 Gleichungen und Scheitel sind durcheinandergeraten. Ordne sie richtig zu.

$y = x^2 - 10x + 32$	$S(-3\|10)$
$y = x^2 + 16x + 57$	$S(9\|-6)$
$y = x^2 - 18x + 75$	$S(5\|7)$
$y = x^2 + 6x - 1$	$S(-8\|-7)$

11 Zeichne die Parabelserien. Was fällt dir auf?

a) $y = x^2 + 2x$; $y = x^2 + 4x$; $y = x^2 + 6x$
b) $y = x^2 - 2x$; $y = x^2 - 4x$; $y = x^2 - 6x$
c) $y = x^2 + 2x$; $y = x^2 + 4x + 6$; $y = x^2 + 6x + 12$
d) $y = x^2 - 2x + 2$; $y = x^2 - 4x + 6$; $y = x^2 - 6x + 12$

12 Welche Gleichung gehört zu welchem Schaubild?

a) $y = x^2 + 4x + 7$ b) $y = x^2 + 6x + 4$
c) $y = x^2 - 2x - 1$ d) $y = x^2 - 8x + 17$
e) $y = x^2 - 3x + 4{,}25$ f) $y = x^2 + x - 3{,}75$

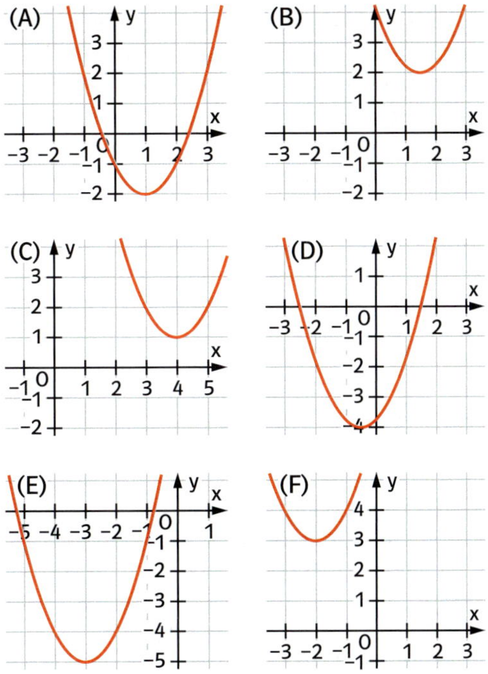

13 Die Parabel mit der Gleichung $y = x^2 + px + q$ verläuft durch die Punkte A und B. Bestimme die Koordinaten ihres Scheitels.
Hinweis: Löse mithilfe eines linearen Gleichungssystems.

a) $A(1|2)$ $B(4|5)$
b) $A(2|3)$ $B(5|12)$
c) $A(-5|6)$ $B(-2|3)$
d) $A(-2|7)$ $B(3|2)$
e) $A(-5|-2)$ $B(0|13)$

14 Zwei Punkte P und Q liegen auf einer Parabel mit der Gleichung $y = x^2 + px + q$. Bestimme die Scheitelform.
Hinweis: Stellst du die Parabelgleichung nach $px + q = y - x^2$ um, ist das Gleichungssystem einfacher zu lösen.

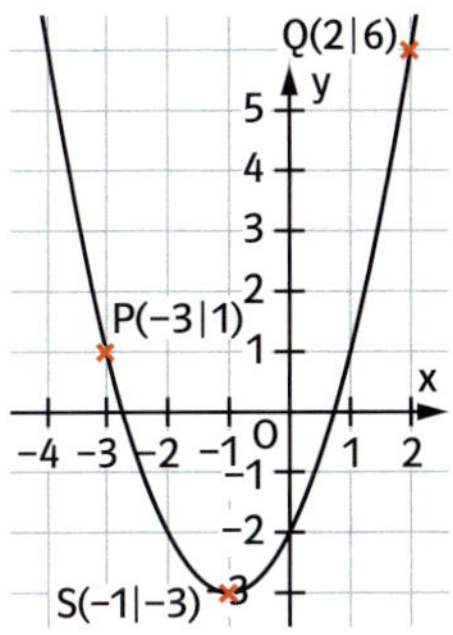

a) $P(-6{,}5|4)$ $Q(-2|-2{,}75)$
b) $P(-3|0)$ $Q(1|6)$
c) $P(-4|-2)$ $Q(-1|6)$
d) $P(2{,}5|-5)$ $Q(-2|5)$

15 Der Punkt P liegt auf der Parabel. Bestimme die vollständige Funktionsgleichung.

a) $y = x^2 + 6x + q$ P(1|17)
b) $y = x^2 - 4x + q$ P(2|2)
c) $y = x^2 - px - 4$ P(3|−1)
d) $y = x^2 + px + 18{,}25$ P(−2,5|2)

16 Bestimme aus den Koordinaten des Scheitels der Parabel die Funktionsgleichung in der Form $y = x^2 + px + q$.

a) S(2|1) b) S(−1|3)
c) S(3|−4) d) S(−4|−5)
e) S(−2,5|0) f) S(0|−12)

17 Wo liegt der Scheitel der Parabel?

a) $y = x^2 + 8x + 7$ b) $y = x^2 - 12x + 1$
c) $y = x^2 - 10x + 25$ d) $y = x^2 + 20x + 50$
e) $y = x^2 + 5x + 1$ f) $y = x^2 - 9x - 9$
g) $y = x^2 - 7x$ h) $y = x^2 - x$

18 Zeichne die Parabel zur Funktionsgleichung $y = (x - 2)^2 + 1$.

a) Spiegle die Parabel an der x-Achse und gib die neue Funktionsgleichung an.
b) Spiegle die Parabel an der y-Achse und gib die neue Funktionsgleichung an.
c) Drehe die Parabel um 180° um den Ursprung und gib die neue Funktionsgleichung an.
d) Wiederhole die Aufgaben von a) bis c) für die Funktion $y = (x + 3)^2 - 2$.

19 Besitzt die Parabel einen tiefsten oder einen höchsten Punkt? Bestimme dessen Koordinaten.

a) $y = x^2 - 6x + 2$ b) $y = -x^2 + 3$
c) $y = x^2 + 3x + 2$ d) $y = -\frac{1}{2}x^2 - \frac{3}{4}$
e) $y = (x - 4)(x + 4)$ f) $y = (3 - x)(x + 3)$
g) $y = -(x - 3)^2 + 2$ h) $y = -(x + 2)^2 - 1$

Die Funktionsgleichung $y = a \cdot (x - d)^2 + c$

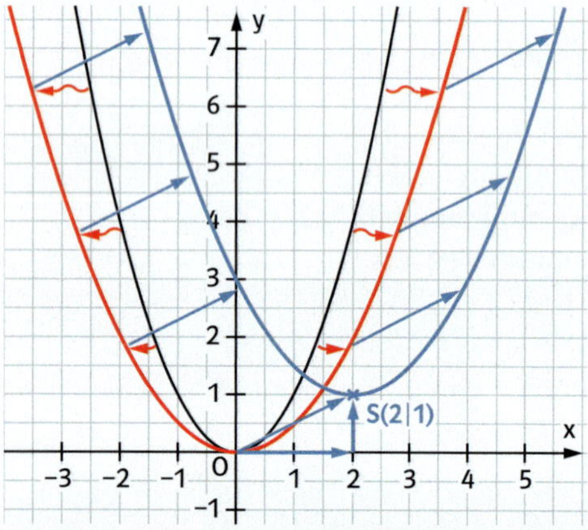

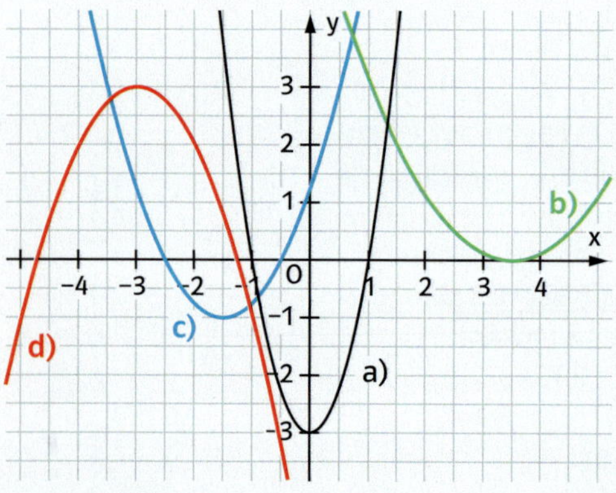

Der zusätzliche Faktor a (a ≠ 0) bestimmt die Öffnung der Parabel.

Beispiel: $y = \frac{1}{2}(x - 2)^2 + 1$

1. Schritt: Der Faktor $\frac{1}{2}$ bewirkt, dass die Parabel breiter wird als die Normalparabel.
2. Schritt: Verschiebung des Scheitels von (0|0) nach (2|1)

■ Zeichne ebenso:
$y = 2(x - 2)^2 + 2$
$y = 0{,}5(x + 1)^2 + 2$
$y = -(x - 1)^2 - 3$
$y = -2(x + 3)^2$
$y = \frac{1}{4}(x + 2)^2 - 2$

■ Bestimme den Scheitel und skizziere die Parabel.
$y = \frac{1}{2}(x - 3)^2$
$y = 3(x - 2)^2 - 1$
$y = -(x + 1)^2 + 4$
$y = -\frac{1}{3}(x - 1)^2$

■ Gib die Gleichungen der Parabeln an.

■ Zeichne mithilfe einer Wertetabelle und bestimme den Scheitel sowie die Öffnung der Parabel.
a) $y = 2x^2 - 4x + 3$
b) $y = 3x^2 + 12x + 10$
c) $y = -x^2 - 4x - 7$
d) $y = -0{,}5x^2 - 4x - 6$

5 Nullstellen quadratischer Funktionen

Gegeben sind vier verschobene Normalparabeln und ihre Scheitel.

→ Gib die x-Koordinaten der Schnittpunkte mit der x-Achse an.

→ Bestimme die Funktionsgleichungen und setze die x-Werte der Schnittpunkte ein.

Was stellst du fest?

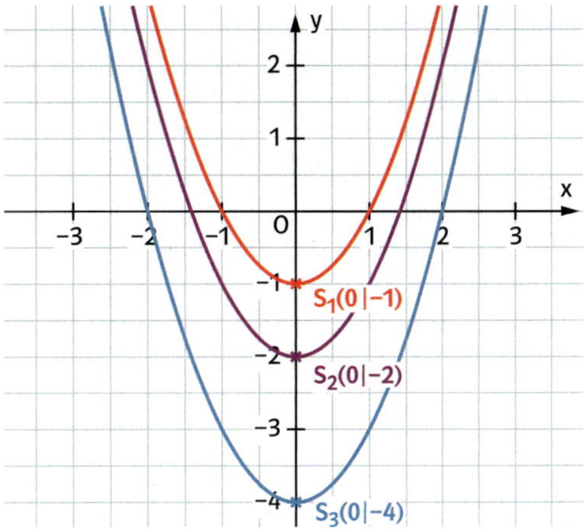

Am Graphen der Funktion $y = x^2 - 4$ mit Scheitelpunkt $S(0|-4)$ sieht man, dass die x-Achse in den Punkten $P_1(-2|0)$ und $P_2(2|0)$ geschnitten wird.

Da die y-Koordinaten dieser Punkte Null sind, kann man die x-Koordinaten auch berechnen:

$$0 = x^2 - 4 \qquad | +4$$
$$4 = x^2$$

Die Werte $x_1 = -2$ und $x_2 = +2$ erfüllen die Gleichung. Diese Werte nennt man Nullstellen der quadratischen Funktion.

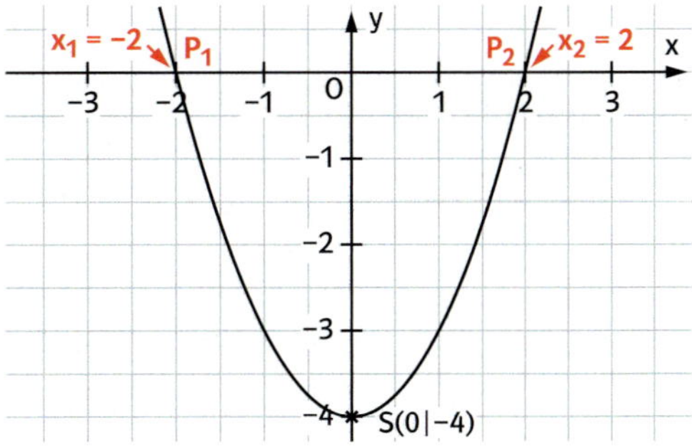

Die x-Koordinaten der Schnittpunkte von x-Achse und Funktionsgraph heißen **Nullstellen der Funktion**.
Um die Nullstellen zu berechnen, setzt man den Funktionsterm gleich null.

Beispiel

Die Funktionsgleichung $y = -2x^2 + 2$ wird gleich null gesetzt und die Nullstellen berechnet:

$$0 = -2x^2 + 2 \qquad | +2x^2$$
$$2x^2 = 2 \qquad | :2$$
$$x^2 = 1$$

Die Werte $x_1 = -1$ und $x_2 = +1$ erfüllen die Gleichung und sind die Nullstellen der Funktion $y = -2x^2 + 2$.

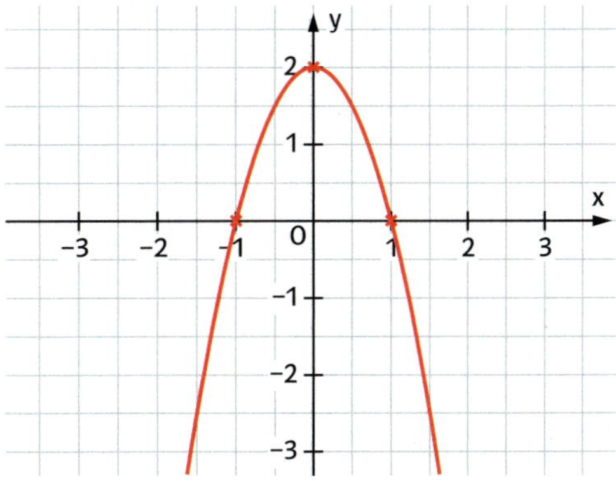

Bemerkung

Bei quadratischen Funktionen unterscheidet man drei Fälle:

zwei Nullstellen
Zeichnerische Lösung:
$y = x^2 + 4x + 3$
$y = (x + 2)^2 - 1$
$S(-2|-1)$
Die Gleichung
$x^2 + 4x + 3 = 0$ hat die Lösungen -3 und -1:
$L = \{-3; -1\}$

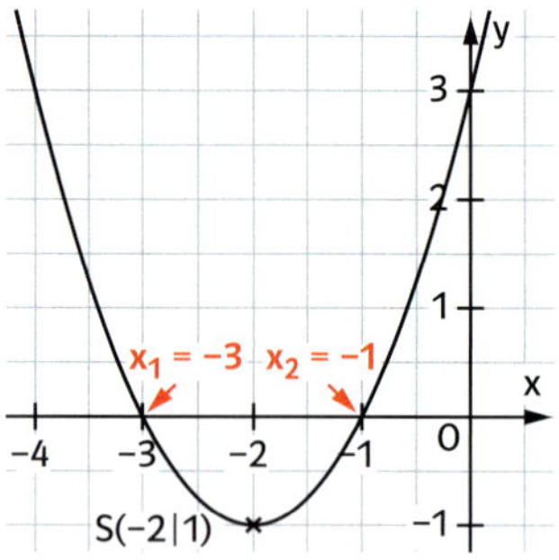

Es gibt zwei Nullstellen:
$x_1 = -3$; $x_2 = -1$

keine Nullstelle
Zeichnerische Lösung:
$y = x^2 + 2x + 4$
$y = (x + 1)^2 + 3$
$S(-1|3)$
Die Gleichung
$x^2 + 2x + 4 = 0$
hat keine Lösung:
$L = \{\,\}$

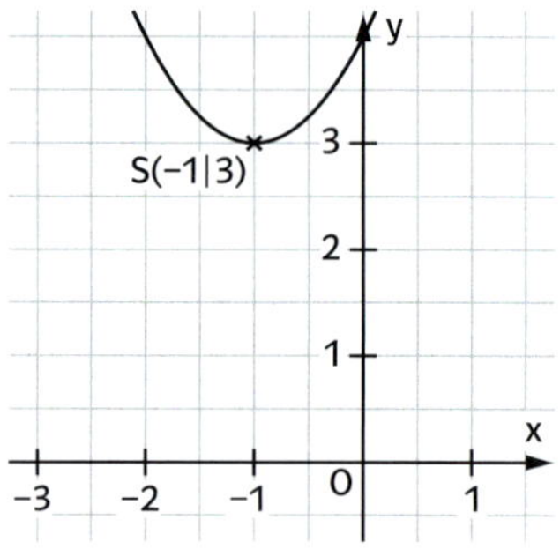

Es gibt keine Nullstellen.

genau eine Nullstelle
Zeichnerische Lösung:
$y = x^2 + 2x + 1$
$y = (x + 1)^2$
$S(-1|0)$
Die Gleichung
$x^2 + 2x + 1 = 0$
hat die Lösung $x = -1$:
$L = \{-1\}$

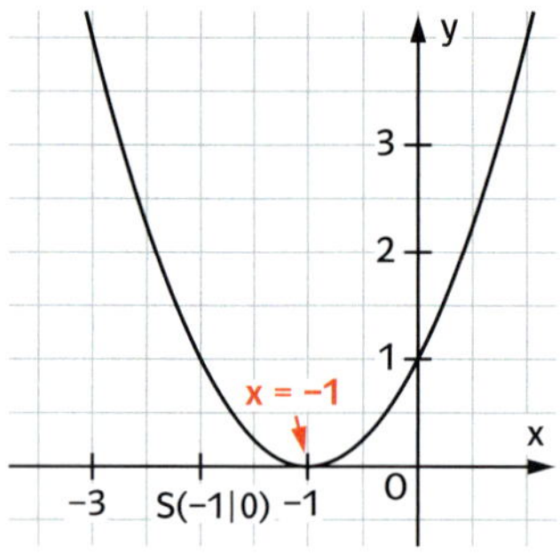

Es gibt eine Nullstelle:
$x_1 = -1$

Aufgaben

1 Bestimme die Nullstellen im Kopf.

a) $y = x^2 - 25$ b) $y = x^2 - 121$
c) $y = x^2 - 0{,}25$ d) $y = x^2 - 6{,}25$
e) $y = x^2 - \frac{4}{9}$ f) $y = x^2$

2 Bestimme die Funktionsgleichung und die Nullstellen.

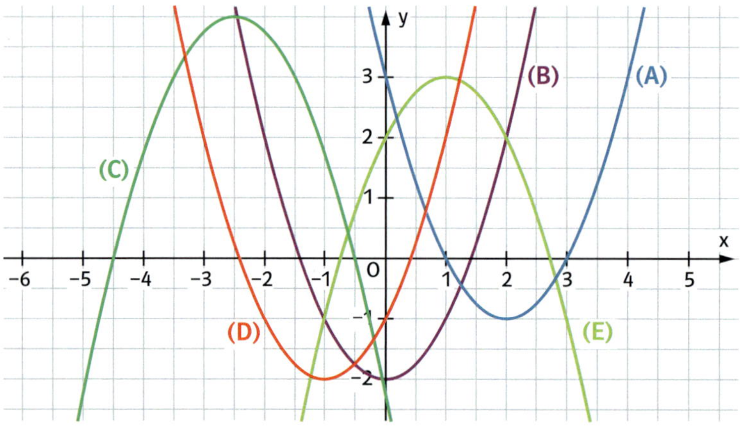

3 Lies die Nullstellen aus dem zugehörigen Schaubild ab.

a) $y = x^2 - 4$ b) $y = x^2 - 1$
c) $y = (x - 3)^2 - 1$ d) $y = (x + 2{,}5)^2 - 4$
e) $y = (x - 1{,}5)^2 - 9$ f) $y = (x + 3{,}5)^2 - 1$
g) $y = (x + 6)^2$ h) $y = (x - 0{,}5)^2 - 6\frac{1}{4}$

4 Bringe die Gleichung zuerst auf die Scheitelform und gib dann die Nullstellen an.

a) $y = x^2 + 6x + 9$ b) $y = x^2 - 7x + 12\frac{1}{4}$
c) $y = x^2 + 2x - 3$ d) $y = x^2 + 2x - 8$
e) $y = x^2 - 6x + 5$ f) $y = x^2 - 4x$
g) $x^2 - 3x + 1{,}25 = y$ h) $x^2 + x - 2 = y$

5 Bestimme die Nullstellen der Funktion durch Rechnung.

a) $y = x^2 - 16$ b) $y = x^2 + 9$
c) $y = (x + 2)^2 - 9$ d) $y = (x - 4)^2 - 1$
e) $y = x^2 + 3x$ f) $y = x^2 - 6x$
g) $y = x^2 + 6x - 5$ h) $y = x^2 + 6x - 2$
i) $y = x^2 - 12x + 36$ j) $y = x^2 - 7x - 9{,}75$

6 Entnimm dem Schaubild die Nullstellen und den Scheitel. Stelle die Funktionsgleichung auf. Überprüfe die Nullstellen durch Rechnung.

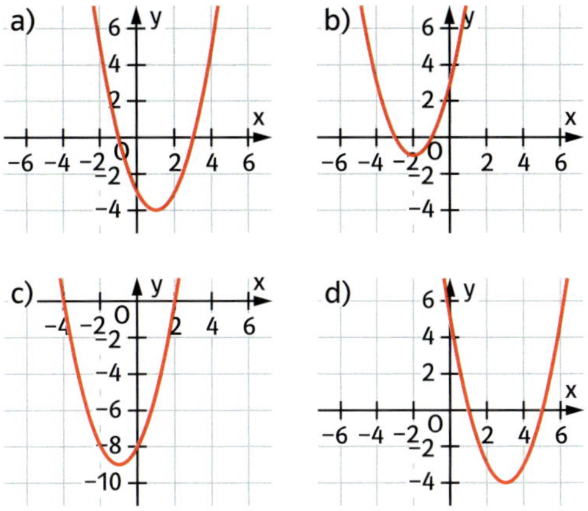

7 Die Scheitelform der Parabel lautet
$y = (x - d)^2 + c$.
Gib an, für welche Werte von c die Parabel zwei Nullstellen, keine Nullstelle oder eine Nullstelle besitzt.

8 Gegeben sind die Normalparabeln p_1 und p_2 mit ihren Scheiteln S_1 und S_2.

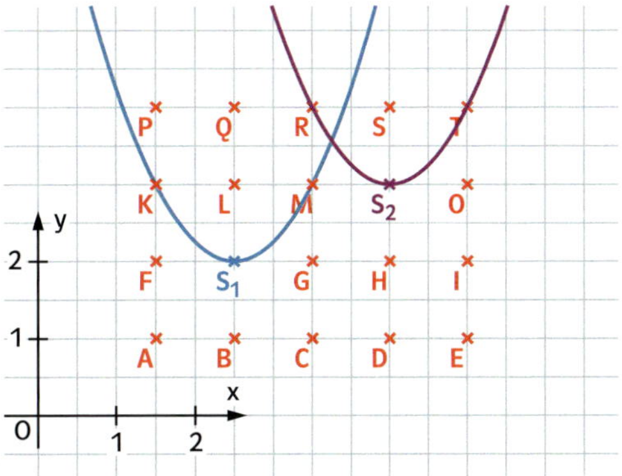

Lege den Ursprung O so auf die markierten Gitterpunkte, dass es für p_1 und p_2 jeweils zwei Nullstellen, keine Nullstelle oder eine Nullstelle gibt.

9 Gib zu den Nullstellen die Funktionsgleichung der verschobenen Normalparabel an.

a) $x_1 = 1;\ x_2 = 3$ b) $x_1 = -1;\ x_2 = 4$
c) $x_1 = 2;\ x_2 = -5$ d) $x_1 = -1{,}5;\ x_2 = 4{,}5$

10 Bestimme die x-Koordinate des Scheitels für die Nullstellen.

a) $x_1 = 3;\ x_2 = 5$ b) $x_1 = 0;\ x_2 = 4$
c) $x_1 = 1;\ x_2 = -3$ d) $x_1 = -2;\ x_2 = -7$

Besitzt eine Normalparabel zwei Nullstellen, liegt die x-Koordinate ihres Scheitels in der Mitte zwischen den beiden Nullstellen.

11 Zu den Schnittpunkten $P_1(-2|0)$ und $P_2(2|0)$ von x-Achse und Graph können viele Parabeln gehören. Gib verschiedene Funktionsgleichungen an.

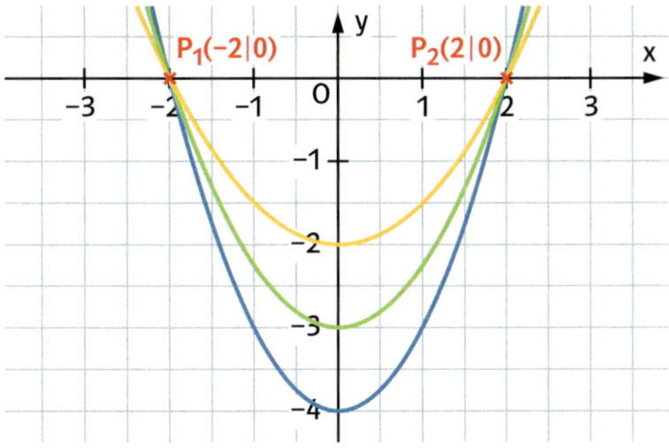

12 Bestimme aus den Nullstellen die Lage des Scheitels S und die Funktionsgleichung der verschobenen Normalparabel.

a) $x_1 = 1;\ x_2 = -1$ b) $x_1 = 2;\ x_2 = -2$
c) $x_1 = -1;\ x_2 = 3$ d) $x_1 = 3;\ x_2 = 4$
e) $x_1 = -1;\ x_2 = -5$ f) $x_1 = 1;\ x_2 = 7$

DGS II

Mit dem Computer lassen sich die Nullstellen der Funktion
$y = x^2 + px + q$
grafisch ermitteln. Die Variablen p und q kann man mit Schiebereglern verändern.

- Betrachte die verschiedenen Fälle für zwei Nullstellen, keine oder genau eine Nullstelle.
- Notiere Nullstellen und Scheitelkoordinaten. Beschreibe, was dir auffällt.

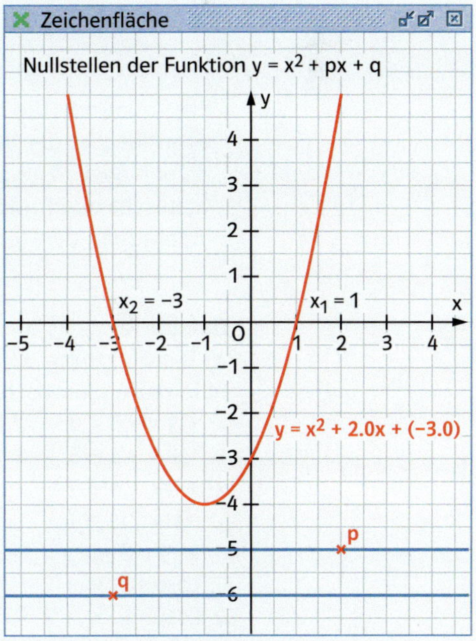

6 Quadratische Gleichungen

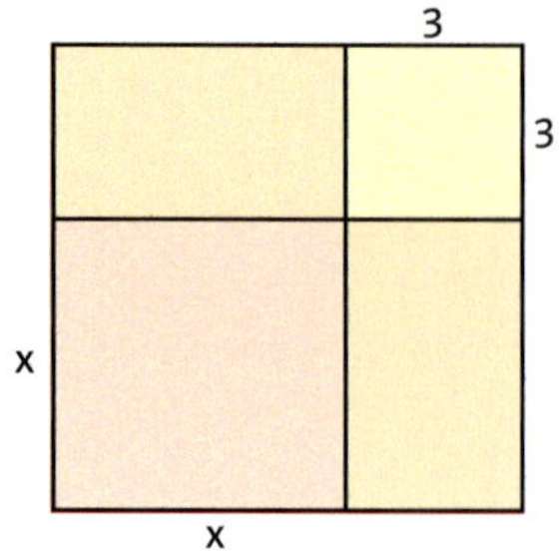

Patrick setzt die Teilflächen zusammen und formuliert für den Flächeninhalt die Gleichung $x^2 + 6x + 9 = 64$.
Carmen betrachtet das ganze Quadrat und stellt die Gleichung $(x + 3)^2 = 64$ auf.
Das gesamte Quadrat hat einen Flächeninhalt von $64\,cm^2$.
→ Patrick und Carmen versuchen die Länge der Strecke x zu finden.

$a^2 + 2ab + b^2 = (a + b)^2$

Wenn in einer Gleichung die Variable im Quadrat vorkommt, spricht man von einer **quadratischen Gleichung** oder einer Gleichung 2. Grades.
Quadratische Gleichungen der Form $x^2 - q = 0$ heißen **rein quadratisch**.
Gleichungen der Form $x^2 + px + q = 0$ bezeichnet man als **gemischt quadratisch**, weil die Variable in der 1. und 2. Potenz vorkommt.

Rein quadratische Gleichungen können immer so umgeformt werden, dass das Quadrat der Variablen allein steht. Die beiden Lösungen sind $x_1 = +\sqrt{q}$, $x_2 = -\sqrt{q}$, wenn q positiv ist.

$x^2 - 6 = 30 \quad | +6$
$x^2 = 36 \quad | \sqrt{\ }$
$x_{1,2} = \pm\sqrt{36}$
also $x_1 = -6$ und $x_2 = +6$

Gemischt quadratische Gleichungen können durch Umwandlung in ein Binom mithilfe der quadratischen Ergänzung gelöst werden.

$x^2 + 8x + 7 = 0 \quad | -7$
$x^2 + 8x = -7 \quad | +4^2$
$x^2 + 8x + 16 = 9$
$(x + 4)^2 = 9 \quad | \sqrt{\ }$
$x_{1,2} + 4 = \pm\sqrt{9}$

Es gibt 2 Lösungen: $x_1 + 4 = +3$, also $x_1 = -1$
oder $x_2 + 4 = -3$, also $x_2 = -7$

Rein quadratische Gleichungen kann man lösen, indem man die Gleichung nach x^2 auflöst. Ist der Wert auf der anderen Gleichungsseite positiv, hat die Gleichung immer zwei Lösungen.
Gemischt quadratische Gleichungen der Form $x^2 + px + q = 0$ kann man lösen, indem man den Term $x^2 + px$ quadratisch ergänzt und in ein Binom umformt.

Beispiele

a) Die Gleichung $x^2 + 4x - 5 = 0$ wird mithilfe der quadratischen Ergänzung gelöst.
$x^2 + 4x - 5 = 0 \quad | +5$
$x^2 + 4x = 5 \quad | +2^2$
$x^2 + 4x + 4 = 9$
$(x + 2)^2 = 9 \quad | \sqrt{\ }$
$x_{1,2} + 2 = \pm\sqrt{9}$
1. Lösung: $x_1 + 2 = -3$, also $x_1 = -5$
2. Lösung: $x_2 + 2 = +3$, also $x_2 = 1$

b) Die Gleichung $x^2 + 6x + 13 = 0$ hat keine Lösung.
$x^2 + 6x + 13 = 0 \quad | -13$
$x^2 + 6x = -13 \quad | +3^2 = 9$
$x^2 + 6x + 9 = -4$
$(x + 3)^2 = -4 \quad | \sqrt{\ }$
$x_{1,2} + 3 = \pm\sqrt{-4}$
Aus einer negativen Zahl kann keine Wurzel gezogen werden, also hat die Gleichung keine Lösung.

Aufgaben

1 Wandle in ein Binom um.

a) $x^2 + 6x + 9$ b) $b^2 + 10b + 25$
c) $x^2 - 4x + 4$ d) $a^2 - 12a + 36$
e) $y^2 - 5y + 6{,}25$ f) $m^2 + m + 0{,}25$

2 Forme mithilfe der quadratischen Ergänzung um.

Beispiel: $x^2 + 4x + 5 = (x + 2)^2 + 1$
a) $x^2 + 8x + 20$ b) $x^2 + 10x + 50$
c) $x^2 - 6x + 6$ d) $b^2 - 3b - 1$
e) $a^2 + 5a + 3$ f) $y^2 - y + 1$

3 Löse die Gleichung.

a) $(x + 3)^2 = 4$ b) $(x - 2)^2 = 9$
c) $(x - 1)^2 - 16 = 0$ d) $(x + 3)^2 - 0{,}25 = 0$
e) $2(x + 3)^2 = 50$ f) $3(x - 4)^2 - 48 = 0$

4 Forme um und löse die Gleichung.

a) $x^2 + 6x + 9 = 25$ b) $x^2 - 4x + 4 = 9$
c) $x^2 - 18x + 81 = 64$ d) $x^2 - 20x + 100 = 1$
e) $x^2 + x + 0{,}25 = 0{,}36$ f) $x^2 + 7x + \frac{49}{4} = \frac{9}{4}$

5 Löse die Gleichung durch quadratische Ergänzung.

a) $x^2 + 8x + 15 = 0$ b) $x^2 + 14x + 48 = 0$
c) $x^2 + 3x + 1{,}25 = 5{,}25$ d) $x^2 - 2x + 3 = 11$
e) $x^2 - 4x = 12$ f) $x^2 - 5x = 2{,}75$

6 Achte auf die Reihenfolge.

a) $8 + x^2 + 6x = 0$ b) $10 - x^2 = 3x$
c) $x^2 = 125 - 20x$ d) $28x = 60 - x^2$
e) $10x - x^2 = 0$ f) $1{,}5x = 4{,}5x^2$

7 Löse die Gleichung.

a) $5x^2 + 14 + 4x = 6x^2 + 3x - 6$
b) $9 - 2x - 2x^2 = 8x - 3x^2 - 12$
c) $3x(x + 2) = 16 + 2x^2$
d) $(x - 3)(x - 1) - 48 = 0$
e) $1 - 4(2x + 1) = x^2 + 4$
f) $(x + 3)(x - 3) = 12x + 4$
g) $(2x - 5)^2 = 9 + 3(x - 1)^2$

8 Nicht jede gemischt quadratische Gleichung hat zwei Lösungen.

a) $(x + 4)^2 = 0$ b) $(x + 1)^2 + 2 = 0$
c) $(x - 2)^2 + 3 = 3$ d) $x^2 + 6x + 10 = 0$

9 a) Vergrößert man eine Zahl um 4 und quadriert das Ergebnis, erhält man 36.
b) Vermindert man eine Zahl um 3 und multipliziert das Ergebnis mit sich selbst, so erhält man 25.
c) Vergrößert man eine Zahl um 1 und subtrahiert vom Quadrat des Ergebnisses die Zahl 49, so erhält man 0.

10 Die Zahl −7 ist um 3 größer als −10. Multipliziert man beide Zahlen, so erhält man 70. Gibt es auch zwei positive Zahlen, für die diese Bedingungen gelten?

11 Wenn man eine Zahl um 3 vermehrt und quadriert, muss man 10 addieren, um 5 zu erhalten.
Zeige mithilfe einer quadratischen Gleichung, dass es diese Zahl nicht gibt.

12 Wie breit sind die Rechtecke?

a) Die Rechtecke sind 10 cm lang.

Flächeninhalt 96 cm² *Flächeninhalt 52 cm²*

Überprüfe deine Lösungen mit einer Zeichnung. Was fällt dir auf?
b) Die Rechtecke sind 5 cm lang.

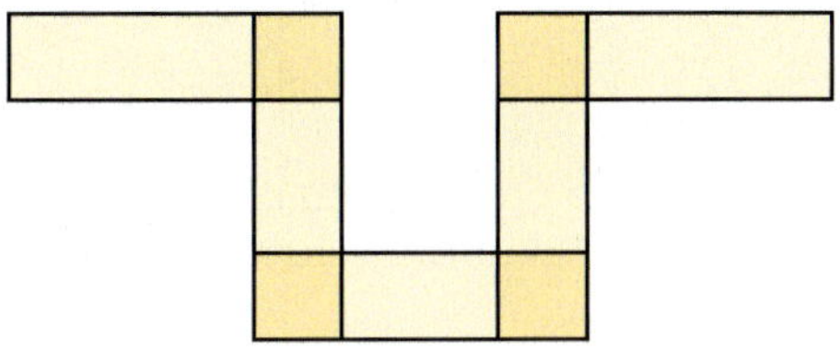

Flächeninhalt 34 cm²

c) Alle Rechtecke sind 5 cm lang.

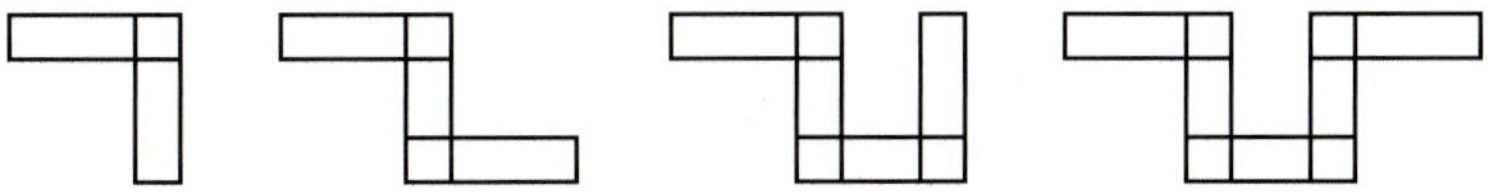

A = 9 cm² *A = 13 cm²* *A = 17 cm²* *A = 21 cm²*

Findest du eine Gesetzmäßigkeit? Setze die Reihe fort und berechne die zugehörigen Rechtecksbreiten.

Lösen durch Faktorisieren

Hat ein Produkt den Wert null, muss mindestens ein Faktor den Wert null haben. Wenn $a \cdot b = 0$ ist, dann ist $a = 0$ oder $b = 0$ oder beides.

Die Gleichung $x^2 + 6x = 0$ kann leicht durch Faktorisieren gelöst werden.
$x(x + 6) = 0$
ergibt die Lösungen $x_1 = 0$ und $x_2 = -6$.

■ Löse die Gleichung.

$x^2 + 5x = 0$ $\quad$ $x^2 - 10x = 0$
$x^2 = 3x$ $\quad$ $2x^2 + 5x = 0$
$3x^2 + 5x = 2x^2 - 12x$

Die Gleichung $x^2 + 6x + 9 = 0$ kann auch in Form eines Produkts geschrieben werden: $(x + 3)^2 = 0$ oder $(x + 3)(x + 3) = 0$. Man erhält die Lösung $x = -3$ für beide Faktoren und schreibt $x_1 = x_2 = -3$.

*Die Darstellung einer quadratischen Gleichung in dieser Form bezeichnet man als **Produkt von Linearfaktoren**.*

In der quadratischen Gleichung
$(x - 3)(x - 5) = 0$
lassen sich die beiden Lösungen leicht bestimmen, indem man jeden der beiden Faktoren gleich null setzt.
Es ist also $x_1 = 3$ und $x_2 = 5$.

■ Löse die Gleichungen.

$(x + 4)(x + 5) = 0$
$(x + 1001)(x - 999) = 0$
$(2x + 1)(2x - 4) = 0$ $\quad$ $3(x + 5)(x - 10) = 0$

■ Wie lauten die quadratischen Gleichungen mit den Lösungen x_1 und x_2 in der Form $x^2 + px + q = 0$?

$x_1 = 4;\ x_2 = 5$ $\quad$ $x_1 = -4;\ x_2 = 5$
$x_1 = 4;\ x_2 = -5$ $\quad$ $x_1 = -4;\ x_2 = -5$

*Gleichungen dieser Art nennt man **Gleichungen 3. Grades**. Sie haben bis zu 3 Lösungen.*

Auch besondere Gleichungen mit x^3 lassen sich durch Faktorisieren umformen und dann lösen.

Beispiel: $x^3 + 3x^2 - 10x = 0$
Durch Ausklammern erhält man
$x(x^2 + 3x - 10) = 0$
Entweder ist $x = 0$ oder $x^2 + 3x - 10 = 0$.
Als Lösungen ergeben sich dann $x_1 = 0$ und $x_2 = 2$ und $x_3 = -5$.

■ Löse die Gleichungen.

$x^3 - 4x^2 + 3x = 0$ $\quad$ $x^3 - x^2 - 6x = 0$
$2x^3 + 4x^2 - 6x = 0$

13 Mara sagt, sie könne die Gleichung $x^2 - 8x = 0$ ganz schnell lösen.
Sie rechnet so:

$x^2 - 8x = 0 \quad | + 8x$
$x^2 = 8x \quad | : x$
$x = 8$

Mara erhält nur eine Lösung.
Max sagt: „Eine quadratische Gleichung hat doch zwei Lösungen."
Kannst du beim Lösungsweg von Mara einen Fehler finden?
Hat Max übrigens Recht?

14 Bestimme die Länge der Rechteckseiten. Der Flächeninhalt beträgt $240\,cm^2$.
a) Die Rechteckseiten haben die Längen x und x + 1. Wie groß ist x?
b) Findest du die Lösung für das Rechteck mit den Seitenlängen x + 1 und x + 2 auch ohne Rechnung?
Überprüfe deine Vermutung.

15 a) Ein quadratisches Prisma hat eine Oberfläche von $10\,cm^2$.
Berechne die Länge der Grundkante x und das Volumen des linken Prismas.

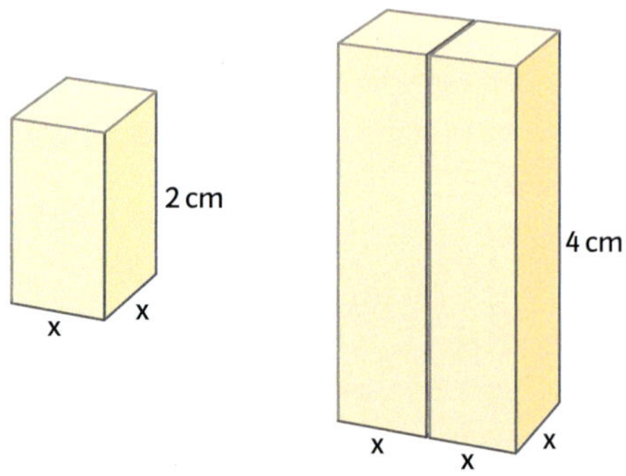

b) Zwei quadratische Prismen rechts sind zu einem Quader zusammengefügt.
Die Oberfläche des ganzen Körpers beträgt $64\,cm^2$.
Berechne das Volumen.
c) Wenn man drei quadratische Prismen mit der Höhe 6 cm zusammenfügt, ist $O = 120\,cm^2$. Wie groß ist x?
Berechne auch hier das Volumen.

7 Lösungsformel

➔ Löse die quadratischen Gleichungen.
➔ Wie viel Zeit hast du zum Lösen der einzelnen Aufgaben benötigt?
➔ Warum war der Zeitaufwand unterschiedlich hoch?

$x^2 + 2x - 3 = 0$
$x^2 + 2{,}5x - 3 = 0$
$x^2 + 2{,}55x - 3 = 0$
$x^2 + 2{,}555x - 3 = 0$
$x^2 + 2{,}5555x - 3 = 0$

Um quadratische Gleichungen wie $x^2 + 14x + 24 = 0$ rechnerisch lösen zu können, muss man quadratisch ergänzen. Zu ihrer Lösung lässt sich eine Formel entwickeln.

$$
\begin{aligned}
x^2 + 14x + 24 &= 0 \qquad | -24\\
x^2 + 14x &= -24\\
x^2 + 14x + \left(\tfrac{14}{2}\right)^2 &= \left(\tfrac{14}{2}\right)^2 - 24\\
\left(x + \tfrac{14}{2}\right)^2 &= \left(\tfrac{14}{2}\right)^2 - 24\\
x + \tfrac{14}{2} &= \pm\sqrt{\left(\tfrac{14}{2}\right)^2 - 24} \qquad | -\tfrac{14}{2}\\
x_{1,2} &= -\tfrac{14}{2} \pm \sqrt{\left(\tfrac{14}{2}\right)^2 - 24}
\end{aligned}
$$

$$
\begin{aligned}
x^2 + px + q &= 0 \qquad | -q\\
x^2 + px &= -q \qquad | +\left(\tfrac{p}{2}\right)^2\\
x^2 + px + \left(\tfrac{p}{2}\right)^2 &= \left(\tfrac{p}{2}\right)^2 - q \qquad \text{quadratische Ergänzung}\\
\left(x + \tfrac{p}{2}\right)^2 &= \left(\tfrac{p}{2}\right)^2 - q \qquad \text{Faktorisieren mit binomischer Formel}\\
x + \tfrac{p}{2} &= \pm\sqrt{\left(\tfrac{p}{2}\right)^2 - q} \qquad | -\tfrac{p}{2}\\
x_{1,2} &= -\tfrac{p}{2} \pm \sqrt{\left(\tfrac{p}{2}\right)^2 - q}
\end{aligned}
$$

Die Darstellung einer gemischt quadratischen Gleichung in der Form ***$x^2 + px + q = 0$*** *heißt* ***Normalform****.*

Die Zahlen für die Koeffizienten p und q können in der Gleichung $x^2 + px + q = 0$ abgelesen werden:

$$
\begin{aligned}
x_{1,2} &= -\tfrac{14}{2} \pm \sqrt{\left(\tfrac{14}{2}\right)^2 - 24}\\
x_{1,2} &= -7 \pm \sqrt{25}\\
x_1 &= -7 + 5 = -2\\
x_2 &= -7 - 5 = -12\\
L &= \{-2; -12\}
\end{aligned}
$$

Normalform

$x^2 + px + q = 0$

p-q-Formel

$x_{1,2} = -\frac{p}{2} \pm \sqrt{\left(\frac{p}{2}\right)^2 - q}$

Eine gemischt quadratische Gleichung in der Form $x^2 + px + q = 0$ kann man mit der **Lösungsformel** lösen. Dazu bestimmt man die Koeffizienten p und q und setzt diese in $\mathbf{x_{1,2} = -\frac{p}{2} \pm \sqrt{\left(\frac{p}{2}\right)^2 - q}}$ ein.

Beispiele

a) Die Gleichung $x^2 - 18x + 17 = 0$ besitzt die Koeffizienten $p = -18$ und $q = +17$. Sie werden in die Lösungsformel eingesetzt.

$$
\begin{aligned}
x_{1,2} &= -\tfrac{(-18)}{2} \pm \sqrt{\left(\tfrac{-18}{2}\right)^2 - 17}\\
x_{1,2} &= +9 \pm \sqrt{81 - 17}\\
x_{1,2} &= +9 \pm 8\\
x_1 &= 17;\ x_2 = 1 \qquad L = \{17; 1\}
\end{aligned}
$$

b) Die Gleichung $3x^2 = 42 - 39x$ muss zunächst auf Normalform gebracht werden.

$$
\begin{aligned}
3x^2 &= 42 - 39x \qquad | +39x - 42\\
3x^2 + 39x - 42 &= 0 \qquad | :3\\
x^2 + 13x - 14 &= 0\\
x_{1,2} &= -\tfrac{13}{2} \pm \sqrt{\left(\tfrac{13}{2}\right)^2 - (-14)}\\
x_{1,2} &= -6{,}5 \pm \sqrt{6{,}5^2 + 14}\\
x_1 &= 1;\ x_2 = -14 \qquad L = \{1; -14\}
\end{aligned}
$$

Achte beim Einsetzen in die Lösungsformel besonders auf ***die Vorzeichen*** *von p und q!*

Bemerkung

Um herauszufinden, wie viele Lösungen eine quadratische Gleichung hat, muss man die Gleichung nicht vollständig lösen. Es genügt, den Radikanden der Wurzel in der Lösungsformel zu untersuchen.

Man bezeichnet den Radikanden als **Diskriminante D**.

$$x_{1,2} = -\frac{p}{2} \pm \sqrt{\left(\frac{p}{2}\right)^2 - q}$$

! *discriminare (lat.) heißt unterscheiden oder den Unterschied verdeutlichen.*

Wir unterscheiden drei Fälle: Die Diskriminante kann **positiv**, **Null** oder **negativ** sein. Dementsprechend kann die Gleichung **zwei Lösungen**, **eine Lösung** oder **keine Lösung** haben.

$x^2 + 6x + 1 = 0$	$x^2 + 6x + 9 = 0$	$x^2 + 6x + 10 = 0$
$D = 3^2 - 1$	$D = 3^2 - 9$	$D = 3^2 - 10$
zwei Lösungen, da $D > 0$	eine Lösung, da $D = 0$	keine Lösung, da $D < 0$

Aufgaben

?

$x^2 + x - 30 = 0$

$x^2 + px + q = 0$

...

Löse die Gleichung $x^2 + x - 30 = 0$. Setze die größere Lösung für p, die kleinere für q in die Normalform $x^2 + px + q = 0$ ein. Löse die neu entstandene Gleichung und setze deren Lösung wieder genauso in $x^2 + px + q = 0$ ein. Wiederhole den Vorgang so oft, wie ganzzahlige Lösungen entstehen.

1 Löse mit der Lösungsformel.

a) $x^2 + 8x + 7 = 0$
b) $x^2 + 7x + 10 = 0$
c) $x^2 + 2x - 3 = 0$
d) $x^2 - 5x - 24 = 0$
e) $x^2 + 10x - 11 = 0$
f) $x^2 - 22x + 72 = 0$
g) $x^2 + 2{,}5x + 1 = 0$
h) $x^2 - 5{,}2x + 1 = 0$

2 Löse und runde auf zwei Dezimalen.

a) $x^2 + 6x + 3 = 0$
b) $x^2 + 6x - 3 = 0$
c) $x^2 - 6x + 3 = 0$
d) $x^2 - 6x - 3 = 0$

3 Bringe zunächst auf Normalform.

a) $2x^2 + 12x + 10 = 0$
b) $3x^2 + 9x - 84 = 0$
c) $5x^2 - 25x - 120 = 0$
d) $\frac{1}{2}x^2 - x - 4 = 0$
e) $\frac{1}{10}x^2 - \frac{1}{5}x - 8 = 0$

4 Quadratische Gleichungen der Form $ax^2 + bx + c = 0$ muss man nicht auf Normalform bringen, wenn man die **a,b,c-Formel** anwendet.

Die Gleichung $ax^2 + bx + c = 0$ hat die Lösungen: $x_{1,2} = \frac{-b \pm \sqrt{b^2 - 4ac}}{2a}$

Beispiel: Zur Lösung der Gleichung $3x^2 + 12x + 9 = 0$ werden für $a = 3$, für $b = 12$ und für $c = 9$ eingesetzt.

$x_{1,2} = \frac{-12 \pm \sqrt{12^2 - 4 \cdot 3 \cdot 9}}{2 \cdot 3}$

$x_{1,2} = \frac{-12 \pm 6}{6}$

$x_1 = -1$; $x_2 = -3$ $\quad$ $L = \{-1; -3\}$

Löse Aufgabe 3 mit dieser Formel.

a, b, c-Formel

$x_{1,2} = \frac{-b \pm \sqrt{b^2 - 4ac}}{2a}$

5 Vereinfache zuerst.

a) $7x^2 - 14x - 23 = 6x^2 - 23x + 29$
b) $9x^2 - 14x - 3 = 7x^2 - 13x + 7$
c) $\frac{1}{2}x^2 - x - 19 = \frac{1}{2}x + 16$
d) $3x^2 - 29x + 11 = 20x - 4x^2 - 59$

6 Löse zuerst die Klammern auf.

a) $5(2x - 3) = x(8 - x)$
b) $(x + 2)(8x - 3) = 3x - 3$
c) $2x(x + 3) = (x + 1)(x - 2) - 10$
d) $2x(x - 3) = 5 - (x^2 - 4)$
e) $(x - 9)(2x + 2) - 2(1 + x) = 0$
f) $5(x^2 - 7) - 3x(2 + x) - x(x - 8) = 0$

7 Gib die Lösungen an ohne zu runden.

a) $x^2 - 2x - 1 = 0$
b) $(1 - 3x)(5x + 2) = 0$
c) $9x(2x - 1) = -1$
d) $x^2 - \sqrt{12}x - 9 = 0$

8 Löse die Gleichung.

a) $(x - 7)^2 = 4(x + 8)$
b) $(x - 4)^2 - 3(x - 1) = 1$
c) $(2 + x)^2 - (x - 7)^2 = x^2$
d) $(5x - 3)^2 - (3x - 4)^2 = 13x^2 + 17$
e) $(2x + 5)^2 + (3x + 6)^2 + (x - 2)^2 = (1 - 2x)^2$

9 Welches Lösungspaar gehört zu welcher Gleichung?

$(x - 5)(x + 3) = 9$	$x_1 = 7$; $x_2 = 1$
$(x - 5)(x - 3) = 8$	$x_1 = 1$; $x_2 = -9$
$(x + 5)(x - 3) = -7$	$x_1 = 6$; $x_2 = -4$
$(x + 5)(x + 3) = 24$	$x_1 = 2$; $x_2 = -4$

10 Löse die folgenden quadratischen Gleichungen:

$$x^2 - 4x + 3 = 0$$
$$x^2 - 8x + 12 = 0$$
$$x^2 - 12x + 27 = 0$$
$$x^2 - 16x + 48 = 0$$
$$x^2 - 20x + 75 = 0$$

Findest du die nächste Gleichung in dieser Reihe? Errate die Lösungen und prüfe dein Ergebnis durch Rechnung.

11 Die Lösungen sind ganze Zahlen zwischen −10 und 10.

a) $(x + 2)^2 - (x - 3)(2x + 1) = -3$
b) $\frac{x(x-3)}{2} + \frac{3}{2}x = 6 - \frac{x}{2}$
c) $25x - 3(x - 2)^2 = -14(3 - 2x)$
d) $(2x - 1)^2 - 2(x - 3)^2 - x(x + 6) + 2 = 0$

12 Es gibt verschiedene Lösungswege.

a) $\frac{x^2}{9} - \frac{1}{2} = \frac{x}{3} + \frac{3}{2}$ b) $\frac{1}{10}x^2 = 5 + \frac{x}{2}$
c) $\frac{x^2+4}{6} + \frac{4x}{3} = \frac{x}{2}$ d) $\frac{x^2-6}{6} + \frac{1}{3}x = \frac{1}{2}x$

13 Welche der Gleichungen hat zwei Lösungen, eine oder keine Lösung?

a) $3x^2 + 20x + 120 = 12 - 16x$
b) $(x + 3)^2 - 5 = 2(x - 5) + 3x^2$
c) $(x - 1)^2 + x^2 - 2 = (x - 2)(x + 2)$
d) $x(x + 3) + 12 = 12 - (2x + 1)^2$

14 Bestimme die Diskriminante D und gib die Anzahl der Lösungen an.

a) $x^2 - 10x - 11 = 0$ b) $x^2 + 6x + 10 = 0$
c) $x^2 + \frac{6}{7}x + \frac{3}{14} = 0$ d) $9x^2 - 36x + 4 = 0$

15 Bestimme die Werte von a, für die die Gleichung genau eine Lösung hat.

Beispiel: $x^2 + 6x + a = 0$ hat dann genau eine Lösung, wenn die Diskriminante $\left(\frac{6}{2}\right)^2 - a = 0$ ist. Also muss $a = 9$ sein.

a) $x^2 + 4x + 2a = 0$ b) $2x^2 + 2a = 14x$
c) $x^2 - 8x + 5 + a = 0$ d) $x^2 + 2ax + 9 = 0$
e) $x^2 + 6ax - 7a^2 = 0$

? x^2 ☐ ☐ x ☐ ☐ = 0
Belege die kleinen Felder mit Rechenzeichen, die großen Felder mit Zahlen.
Bilde mit den Kärtchen jeweils eine Gleichung, die zwei Lösungen, eine Lösung oder keine Lösung besitzt.

Satz von Vieta

Vieta entdeckte als Erster bei quadratischen Gleichungen $x^2 + px + q = 0$ den Zusammenhang zwischen den Koeffizienten p und q und den Lösungen x_1 und x_2.

■ Löse die Gleichungen und übertrage die Tabelle in dein Heft.

$x^2 - 4x + 3 = 0$ $x^2 - 5x + 4 = 0$
$x^2 - 6x + 5 = 0$ $x^2 - 7x + 6 = 0$

p	q	x_1	x_2	$x_1 + x_2$	$x_1 \cdot x_2$
☐	☐	☐	☐	☐	☐
☐	☐	☐	☐	☐	☐
☐	☐	☐	☐	☐	☐

Vergleiche die Eintragungen in den einzelnen Spalten miteinander.

Der **Satz von Vieta** lautet:
Für die Lösungen x_1 und x_2 der quadratischen Gleichung $x^2 + px + q = 0$ gilt:
$x_1 + x_2 = -p$ und $x_1 \cdot x_2 = q$.

Man kann den Satz auch zur Überprüfung von Lösungen verwenden:
Die Gleichung $x^2 - 5x - 84 = 0$ hat die Lösungen $x_1 = 12$ und $x_2 = -7$.
Der Satz von Vieta ergibt:
$12 + (-7) = 5 = -p$ und
$12 \cdot (-7) = -84 = q$.

■ Überprüfe den Satz an den Lösungen der Gleichungen.
$x^2 - 2x - 35 = 0$ $x^2 + 2x - 80 = 0$

Mit etwas Geschick kannst du mit dem Satz von Vieta ganzzahlige Lösungen der Gleichungen finden ohne zu rechnen. Beachte beim Lösen durch Probieren die Teilermenge von q.

■ Löse die quadratischen Gleichungen mit dem Satz von Vieta.
$x^2 - 4x + 3 = 0$ $x^2 + 10x + 16 = 0$
$x^2 - 4x + 4 = 0$ $x^2 - 6x + 8 = 0$

François Viète (1540 bis 1603)

*Der Franzose **François Viète** (lat. **Vieta**) war einer der Begründer der heutigen Algebra. So lässt sich das Rechnen mit Buchstaben zur Bezeichnung vorhandener und gesuchter Zahlen hauptsächlich auf ihn zurückführen. Dabei betrieb er Mathematik nur als Hobby.*

8 Schnittpunkte

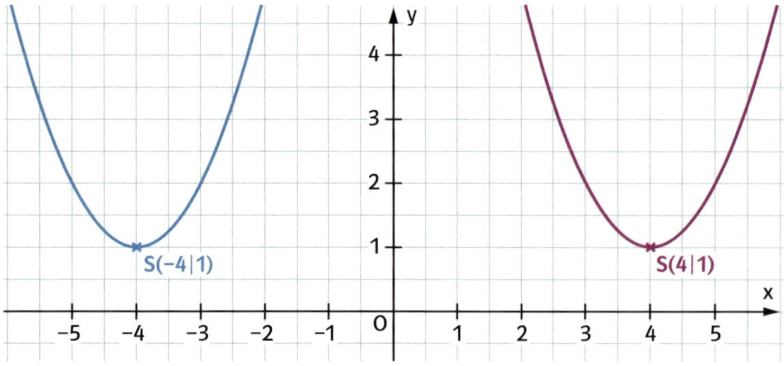

Arthur und Nina sind sich uneins, ob sich die beiden Parabeln schneiden. Arthur meint sogar, er könne den Schnittpunkt im Kopf bestimmen.

➔ Was meinst du?

➔ Haben die verschobenen Normalparabeln mit den Scheitelpunkten $S_1(-36|0)$ und $S_2(36|0)$ einen Schnittpunkt? Vielleicht hilft dir der Taschenrechner.

➔ Bettina findet viele Paare von Parabeln, die sich nicht schneiden.

Will man Schnittpunkte von zwei Graphen rechnerisch ermitteln, setzt man die beiden Funktionsterme gleich.

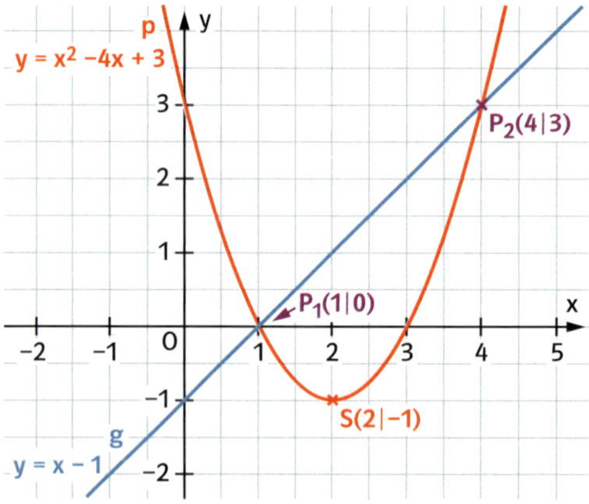

g: $y = x - 1$

p: $y = x^2 - 4x + 3$

Durch Gleichsetzen erhält man:

$x - 1 = x^2 - 4x + 3 \quad | - x + 1$

$x^2 - 5x + 4 = 0$

$x_{1,2} = 2{,}5 \pm \sqrt{(2{,}5)^2 - 4}$

$x_1 = 2{,}5 - 1{,}5 = 1$

$x_2 = 2{,}5 + 1{,}5 = 4$

Durch Einsetzen ergibt sich:

$y_1 = 1 - 1 = 0$; $y_2 = 4 - 1 = 3$

Die Schnittpunkte sind: $P_1(1|0)$ und $P_2(4|3)$.

Zur Bestimmung der **Schnittpunkte** einer Parabel und einer Geraden oder von zwei Parabeln setzt man die Funktionsterme gleich.

Beispiel

Gesucht sind Schnittpunkte von zwei Parabeln.

p_1: $y = x^2 + 2x - 1$

p_2: $y = x^2 - 4x + 5$

Durch Gleichsetzen erhält man:

$x^2 + 2x - 1 = x^2 - 4x + 5 \quad | - x^2 + 4x$

$6x - 1 = 5 \quad | + 1$

$6x = 6$

$x = 1$

Für $x = 1$ ergibt sich:

$y = 1^2 + 2 \cdot 1 - 1$

$y = 2$

Der einzige Schnittpunkt der beiden Parabeln ist $P(1|2)$.

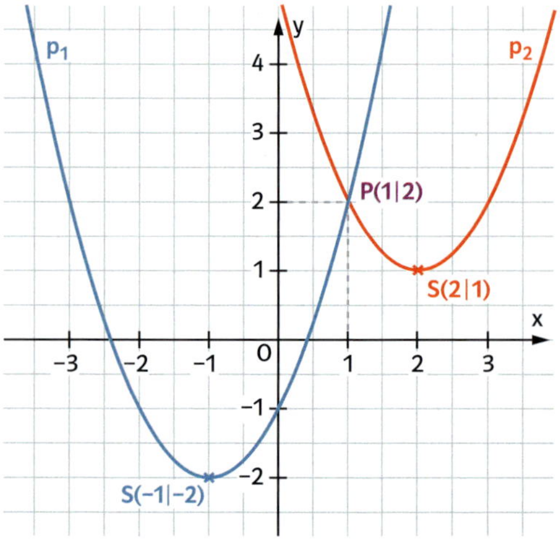

Aufgaben

1 Bestimme die gemeinsamen Punkte der Parabeln. Die Parabelschablone hilft.

a) $y = x^2$ $\quad$ $y = (x - 1)^2$
b) $y = x^2 + 1$ $\quad$ $y = (x - 2)^2$
c) $y = x^2 + 2$ $\quad$ $y = (x - 3)^2$
d) $y = x^2 - 1$ $\quad$ $y = (x + 1)^2$

2 Berechne die gemeinsamen Punkte der Parabeln. Überprüfe das Ergebnis anschließend zeichnerisch.

a) $y = (x + 3)^2 + 1$ $\quad$ $y = x^2 + 2$
b) $y = (x - 1)^2 + 3$ $\quad$ $y = x^2 + 1$
c) $y = (x - 2)^2 - 10$ $\quad$ $y = (x + 3)^2 + 11$
d) $y = x^2 - 4x - 4$ $\quad$ $y = x^2 - x + 8$

3 Wie viele gemeinsame Punkte besitzen die Parabeln? Löse im Kopf.

a) $y = x^2$ $\quad$ $y = x^2 + 1$
b) $y = 2x^2$ $\quad$ $y = -x^2$
c) $y = x^2 + 2$ $\quad$ $y = -x^2 + 3$
d) $y = (x + 1)^2$ $\quad$ $y = (x - 1)^2$

4 Wie viele Schnittpunkte kann es beim Schnitt der Normalparabel mit einer beliebigen Geraden geben?
Gib die Geradengleichung zu deiner Lösung an.

5 Berechne die Schnittpunkte von Parabel p und Gerade g.

a) p: $y = x^2 - 5$ $\quad$ g: $y = 2x + 3$
b) p: $y = (x - 3)^2$ $\quad$ g: $y = -2x + 6$
c) p: $y = (x + 2)^2$ $\quad$ g: $y = x + 4$
d) p: $y = -(x - 1)^2 + 3$ $\quad$ g: $y = 0{,}5x - 0{,}5$

6 Verschiebe zwei Normalparabeln im Koordinatensystem so, dass sich ein Schnittpunkt oder kein Schnittpunkt ergibt. Gib dazu die Gleichungen in Scheitelform an.

7 Eine Gerade, die mit einer Parabel nur einen Punkt gemeinsam hat, heißt **Tangente** an der Parabel.
Berechne die Koordinaten des Berührpunktes T und überprüfe durch Zeichnung.

a) g: $y = 2x - 5$ $\quad$ p: $y = (x - 3)^2 + 2$
b) g: $y = -2x - 3$ $\quad$ p: $y = x^2 + 4x + 6$
c) g: $y = -x - 3{,}25$ $\quad$ p: $y = x^2 + 2x - 1$

8 Bestimme die Funktionsgleichungen der Parabeln und berechne ihre Schnittpunkte.

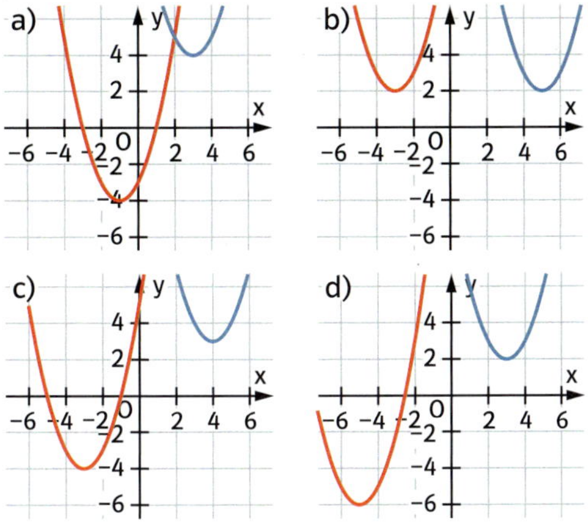

9 Beschreibe zuerst die Lage der Parabeln. Berechne dann ihre Schnittpunkte.

a) p_1: $y = 1{,}01x^2$ $\quad$ p_2: $y = x^2 + 100$
b) p_1: $y = 0{,}99x^2$ $\quad$ p_2: $y = 1{,}01x^2 - 2$
c) p_1: $y = \frac{1}{100}x^2 + 100$ $\quad$ p_2: $y = \frac{1}{50}x^2$
d) p_1: $y = -\frac{1}{1000}x^2 + 80$ $\quad$ p_2: $y = -\frac{1}{2000}x^2$

DGS III

Mit dem Computer lassen sich die Schnittpunkte von Parabeln und Geraden bestimmen.

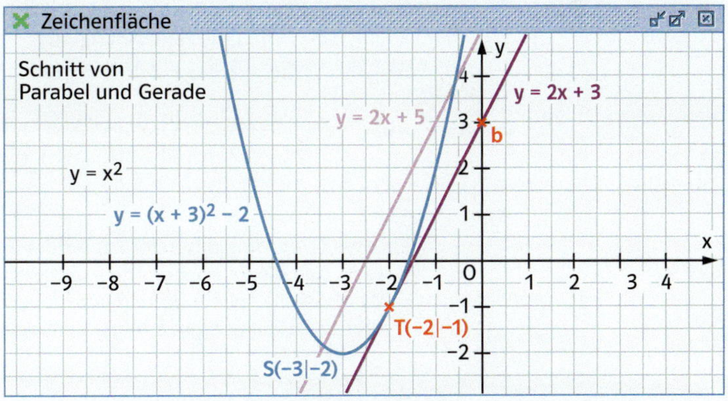

- Durch Ziehen am Schnittpunkt der Geraden mit der y-Achse lässt sich die Gerade parallel verschieben.
- Experimentiere mit der Geraden so, dass es zwei Schnittpunkte, keinen oder genau einen Schnittpunkt gibt. Prüfe deine Ergebnisse rechnerisch nach.

9 Modellieren

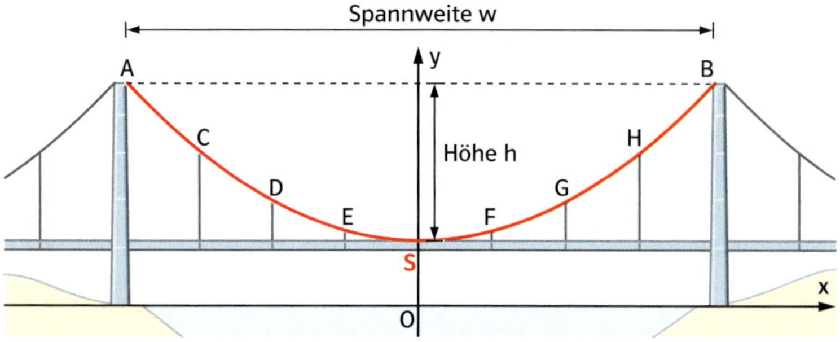

An Brücken findet man oft Bögen, die die Form von Parabeln haben. Eine solche Hängebrücke soll gebaut werden.
Die Stützpfeiler A und B sollen 100 m hoch werden, die Spannweite der Brücke soll 1200 m betragen.
Sechs Halteseile werden in gleichmäßigen Abständen befestigt.
→ Wie lange müssen die einzelnen Halteseile sein?

Mithilfe von quadratischen Funktionen kann man den Verlauf eines Brückenbogens oder einer Wurfparabel recht genau beschreiben und auch berechnen. Dazu braucht man Daten wie z. B. die Spannweite des Bogens oder die Höhe des Bogens vom Scheitel aus gemessen.
Es wird geprüft, ob ein Schwertransporter mit einer Überbreite von 10 m und einer Höhe von 4,80 m unter einer Brücke mit den gegebenen Maßen durchfahren kann.

Übersetzen

Reale Welt

Realsituation

Der Brückenbogen hat eine Spannweite von 24 m und eine Höhe von 6 m. Passt der Schwertransport unter der Brücke durch?

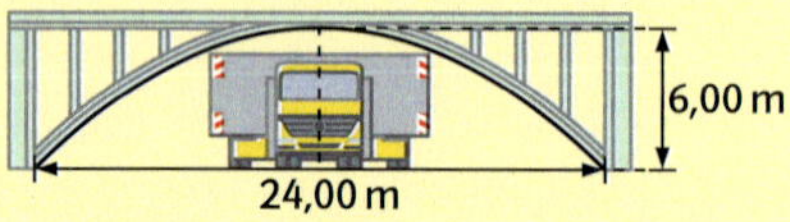

Mathematik

Mathematisches Modell

Mithilfe der Parabelgleichung $y = ax^2 + c$ wird für $x = 12$; $y = 0$ und $c = 6$ der Faktor a berechnet: $0 = a \cdot 12^2 + 6$

$a = \frac{-6}{144} = \frac{-1}{24}$

Die Parabelgleichung für den Brückenbogen lautet: $y = -\frac{1}{24}x^2 + 6$

Lösen

Mathematische Ergebnisse

Der Schwertransporter braucht von der Straßenmitte aus 5 m Breite nach beiden Seiten. Durch Einsetzen von $x = 5$ in die Parabelgleichung erhält man die Höhe des Brückenbogens.

$y = -\frac{1}{24} \cdot 5^2 + 6 = 4{,}96$

Interpretieren

Reale Ergebnisse

Die Höhe des Brückenbogens über dem Rand der Ladung ist 4,96 m. Zwischen Ladung und Brückenbogen verbleibt also ein Abstand von 0,16 m.

Bewerten

Für eine **Bewertung** muss der Fahrer des Transporters weitere Überlegungen anstellen:
- Lässt sich die Fahrbahnmitte exakt einhalten?
- Welche Rolle spielt der Reifendruck bzw. die Federung?
- Gibt es Befestigungen am Brückenbogen? …

Das **mathematische Modellieren** läuft in Stufen ab.
1. **Übersetzen** der Realsituation in ein mathematisches Modell
2. **Lösen:** Ermitteln der mathematischen Ergebnisse
3. **Interpretieren** der Lösung in der Realsituation
4. **Bewerten** des realen Ergebnisses.

Beispiel

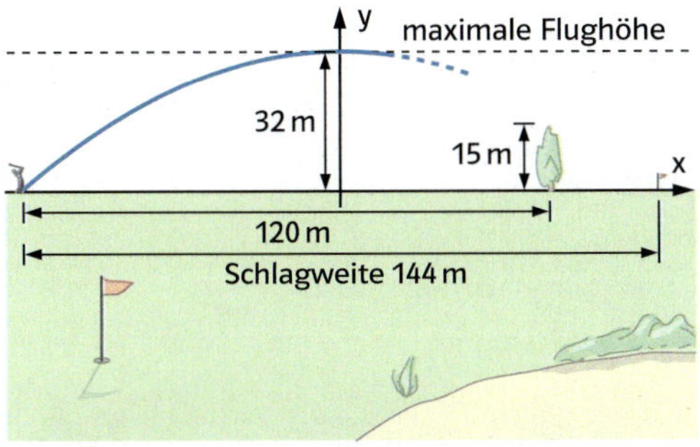

1. Realsituation:
Gelingt es der Golferin, das Hindernis „Baum" in 120 m Entfernung zu überspielen?

2. Mathematisches Modell
Die Flugkurve eines Golfballs lässt sich mit einer Parabel modellieren. Hier ist es günstig, den Ursprung des Koordinatensystems auf Höhe 0 m senkrecht unterhalb des Scheitels zu legen.
Allgemeine Parabelgleichung: $y = -a \cdot x^2 + c$
Durch Einsetzen der Zahlenwerte erhält man:

$0 = -a \cdot 72^2 + 32$

$a = \frac{32}{72^2} = \frac{1}{162}$

$y = -\frac{1}{162}x^2 + 32$

3. Mathematisches Ergebnis

$y_B = -\frac{1}{162} \cdot 48^2 + 32 = 17{,}8$

4. Reales Ergebnis
Im Idealfall fliegt der Ball etwa 2,8 m über den Baumwipfel hinweg.

Aufgaben

1 Die Hauptkabel von Hängebrücken beschreiben einen annähernd parabelförmigen Bogen.
Mit w ist die Spannweite, mit h die Bogenhöhe bezeichnet.

Bestimme die Funktionsgleichung $y = a x^2$ für die Brooklyn Bridge in New York:
$w = 486\,m$; $h = 88\,m$

2 Überprüfe anhand der Daten, ob der links abgebildete Brückenbogen die Form einer Parabel hat.
Wie lautet dann die Funktionsgleichung?

3 Der Bogen der Müngstener Brücke lässt sich durch eine Parabel mit der Gleichung $y = -\frac{1}{90}x^2$ beschreiben. Die Spannweite beträgt 158 m, die Bogenhöhe 69 m.
Passen diese Daten zusammen?

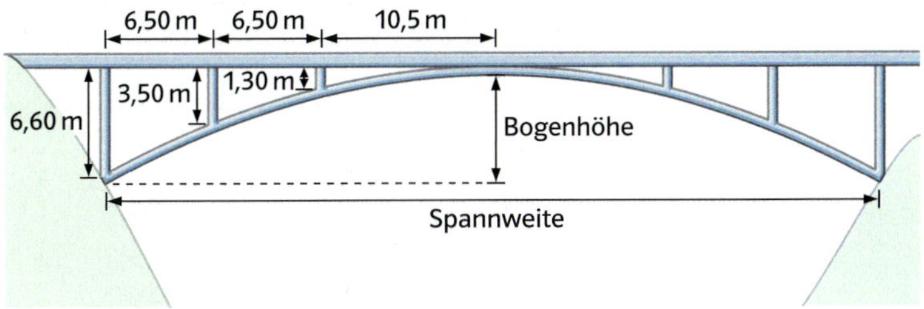

DGS IV

Mit dem Computer lassen sich Flugkurven von Skifahrern mit einer Parabel modellieren. Den Ursprung des Koordinatensystems legt man in den Scheitel der Kurve.

- Vergleiche die Flugbahn des Skifahrers mit dem Parabelbogen.
- Kannst du Abweichungen der Parabelkurve erklären?
- Suche ähnliche Sportbilder und hinterlege sie mit einer Parabel.

Erkläre deine Ergebnisse.

4 Bei einem Freistoß fliegt ein Fußball – horizontal gemessen – 50 m weit. Der höchste Punkt seiner parabelförmigen Flugbahn liegt 5 m hoch.
a) Skizziere die Flugbahn in einem Koordinatensystem.
b) Wähle den Ursprung des Koordinatensystems geschickt. Bestimme die Koordinaten des Scheitels und die Parabelgleichung.

5 Die Flugbahn des Fußballs bei einem Schuss lässt sich beschreiben mit
$y = -\frac{1}{160}x^2 + 4$ (x und y in m).
a) Wie hoch ist der Ball nach einem Meter Flug horizontal gerechnet?
b) Für welchen x-Wert hat der Ball die Höhe von 2 m?
c) Für welchen x-Wert erreicht der Ball seine größte Höhe?
d) Ein 1,90 m großer Gegenspieler steht 10 m entfernt. Kann er den Ball abwehren?

! *Der Körperschwerpunkt eines Menschen liegt etwa auf Hüfthöhe.*

6 Der Körperschwerpunkt eines Hochspringers beschreibt annähernd eine parabelförmige Flugbahn mit der Gleichung
$y = -0{,}18x^2 + 2{,}4$ (x und y in m).
a) Welche Sprunghöhe kann der Hochspringer erreichen?
b) In welcher Entfernung zur Sprunglatte sollte der Hochspringer abspringen?

7 Die Flugkurve eines Golfballs gleicht einer Parabel mit der Gleichung
$y = -\frac{1}{400}x^2 + 25$ (x und y in m).
a) Wie weit kann der Ball, horizontal gemessen, höchstens fliegen?
b) Für welchen x-Wert erreicht der Ball den höchsten Punkt der Flugbahn?

8 Bob Beamons Weitsprungweltrekord von 8,90 m, den er bei der Olympiade 1968 in Mexiko-City aufstellte, ging als „Sprung ins nächste Jahrhundert" in die Sportgeschichte ein.
Die Flugbahn seines Körperschwerpunktes lässt sich annähernd durch eine Parabel mit der Gleichung
$y = -\frac{2}{35}x^2 + 1{,}8$ (x und y in m)
beschreiben.
a) Bei welcher horizontal gemessenen Entfernung lag der Körperschwerpunkt 1,50 m hoch?
b) Welche Höhe hatte sein Körperschwerpunkt bei der Hälfte der Sprungweite?
c) Wäre beim Rekordsprung ein Pkw übersprungen worden?
d) Vergleiche die Flugbahn des Rekordsprungs mit der Flugbahn eines Flohs
$y = -5x^2 + 0{,}3$.
e) Versuche aus der Funktionsgleichung auf die Sprungweite zu kommen.

Zusammenfassung

Normalparabel

Der Graph der einfachsten quadratischen Funktion $y = x^2$ ist die **Normalparabel**. Sie ist achsensymmetrisch zur y-Achse und ihr **Scheitel** liegt im Ursprung.

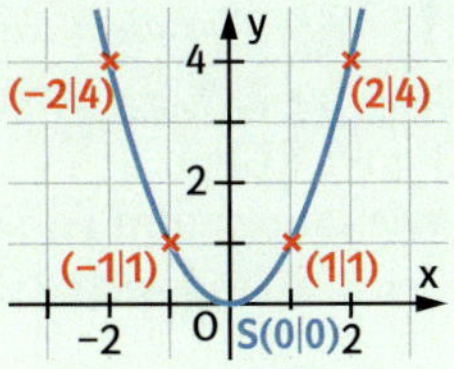

quadratische Funktionsgleichung $y = ax^2 + c$

Der Graph der Funktion $y = ax^2 + c$ ist eine nach oben oder unten geöffnete Parabel, die schmaler oder breiter als die Normalparabel sein kann. Sie ist um c in y-Richtung verschoben, mit Scheitel $S(0|c)$.

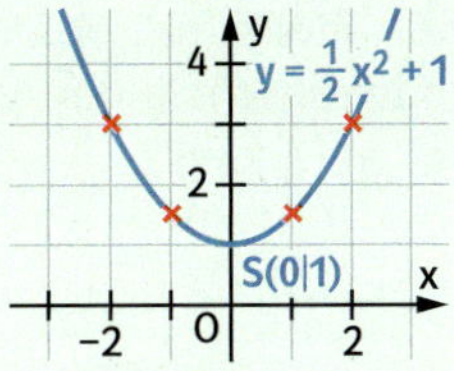

$0 < a < 1$: breiter
$a > 1$: schmaler als die Normalparabel

quadratische Funktionsgleichung in der Scheitelform $y = (x - d)^2 + c$

Der Graph der Funktion $y = (x - d)^2 + c$ ist eine um d in x-Richtung und um c in y-Richtung **verschobene Normalparabel**. Ihr **Scheitel** ist **S(d|c)**. Durch **quadratisches Ergänzen** kann die Parabelgleichung in die Scheitelform umgeformt werden.

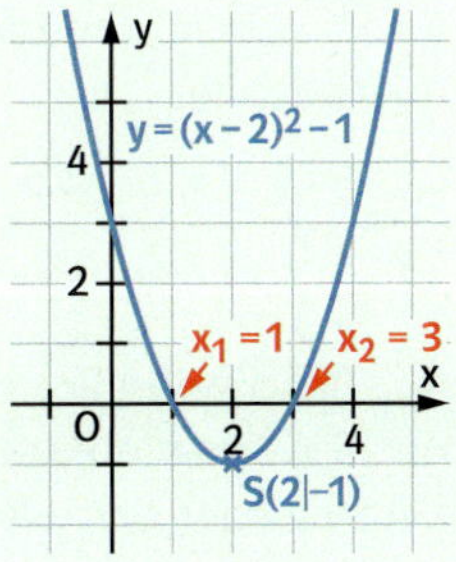

$y = x^2 - 4x + 3$
$y = x^2 - 4x + \left(\frac{4}{2}\right)^2 + 3 - \left(\frac{4}{2}\right)^2$
$y = (x - 2)^2 - 1$
$S(2|-1)$

Nullstellen einer quadratischen Funktion

An den Schnittstellen des Graphen mit der x-Achse ist der Funktionswert y gleich null. Den x-Wert des Schnittpunktes mit der x-Achse nennt man **Nullstelle**.

rein quadratische Gleichungen

Rein quadratische Gleichungen löst man, indem man die Gleichung nach x^2 auflöst und auf beiden Seiten die Wurzel zieht. Bei positivem Radikanden gibt es zwei Lösungen, ist er gleich null, genau eine Lösung. Bei negativem Radikanden gibt es keine Lösung.

$7x^2 - 13 = 15 \quad | +13$
$7x^2 = 28 \quad | :7$
$x^2 = 4 \quad | \sqrt{\ }$
$x_{1,2} = \pm\sqrt{4}$
$x_1 = -2;\ x_2 = +2$

gemischt quadratische Gleichungen

Gemischt quadratische Gleichungen der Form $x^2 + px + q = 0$ löst man, indem man den Term $x^2 + px$ **quadratisch ergänzt**.

$x^2 + 6x = -5 \quad | +3^2$
$x^2 + 6x + 9 = 4$
$(x + 3)^2 = 4 \quad | \sqrt{\ }$
$x_{1,2} + 3 = \pm\sqrt{4}$
$x_1 = -5 \qquad x_2 = -1$

Lösungsformel

Die Lösung der Gleichung $x^2 + px + q = 0$ kann auch mit der Lösungsformel bestimmt werden:

$$x_{1,2} = -\frac{p}{2} \pm \sqrt{\left(\frac{p}{2}\right)^2 - q}$$

$x^2 + 4x - 21 = 0$ hat $p = 4$ und $q = -21$
$x_{1,2} = -\frac{4}{2} \pm \sqrt{\left(\frac{4}{2}\right)^2 + 21}$
$x_{1,2} = -2 \pm \sqrt{4 + 21}$
$x_{1,2} = -2 \pm 5$, also $x_1 = 3;\ x_2 = -7$

Schnittpunkte der Graphen von Funktionen

Um die Koordinaten der Schnittpunkte zweier Parabeln oder von Parabel und Gerade zu berechnen, setzt man die Funktionsterme gleich.

p_1: $y = x^2 + 6x + 4$ und p_2: $y = x^2 + 2x + 10$
$x^2 + 6x + 4 = x^2 + 2x + 10 \quad | -x^2 - 2x - 4$
$4x = 6 \quad | :4$
$x = 1{,}5$
x einsetzen: $y = 15{,}25 \qquad P(1{,}5|15{,}25)$

Üben • Anwenden • Nachdenken

zu Aufgaben 6:

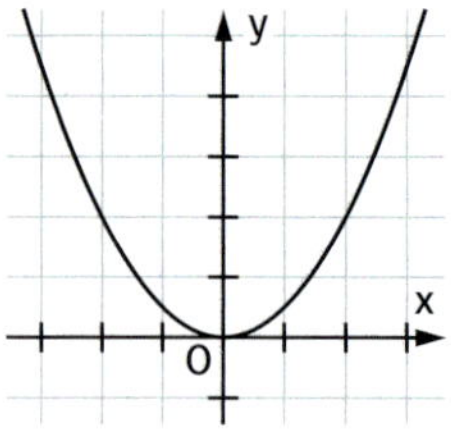

1 Vier Geraden mit den Steigungen $m = 1; -2; \frac{3}{4}; -\frac{1}{2}$ gehen alle durch den Punkt P(2|3).
Wie lauten ihre Funktionsgleichungen? Zeichne und rechne.

2 Stelle fest, ob der Punkt auf, unterhalb oder oberhalb der Normalparabel liegt.
a) A(17|289) b) B(−4|−16)
c) C(4,5|20) d) D(−3,5|12,25)
e) E(1,1|1,2) f) F(0,2|0,4)

3 Ergänze die Wertetabelle der Funktion $y = x^2$ durch gerundete Werte. Zeichne oder rechne.

x	1,5	+□	4,6	−□	0,7	+□	−□
y	□	5,2	□	3,9	□	11,2	13,5

4 Beschreibe Form und Lage der Parabel. Spiegle die Parabel dann an der x-Achse bzw. der y-Achse und gib die veränderte Parabelgleichung an.
a) $y = x^2 - 2,5$
b) $y = 0,5x^2 - 1,5$
c) $y = (x + 2,5)^2$
d) $y = (x + 2)^2 + 1$
e) $y = (x - 3)^2 + 3$
f) $y = (x - 4,5)^2$

5 Dieselben Parabeln, aber unterschiedliche Gleichungen. Beachte die Wahl der Einheiten.

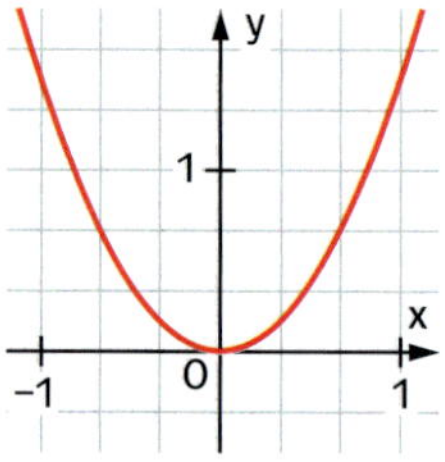

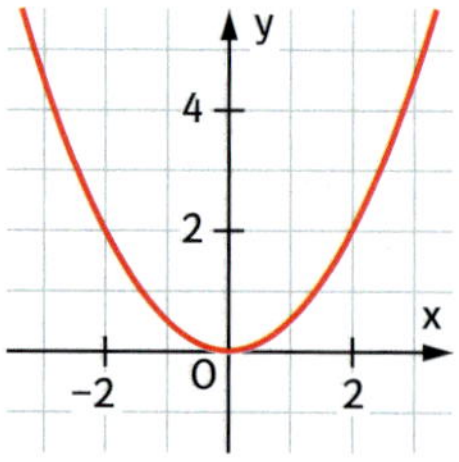

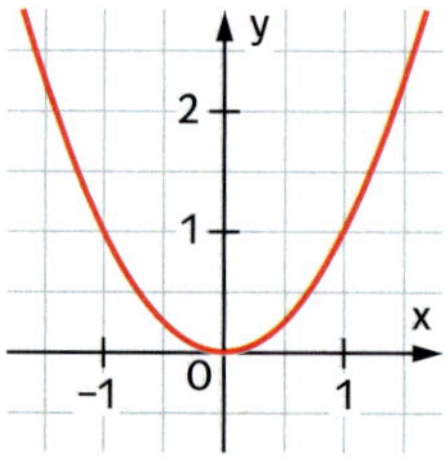

6 Wähle die Einheiten auf den Koordinatenachsen so, dass die Parabel auf dem Rand zur Funktionsgleichung gehört.
a) $y = x^2$ b) $y = \frac{1}{2}x^2$ c) $y = 4x^2$

7 Berechne die fehlenden Koordinaten.
a) $y = x^2 + 3$ P(0|□) $Q_{1,2}$(□|7)
b) $y = 0,5x^2$ P(0|□) $Q_{1,2}$(□|4,5)
c) $y = 2x^2 - 4$ P(0|□) $Q_{1,2}$(□|14)
d) $y = -3x^2 + 2$ P(0|□) $Q_{1,2}$(□|−9)

8 Beschreibe Form und Lage der Parabel. Schneidet sie die x-Achse?
a) $y = (x + 2)^2 + 1$ b) $y = (x - 3)^2 + 3$
c) $y = -x^2 - 2,5$ d) $y = (x + 2,5)^2$

9 Wandle in die Scheitelform um und zeichne.
a) $y = x^2 + 2x - 5$
b) $y = x^2 - 4x + 7$
c) $y = x^2 - 5x + 2,25$
d) $y = x^2 + 5x + 4,75$
e) $y = x^2 - x + 5,75$
f) $y = (x + 1,5)(x - 4)$

10 Lies die Nullstellen der Parabeln ab.

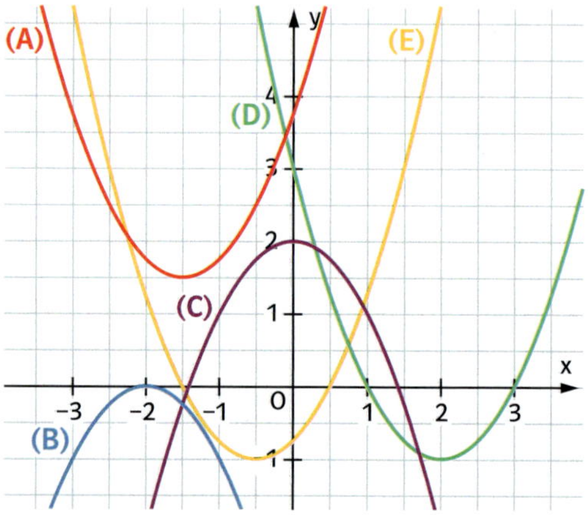

11 Berechne die Schnittpunkte der zugehörigen Parabel mit der x-Achse und der y-Achse.
a) $y = x^2 - 1$ b) $y = -x^2 + 4$
c) $y = (x - 2)^2$ d) $y = 0,5x^2 - 2$
e) $y = x^2 - 8x + 16$ f) $y = x^2 + 5x + 6,25$

12 a) Die Funktion mit der Gleichung $y = x^2 + 2x + q$ hat je nach Wahl des Wertes von q genau eine Nullstelle, zwei Nullstellen oder keine Nullstelle.
Bestimme passende Werte von q.
b) Die Funktion mit der Gleichung $y = x^2 + px + 4$ hat je nach Wahl des Wertes von p genau eine Nullstelle, zwei Nullstellen oder keine Nullstelle.
Bestimme passende Werte von p.

13 Gib drei verschiedene Funktionsgleichungen von Parabeln an, die
a) bei $x = 2$ ihre einzige Nullstelle haben.
b) die beiden Nullstellen $x_1 = -5$ und $x_2 = 1$ haben.

14 Gegeben sind die Nullstellen einer verschobenen Normalparabel. Bestimme ihre Funktionsgleichung in der Scheitelform.

Beispiel: $x_1 = 2;\ x_2 = 5$

Wegen der Symmetrie der Normalparabel ist die x-Koordinate des Scheitels 3,5.
Aus $(x_1 - 3{,}5)^2 + c = 0$ erhält man dann c.

a) $x_1 = 0$, $x_2 = 3$ b) $x_1 = -6$, $x_2 = -2$ c) $x_1 = -3$, $x_2 = 2$

15 Gegeben sind ein Punkt auf der Parabel und die unvollständige Parabelgleichung.
(1) $P(-1|7{,}5)$ $y = x^2 + px + 2{,}5$
(2) $P(-5|33)$ $y = x^2 + px - 2$
(3) $P(-2|2)$ $y = x^2 + 3x + q$
(4) $P(4|-10{,}25)$ $y = x^2 - 5x + q$
a) Bestimme den Scheitelpunkt der Parabel.
b) Berechne die Entfernung zwischen dem Punkt P und dem Scheitel S.
c) Gib die Gleichung der Geraden durch S und P an.

16 Ergeben sich beim Schnitt der Geraden mit der Parabel zwei Schnittpunkte, ein Schnittpunkt oder kein Schnittpunkt? Überprüfe durch Zeichnung und Rechnung.

	Parabel	Gerade
a)	$y = (x + 2)^2 - 4$	$y = 2x + 3$
b)	$y = (x - 5)^2 + 3$	$y = -0{,}5x - 2$
c)	$y = x^2 - 6x + 5$	$y = -x + 5$
d)	$y = x^2 - 7x + 9{,}75$	$y = -2x + 7{,}5$

17 Gib die Gleichungen der Parabeln (A) bis (D) an. Berechne die Schnittpunkte der Parabel (B) mit der x-Achse.

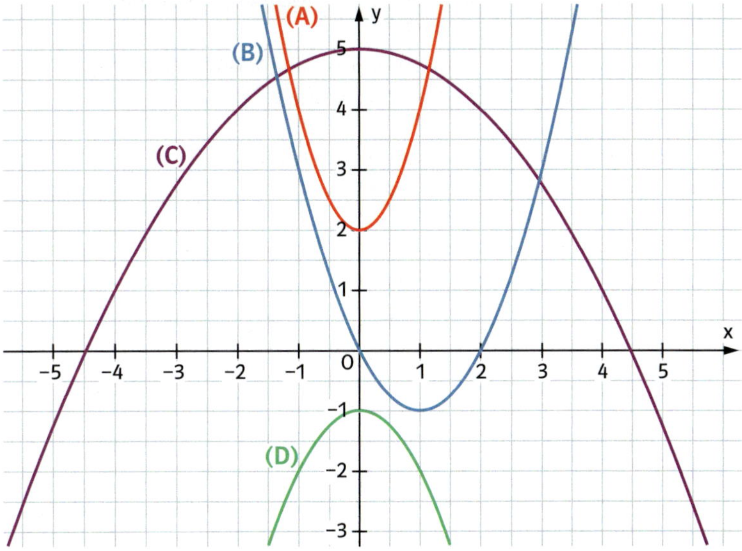

18 Eine Parabel hat die Funktionsgleichung $y = x^2 + 3x - 1{,}25$.
Die Gerade g hat die Gleichung $y = -x + 1$.
a) Ermittle die Koordinaten der Schnittpunkte von Parabel und Gerade.
b) Eine weitere Gerade h geht durch die beiden Schnittpunkte von Parabel und Gerade g. Wie heißt die Funktionsgleichung dieser zweiten Gerade?
c) Berechne die Entfernung der beiden Schnittpunkte.

19 Bestimme zuerst die Gleichungen der Parabeln. Berechne alle Schnittpunkte der vier Parabeln.

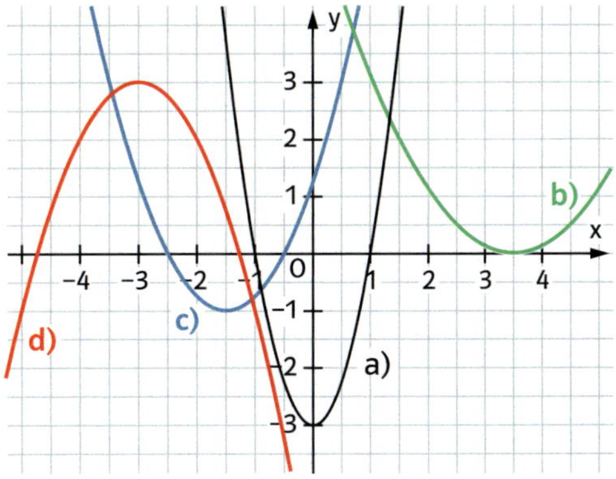

20 Eine verschobene Normalparabel wird von einer Geraden in den Punkten $P_1(1|3)$ und $P_2(6|8)$ geschnitten.
a) Wie heißen Geraden- und Parabelgleichung?
b) Berechne den Umfang und den Flächeninhalt des Dreiecks OP_1P_2.

21 Die Punkte $P(7|6)$ und $Q(-2|24)$ liegen auf einer nach oben geöffneten verschobenen Normalparabel.
a) Berechne die Koordinaten des Scheitels.
b) Welche Steigung besitzt die Gerade durch den Ursprung und den Scheitel?

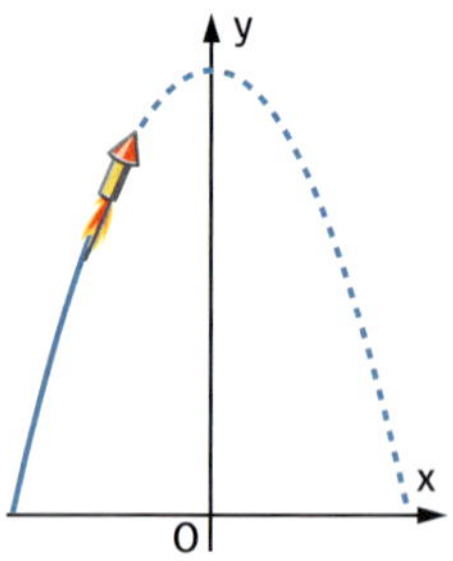

22 Eine Feuerwerksrakete bewegt sich auf einer annähernd parabelförmigen Flugkurve. Dabei fliegt sie 52 m hoch und – horizontal gemessen – 30 m weit.
a) Mit welcher Funktionsgleichung lässt sich die Flugkurve beschreiben?
b) Nach welcher horizontal zurückgelegten Strecke erreicht die Rakete eine Höhe von 30 m?

23 Ein Speerflug kann näherungsweise mit der Parabelgleichung
$y = -0{,}013x^2 + 15{,}93$ (x und y in m)
beschrieben werden.
Was kannst du daraus über die Höhe und die horizontale Flugstrecke des Speeres schließen?

24 Betrachte folgende Parabelgleichungen:

$y = x^2 - 2x - 1$	$y = (x - 1)^2 - 2$
$y = x^2 - 2x$	$y = (x - 1)^2 - 1$
$y = x^2 - 2x + 1$	$y = (x - 1)^2$
$y = x^2 - 2x + 2$	$y = (x - 1)^2 + 1$

Überlege zunächst ohne zu rechnen, wie viele Nullstellen jede Parabel hat. Vergleiche deine Vermutungen für die rechte und linke Seite.
Überprüfe durch eine Zeichnung. Bist du vom Ergebnis überrascht?

25 Wandle in ein Binom um.
a) $(x + 3)^2$ b) $(y - 4)^2$
c) $(c - 8)^2$ d) $(x + \frac{3}{2})^2$
e) $(0{,}5 - y)^2$ f) $(x - \frac{b}{2})^2$

26 Forme mithilfe der quadratischen Ergänzung um.
a) $x^2 + 4x + 8$ b) $x^2 + 4x - 8$
c) $x^2 - 10x + 20$ d) $a^2 - 2a + 10$
e) $y^2 + 3y + 6$ f) $35 - 10c + c^2$
g) $z^2 + 8z$ h) $x^2 - 18x$

27 Berechne die Nullstellen der Gleichung.
a) $-x^2 + 5x + 5 = 20$ b) $x^2 + 5x - 5 = -20$
c) $3x^2 - 18x + 7 = 7$ d) $2x^2 + 6x + 2 = 5{,}5$
e) $2x^2 - 16x + 29 = -3$ f) $x^2 - 2x + 2 = 0$

28 Forme die Gleichung um und berechne die Nullstellen. Denke auch an die quadratische Ergänzung.
a) $x^2 + 6x + 8 = 0$ b) $x^2 - 12x + 35 = 0$
c) $s^2 - 7s + 12 = 0$ d) $a^2 - a = 2$
e) $-v^2 + 6v = 0$ f) $y^2 + 34y = -289$
g) $\frac{z^2}{4} - 8{,}5z = \frac{289}{4}$ h) $x^2 - 8x = -32$

29 Bei diesen Aufgaben musst du besonders aufmerksam sein. Achte auf die Reihenfolge.
a) $12 + 4x = x^2$ b) $7x = -24 - \frac{x^2}{2}$
c) $3 = 2x - x^2$ d) $0 = 4 + x(x - 8)$

30 Stelle quadratische Gleichungen zusammen, die jeweils genau eine Lösung haben.

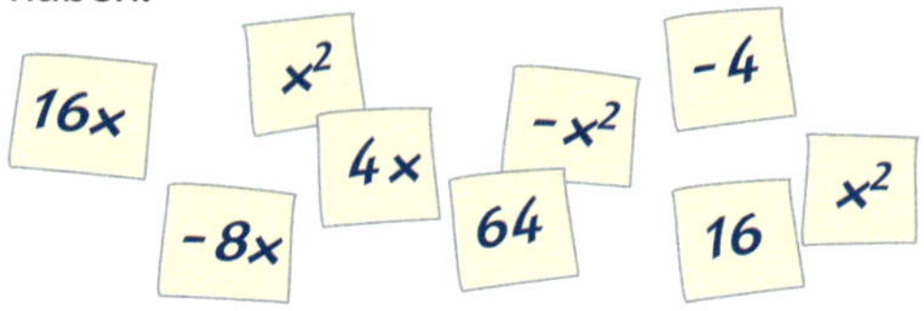

31 a) Die Summe einer natürlichen Zahl und ihrer Quadratzahl beträgt 650.
b) Das Produkt zweier aufeinander folgender ganzer Zahlen ist 240.

32 Multipliziert man zwei aufeinander folgende gerade Zahlen, so erhält man 168.

33 Verringert man eine Zahl um 5 und multipliziert das Ergebnis mit der um 2 vergrößerten Zahl, erhält man 408.

34 Zwei Zahlen unterscheiden sich um 10. Die Summe ihrer Quadrate beträgt 850.

35 Die Lösungen findest du unter den Zahlen $-4; -3; -2; -1; 0; 1; 2; 3; 4$.
a) $2(x^2 - 7x + 4) = 2x(x + 1) - 8$
b) $(2x + 2)(x - 1) - (x + 1)^2 = -(x + 1)$
c) $8x - (2x - 1)^2 + (x - 3)^2 = 4x - 2x^2$

36 Wie viele Lösungen hat die Gleichung? Gib die Lösungsmenge an.
a) $2x(x + 3) - (x + 1)(x - 2) + 11 = 1$
b) $7 - x(x - 16) = x^2 - 2(x - 4)^2$
c) $3x^2 - (x + 2)^2 = (2x - 4)^2$
d) $2(x - 3)^2 - 3(x + 1)^2 = 3(5 - 6x)$

37 Subtrahiert man vom Produkt zweier aufeinander folgender natürlicher Zahlen die Zahl 239, so erhält man die Summe der beiden Zahlen.

38 Das Quadrat und das Rechteck haben zusammen einen Flächeninhalt von $200\,m^2$.
a)

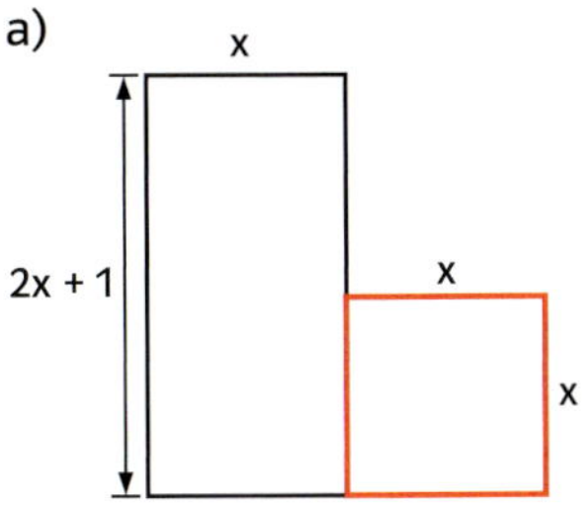

b)

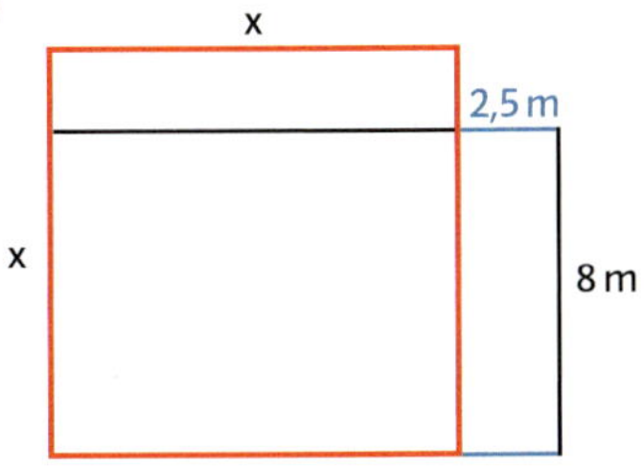

39 Rotes und blaues Rechteck sind flächengleich.

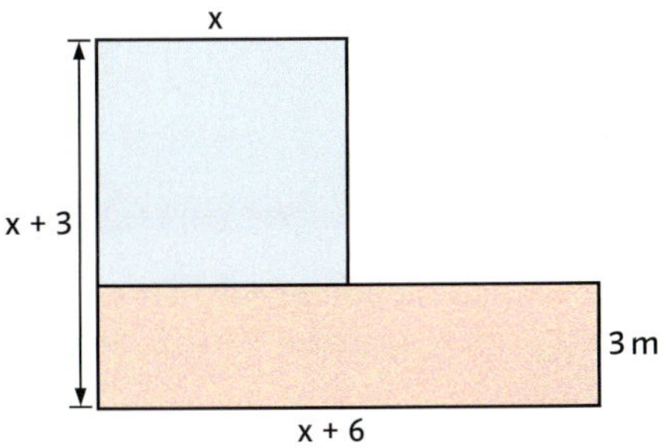

40 Der Flächeninhalt eines Dreiecks beträgt $36\,cm^2$. Die Grundseite ist um 1 cm länger als die Höhe.

41 Ein Quader hat eine Oberfläche von $286\,cm^2$. Die zweitlängste Kante ist 7 cm lang. Ihre Länge unterscheidet sich von der längsten Kante gleich viel wie von der kürzesten.
Berechne das Volumen des Quaders.

42 Der Flächeninhalt des weißen Kreuzes der dänischen Flagge beträgt ein Viertel der Gesamtfläche.
a) Wie breit wird der weiße Streifen bei einer Flaggengröße von 3 m auf 5 m?
b) Bei einer anderen dänischen Flagge mit demselben Längenverhältnis ist der weiße Streifen 1 m breit. Berechne die Maße.

43 Eine mehr als 800 Jahre alte Aufgabe aus Indien:

Von einer Herde Affen sprang das Quadrat ihres 8. Teils in einem Hain herum und ergötzte sich am Spiel. Die übrigen 12 sah man auf einem Hügel vergnügt miteinander scherzen. Wie stark war die Herde?

Bremsen und Bremsweg

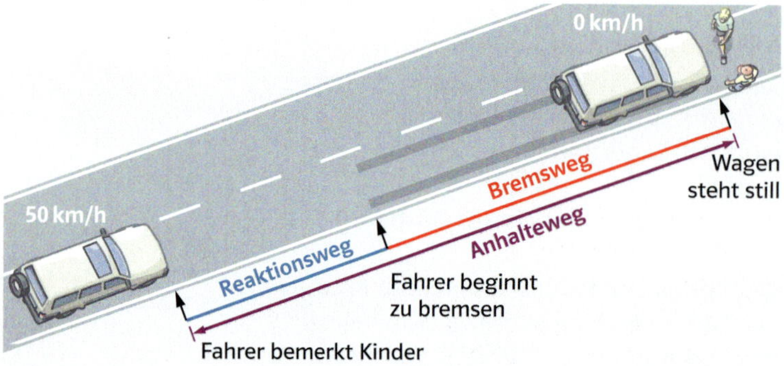

Nach einer wichtigen Grundregel der Straßenverkehrsordnung darf man mit einem Fahrzeug nur so schnell fahren, dass man innerhalb des überschaubaren Weges anhalten kann. Viele Verkehrsunfälle passieren, weil diese Grundregel nicht ernst genommen wird. Vielfach wird unterschätzt, welchen Weg man braucht, um ein Fahrzeug mit der Geschwindigkeit v zum Stillstand zu bringen. Man nennt ihn **Anhalteweg**.

Reaktion	Reaktionszeit in Sekunden
schnell	1,3
normal	1,5
langsam	2,0
unter Alkohol	3,0
normal nach der Rechtsprechung	1,0

Bremsverzögerungen a in $\frac{m}{s^2}$

Pkw	
trockener Asphalt	7,0
nasser Asphalt	5,5
Pflaster trocken	6,0
Pflaster nass	5,0
Neuschnee und Sommerreifen	2,3
Neuschnee und Winterreifen	2,8
Glatteis	1,3
Motorrad	
trockener Asphalt	4,0
Fahrrad	
trockener Asphalt	3,0
Lkw, beladen	
trockener Asphalt	3,5

Zum Umrechnen

$1\frac{km}{h} = 0{,}28\frac{m}{s}$

$1\frac{m}{s} = 3{,}6\frac{km}{h}$

Während der Reaktionszeit t_R des Fahrers fährt das Fahrzeug noch ungebremst weiter:
Reaktionsweg: $s_R = v \cdot t_R$

Anhalteweg = Reaktionsweg + Bremsweg

Der **Bremsweg** s_B lässt sich berechnen mit der Formel

$$s_B = \frac{v^2}{2 \cdot a}$$

(v in $\frac{m}{s}$; a Bremsverzögerung in $\frac{m}{s^2}$).
In der Fahrschule lernt man eine **Faustformel**, mit der leichter zu rechnen ist:

$$s_B = \left(\frac{v}{10}\right)^2 \text{ (v in km/h; s in m).}$$

- Vergleiche die Ergebnisse der beiden Formeln für eine Fahrt auf trockenem und auf nassem Asphalt mit 50; 60; 100 und 120 $\frac{km}{h}$.
- Überlege, wie sich der Bremsweg bei verdoppelter Geschwindigkeit verändert. Kannst du das Ergebnis begründen?

Verkehrssachverständige können mithilfe der Bremswegformel aus der Länge des Bremsweges auf die gefahrene Geschwindigkeit schließen.

- Ein Pkw ist auf trockenem Asphalt nach 80 m zum Stehen gekommen. Ein anderer Pkw brauchte ebenfalls 80 m bis zum Stillstand, allerdings bei nasser Fahrbahn.
- Wie groß ist die Bremsverzögerung eines beladenen Lkw, der bei 80 $\frac{km}{h}$ nach 70 m zum Stehen kommt?

Den **Anhalteweg** s_A berechnet man nach der Formel

$$s_A = v \cdot t_R + \frac{v^2}{2 \cdot a}$$

(v in $\frac{m}{s}$; t_R in s; a in $\frac{m}{s^2}$).
In der Fahrschule lernt man zum schnellen Überschlagen die **Faustformel**:

$$s_A = 3 \cdot \frac{v}{10} + \left(\frac{v}{10}\right)^2 \text{ (v in } \tfrac{km}{h}\text{; } s_A \text{ in m).}$$

- Berechne nach der ersten Formel den Anhalteweg eines Pkw mit 120 $\frac{km}{h}$ bei schneller Reaktion auf nassem Asphalt. Vergleiche mit dem Ergebnis der Faustformel.
- Vergleiche die errechneten Werte mit den Ergebnissen, die bei langsamer Reaktion und nassem Pflasterbelag zustande kommen.

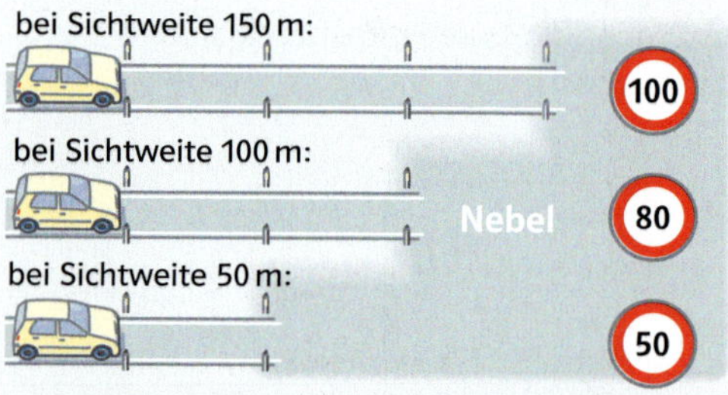

- Sind die angegebenen Höchstgeschwindigkeiten nach der Faustformel vertretbar?
- Erstelle eine Warntafel für Lkw-Fahrer.

Rückspiegel

1 Gib die Koordinaten des Scheitels der Parabel an.

a) $y = x^2 - 5$ b) $y = -x^2$
c) $y = (x - 3)^2$ d) $y = (x + 1)^2 - 4$

2 Gib den Scheitel der Parabel an.

a) $y = x^2 + 4x + 5$ b) $y = x^2 - 6x + 7$
c) $y = x^2 - 5x + 7{,}5$ d) $y = x^2 + 9x$

3 Berechne die Nullstellen der Funktionen und gib die Koordinaten der Schnittpunkte der zugehörigen Parabeln an.

a) p_1: $y = x^2 - 4x + 3$
p_2: $y = x^2 + 2x - 3$
b) p_1: $y = x^2 + 6x - 7$
p_2: $y = x^2 + 3{,}5x - 2$

4 Löse durch quadratische Ergänzung.

a) $x^2 + 8x + \square = 33 + \square$
b) $x^2 - 14x + \square = 15 + \square$
c) $x^2 - 10x + \square = 231 + \square$

5 Löse die quadratische Gleichung.

a) $x^2 - 5x - 24 = 0$
b) $2x^2 + 8x + 10 = 100$
c) $5x^2 + 6x - 44 = 4x^2 + 4x - 36$

6 Multipliziert man eine natürliche Zahl mit der um 7 größeren Zahl, so erhält man die Zahl 144.

7 Das Halteseil einer Hängebrücke hat näherungsweise die Form einer Parabel. Die Spannweite w beträgt 800 m, die Höhe h der Stützpfeiler 72 m.
Bestimme die Gleichung der Parabel.

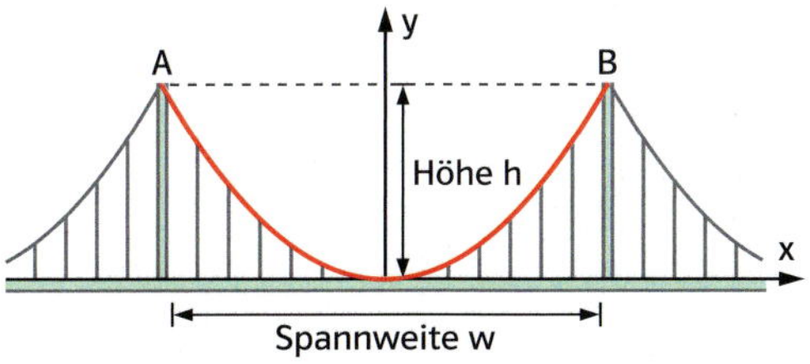

1 Welcher Punkt liegt auf welcher Parabel?

p_1: $y = x^2 + 6x + 10$ $P_1(3|-1)$
p_2: $y = x^2 - 2x - 4$ $P_2(-2{,}5|2)$
p_3: $y = (x - 2)^2 + 2$ $P_3(1|17)$
p_4: $y = x^2 + 9x + 18{,}25$ $P_4(2|2)$

2 Berechne die Koordinaten der Schnittpunkte der Graphen.

a) g: $y = 2x + 11$
p: $y = x^2 + 4x + 8$
b) g: $y = -x + 5{,}5$
p: $y = x^2 - 2x + 3{,}5$
c) g: $y = x - 0{,}5$
p: $y = (x - 2{,}5)^2 - 4$
d) g: $y = 3x - 5$
p: $y = x^2 - x$
e) p_1: $y = x^2 - 8x + 7$
p_2: $y = x^2 - 3x - 4$
f) p_1: $y = -0{,}5x^2 - 1$
p_2: $y = x^2 - 6x + 5$

3 Die Punkte A und B liegen auf der Parabel mit der Gleichung $y = x^2 + px + q$. Berechne die Koordinaten des Scheitels.

a) $A(-1|2{,}5)$; $B(-6|7{,}5)$
b) $A(3|-4)$; $B(-1|4)$

4 Berechne die Lösungen.

a) $2x^2 + 6 = 11x$
b) $5x^2 + 8x - 15 = 20x + 30 - 7x^2$
c) $\frac{1}{4}x^2 + 8 = 3x$

5 Löse die quadratische Gleichung.

a) $(x - 2)^2 - 4x = 25 - (x + 1)^2$
b) $(3x - 2)(x + 4) - (2x + 5)^2 = 2x(8 - x) - 6$
c) $\frac{x(x - 5)}{3} - 4\left(\frac{x}{2} - 1\right)^2 = -x$

6 a) Vermindert man eine natürliche Zahl um 1 und multipliziert das Ergebnis mit der um 2 vermehrten Zahl, so erhält man 28.
b) Vermindert man eine Zahl um 3 und addiert den Kehrwert dieser Differenz hinzu, erhält man die Zahl 2.

7 Die Klippenspringer von Acapulco (Mexiko) legen eine parabelförmige Flugbahn zurück, die sich mit der Gleichung $y = -x^2 + 28$ (x und y in Metern) beschreiben lässt.
a) Wie weit entfernt vom Fuß des Felsens taucht der Springer ins Wasser?
b) Der Fels ist 27 m hoch. Erkläre die Parabelgleichung.

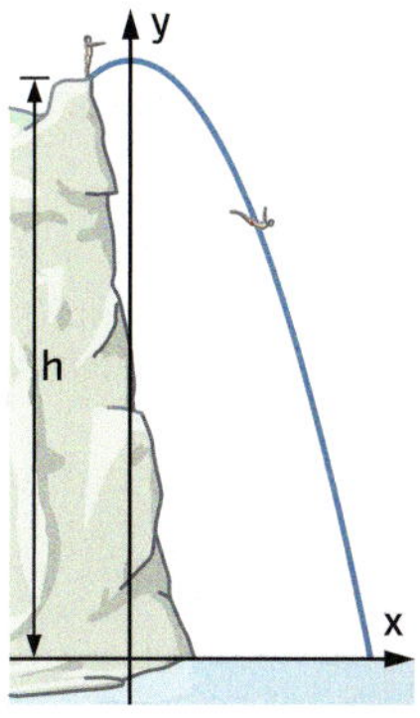

Auf die Größe kommt es an

3

6 2

4 9 5

7 0 8 1

3 2 9 7 0

6 4 7 5 1 8

2 9 4 6 5 3 6

0 8 4 7 3 6 2 1

Aus 40 cm Entfernung
- erkennt Meike gerade noch die 7 in der vierten Zeile.
- verschwimmen für Olli schon die Zahlen in der zweiten Zeile.
- sieht Mira die 7 in der letzten Zeile noch scharf.

Olli meint: Mira sieht viermal so gut wie Meike. Wie kommt er darauf?

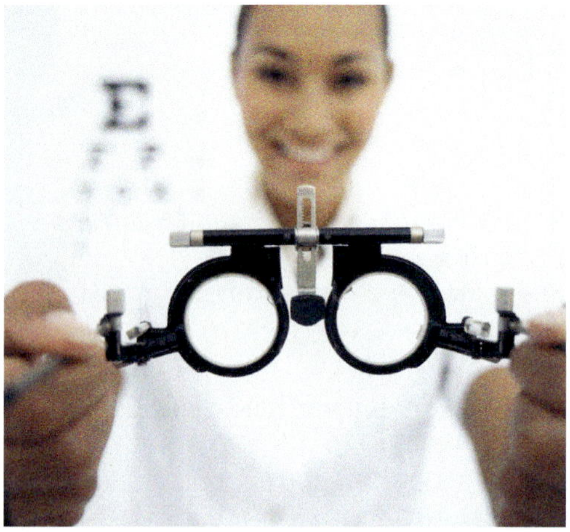

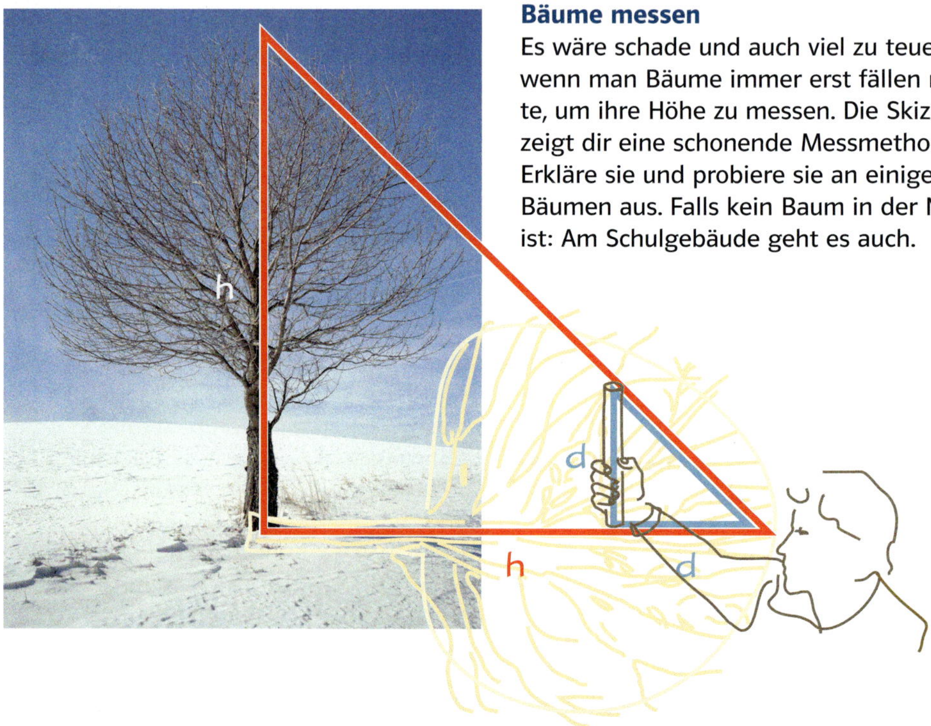

Bäume messen

Es wäre schade und auch viel zu teuer, wenn man Bäume immer erst fällen müsste, um ihre Höhe zu messen. Die Skizze zeigt dir eine schonende Messmethode. Erkläre sie und probiere sie an einigen Bäumen aus. Falls kein Baum in der Nähe ist: Am Schulgebäude geht es auch.

Vergrößern?
Konstruiere ein Dreieck mit den blauen Seiten. Dann wird jede Seite verlängert. Konstruiere wieder.
Wird das Dreieck dadurch größer?

Diskutiert gemeinsam, was „größer" bedeuten könnte.
Experimentiert auch mit anderen Zugaben.

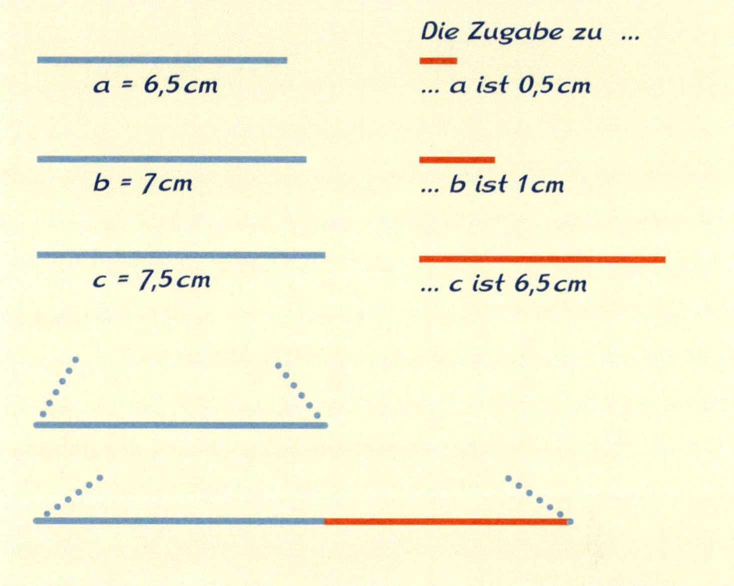

Vergrößern!
Konstruiere die drei unten abgebildeten Dreiecke sehr genau und vergleiche einige der gleich liegenden Strecken und Winkel.
Alle roten Kreuzchen sind Mittelpunkte, in jedem Dreieck sind die zwei rot markierten Winkel gleich.
Die Eckpunkte und Seiten sollst du selbst richtig benennen.
Welchen Zusammenhang stellst du fest?

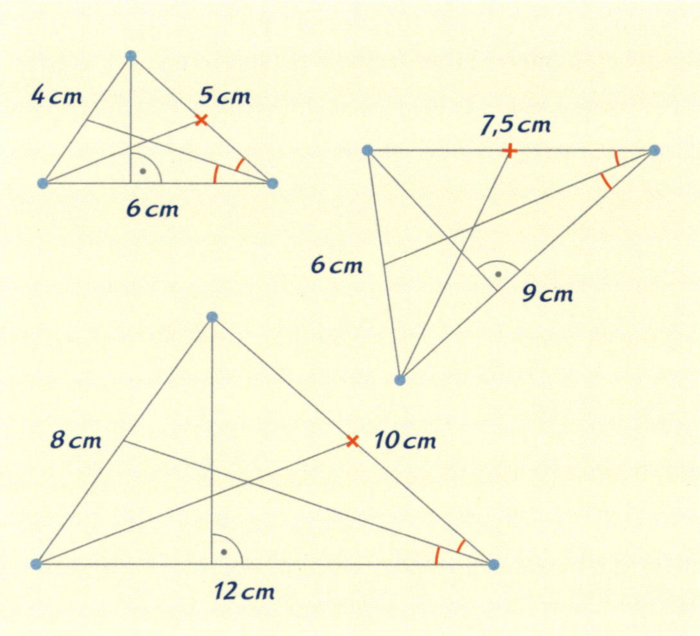

In diesem Kapitel lernst du,

- was Vergrößern und Verkleinern bedeutet,
- dass die Form von Figuren beim Vergrößern und Verkleinern gleich bleibt,
- dass Vergrößern und Verkleinern in allen Richtungen auf dieselbe Weise wirkt,
- wie man das Vergrößern und Verkleinern in der Praxis anwenden kann.

1 Vergrößern. Verkleinern

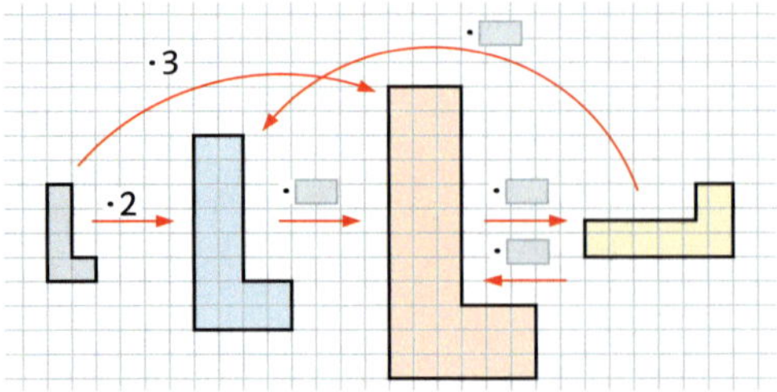

Der Druckbuchstabe L ist in vier Größen abgebildet.

→ Wie unterscheiden sich die Größen?
Es gibt noch viel mehr Zwischenstufen als in der Figur gezeichnet sind.

→ Zeichne die Buchstaben T, V, H oder U so, dass du sie leicht mit den Faktoren $\frac{3}{2}$; $\frac{4}{3}$ und $\frac{1}{2}$ vergrößern oder verkleinern kannst.

Das blaue Rechteck wird mit dem Faktor 3 vergrößert, ohne die Form zu ändern. Dadurch entsteht das rote Rechteck.
Auch die Diagonale des blauen Rechtecks vergrößert sich mit dem Faktor 3.
Es gilt $a' = 3a$; $b' = 3b$; $d' = 3d$
also $\frac{a'}{a} = 3$; $\frac{b'}{b} = 3$; $\frac{d'}{d} = 3$.

Der Vergrößerungsfaktor 3 ist der Quotient der Längen entsprechender Strecken.
Verkleinerung des roten Rechtecks mit dem Faktor $\frac{1}{3}$ ergibt das blaue Rechteck.

Die Eckpunkte der zwei Rechtecke muss man unterscheiden können. Deshalb schreibt man für das zweite Rechteck A′, B′, C′, D′, gelesen „A Strich“ usw.

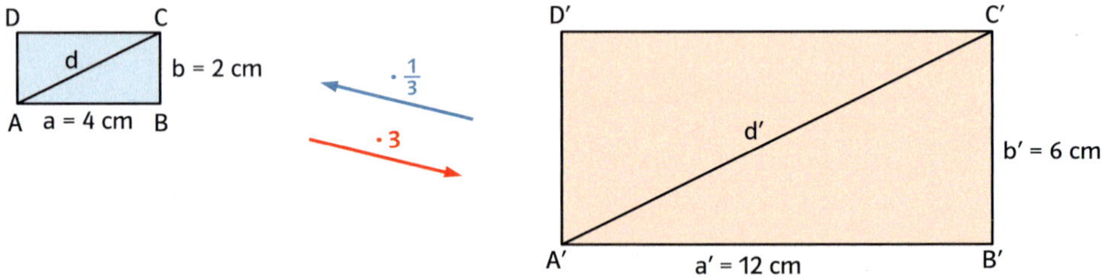

! *Ganz genau müsste es eigentlich „maßstäbliches Vergrößern oder Verkleinern“ heißen.*

Vergrößert oder **verkleinert** man ein Rechteck oder eine andere Figur, werden alle Streckenlängen mit demselben positiven **Streckfaktor** k multipliziert.

Gilt $k > 1$, wird die Figur vergrößert, gilt $k < 1$, wird sie verkleinert.

Geht dabei eine Strecke $\overline{AB}$ in die Strecke $\overline{A'B'}$ über, so gilt $k = \frac{\overline{A'B'}}{\overline{AB}}$.

Beispiele

a) Das lila Rechteck geht durch Vergrößern mit dem Faktor $k_1 = 2$ in das rote über. Das rote Rechteck wird mit $k_2 = 0{,}75$ zum blauen verkleinert.
Vom lila Rechteck zum blauen kommt man auch in einem einzigen Schritt: Vergrößern mit k_1 und nachfolgendes Verkleinern mit k_2 ändert alle Längen mit dem Faktor $k_3 = k_1 \cdot k_2 = 2 \cdot 0{,}75 = 1{,}5$.
Das Bild zeigt auch, dass eine vergrößerte oder verkleinerte Figur gegenüber der ursprünglichen Figur gedreht liegen kann.

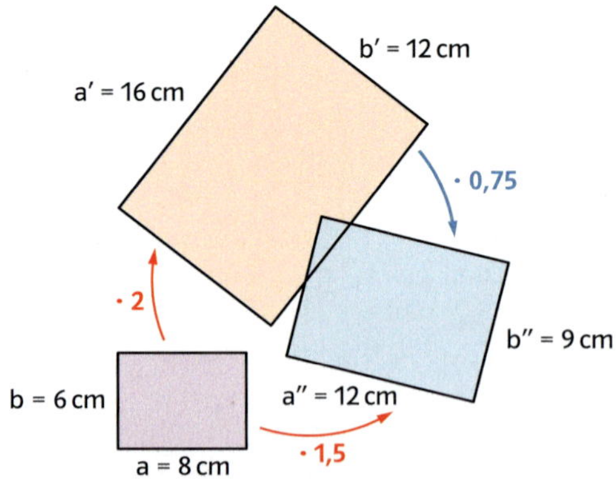

b) Um ein Dreieck zu verkleinern oder zu vergrößern, kann man es mit einem Rechteck umrahmen und das Rechteck verkleinern oder vergrößern.

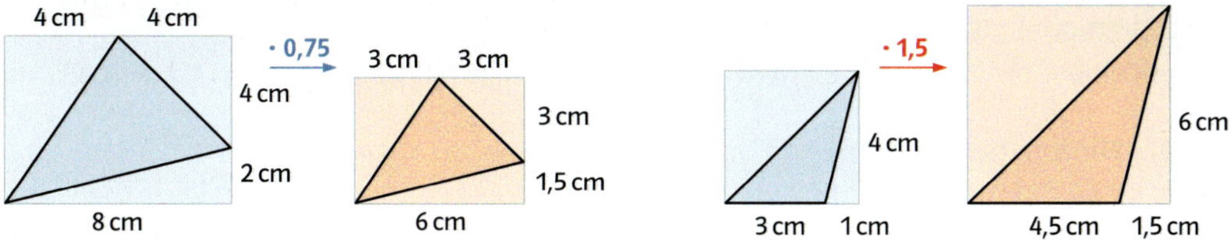

Aufgaben

1 Zeichne ein Rechteck mit den Seitenlängen $a = 6\,cm$ und $b = 4\,cm$.
Zeichne die mit
$k = 2$; $k = 2{,}5$; $k = 1{,}5$; $k = 0{,}5$; $k = 0{,}75$
vergrößerten bzw. verkleinerten Rechtecke.

2 Welche der roten Rechtecke sind Vergrößerungen oder Verkleinerungen des blauen Rechtecks? Begründe.

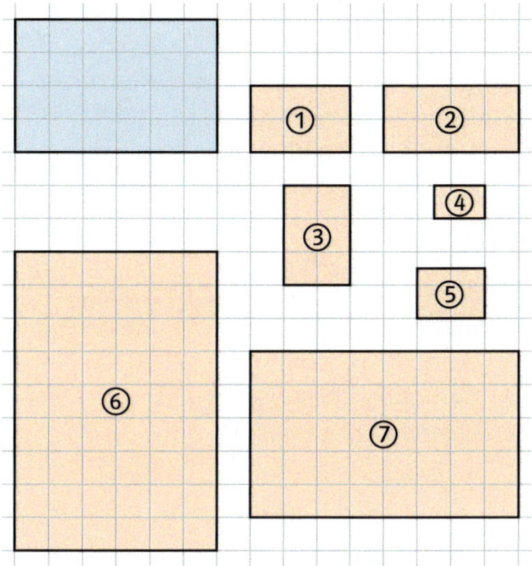

3 a) Ein Rechteck mit $a = 7\,cm$ und $b = 4\,cm$ soll vergrößert werden. Das neue Rechteck soll die Seitenlänge $a' = 10{,}5\,cm$ haben. Wie groß wird k, wie groß b'?
b) Rechne wie in a) für
- $a = 6\,cm$; $b = 4{,}5\,cm$; $a' = 10\,cm$
- $a = 6\,cm$; $b = 4\,cm$; $a' = 4{,}5\,cm$
- $a = 6{,}6\,cm$; $b = 4{,}8\,cm$; $b' = 8\,cm$
- $a = 12{,}6\,cm$; $b = 9{,}8\,cm$; $b' = 7\,cm$

4 Vergrößere und verkleinere das Dreieck mit den Faktoren k_1 und k_2.

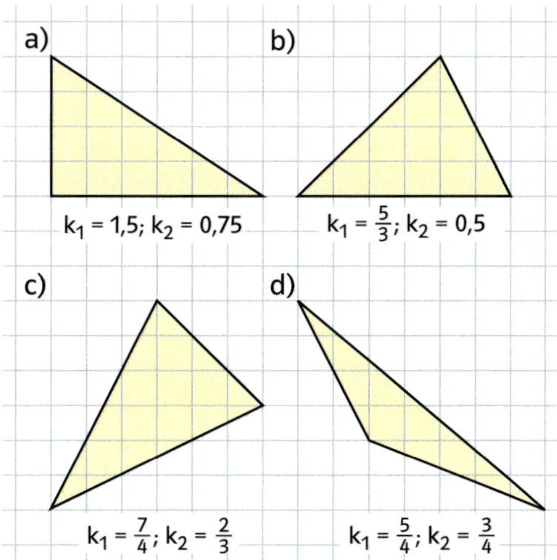

5 Vergrößere mit dem Faktor k.

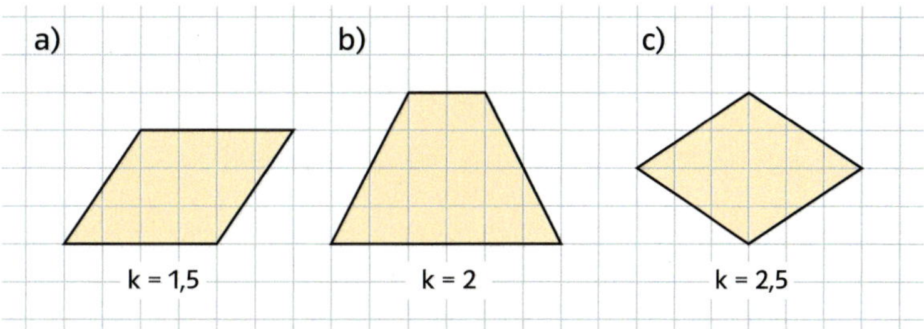

6 a) Zeichne das Viereck ABCD mit
A(1|2); B(2|1); C(4|3); D(2|4).
Vergrößere es mit dem Faktor $k = 1{,}5$.
b) Zeichne das Viereck ABCD mit
A(0|0); B(12|3); C(6|9); D(3|6).
Verkleinere es mit dem Faktor $k = \frac{2}{3}$.

7
Ein Vieleck hat die Eckpunkte A(2|2); B(8|2); C(10|4); D(6|8); E(6|4); F(4|6).

a) Vergrößere die Figur mit $k = 1{,}5$.

b) Verkleinere die Figur mit $k = 0{,}75$.

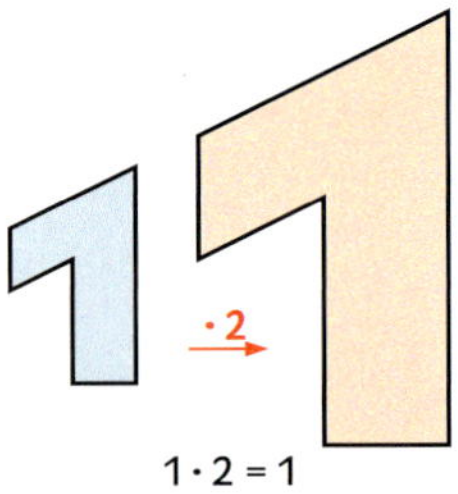

Zeichne im Quadratgitter dein persönliches Einmalzwei.

8
Ein Fünfeck hat die Eckpunkte A(−2,5|−2); B(2,5|−2); C(3,5|2,5); D(0|5); E(−3,5|2,5).
Vergrößere es so, dass die neue Seite $\overline{A'B'}$ so lang wird wie die Diagonale $\overline{BD}$. Gib mithilfe der Zeichnung den Faktor k an.

9
Die Vergrößerungen der kleinen farbigen Figuren müssen im grauen Rechteck bleiben.

a) Mit welchem Faktor k kannst du das orange Rechteck höchstens vergrößern, mit welchem das lila, mit welchem das rote?

b) Der Eckpunkt A des gelben Rechtecks muss beim Vergrößern fest liegen bleiben. Wie groß kann k höchstens sein?
Wie groß kann k sein, wenn entweder B oder C oder D fest liegen bleiben müssen?

c) Verdoppeln des blauen Rechtecks ist leicht möglich. Kannst du es auch stärker vergrößern?

d) Haben die Diagonalen der gelben Raute eine günstige Richtung?

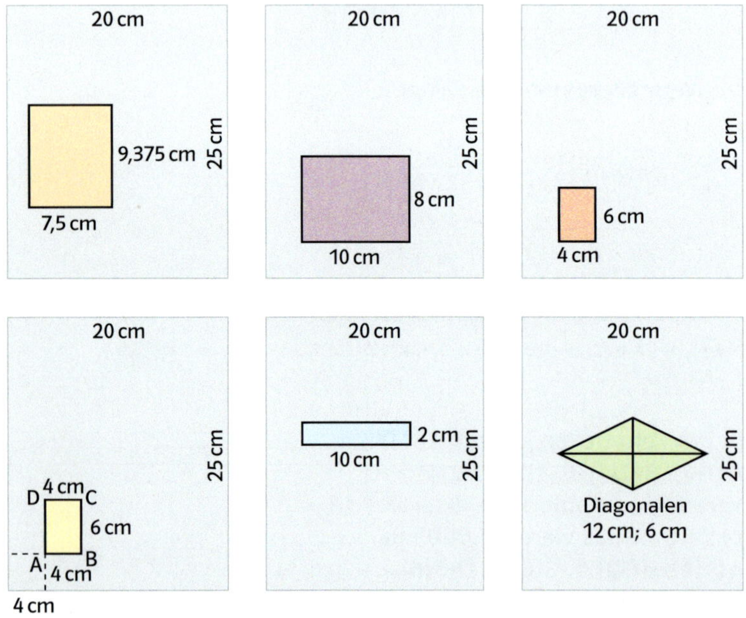

Ein-, zwei-, dreidimensional

Vergrößert man die Seiten eines Rechtecks mit dem Faktor k, so vergrößert sich der Flächeninhalt sogar mit dem Faktor k^2.

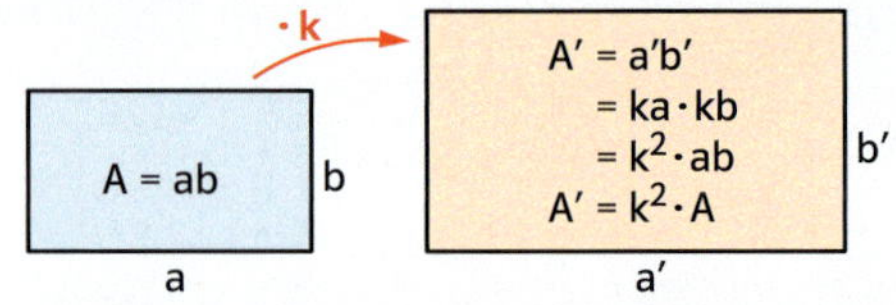

Vergrößert oder verkleinert man die Kanten eines Quaders mit dem Faktor k, so verändert sich das Volumen mit dem Faktor k^3. Die Quaderoberfläche verändert sich mit dem Faktor k^2.

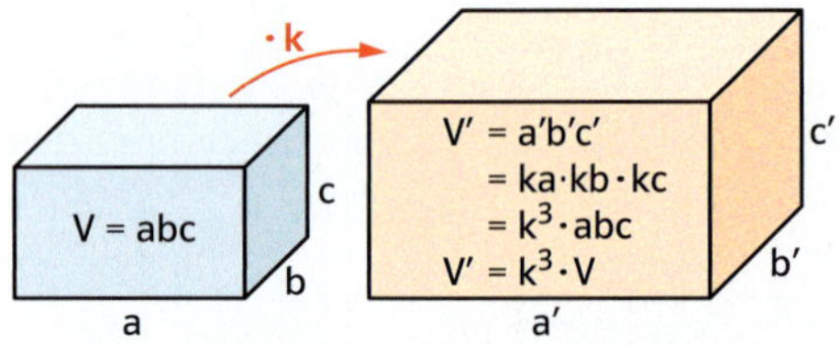

Allgemein gilt: Ändert man Seiten oder Kanten mit dem Faktor k, so ändert sich der **Flächeninhalt** mit dem Faktor $\mathbf{f = k^2}$, das **Volumen** mit dem Faktor $\mathbf{v = k^3}$.

■ Berechne f und v für $k = 2;\ 10;\ 1{,}5;\ 0{,}5;\ 0{,}1$.

■ Berechne k für $f = 4;\ 1{,}69;\ 0{,}64;\ 1{,}2$.

■ Berechne k für $v = 64;\ 729;\ 0{,}125$.

■ Berechne f aus v und v aus f.
Der Umweg über k hilft.
$f = 4;\ 9;\ 0{,}25;\ 3{,}24;\ 100;\ 10;\ 2;\ \frac{1}{16};\ \frac{25}{81}$
$v = 8;\ 27;\ 1{,}728;\ 0{,}343;\ 1000;\ 10;\ 2;\ \frac{8}{27}$

■ Ein Würfel wird so vergrößert, dass seine Oberfläche mit dem Faktor $f = 2{,}25$ wächst. Mit welchem Faktor wächst sein Volumen?

■ Ein kleiner Würfel hat 12,5 % des Volumens eines großen Würfels. Wie viel % der Oberfläche des großen Würfels hat er?

■ „Ein Würfel wird verdoppelt.“ Was kann das alles bedeuten?

10 Das Rechteck R_1 hat die Seitenlängen $a_1 = 6\,\text{cm}$ und $b_1 = 4\,\text{cm}$.
R_1 mit dem Faktor 2 vergrößert gibt R_2.
R_2 mit dem Faktor 1,5 vergrößert gibt R_3.
R_3 mit dem Faktor 0,25 verkleinert gibt R_4.
a) Wie lang sind die Seiten von R_4?
b) Mit welchem Faktor kommt man von R_1 direkt zu R_4?

11 Mit einem Zeichenprogramm kann man Figuren ganz leicht vergrößern und verkleinern. Die Faktoren k werden dabei in Prozent angegeben.
Der rote Smiley entspricht 100 %. Die anderen bis auf einen sind durch Verkleinern mit $k_1 = 75\,\%$; $k_2 = 50\,\%$; $k_1 \cdot k_1$; $k_1 \cdot k_2$; $k_2 \cdot k_2$ entstanden. Welche Verkleinerung gehört zu welchem Smiley? Welcher Bedienungsfehler ist bei dem hellblauen passiert?

12 a) Eine Figur wurde mit $k = 150\,\%$ vergrößert. Mit welchem Faktor muss man sie verkleinern, dass sie wieder ihre ursprüngliche Größe bekommt?
b) Gib eine Regel an, mit der du den Rücknahmefaktor für eine Vergrößerung oder Verkleinerung berechnen kannst.

13 Eine Figur wurde mit dem Faktor 2 vergrößert. Wie groß sind die Faktoren, die diese Vergrößerung in zwei bzw. drei gleichen Schritten bewirken?

14 Am Kopierer werden die Vergrößerungs- und Verkleinerungsfaktoren k in Prozent angegeben.
a) Häufig wird $k = 71\,\%$ und $k = 141\,\%$ benutzt. Mit welchem Faktor f wird dann der Flächeninhalt verändert?
b) Eine Buchseite hat die Maße 25,8 cm × 19,0 cm. Sie soll auf das Format DIN A4 29,7 cm × 21,0 cm vergrößert werden. Wie ist der Kopierer einzustellen?

15 Straßenkarten haben oft den Maßstab 1 : 200 000, Wanderkarten den Maßstab 1 : 50 000. Welchen Flächeninhalt hat ein 1-cm-Quadrat auf den Karten in Wirklichkeit? Beschaffe dir solche Karten und ermittle den wahren Flächeninhalt des gesamten Gebiets, das die Karte zeigt.

16 Welcher Quader ist durch Vergrößern oder Verkleinern des roten Quaders entstanden?

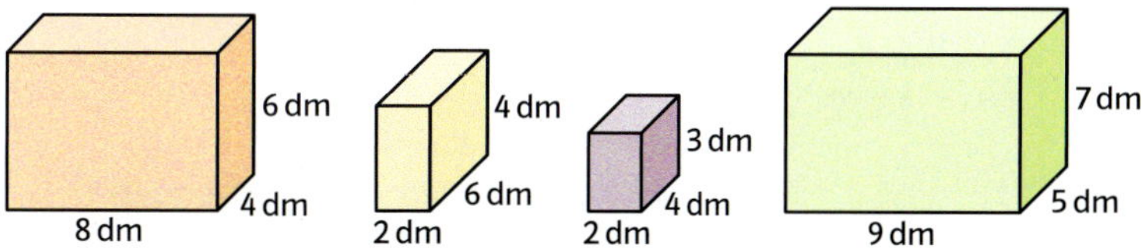

17 Pakete haben meistens Quaderform. Der Quotient O : V gibt an, wie viele Flächeneinheiten Verpackung auf eine Volumeneinheit kommen.
a) „Je größer O : V, desto … ist die Verpackung relativ zum Inhalt.“ Ist dieser Satz mit „teurer“ oder mit „billiger“ richtig?
b) Die Maße der Pakete rechts entstehen durch laufende Vergrößerung mit dem gleichen Faktor. Berechne die Quotienten V : O. Was stellst du fest?
c) Das kleinste Paket in einer anderen Vergrößerungsreihe hat die Kantenlängen $a = 5\,\text{dm}$; $b = 2\,\text{dm}$; $c = 1\,\text{dm}$. Berechne V : O für die Pakete mit $V = 10\,\text{dm}^3$; $20\,\text{dm}^3$; $40\,\text{dm}^3$, $80\,\text{dm}^3$.
Vergleiche mit dem Ergebnis von b).
d) Dienstleistungsunternehmen bieten Pakete in Standardgrößen an. Informiere dich über die Maße. Bilden die Pakete eine Vergrößerungsreihe wie in b)?

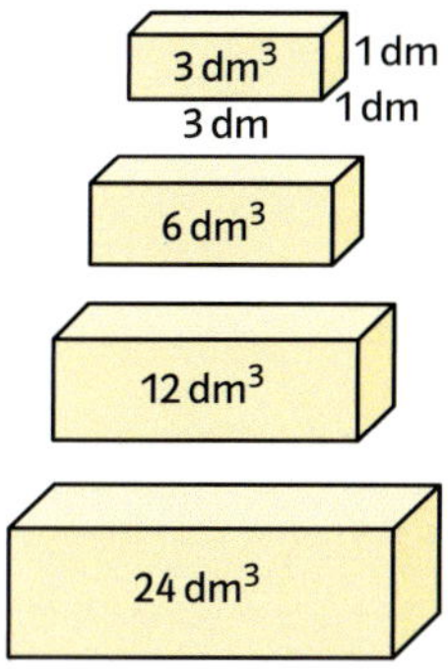

2 Ähnliche Figuren

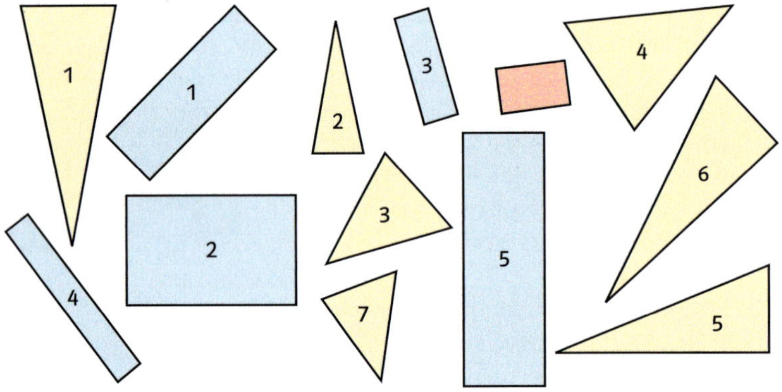

→ Welches der blauen Rechtecke gibt passend verkleinert oder vergrößert das rote Rechteck?

→ Wie gehören die übrigen Figuren zusammen? Manche haben mehr als einen Partner, eine Figur hat aber keinen.

Das blaue Dreieck wird mit dem Faktor $k = 1{,}5$ zum roten Dreieck vergrößert.
Es gilt $a' = 1{,}5 \cdot a$ und $b' = 1{,}5 \cdot b$, also
$\frac{a'}{b'} = \frac{1{,}5 \cdot a}{1{,}5 \cdot b}$ und damit $\frac{a'}{b'} = \frac{a}{b}$.

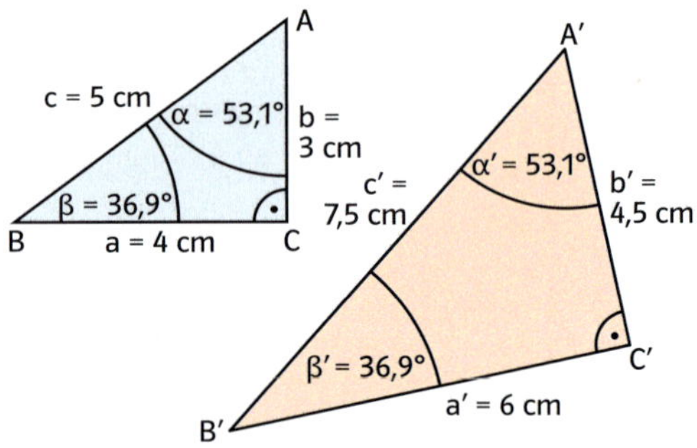

Diese Bruchgleichung kann man auch als Verhältnisgleichung schreiben:
$a' : b' = a : b$.
Ebenso gilt
$b' : c' = b : c$
und $c' : a' = c : a$.
Die Winkel zwischen entsprechenden Seiten der zwei Dreiecke sind gleich.

Lies:
a′ zu a gleich b′ zu b.

Solche Verhältnisgleichungen und Winkelgleichheiten gelten auch beim Vergrößern und Verkleinern von Vierecken und Vielecken.

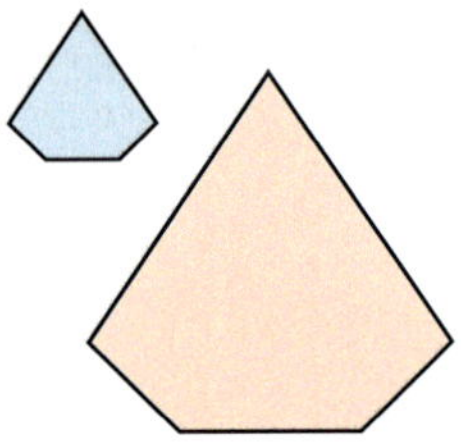

Durch Vergrößern oder Verkleinern einer Figur entsteht eine **ähnliche** Figur.
Ähnliche Figuren stimmen in den Verhältnissen entsprechender Seiten und in entsprechenden Winkeln überein.

Beispiele

a) Gegeben ist das Dreieck ABC mit
$a = 4\,cm$; $b = 6\,cm$; $c = 8\,cm$.
Zu konstruieren ist das dazu ähnliche Dreieck A′B′C′ mit $a' = 7\,cm$.
Es gilt:
$\frac{b'}{a'} = \frac{b}{a} = \frac{6}{4} = \frac{3}{2}$; also $b' = \frac{3}{2}a' = 10{,}5\,cm$;
$\frac{c'}{a'} = \frac{c}{a} = \frac{8}{4} = 2$; also $c' = 2a' = 14\,cm$.
Damit lässt sich △A′B′C′ konstruieren.
Die Seiten von △A′B′C′ lassen sich auch mithilfe des Faktors k berechnen:
$k = \frac{a'}{a} = \frac{7}{4}$; $b' = \frac{7}{4}b = 10{,}5\,cm$; $c' = \frac{7}{4}c = 14\,cm$

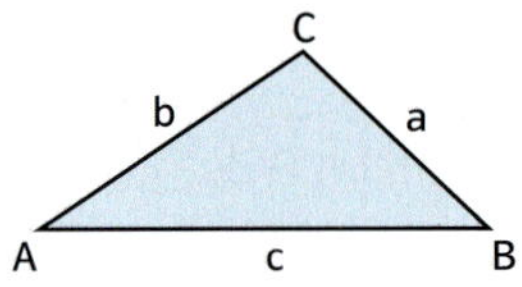

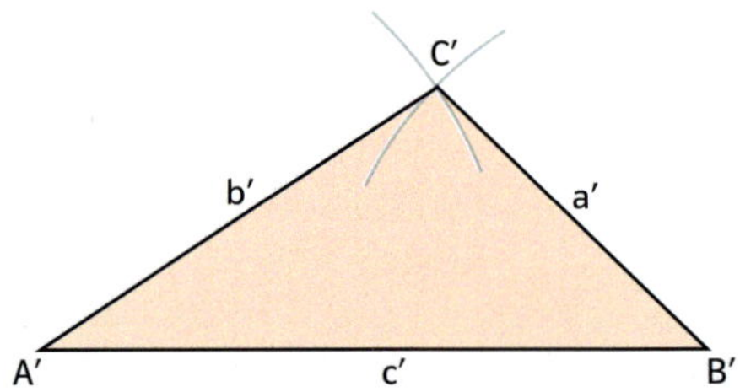

b) Nach Augenmaß könnten die drei Rechtecke R, R′ und R″ ähnlich sein. Wirklich entscheiden kann man das aber nur rechnerisch. Da $\frac{a'}{a} = \frac{b'}{b}$ mit $\frac{a'}{b'} = \frac{a}{b}$ gleichwertig ist, vergleichen wir hier die Seitenverhältnisse der Rechtecke:
$\frac{a}{b} = \frac{4}{2,5}$; $\frac{a'}{b'} = \frac{7}{4,2} = \frac{5}{3}$; $\frac{a''}{b''} = \frac{12,5}{7,5} = \frac{5}{3}$
Das Rechteck R′ ist also zum Rechteck R″ ähnlich. Das Rechteck R ist weder zu R′ noch zu R″ ähnlich.

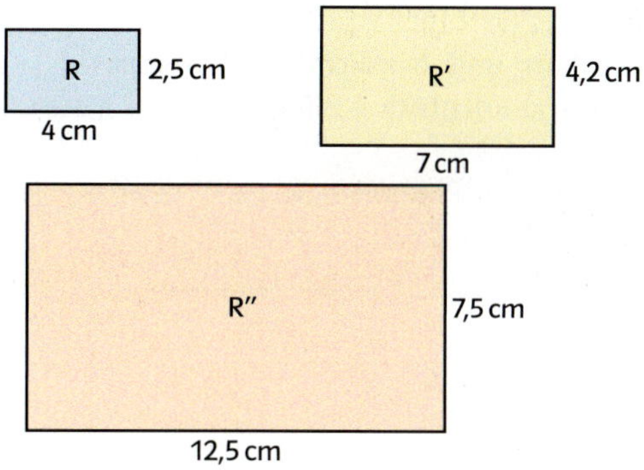

Aufgaben

1 Konstruiere das Dreieck ABC mit a = 4 cm; b = 5 cm; c = 6 cm.
Berechne und konstruiere das dazu ähnliche Dreieck A′B′C′ mit
a) a′ = 8 cm b) a′ = 6 cm c) b′ = 7,5 cm
d) b′ = 6 cm e) c′ = 9 cm f) c′ = 5 cm

2 Das Dreieck ABC hat die Seiten a = 8 cm; b = 9 cm; c = 10 cm.
Berechne die Seiten des dazu ähnlichen Dreiecks A′B′C′ mit den Seitenlängen.
a) a′ = 6 cm b) b′ = 27 cm c) c′ = 8 cm
d) a′ = 14 cm e) c′ = 13 cm f) b′ = 13,5 cm

3 Konstruiere Dreieck ABC mit a = 7 cm; b = 8,4 cm; c = 6,3 cm und das dazu ähnliche Dreieck A′B′C′ mit den Seitenlängen.
a) a′ = 10,5 cm b) b′ = 10,5 cm
c) c′ = 10,5 cm

4 Das blaue Dreieck scheint zum roten ähnlich zu sein. Täuscht das Augenmaß?

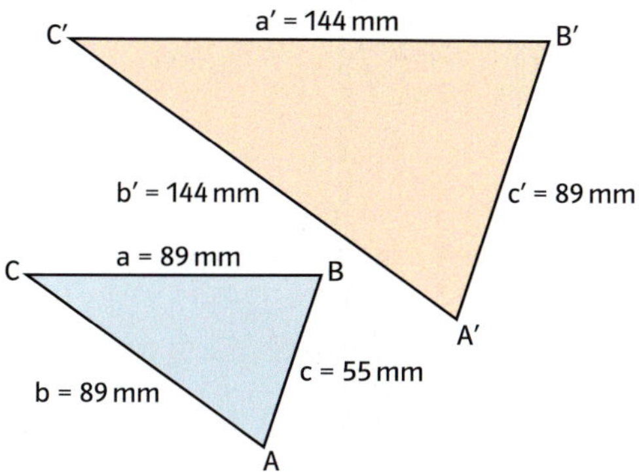

5 Vom Dreieck ABC sind a = 5 cm und b = 6 cm gegeben, vom dazu ähnlichen Dreieck A′B′C′ sind a′ = 8 cm und c′ = 9,6 cm gegeben. Konstruiere beide Dreiecke.

6 Das Dreieck ABC hat die Seiten a = 6 cm; b = 9 cm; c = 13,5 cm.
Vom dazu ähnlichen Dreieck A′B′C′ ist a′ = 4 cm gegeben.
a) Berechne b′ und c′.
b) In wie vielen Seiten und Winkeln stimmen die zwei Dreiecke überein?

7 Das Dreieck ABC hat die Seiten a = 7 cm; b = 3 cm; c = 6 cm.
Das zu △ABC ähnliche △A′B′C′ hat den Umfang 24 cm. Berechne seine Seiten.

8 Für △ABC gilt a = 5 cm; b = 9 cm; c = 8 cm. Das dazu ähnliche Dreieck A′B′C′ hat den 4-fachen Flächeninhalt.
Berechne a′; b′; c′.

9 Suche zueinander ähnliche Sterne. Begründe deine Antwort.

10 Das Rechteck ABCD hat die Seiten $a = 9\,cm$ und $b = 5\,cm$. Konstruiere das ähnliche Rechteck A'B'C'D' mit $a' = 7{,}2\,cm$.

11 Ist R zu R' ähnlich, R' zu R'' oder R zu R''?

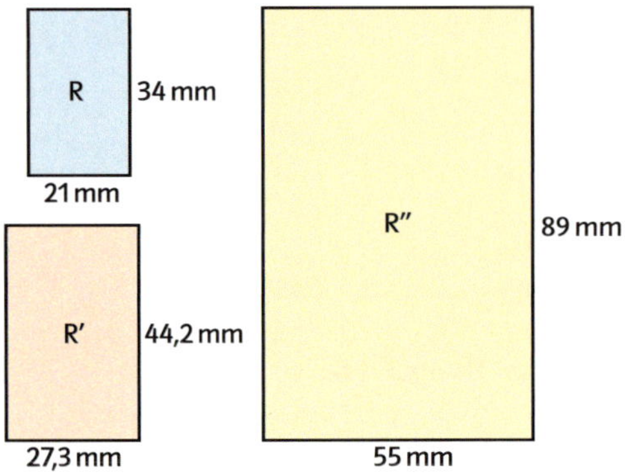

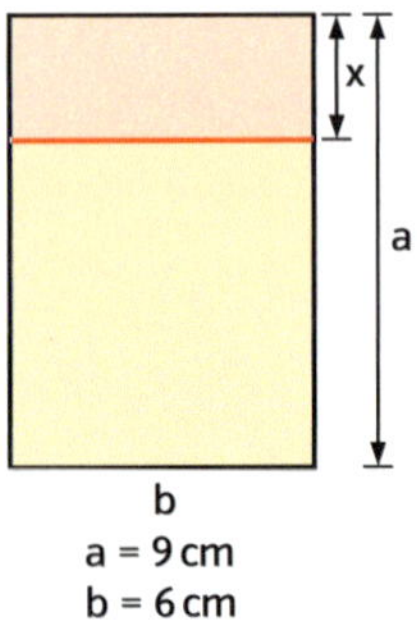

12 a) Vom großen Rechteck wird ein kleines abgetrennt. Wie groß muss x sein, damit das kleine zum großen ähnlich ist?
b) Von einem Rechteck mit $a = 16\,cm$ und $b = 12\,cm$ wird ein ähnliches abgetrennt, und von diesem wird wieder ein ähnliches abgetrennt. Welche Maße haben diese zwei Rechtecke?

13 Ist das Fohlen zur Stute ähnlich?

Untersuche auch andere Bilder von jungen und ausgewachsenen Tieren – und auch von Kindern und Erwachsenen.

DIN-Formate

Papierformate sind durch eine DIN-Norm festgelegt.
Am wichtigsten sind die A-Formate. Das Ausgangsformat DIN A0 ist ein Rechteck mit $A = 1\,m^2$ und $a : b = \sqrt{2} : 1$.
Dieses Rechteck hat die Seiten
$a = \sqrt[4]{2}\,m = 1189\,mm$; $b = \frac{1}{\sqrt[4]{2}}\,m = 841\,mm$.

- Rechne nach, dass A und a:b die geforderten Werte haben.
- Berechne die Seiten und das Seitenverhältnis des halbierten Rechtecks.

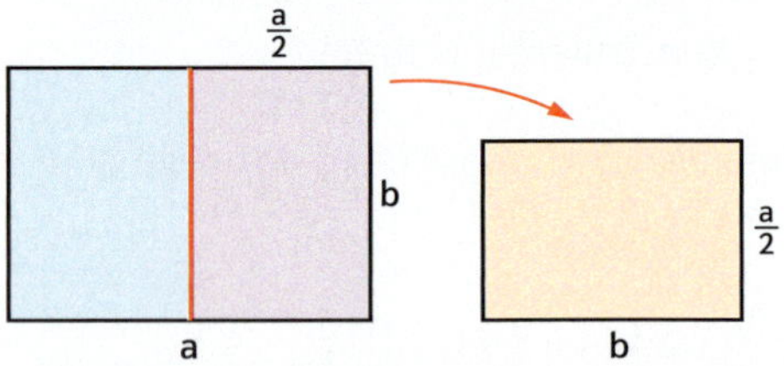

Alle DIN-A-Formate entstehen durch fortgesetzte Halbierung.

DIN A	Länge in mm	Breite in mm	Anzahl pro A0-Blatt
0	1189	841	1
1	841	594	2
2	594	420	▢
3	▢	▢	▢

- Berechne nach dem Muster der Tabelle die Maße hinunter bis zu DIN A8. Dabei wird immer auf ganze mm gerundet, und halbe mm werden weggelassen.
Beschaffe dir DIN-Bögen und bestätige einige der berechneten Werte.
- Erkläre die folgenden Figuren.
Was fällt dir auf?

- Warum gibt es wohl DIN-Formate?

3 Strahlensätze

An einem Tag im März messen Katja und Hatiçe vom Schulhof aus die Höhe des Schulgebäudes.

→ Die Schattengrenze trifft die Messlatte in 1,80 m Höhe. Die anderen Strecken messen die Mädchen mit dem Messband.

→ Katja zeichnet gut, Hatiçe rechnet lieber.

→ Birgit schaut zu und sagt: Ihr habt Glück, dass die Schule ein Flachdach hat.

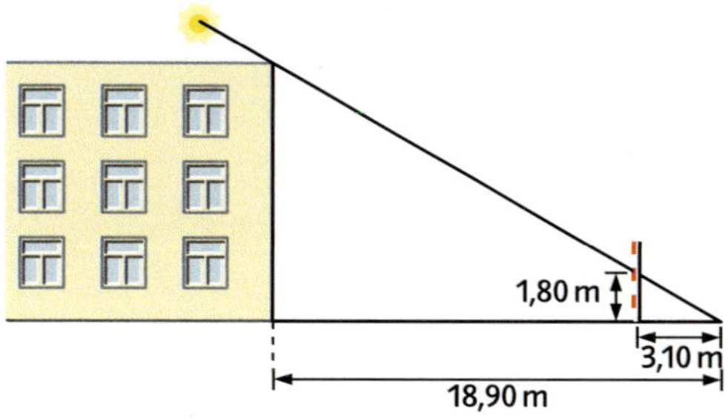

Die erste Grafik zeigt einen Winkel mit Scheitel S. Auf dem einen Schenkel liegen A und A′, auf dem anderen B und B′.
Es gilt $\overline{AB} \parallel \overline{A'B'}$ und $\frac{\overline{SA'}}{\overline{SA}} = \frac{3}{2}$.

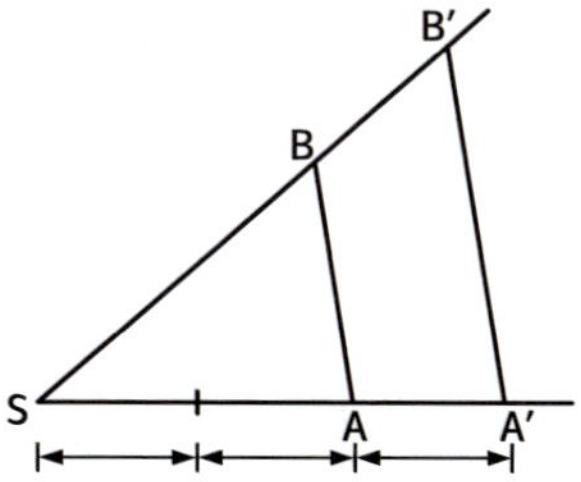

In der zweiten Grafik ist △SA′B′ in neun kongruente Teildreiecke zerlegt. Vier davon liegen in △SAB.
Daran erkennt man:
$\frac{\overline{SB'}}{\overline{SB}} = \frac{3}{2} = \frac{\overline{SA'}}{\overline{SA}}$ und $\frac{\overline{A'B'}}{\overline{AB}} = \frac{3}{2} = \frac{\overline{SA'}}{\overline{SA}}$.
Ebenso begründet man, dass sich jede beliebige andere Teilung vom einen Schenkel auf den anderen und auf die parallelen Zwischenstrecken überträgt.

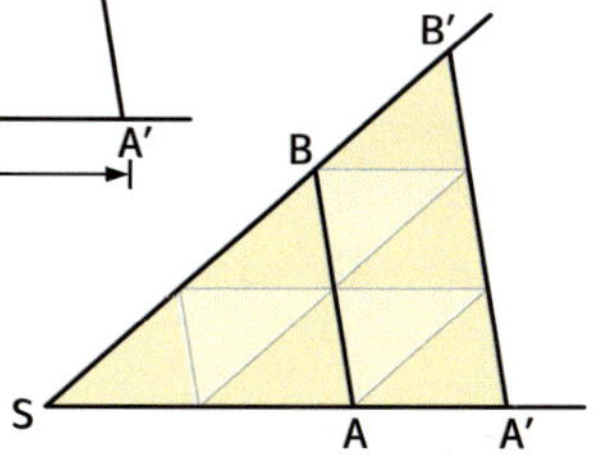

Statt von einem Winkel spricht man hier auch von einem Punkt, von dem zwei ***Strahlen*** *ausgehen.*

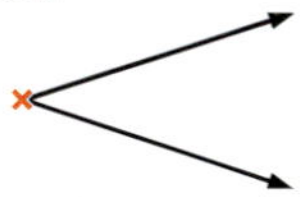

Schneiden zwei parallele Geraden die Schenkel eines Winkels, so gelten zwei **Strahlensätze**.

Erster Strahlensatz:

$\frac{\overline{SB'}}{\overline{SB}} = \frac{\overline{SA'}}{\overline{SA}}$

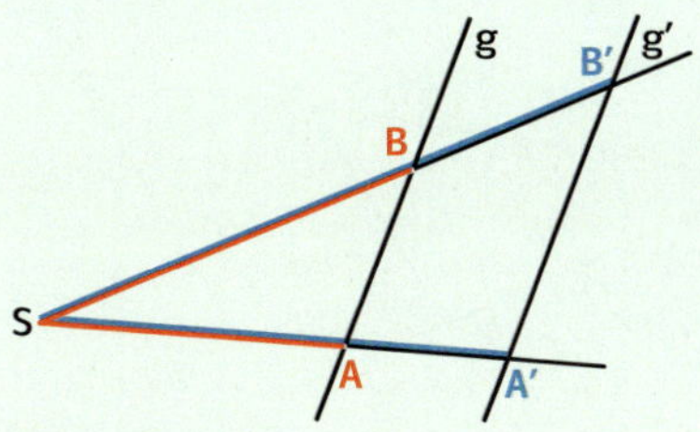

Zweiter Strahlensatz:

$\frac{\overline{A'B'}}{\overline{AB}} = \frac{\overline{SA'}}{\overline{SA}}$ und $\frac{\overline{A'B'}}{\overline{AB}} = \frac{\overline{SB'}}{\overline{SB}}$

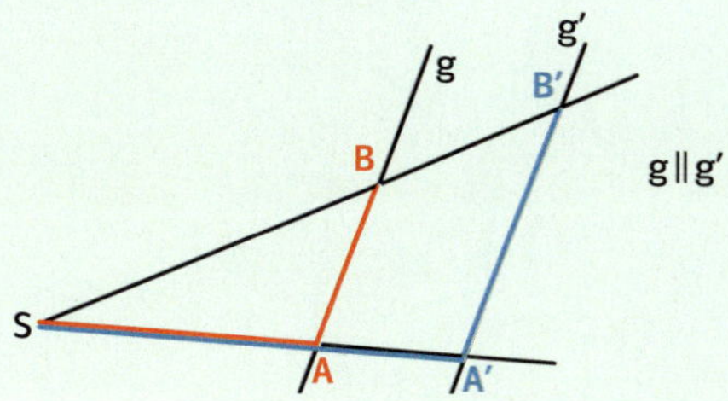

lang zu kurz   gleich   lang zu kurz

Bemerkung

Die Strahlensätze gelten auch, wenn S zwischen den beiden parallelen Geraden liegt.

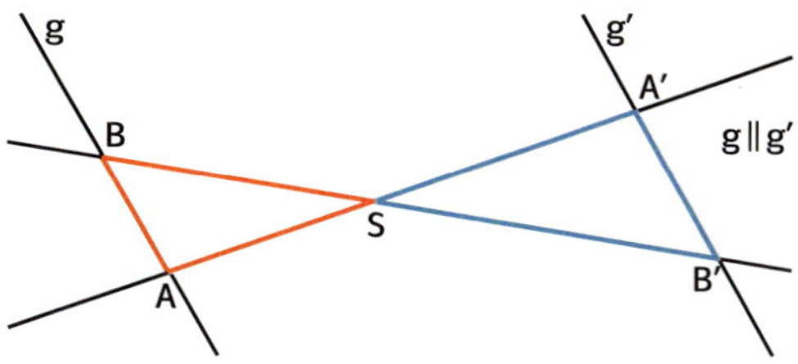

! $\frac{\overline{A'B'}}{\overline{AB}} = \frac{\overline{AA'}}{\overline{SA}}$

Diesen Fehler haben schon Tausende von Schülerinnen und Schülern gemacht. Merke: S kommt zweimal vor.

Beispiele

a) Die Strecke $\overline{SB'}$ wird nach dem ersten Strahlensatz berechnet:

$$\frac{\overline{SB'}}{\overline{SB}} = \frac{\overline{SA'}}{\overline{SA}} \qquad | \cdot \overline{SB}$$

$$\overline{SB'} = \frac{\overline{SA'}}{\overline{SA}} \cdot \overline{SB}$$

$$\overline{SB'} = \frac{9}{5} \cdot 6\,\text{cm} = 10{,}8\,\text{cm}$$

$$\overline{SB'} = 10{,}8\,\text{cm}$$

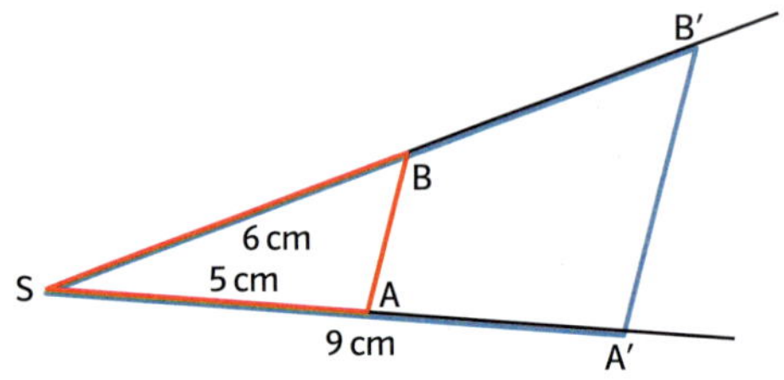

b) Die Strecke $\overline{A'B'}$ wird nach dem zweiten Strahlensatz berechnet:

$$\frac{\overline{A'B'}}{\overline{AB}} = \frac{\overline{SA'}}{\overline{SA}} \qquad | \cdot \overline{AB} \quad | \cdot \overline{SA} \quad | : \overline{SA'}$$

$$\overline{A'B'} \cdot \frac{\overline{SA}}{\overline{SA'}} = \overline{AB}$$

$$\overline{AB} = 5{,}6 \cdot \frac{6}{8}\,\text{cm} = 4{,}2\,\text{cm}$$

$$\overline{AB} = 4{,}2\,\text{cm}$$

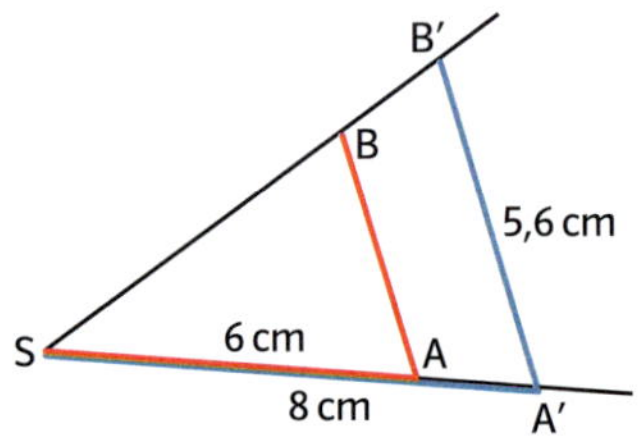

c) Sind zur Berechung einer Strecke längere Umformungen nötig, ist es günstig, die Strecken mit kleinen Buchstaben zu benennen.
In der Figur hat die Strecke c nicht den Endpunkt S. Im zweiten Strahlensatz ist daher $x + c$ einzusetzen.

$$\frac{x + c}{x} = \frac{b}{a} \qquad | \cdot ax$$

$$a(x + c) = bx \qquad | - ax$$

$$ac = (b - a)x$$

$$x = \frac{ac}{b - a}$$

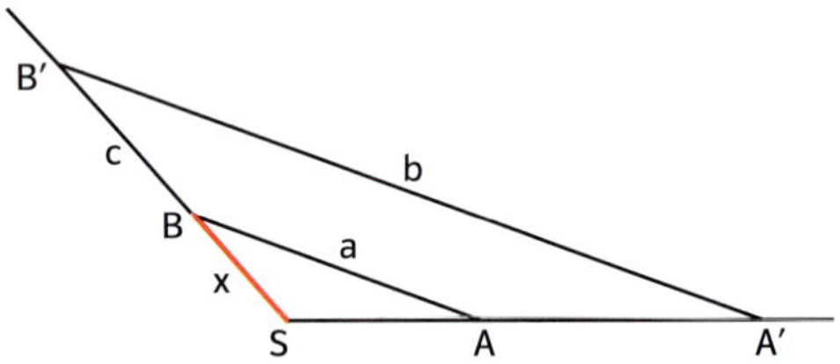

Aufgaben

Wenn die Maße einer Strecke und einer Teilstrecke angegeben oder gesucht sind, stehen das Maß oder die Variable für die Teilstrecke im Inneren der Figur.

1 Berechne die Strecke $\overline{SB'}$.

a)

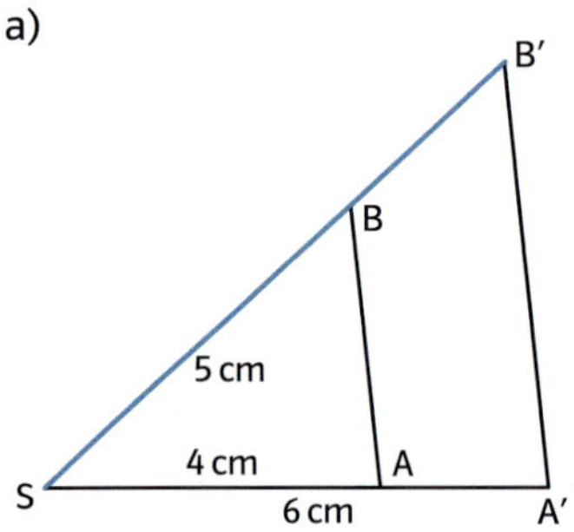

b)

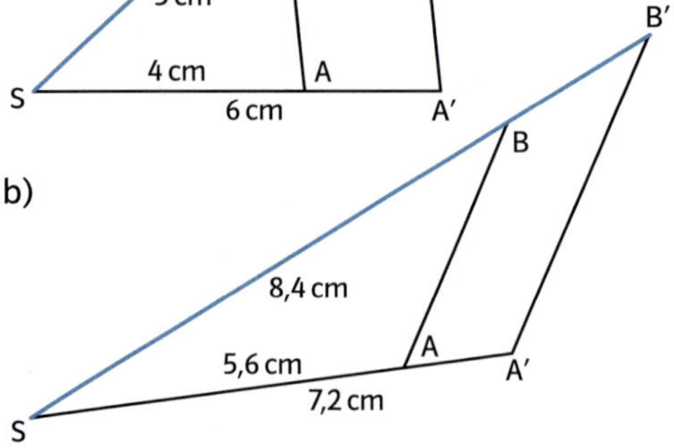

2 Berechne die Strecke $\overline{SB}$.

a)

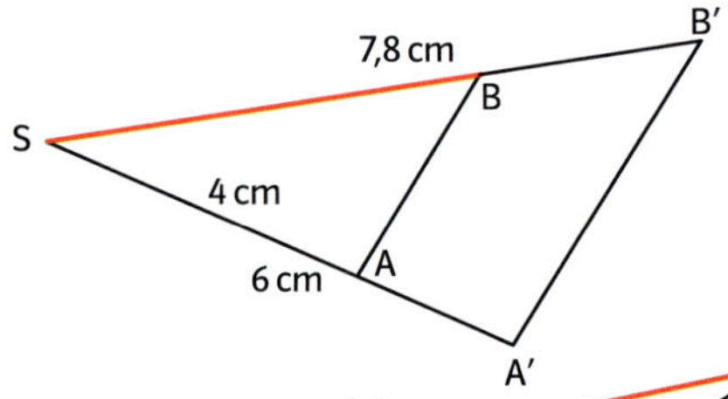

b)

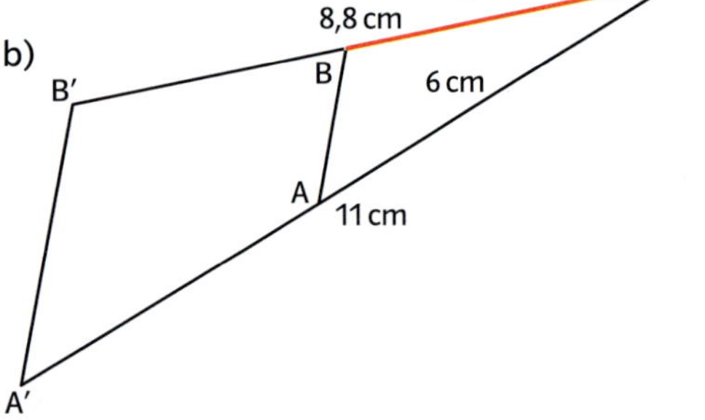

3 Eine der Strecken $\overline{SA}$, $\overline{SA'}$, $\overline{SB}$, $\overline{SB'}$ ist gesucht. Berechne sie. Runde, falls nötig, auf eine Stelle nach dem Komma.

a)

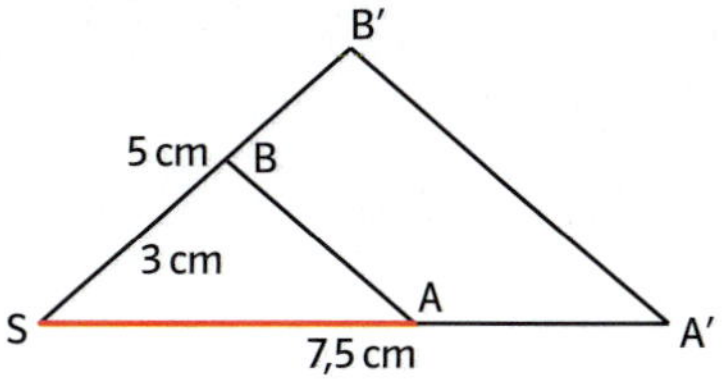

b)

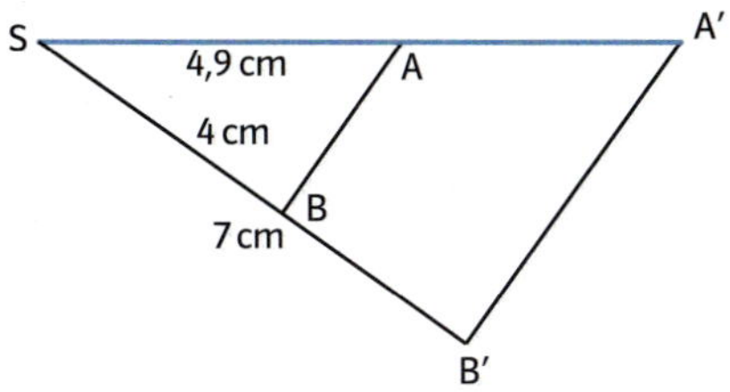

c)

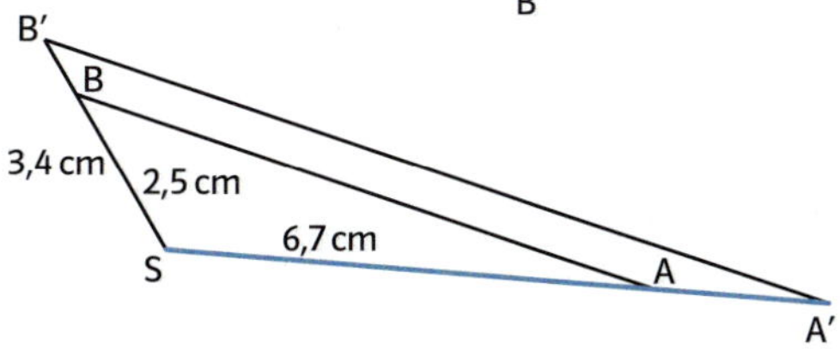

d)

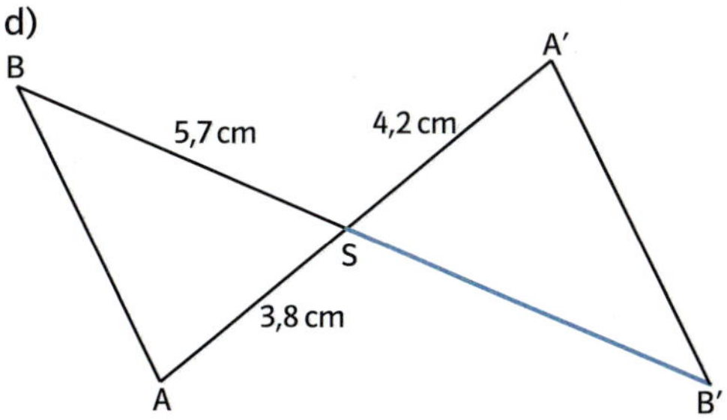

e)

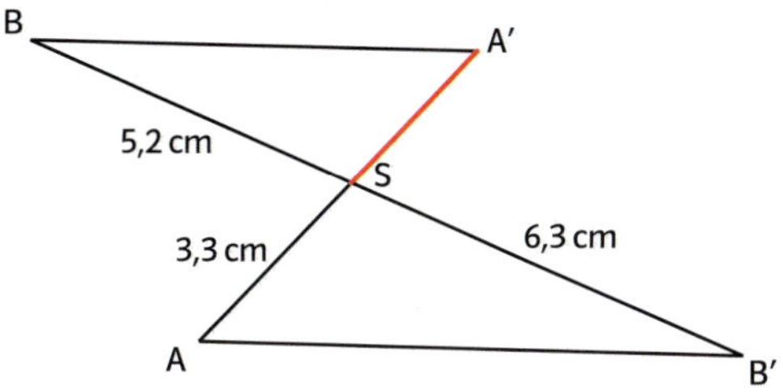

f)

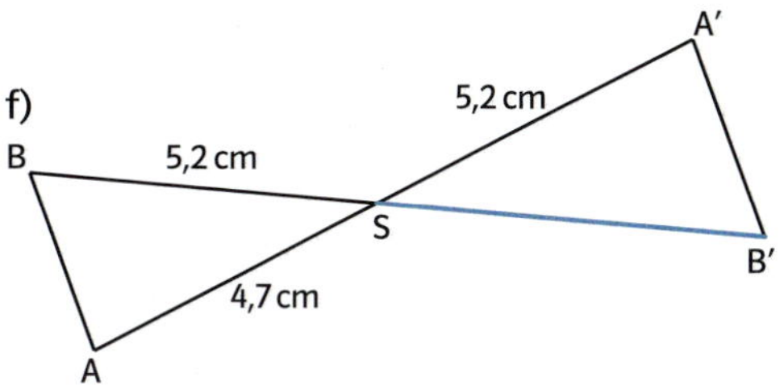

4 Berechne x.

a)

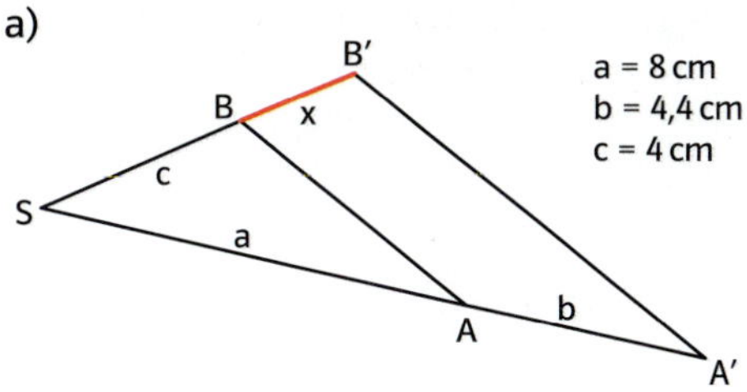

b)

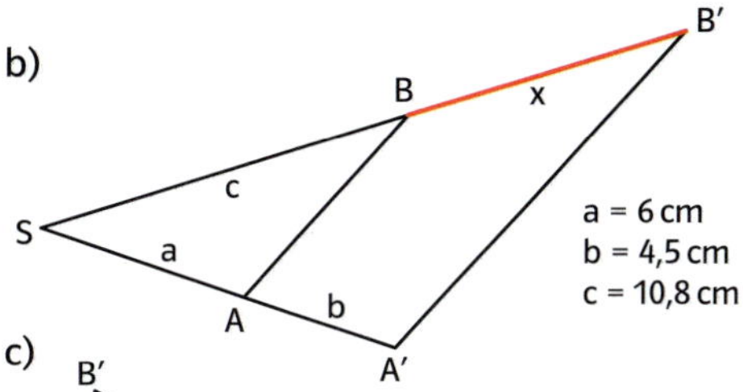

c)

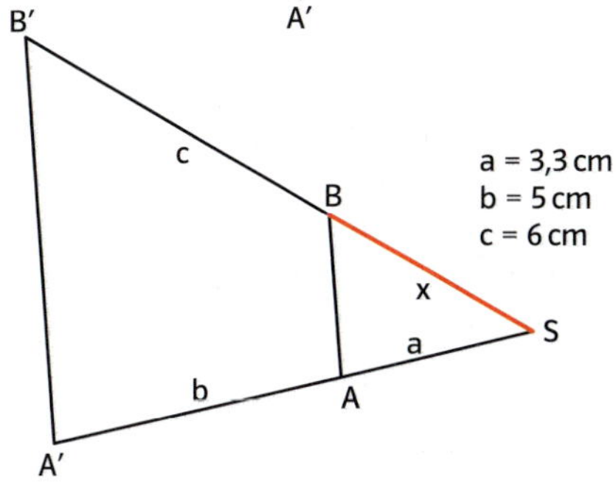

Ohne Worte – ohne Rechnung

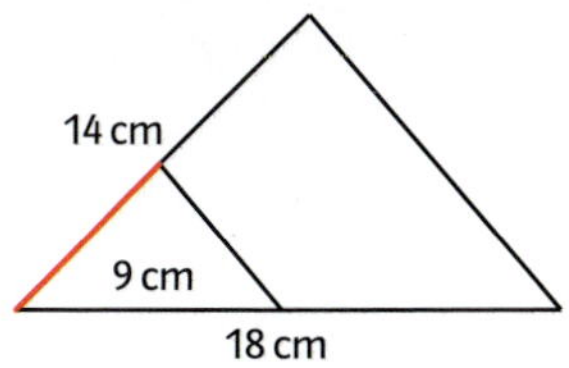

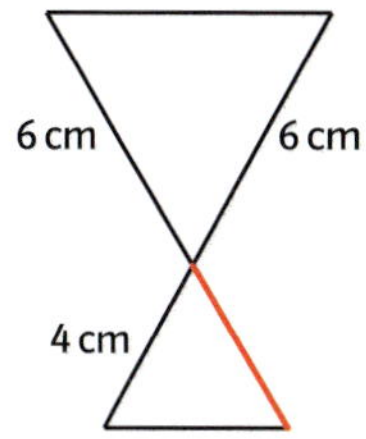

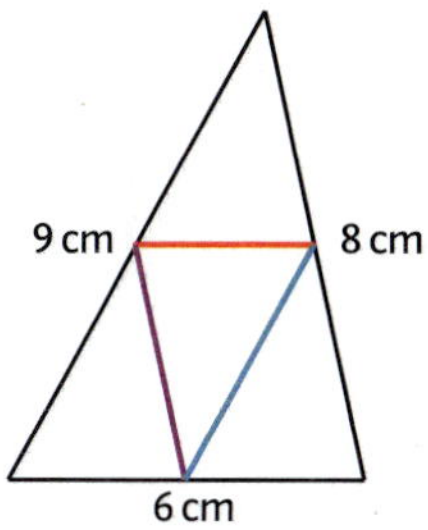

5 Berechne die rot markierte Strecke. Alle Strecken sind in cm angegeben. Runde, falls nötig, auf mm.

a)

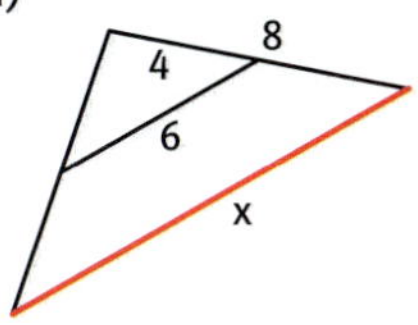

b)

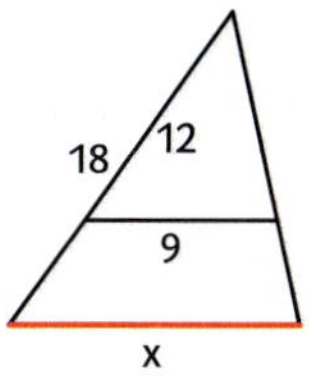

c)

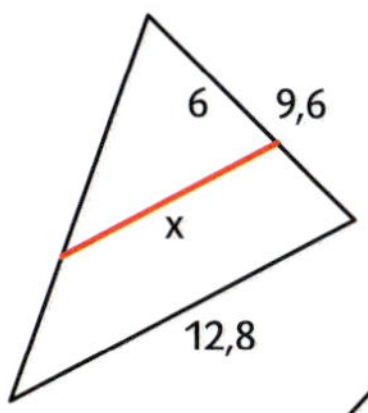

d)

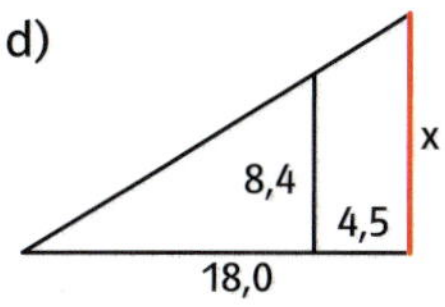

e)

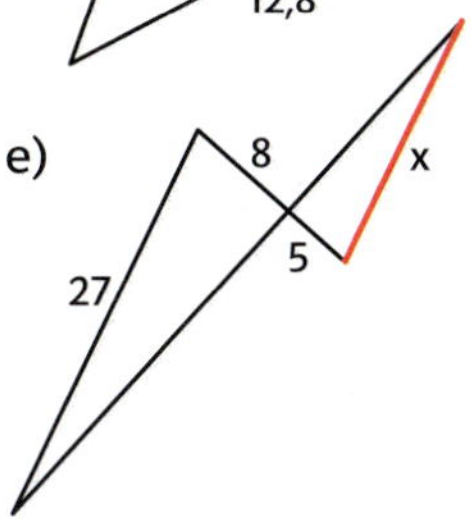

f)

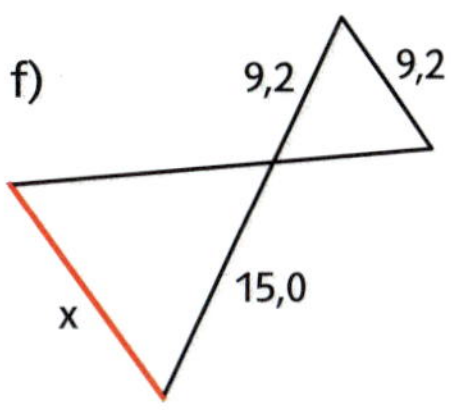

6 a) Drücke x in einer Formel durch a, b und c aus.

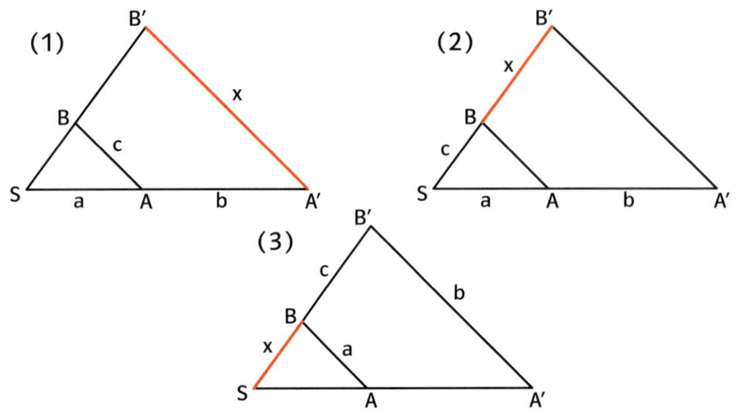

b) Berechne x mit den Formeln aus a) für
- a = 3,6 cm; b = 4,8 cm; c = 6 cm;
- a = 6,6 cm; b = 8,8 cm; c = 7,2 cm;
- a = 7 cm; b = 9 cm; c = 5 cm.

c) Skizziere Strahlensatzfiguren, verteile a, b, c und x sinnvoll und stelle die zugehörigen Formeln für x auf.

Forme $\frac{a}{b} = \frac{c}{d}$ um.
Aber: Vorsicht Falle!

$\frac{a}{c} = \frac{\square}{\square}$ $\quad$ $\frac{b}{a} = \frac{\square}{c}$

$\frac{d}{b} = \frac{\square}{\square}$ $\quad$ $\frac{c}{\square} = \frac{d}{\square}$

$\frac{b}{d} = \frac{\square}{\square}$ $\quad$ $\frac{\square}{\square} = \frac{b}{c}$

7 a) Skizziere eine Strahlensatzfigur, die zu der Gleichung passt. Es gibt mehrere Möglichkeiten. (Einheit: 1 cm)

$\frac{x}{5{,}5} = \frac{7{,}2}{8{,}8}$ $\qquad$ $\frac{4{,}4}{x + 4{,}4} = \frac{7{,}2}{12{,}6}$

$\frac{x + 3{,}3}{x} = \frac{8{,}6}{3{,}3}$ $\qquad$ $\frac{x}{x - 3{,}2} = \frac{7}{4{,}2}$

b) Berechne x. Du kannst deine Lösung an einer maßstäblichen Figur überprüfen.

8 a) In der Strahlensatzfigur gilt $\frac{a+b}{c+d} = \frac{a}{c}$. Beweise durch Umformung, dass auch $\frac{b}{d} = \frac{a}{c}$ und $\frac{a}{b} = \frac{c}{d}$ gilt.

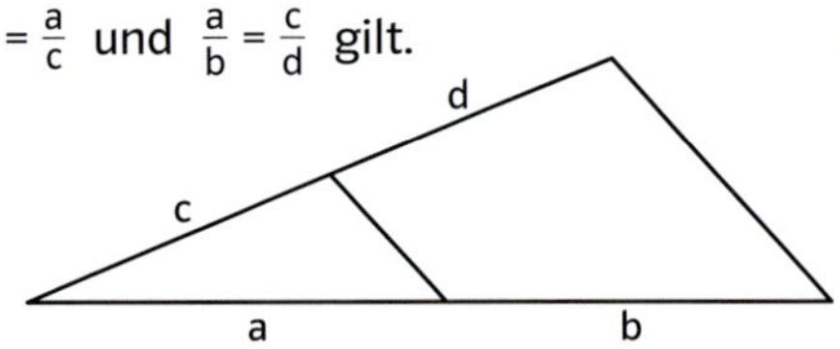

b) Gib c bzw. d an.

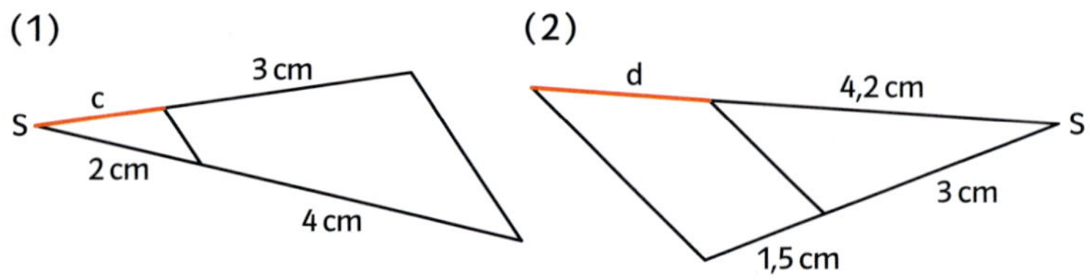

9 a) In der Grafik ist die Strecke $\overline{SA}$ in drei gleich lange Teile geteilt. Erkläre die Figur. Kommt es darauf an, wie lang r ist?

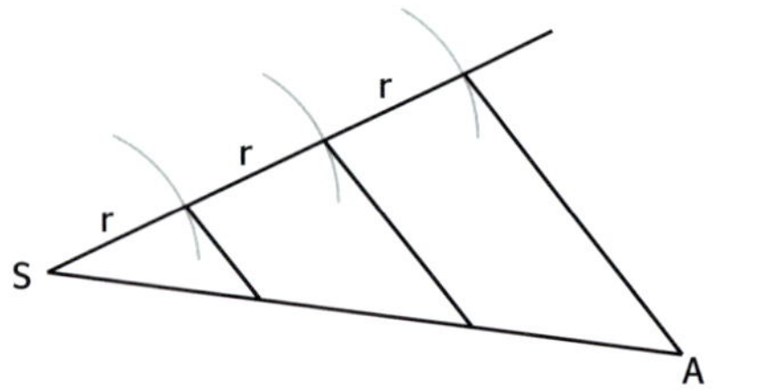

b) Teile wie in a)
- die Strecke a = 8 cm in 3 gleiche Teile.
- die Strecke a = 10 cm in 4 gleiche Teile.
- die Strecke a = 11 cm in 5 gleiche Teile.

10 Berechne die unbekannten Strecken. (alle Maße in mm)

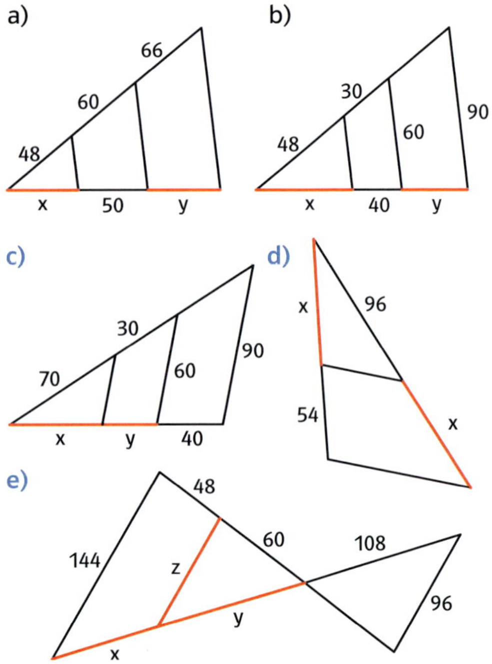

11 Berechne die Strecke x.

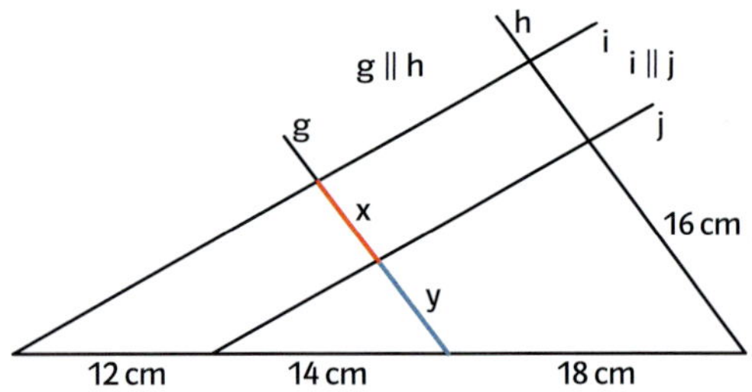

4 Die Strahlensätze anwenden

Aus den gemessenen Strecken soll die Höhe der Mauer bestimmt werden.
→ Um einen Strahlensatz anwenden zu können, ergänzen Hajo, Nicki und Torben die Figur.
Wer von ihnen findet so das Ergebnis?
Rosita fragt: „Steht der Stab genau senkrecht?"
→ Ist das für das Ergebnis wichtig?

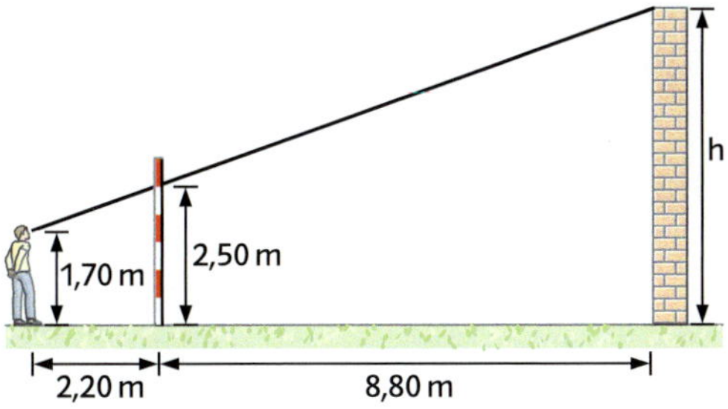

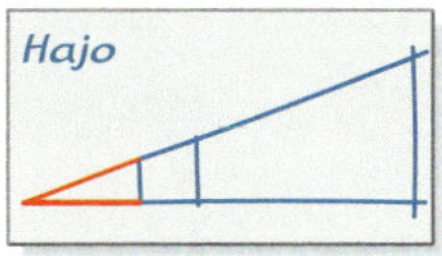

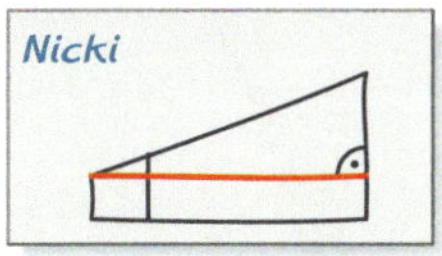

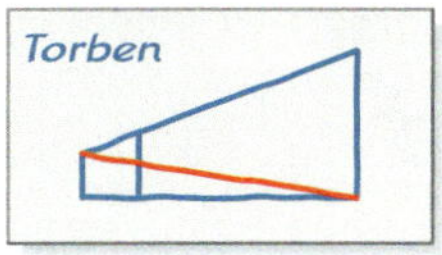

In vielen Anwendungsaufgaben helfen die Strahlensätze, weit entfernte oder sogar unerreichbare Strecken zu messen. Dazu einige nützliche Tipps:

Die Strahlensätze anwenden
- Ist zunächst keine Strahlensatzfigur erkennbar, so trage geeignete Hilfslinien ein.
- Prüfe, ob die Voraussetzungen der Strahlensätze erfüllt sind.
- Oft muss du Summen oder Differenzen von Längen in die Strahlensatz-Formeln einsetzen.
- Manchmal brauchst du Hilfsstrecken unbekannter Länge.
- Bringe gleichartige Größen auf die gleiche Einheit, rechne dann ohne Einheiten, füge die Einheit im Antwortsatz wieder an.

Beispiel

Die Höhe des Baums soll gemessen werden. Der Weg zum Baum ist aber versperrt. Daher wird der Baum von zwei Stellen S_1 und S_2 aus anvisiert.
Eine Hilfsstrecke x wird eingetragen. Damit entstehen zwei Strahlensatzfiguren mit den Scheiteln S_1 bzw. S_2.
Alle Längen werden auf die Einheit m gebracht. Dann wird zweimal der erste Strahlensatz angewendet.

S_1: $\frac{x}{h} = \frac{0{,}8}{0{,}6} = \frac{4}{3}$; also $x = \frac{4}{3} \cdot h$

S_2: $\frac{x + 48\,m}{h} = \frac{0{,}8}{0{,}3} = \frac{8}{3}$; also $x + 48\,m = \frac{8}{3} \cdot h$

Auflösen nach x und Gleichsetzen gibt

$$\frac{8}{3} \cdot h - 48\,m = \frac{4}{3} \cdot h \qquad \left| -\frac{4}{3} \cdot h + 48\,m\right.$$

$$h = 36\,m$$

Der Baum ist also 36 m hoch.
Weil man die Streckenlängen aber nicht genau messen kann, ist das nur ein Näherungswert.

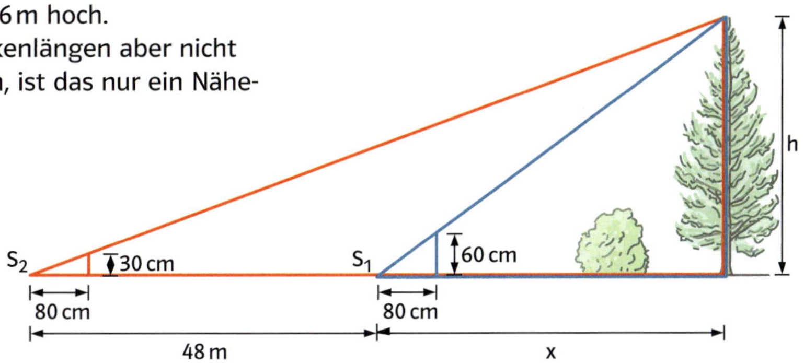

Aufgaben

1 a) Wie lang ist der See?

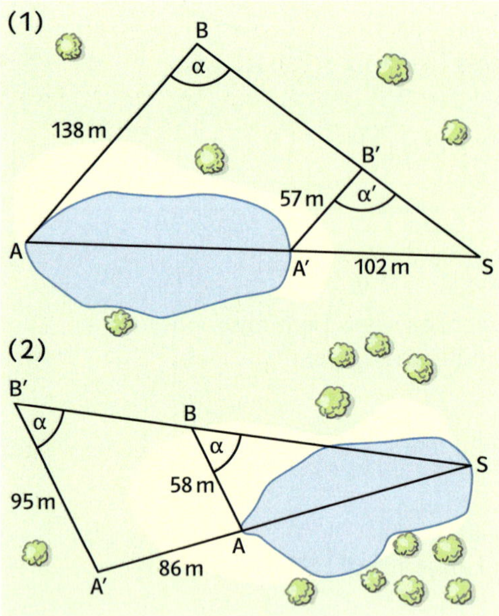

b) Schätze die Breite des Sees.
c) Gib einen Näherungswert für den Flächeninhalt des Sees an.

2 Ist die Entfernung eines Turms bekannt, lässt sich seine Höhe mithilfe eines Lineals bestimmen. Man hält es mit waagerecht ausgestrecktem Arm senkrecht hoch und misst die scheinbare Höhe.

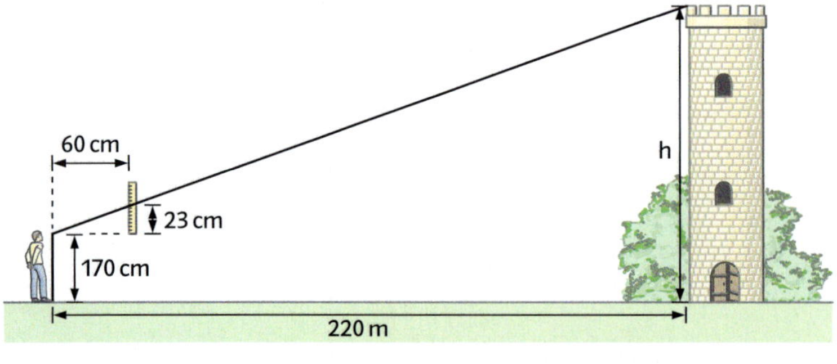

a) Wie hoch ist der Turm?
b) Es ist schwer, die scheinbare Höhe genauer als auf einen Zentimeter mehr oder weniger abzulesen. In welchen Grenzen liegt die Höhe des Turms?
c) Das Messverfahren hat noch mehr Ungenauigkeiten. Nenne einige.

3 Das Bild zeigt ein Verfahren, wie man die Breite eines Flusses berechnen kann.

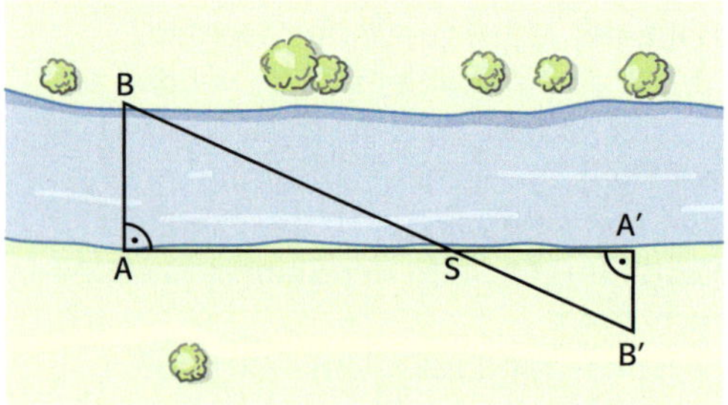

a) Berechne die Breite aus den Angaben $\overline{SA} = 100\,m$; $\overline{SA'} = 25\,m$; $\overline{A'B'} = 20\,m$.
b) Beschreibe das Verfahren.
c) Angenommen, die Strecke $\overline{SA}$ wurde ungenau vermessen und ist in Wirklichkeit nur 99,8 m lang. Wie wirkt sich das auf das Ergebnis aus?
d) Auch die Strecke $\overline{A'B'}$ könnte in Wirklichkeit 0,2 m kürzer sein als gemessen. Wie ändert sich jetzt das Ergebnis? Vergleiche mit c).

4 Familie Stark wandert auf die 2480 m hohe Weißspitze. Sie macht in 2020 m Höhe auf der Gamshütte Rast. Genau zwischen der Hütte und dem Gipfel liegt der 2320 m hohe Mittelkogel.
Horizontal gemessen sind die zwei Berggipfel 800 m voneinander entfernt, und die Hütte ist 1200 m vom Gipfel des Mittelkogels entfernt.
a) Zeichne ein Höhenprofil der Landschaft.
b) Ist der Gipfel der Weißspitze vom Rastplatz aus sichtbar?

5 Tina ist 1,70 m groß. Von S aus kann sie gerade noch die Spitze des Funkmasts sehen, der direkt hinter der Mauer steht.
Wie hoch ist der Mast mindestens?

Sollte dein Ergebnis 15,17 m sein, hast du etwas übersehen.

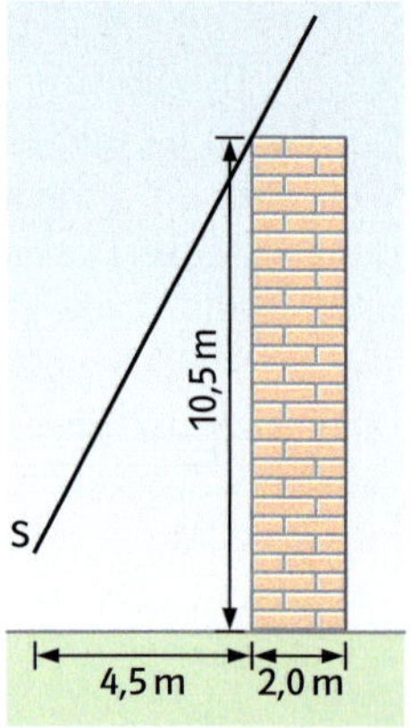

6 Windräder tragen immer mehr zur Stromversorgung bei. Geplant sind schon über 180 m hohe Riesen, die Strom für 6000 Haushalte liefern.

a) Beschreibe, wie du die Höhe des Masts messen kannst. Brauchst du einen Helfer oder geht es auch allein?
b) Auch die Flügellänge kannst du messen. Schreibe auf, wie du vorgehen könntest.

7 Marc und Thea haben aus einem Quadrat mit 10 cm Seitenlänge ein „Visierquadrat" hergestellt. Damit messen sie die Höhen von Bäumen, Masten und Häusern. Thea peilt das Ziel über die Visierkante an, und Marc liest ab, über welcher Skalenlinie der Faden hängt. Ist das Ziel 80 m entfernt und ist der Skalenwert 0,3, so beträgt die Höhe 24 m.

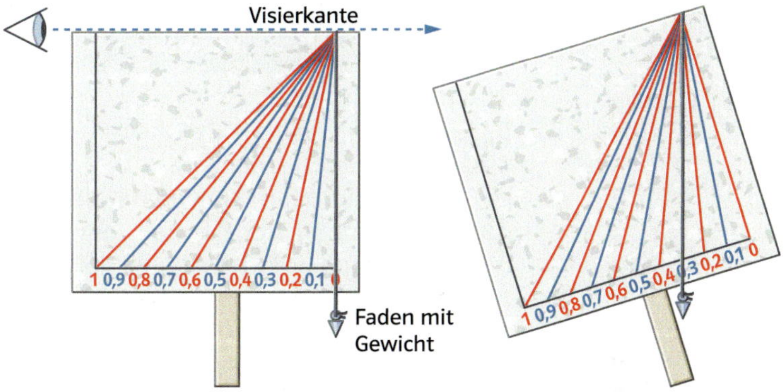

a) Stellt das Gerät her und führt gemeinsam einige Höhenmessungen aus.
b) Wenn ihr genug gemessen habt, könnt ihr vielleicht erklären, wie das Gerät funktioniert.

! *Sucht versteckte ähnliche Dreiecke!*

Wenn der Baum schief steht

Die Strahlensätze gelten nur, wenn die Strecken $\overline{AB}$ und $\overline{A'B'}$ parallel sind. Beim praktischen Messen ist diese Bedingung aber nur angenähert erfüllt. Dann entstehen Fehler. Die Grafik zeigt, dass die scheinbare Höhe h_s eines schief stehenden Baums kleiner als die wahre Höhe h_w ist.

- Zeichne rechtwinklige Dreiecke mit der längsten Seite $h_w = 10\,\text{cm}$ und den Winkeln $\alpha = 85°; 80°; 75°; 70°$. Miss die Seite h_s sorgfältig und lege eine Tabelle an.

Der Schiefstand des Baums verursacht den relativen prozentualen Fehler.

$$f_{rel} = \frac{h_w - h_s}{h_w} \cdot 100$$

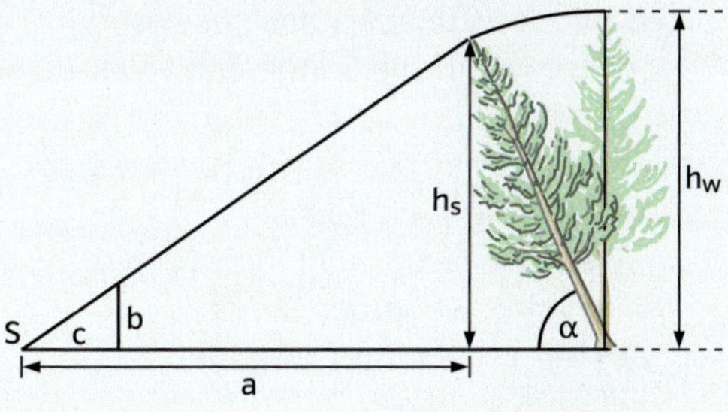

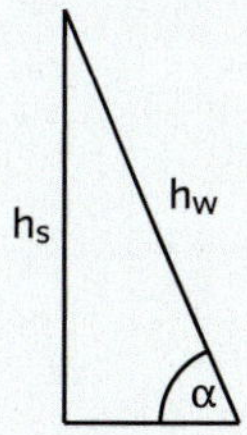

- Berechne f_{rel} für obige Winkel und füge die Ergebnisse in die Tabelle ein.
- Bei solchen Messungen stört ein relativer Fehler von 5 % nicht. Wie schief darf der Baum also noch stehen?
- Welche anderen Fehlerursachen könnten im Gelände noch auftreten? Wie berücksichtigt man die Augenhöhe?

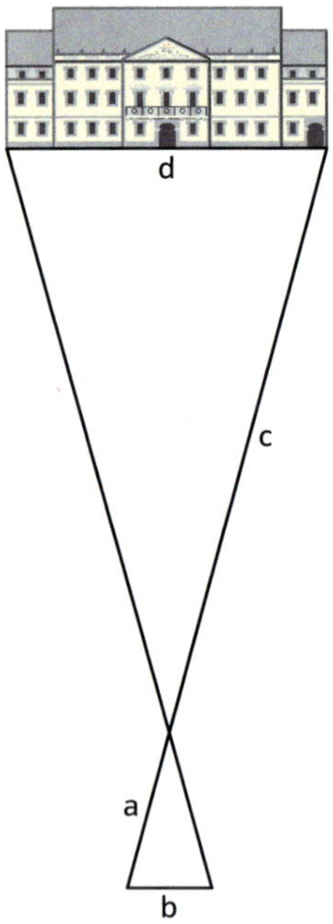

8 Strecke einen Arm waagerecht aus, halte den Daumen senkrecht und schaue ihn an. Wenn du die Augen abwechselnd schließt, springt der Daumen scheinbar nach links und rechts.
In der Figur ist a die Entfernung Auge–Daumen und b der Abstand der Pupillen. Der Quotient $q = \frac{a}{b}$ wird zwischen 8 und 11 liegen. Er ist deine persönliche Entfernungsmesszahl.
a) Dein Daumen springt über die ganze Breite $d = 80\,m$ des Schlosses. Wie weit bist du von ihm weg?
b) Suche selbst nach Gelegenheiten, den Daumensprung anzuwenden.
c) Cathy schaut ihren Daumen mit beiden Augen zugleich an. Der Daumen springt nur, wenn sie das rechte Auge schließt. Also ist ihr linkes Auge dominant. Welches deiner Augen ist dominant?

9 In einem alten chinesischen Mathematikbuch wird beschrieben, wie man die Höhe eines unzugänglichen Felsens messen kann.

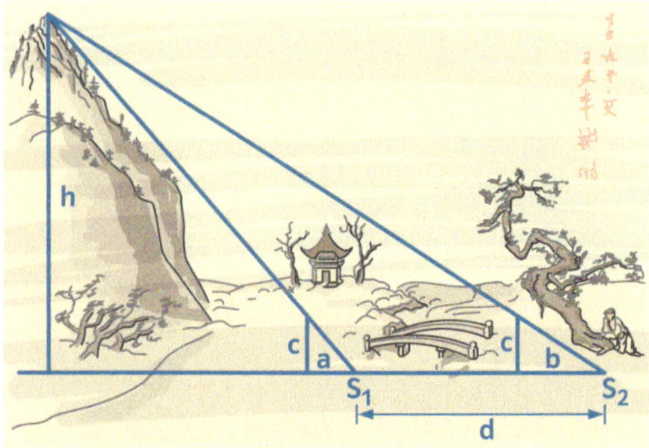

a) Berechne die Höhe h aus $a = 2{,}4\,m$; $b = 3{,}1\,m$; $c = 2{,}0\,m$; $d = 37{,}0\,m$.
b) Stelle eine Formel auf, in der h durch a, b, c, d ausgedrückt wird.

Sonnenfinsternis und Strahlensatz

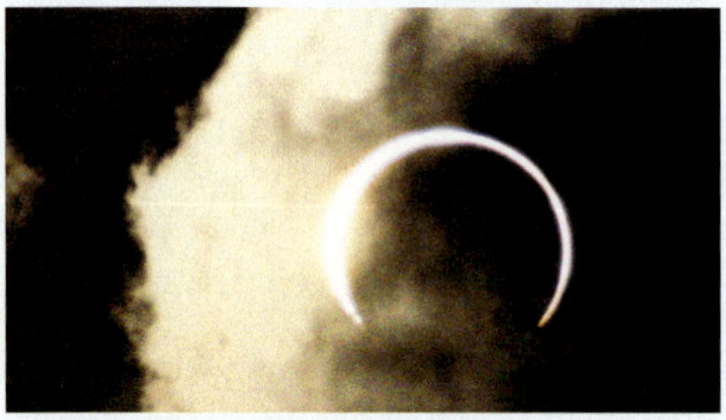

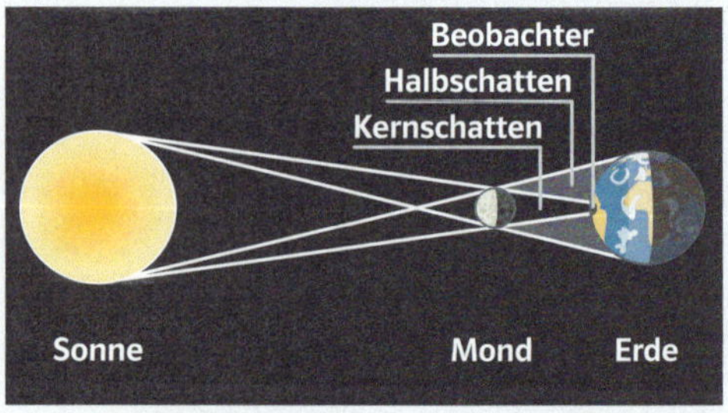

Eine Sonnenfinsternis entsteht, wenn der Mond die Linie Erde–Sonne kreuzt. Vom Beobachtungsort aus gesehen deckt der Mond die Sonne dann gerade vollständig ab.

- Prüfe das mit den angegebenen stark gerundeten Maßen nach.
Die Grafik ist nicht maßstäblich.
- Was wäre, wenn der Mond …
… von der Erde weiter weg wäre?
… viel größer wäre?
… in der Ebene der Erdbahn liefe?
- Im Internet ist viel über Sonnenfinsternisse zu finden. Du kannst dort sogar anschauen, wie der Mondschatten über die Erde läuft.

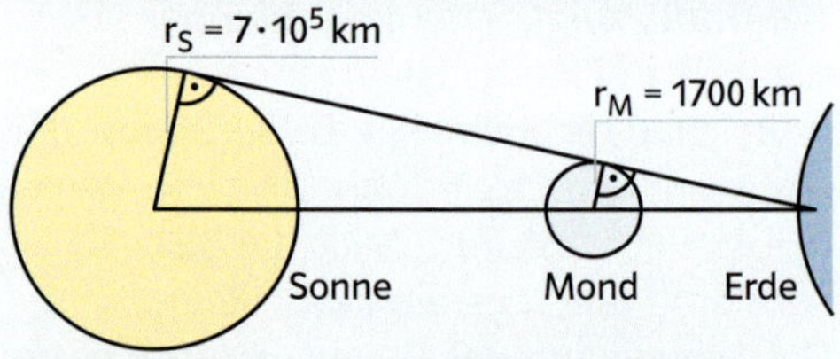

Mittelpunktsentfernung Erde – Sonne $d_{ES} = 150 \cdot 10^6$ km

Mittelpunktsentfernung Erde – Mond $d_{EM} = 384\,000$ km

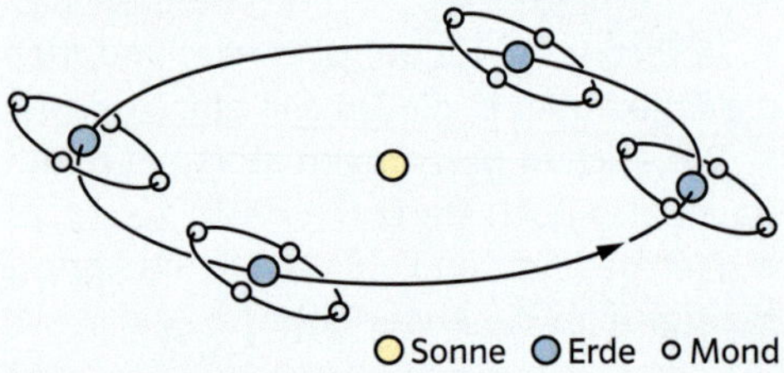

Zusammenfassung

Vergrößern und Verkleinern

Vergrößert oder verkleinert man eine Figur, werden alle Streckenlängen mit demselben positiven **Streckfaktor** k multipliziert.
Gilt $k > 1$, wird die Figur vergrößert, gilt $k < 1$, wird sie verkleinert.
Geht dabei eine Strecke $\overline{AB}$ in die Strecke $\overline{A'B'}$ über, so gilt $k = \frac{\overline{A'B'}}{\overline{AB}}$.

Ändert man Seiten oder Kanten mit dem Faktor k, so ändert sich der **Flächeninhalt** einer Figur mit dem Faktor $\mathbf{f = k^2}$ und das **Volumen** eines Körpers mit dem Faktor $\mathbf{v = k^3}$.

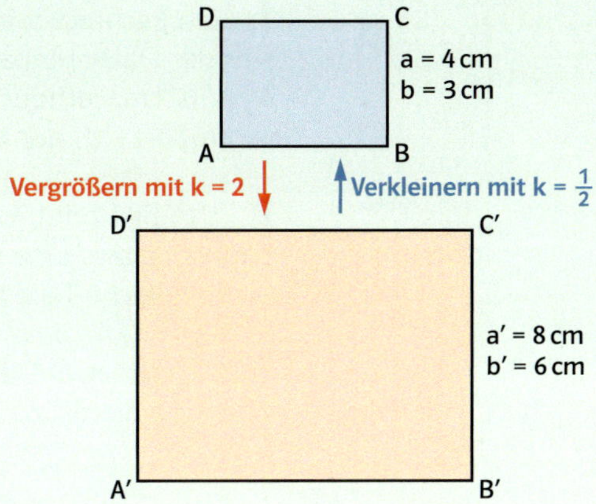

ähnliche Figuren

Durch Vergrößern oder Verkleinern einer Figur entsteht eine **ähnliche** Figur.
Ähnliche Figuren stimmen in den Verhältnissen entsprechender Seiten und in entsprechenden Winkeln überein.

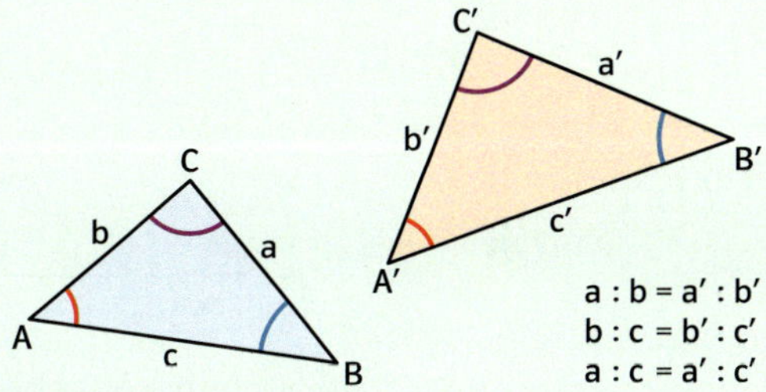

Strahlensätze

Schneiden zwei parallele Geraden die Schenkel eines Winkels, so gilt:

Erster Strahlensatz

$$\frac{\overline{SB'}}{\overline{SB}} = \frac{\overline{SA'}}{\overline{SA}}$$

Zweiter Strahlensatz

$$\frac{\overline{A'B'}}{\overline{AB}} = \frac{\overline{SA'}}{\overline{SA}} \text{ und } \frac{\overline{A'B'}}{\overline{AB}} = \frac{\overline{SB'}}{\overline{SB}}$$

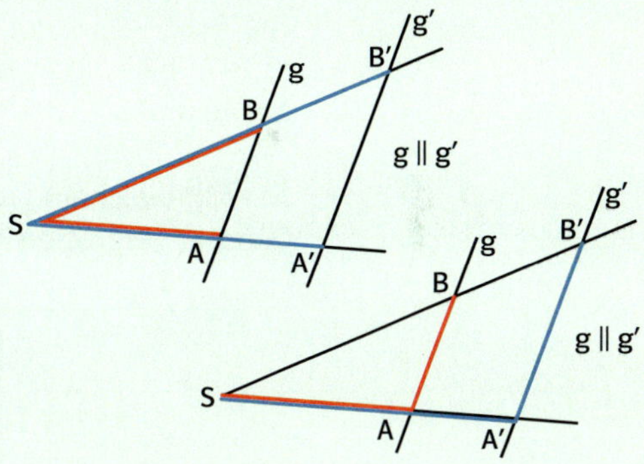

die Strahlensätze anwenden

- Ist zunächst keine Strahlensatzfigur erkennbar, so trage geeignete Hilfslinien ein.
- Prüfe, ob die Voraussetzungen der Strahlensätze erfüllt sind.
- Du musst oft Summen oder Differenzen von Längen in die Formeln einsetzen.
- Manchmal brauchst du Hilfsstrecken unbekannter Länge.
- Bringe gleichartige Größen auf die gleiche Einheit, rechne dann ohne Einheiten,

$$\frac{x}{d} = \frac{y}{c}$$

$$\frac{x}{b} = \frac{e + y}{a}$$

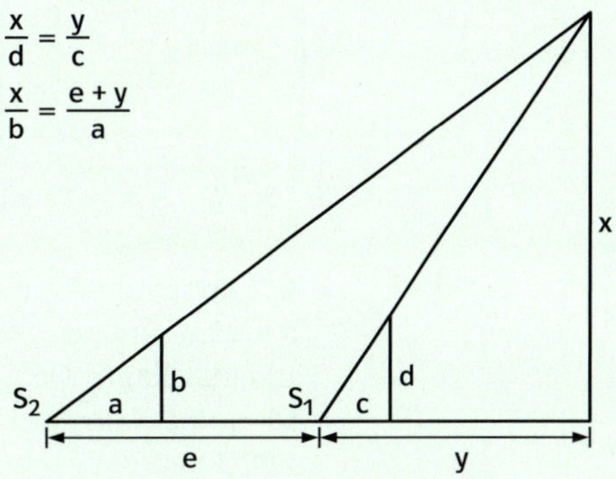

Üben • Anwenden • Nachdenken

1 Ein Rechteck wird so vergrößert, dass sich der Flächeninhalt von $A_1 = 72\,cm^2$ auf $A_2 = 162\,cm^2$ erhöht. Mit welchem Faktor vergrößert sich der Umfang?

2 Das Bild zeigt, wie man mithilfe des Strahlensatzes eine gegebene Strecke $\overline{AB}$ in drei gleiche Teile teilen kann.
a) Weise nach, dass $x_1 = x_2$ und $x_3 = x_1$ gilt. Kommt es auf die Länge der Hilfsstrecke r und die Größe des Winkels α an?

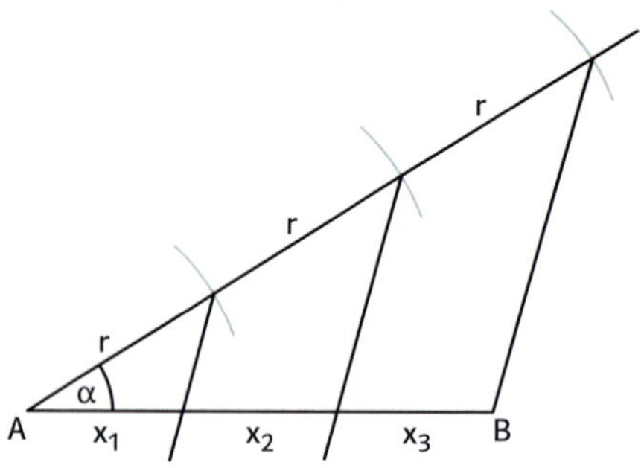

b) Führe die abgebildete Konstruktion für $\overline{AB} = 8\,cm$ aus.
c) Teile eine 13 cm lange Strecke in 5 gleiche Teile.
d) Teile eine 12 cm lange Strecke in 7 gleiche Teile.

3 Mit welchem Faktor wurde das linke Quadrat vergrößert?

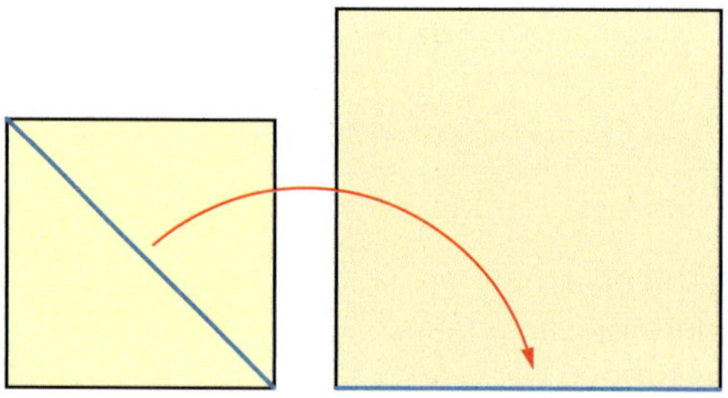

4 Konstruiere eine Raute ABCD mit $a = 9\,cm$ und $\alpha = 45°$. Verkleinere sie zu einer Raute A'B'C'D', deren Seiten die Länge der kürzeren Diagonalen der Raute ABCD haben.

5 Ein Quader mit den Kantenlängen $a_1 = 8\,cm$; $b_1 = 9\,cm$; $c_1 = 12\,cm$ wird so vergrößert, dass seine kürzeste Kante so lang ist wie die längste Kante des ersten Quaders.
a) Wie groß ist sein Volumen?
b) Wie groß ist seine Oberfläche?

6 Prüfe die Dreiecke mit den Seiten a, b, c bzw. d, e, f auf Ähnlichkeit. Die Seiten des zweiten Dreiecks heißen hier nicht a', b' und c', denn du musst die Seiten d, e und f vielleicht umsortieren.

	a	b	c	d	e	f
a)	7,0	5,6	9,8	24,5	17,5	14,0
b)	5,0	10,5	7,5	15,6	11,0	23,1
c)	10,8	16,2	7,2	10,8	4,8	7,2

7 a) Ein Dreieck hat die Seitenlängen 4 cm; 5 cm und 6 cm. Von einem zweiten Dreieck sind nur die Seitenlängen 6 cm und 9 cm bekannt. Kann es zum ersten Dreieck ähnlich sein?
b) Kann das Dreieck aus a) zu einem Dreieck ähnlich sei, von dem die Seitenlängen 6 cm und 10 cm bekannt sind?

8 Die zwei Vierecke ABCD und A'B'C'D' sind ähnlich. (Maße in cm)

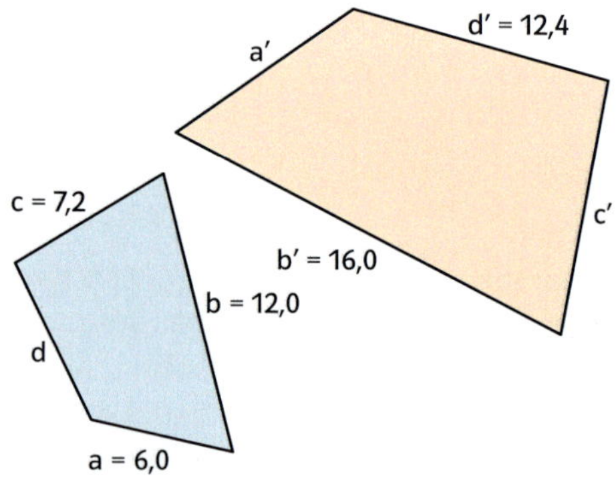

a) Berechne a', c' und d.
b) Um wie viel Prozent größer ist der Flächeninhalt des zweiten Vierecks im Vergleich mit dem ersten?

9 Berechne die Strecke x im Trapez. Eine Hilfslinie hilft wirklich! (Maße in mm)

a)

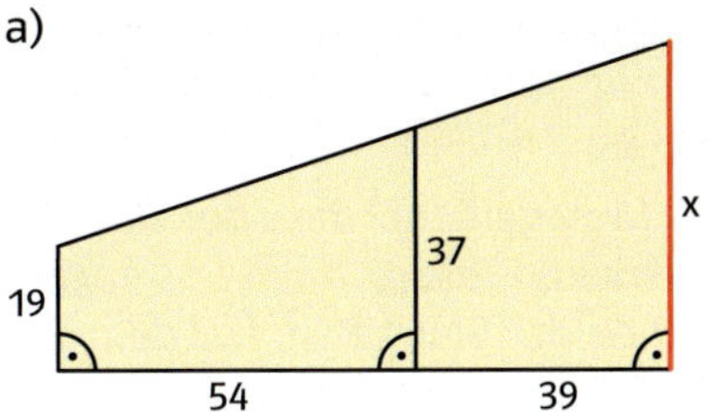

b)

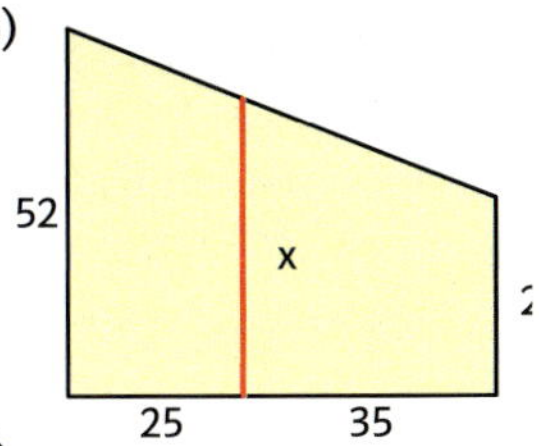

c)

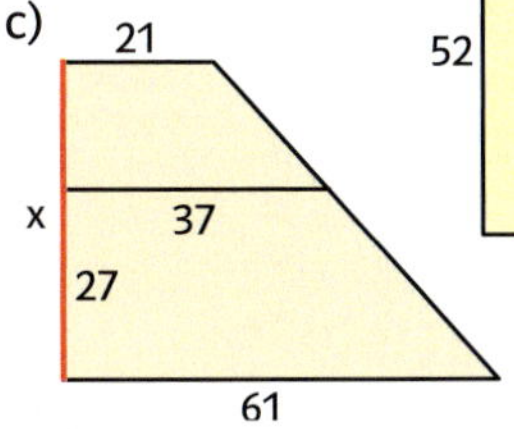

10 Im Dreieck steckt ein Quadrat.

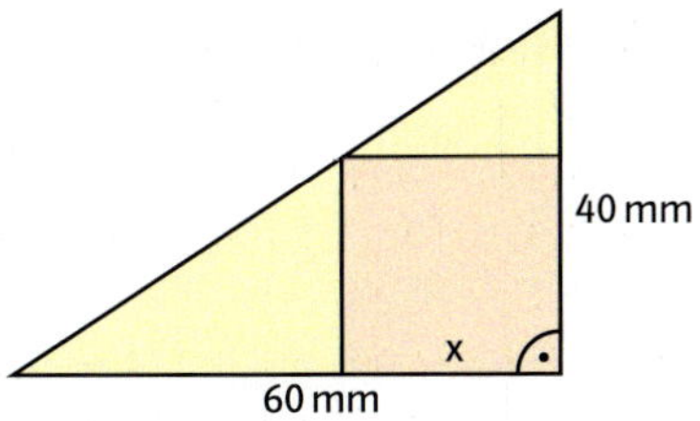

a) Berechne die Quadratseite x.

b) Sina hat die Strahlensätze schon vergessen. Sie kann x trotzdem berechnen.

c) Mirko schafft es nicht, x auszurechnen. Er kann aber das Quadrat konstruieren.

11 a) Wie lang sind die Seen? (Die Zeichnung ist nicht maßstäblich.)

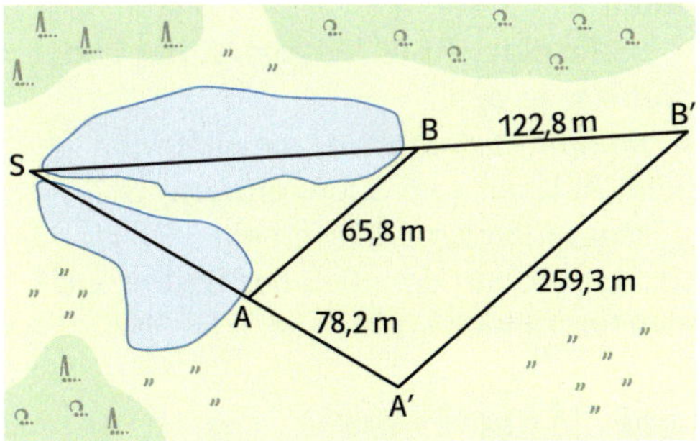

b) Hast du in a) wirklich die Längen berechnet?

12 Berechne x. (Maße in mm; die Zeichnungen sind nicht maßstäblich.)

a)

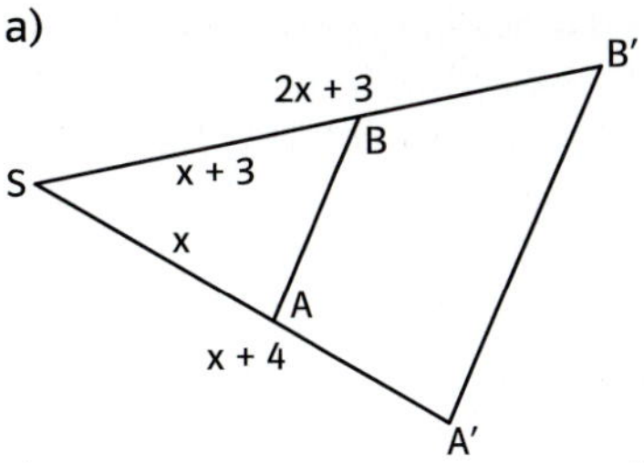

b)

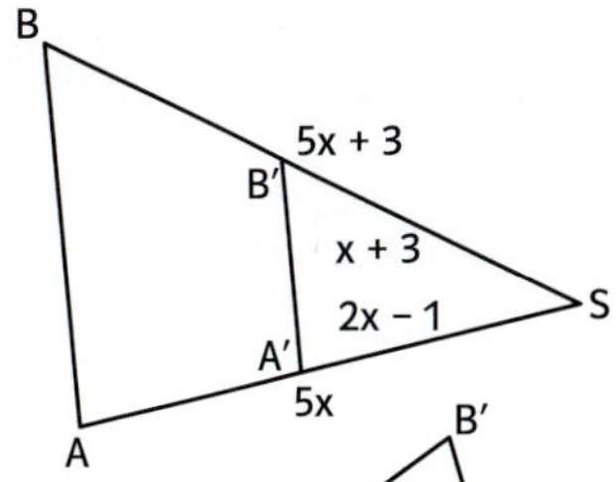

c)

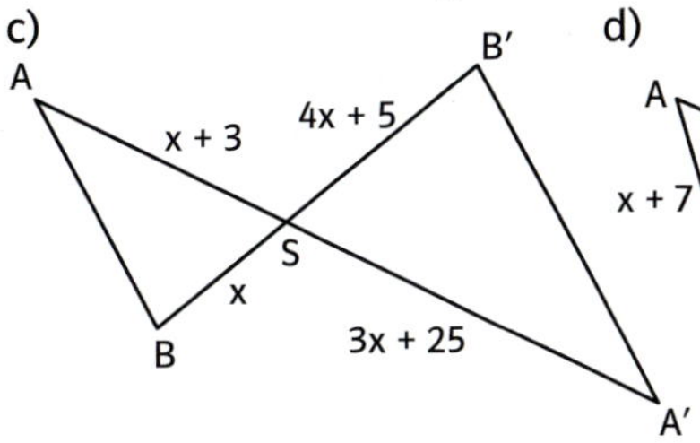

d)

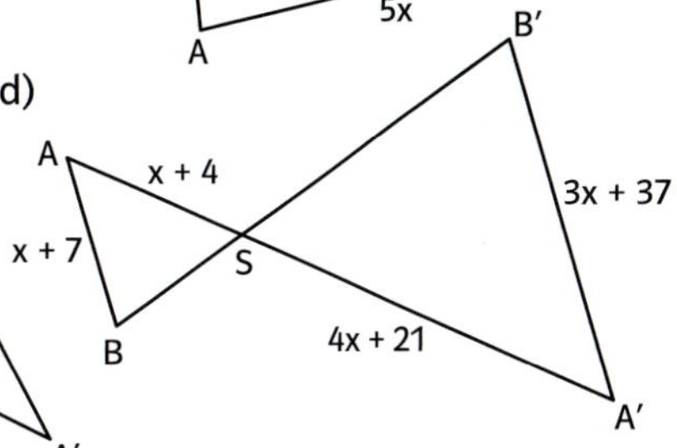

13 Im Trapez steckt ein Quadrat. Berechne die Seitenlänge x.

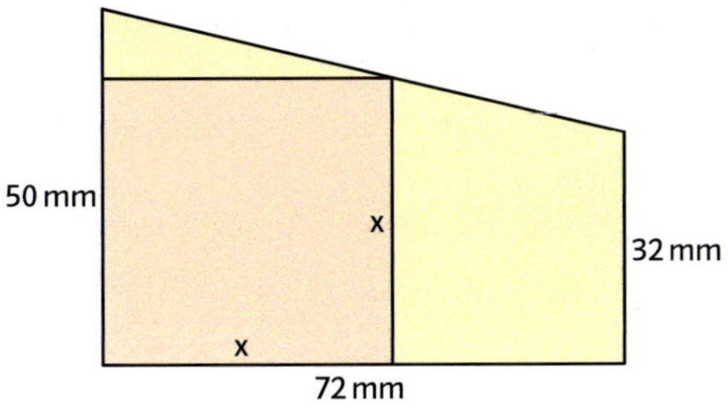

14 a) Das grüne Rechteck im Trapez soll zum Quadrat werden. Mit einem DGS kannst du seine Seitenlänge experimentell finden.

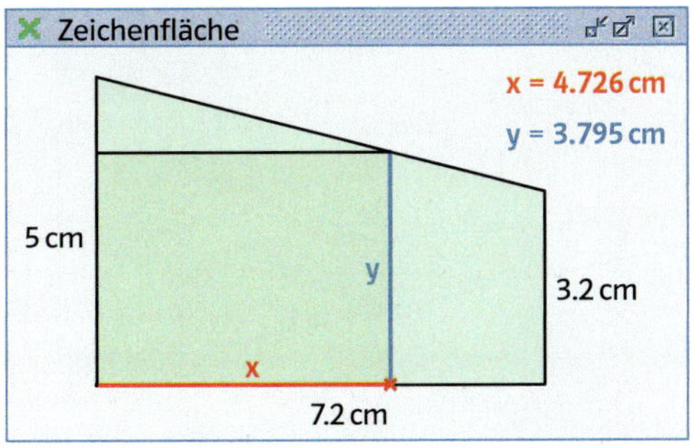

b) Ändere die Seitenlänge 3,2 cm ab und suche wieder nach dem Quadrat. Günstige neue Seitenlängen sind 2,2; 3,2; 4,2; 4,7.

Wie hoch ist der Baum?

Zum Messen von Baumhöhen wurde ein interessantes Messgerät erfunden.
Man arbeitet damit so:

- Eine 2 m lange Stange wird aufrecht an den Baum gestellt.
- Man geht einige Schritte vom Baum weg und hält das Messgerät so, dass der Baum scheinbar von der inneren Unterkante bis zur inneren Oberkante reicht.
- Ohne die Haltung zu verändern, peilt man das obere Ende der Stange an. Auf dem Messgerät zeigt der Peilstrahl SB dann bei B′ die Baumhöhe an.

Der Trick liegt in der Teilung der Skala. Sieh dir die zwei Strahlensatzfiguren unten mit den Schenkeln SA und SB und mit den Schenkeln SA und SC an.

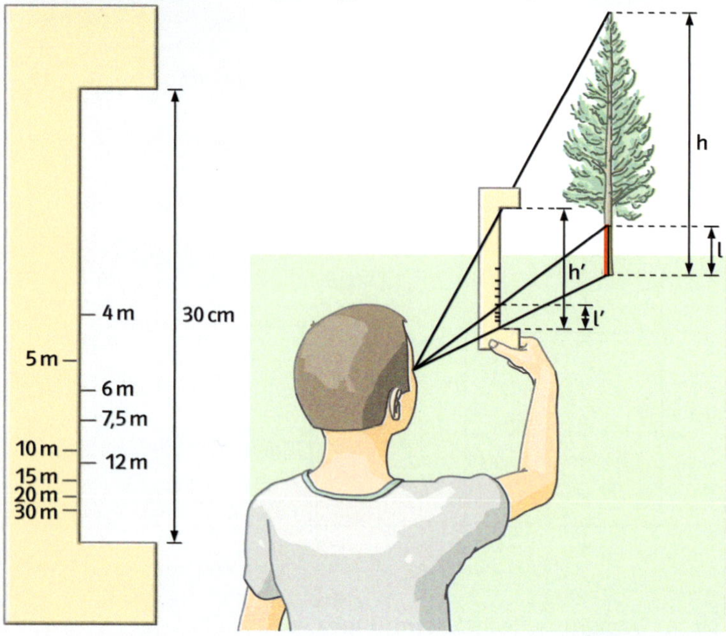

Erster Strahlensatz: $\frac{\overline{A'B'}}{\overline{AB}} = \frac{\overline{SA'}}{\overline{SA}}$

Zweiter Strahlensatz: $\frac{\overline{A'C'}}{\overline{AC}} = \frac{\overline{SA'}}{\overline{SA}}$

Gleichsetzen: $\frac{\overline{A'B'}}{\overline{AB}} = \frac{\overline{A'C'}}{\overline{AC}}$

Also kurz: $\frac{l'}{l} = \frac{h'}{h}$

Auflösen nach h: $h = \frac{l}{l'} \cdot h'$

Es gilt $l = 2\,m$ und $h' = 30\,cm = 0{,}3\,m$.
Damit erhält man folgende Formel:

$$h = \frac{0{,}6}{l'};\ l' \text{ und } h \text{ in m}$$

Beispiel: B′ liegt bei $l' = 4\,cm = 0{,}04\,m$; damit ist $h = 15\,m$.

An der 4-cm-Stelle der Skala wird „15 m" eingetragen.

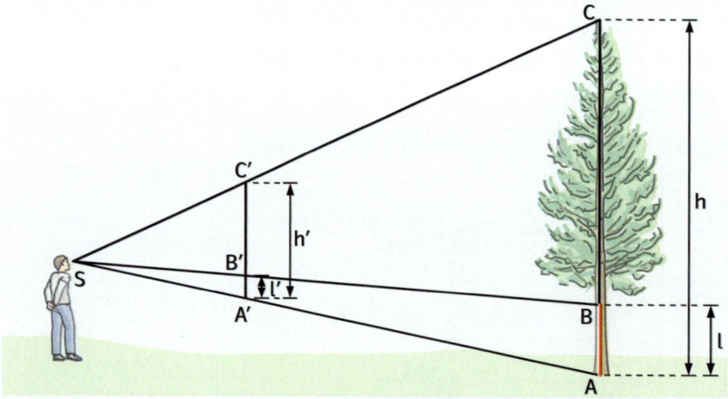

- Bestätige die Werte in der Wertetafel unten.
- Stelle ein solches Messgerät her und probiere es aus.
- Kommt es darauf an, wie weit man beim Ablesen vom Baum entfernt ist?
- Muss man zum Ablesen eine Stelle suchen, die mit dem Fuß des Baums auf gleicher Höhe liegt?

l′ in m	0,02	0,03	0,04	0,05	0,06	0,08	0,10	0,12	0,15
h in m	30	20	15	12	10	7,5	6	5	4

Rückspiegel

1 a) Vergrößere das Rechteck mit dem Faktor k = 1,5.
b) Verkleinere das Dreieck mit k = 0,5.

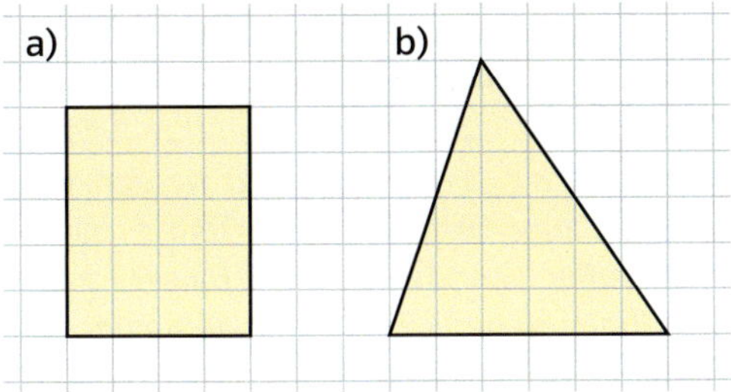

2 Ein Rechteck wird so vergrößert, dass die Seite a = 8 cm in die Seite a′ = 12 cm übergeht. Mit welchem Faktor f vergrößert sich der Flächeninhalt?

3 Zeichne ein Rechteck mit a = 10,5 cm und b = 8,4 cm dazu und ein ähnliches Rechteck mit a′ = 7,5 cm.

4 Ist das Dreieck ABC mit
a = 9 cm; b = 7,5 cm; c = 12 cm
zum Dreieck A′B′C′ mit
a′ = 12 cm; b′ = 10 cm; c′ = 16 cm ähnlich?

5 a) Berechne x.
b) Berechne y.

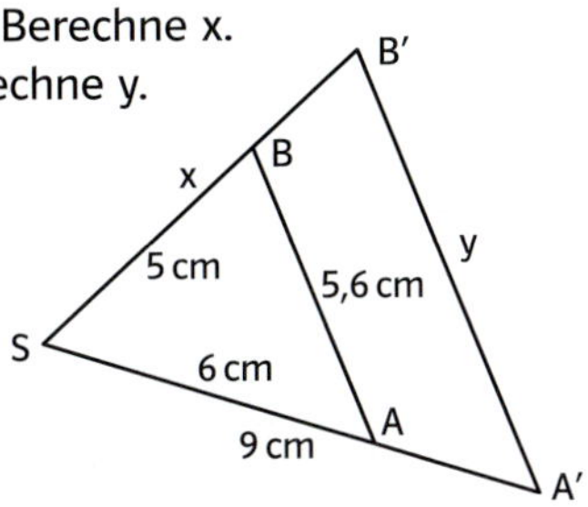

6 Wie hoch ist der Baum?
(Maße in m; nicht maßstäblich)

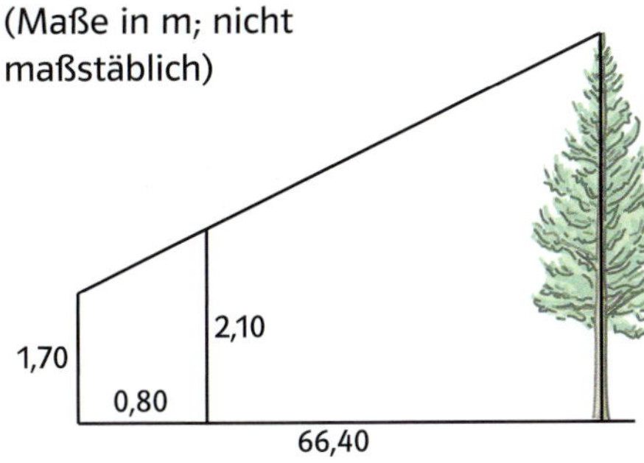

1 a) Vergrößere das Rechteck mit dem Faktor k = 1,25.
b) Verkleinere das Dreieck mit $k = \frac{2}{3}$.

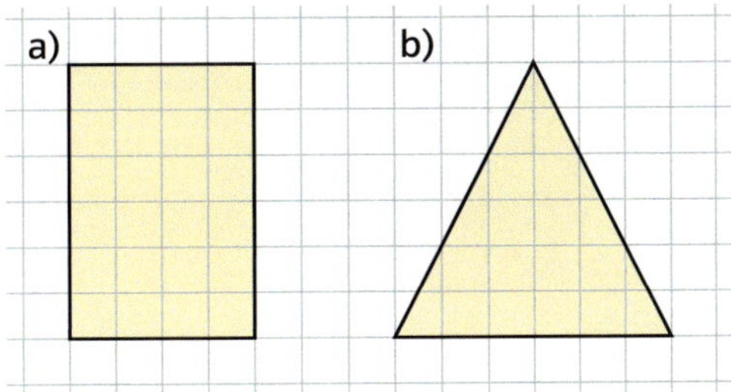

2 Ein Dreieck wird so verkleinert, dass der Flächeninhalt A = 49 cm² auf A′ = 25 cm² sinkt. Mit welchem Faktor k verkleinern sich die Längen?

3 Zeichne ein Dreieck mit
a = 6 cm; b = 7,8 cm; c = 5,4 cm
und ein dazu ähnliches Dreieck mit dem Umfang u′ = 12,8 cm.

4 Welche der Rechtecke R, R′, R″ sind zueinander ähnlich?
R: a = 57,4 mm; b = 49,2 mm
R′: a′ = 121 mm; b′ = 141 mm
R″: a″ = 38,5 mm; b″= 33 mm

5 Berechne x und y.

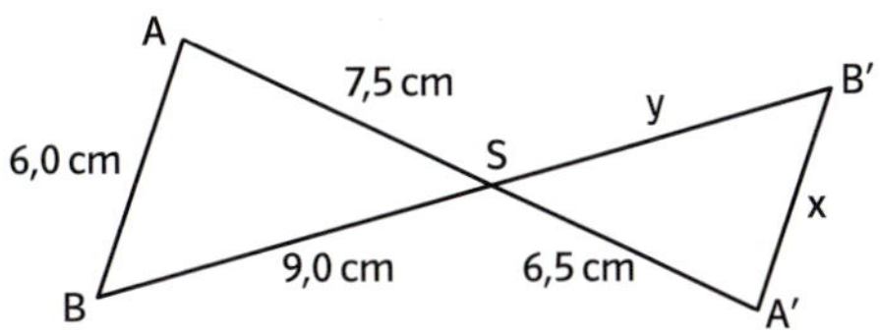

6 Wie hoch ist der Sendemast?

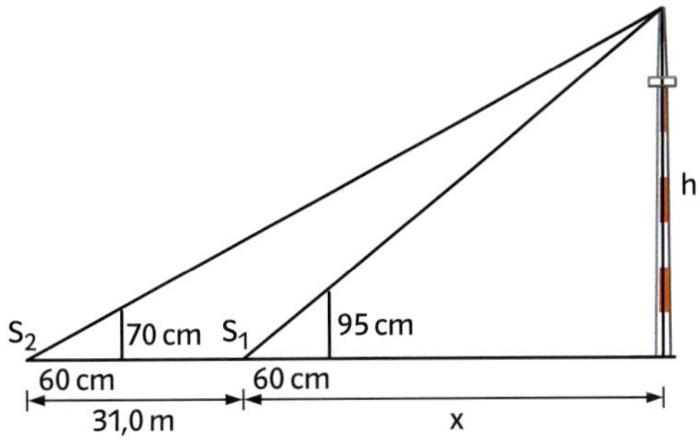

Ein guter Tausch?

Sehr geehrter Herr Albrecht,

wie Sie bereits wissen, wird der Bau der neuen Umgehungsstraße geplant. Die Straße wird so verlaufen, dass dazu Ihre beiden Grundstücke 1 und 2 gebraucht werden. Wir schlagen zum Ausgleich einen Tausch mit dem großen Grundstück 3 vor. Dieser Tausch wird Ihnen sicherlich entgegenkommen, da die Bewirtschaftung des einen Feldes günstiger ist.
Ich hoffe auf eine positive Antwort und verbleibe mit freundlichen Grüßen

Der Bürgermeister
P. S. Die Abmessungen können Sie dem beiliegenden Plan entnehmen.

Wie wird sich Bauer Albrecht deiner Meinung nach entscheiden? Begründe.

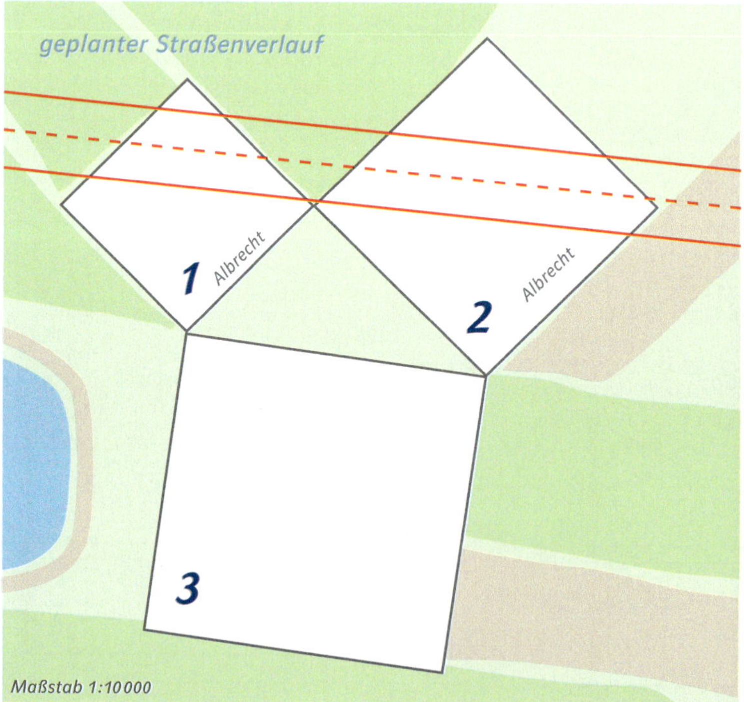

Sehr geehrter Herr Bürgermeister,

von Bauer Albrecht haben wir vom Feldertausch der Gemeinde erfahren.
Auch wir besitzen Felder in ähnlichen Lagen und würden diese gerne gegen ein einziges großes Grundstück tauschen.
Die Lage der Felder ersehen Sie aus dem beiliegenden Plan. Wir hoffen, dass Sie auch bei uns diesem Tausch zustimmen werden.

Hochachtungsvoll

Balthasar Beck
Cornelius Krieger

Wie wird der Bürgermeister in diesen beiden Fällen entscheiden?
Schau dir die unten abgebildeten Lagepläne an und gib ihm dann brauchbare Tipps.

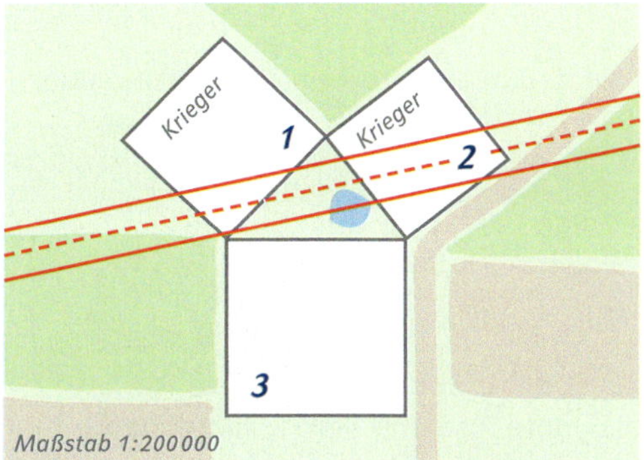

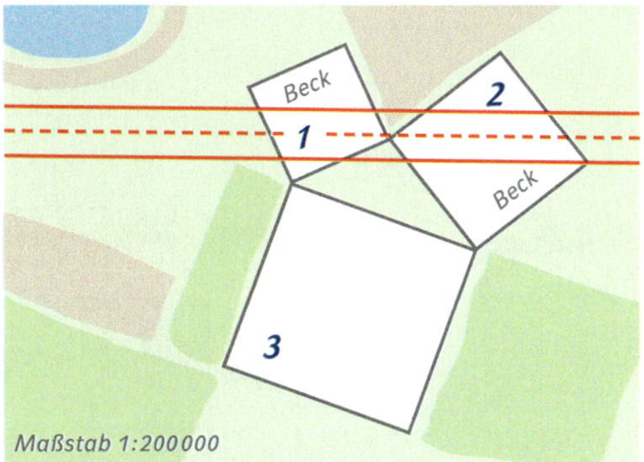

In diesem Kapitel lernst du,

- was der Satz des Pythagoras, der Kathetensatz und der Höhensatz aussagen,
- wie man mit der Satzgruppe des Pythagoras die Seitenlängen und Höhen rechtwinkliger Dreiecke berechnet,
- wie man die Satzgruppe des Pythagoras zur Berechnung von Strecken in geometrischen Figuren benutzt,
- dass der Satz des Pythagoras in vielen Alltagssituationen Anwendung findet.

1 Kathetensatz

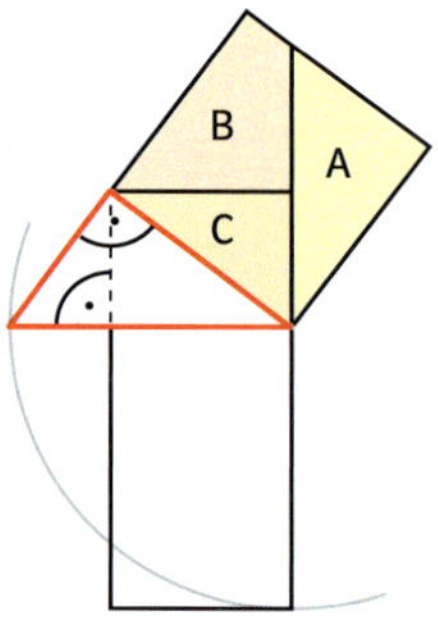

Übertrage die gesamte nebenstehende Figur ins Heft. Verwende für das rote Dreieck die Maße 6 cm, 8 cm und 10 cm. Zeichne das eingefärbte Quadrat nochmal auf ein Blatt und zerschneide es in die drei Einzelteile.
→ Probiere, ob du die Puzzleteile in das untere Rechteck einpassen kannst.

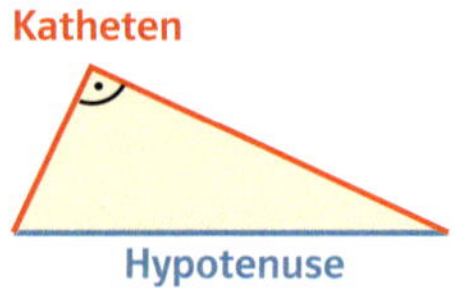

! *Katheten nennt man die am rechten Winkel anliegenden Dreiecksseiten.*

Die Hypotenuse liegt dem rechten Winkel gegenüber und ist die längste Seite.

Man schneidet zwei kongruente rechtwinklige Dreiecke aus. Eines davon teilt man längs der Höhe in zwei rechtwinklige Teildreiecke:

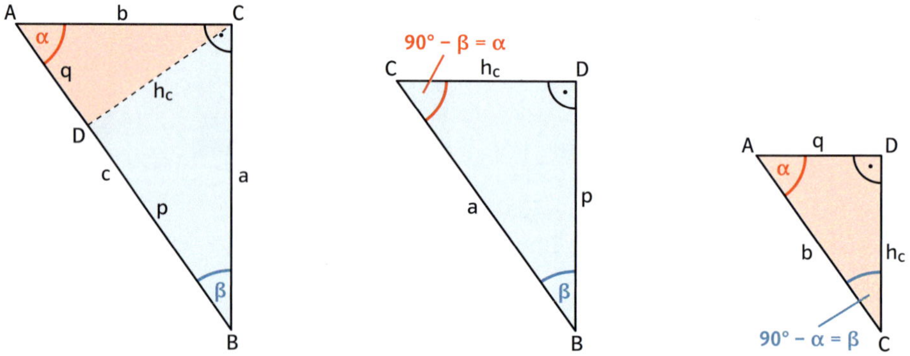

Die zu c gehörige Höhe teilt die Hypotenuse in zwei Hypotenusenabschnitte p und q.

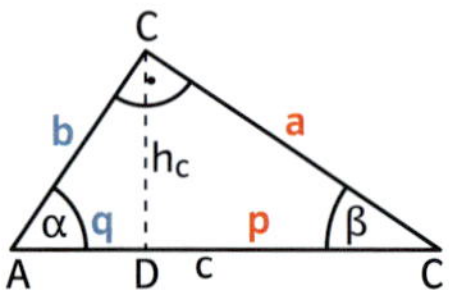

Alle drei Dreiecke sind zueinander ähnlich, weil sie in den entsprechenden Winkeln übereinstimmen.
Deshalb gilt: $\frac{a}{p} = \frac{c}{a}$ und $\frac{b}{q} = \frac{c}{b}$.
Durch Umformen der beiden Beziehungen erhält man: $a^2 = c \cdot p$ und $b^2 = c \cdot q$.
Diesen Zusammenhang nennt man **Kathetensatz** oder auch Satz des Euklid.

Kathetensatz: Im rechtwinkligen Dreieck ist das Quadrat über einer Kathete flächeninhaltsgleich mit dem Rechteck aus der Hypotenuse und dem anliegenden Hypotenusenabschnitt: $\mathbf{a^2 = c \cdot p}$ und $\mathbf{b^2 = c \cdot q}$

Bemerkung

Die Gleichungen können auch geometrisch gedeutet werden: Dann steht a^2 für den Flächeninhalt des Quadrats über der Seite a und $c \cdot p$ für den Flächeninhalt des Rechtecks, das aus der Seite e und dem Abschnitt p gebildet wird.
Quadrat und Rechteck sind flächengleich.
Entsprechendes gilt für die Gleichung $b^2 = c \cdot q$.

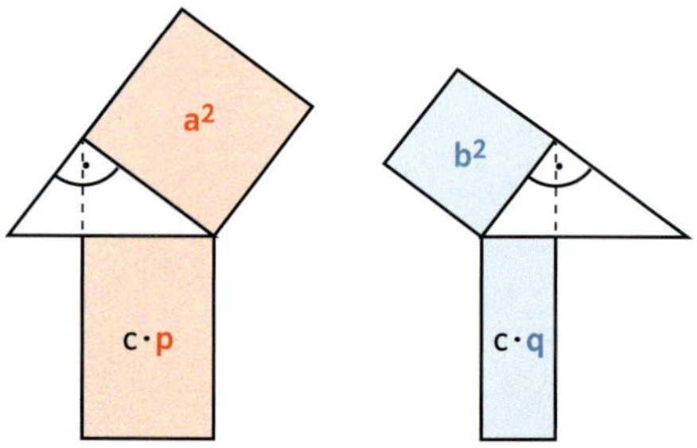

Beispiele

a) Aus der Länge der Hypotenuse $c = 8{,}5\,\text{cm}$ und dem Hypotenusenabschnitt $p = 3{,}6\,\text{cm}$ kann die Kathete a berechnet werden.

$a^2 = c \cdot p$ $\qquad a = \sqrt{8{,}5 \cdot 3{,}6}\,\text{cm}$

$a = \sqrt{c \cdot p}$ $\qquad a \approx 5{,}5\,\text{cm}$

b) Wenn die Kathete $b = 5{,}9\,\text{cm}$ und der zugehörige Hypotenusenabschnitt $q = 2{,}8\,\text{cm}$ bekannt sind, kann durch Umformen die Hypotenuse c berechnet werden.

$b^2 = c \cdot q \quad | : q$ $\qquad c = \frac{5{,}9^2}{2{,}8}\,\text{cm}$

$\frac{b^2}{q} = c$ $\qquad c \approx 12{,}4\,\text{cm}$

c) Mit dem Kathetensatz kann ein Quadrat zeichnerisch in ein flächeninhaltsgleiches Rechteck umgewandelt werden und umgekehrt.

Weil Längen stets positiv sind, darf man aus beiden Seiten die Wurzel ziehen.

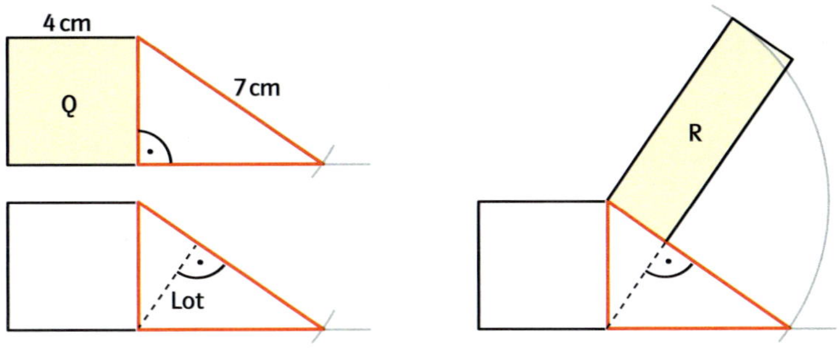

Aufgaben

1 Formuliere den Kathetensatz für die Figur.

a)

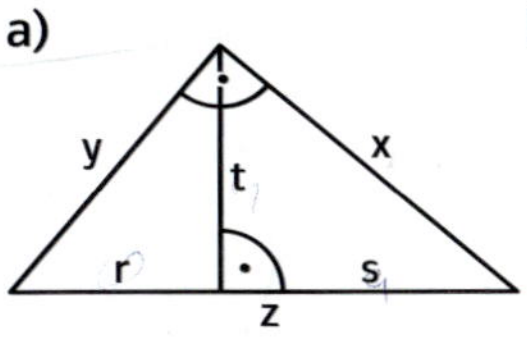

b)

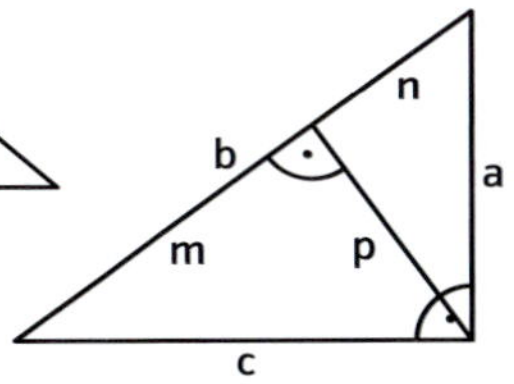

2 Berechne im Dreieck ABC ($\gamma = 90°$) die fehlenden Größen.

	a)	b)	c)	d)	e)	f)
a				11,2 m		35 cm
b					17,4 cm	
c	9,2 cm	15 m				1,8 m
p	3,5 cm		27,4 m	36 dm		
q		8,6 m	51,8 m		1 dm	

3 a) Ein Quadrat hat die Seitenlänge 4 cm. Konstruiere mithilfe des Kathetensatzes ein flächengleiches Rechteck, dessen eine Seite 5 cm lang ist. Überprüfe rechnerisch.
b) Ein Rechteck mit den Seitenlängen 9 cm und 4 cm soll zeichnerisch in ein flächengleiches Quadrat umgewandelt werden.

4 Berechne die Länge der Strecke x. (Maße in cm)

a)

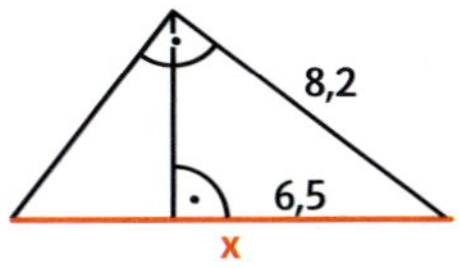

b)

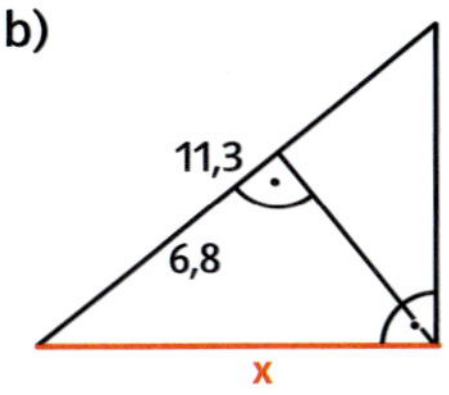

c)

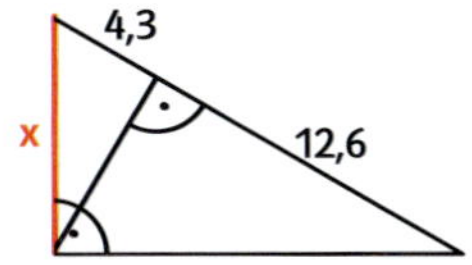

d)

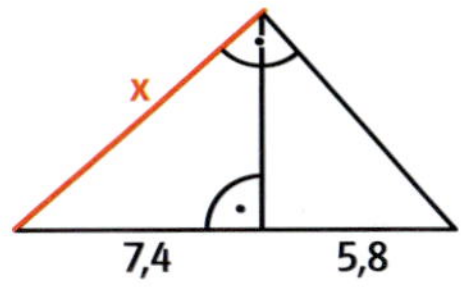

5 Unter Verwendung des Kathetensatzes lassen sich Quadratwurzeln als Strecken konstruieren. Zeichne Strecken der Länge $\sqrt{10}\,\text{cm}$; $\sqrt{40}\,\text{cm}$; $\sqrt{27}\,\text{cm}$ und $\sqrt{63}\,\text{cm}$.

6 Die Dachsparren einer Fabrikhalle müssen erneuert werden. Sie sollen jeweils 30 cm überstehen.

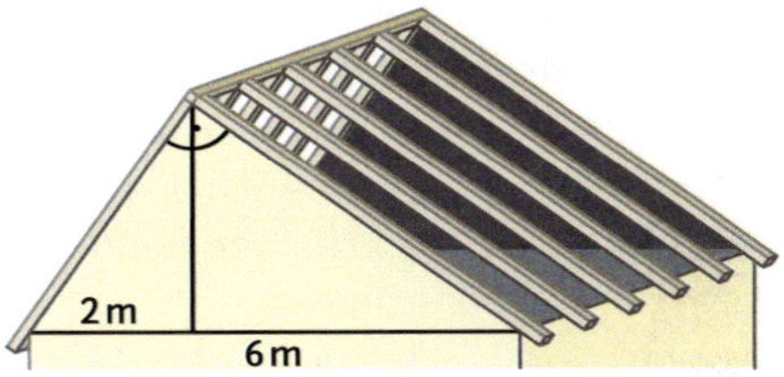

Für Aufgabe 3 b) kannst du den Satz des Thales verwenden. Erinnerst du dich?

2 Höhensatz

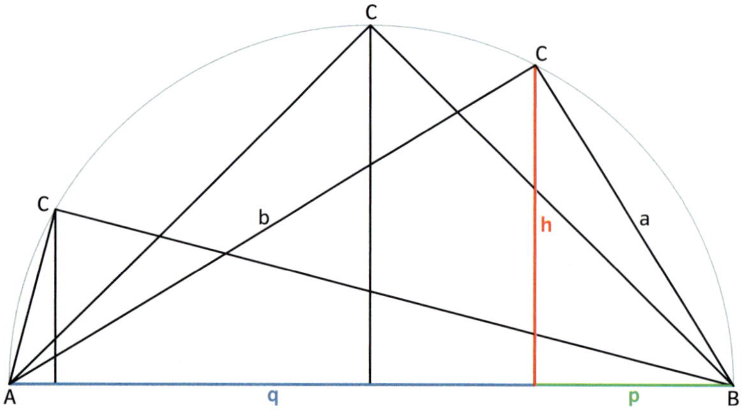

→ Zeichne in einen Halbkreis mit Radius 6 cm verschiedene rechtwinklige Dreiecke. Miss jeweils die Höhe und ergänze die Tabelle.

p (cm)	1	2	3	4	5	6	7
q (cm)							
h (cm)							
$h \cdot h$ (cm²)							
$p \cdot q$ (cm²)							

→ Wie muss man ein rechtwinkliges Dreieck zeichnen, um eine möglichst große Höhe über der Hypotenuse zu bekommen?

Im rechtwinkligen Dreieck wird die Höhe auf die Hypotenuse einfach nur mit h benannt, weil die beiden anderen Höhen auf den Katheten liegen.
Wenn man die aus der Ähnlichkeit der Teildreiecke folgende Gleichung $\frac{h}{q} = \frac{p}{h}$ umformt, erhält man $h^2 = p \cdot q$.
Diesen Zusammenhang im rechtwinkligen Dreieck nennt man **Höhensatz**.

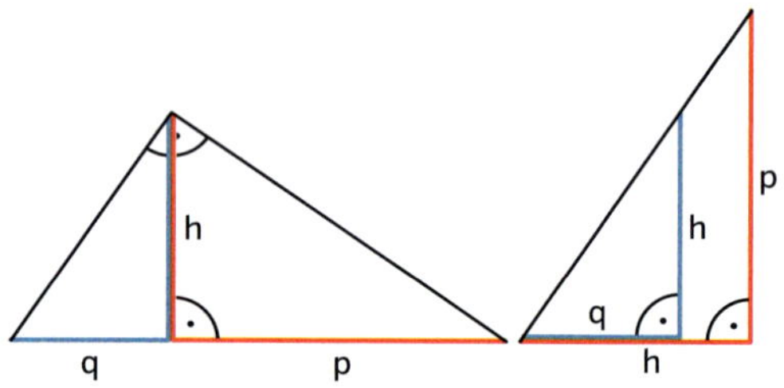

Höhensatz: Im rechtwinkligen Dreieck ist das Quadrat über der Höhe flächengleich mit dem Rechteck aus den beiden Hypotenusenabschnitten: $\mathbf{h^2 = p \cdot q}$.

Bemerkung

Die Wurzel aus dem Produkt zweier Zahlen wird als geometrisches Mittel bezeichnet. Die Höhe in einem rechtwinkligen Dreieck ist also das geometrische Mittel der beiden Hypotenusenabschnitte.
$h = \sqrt{p \cdot q}$

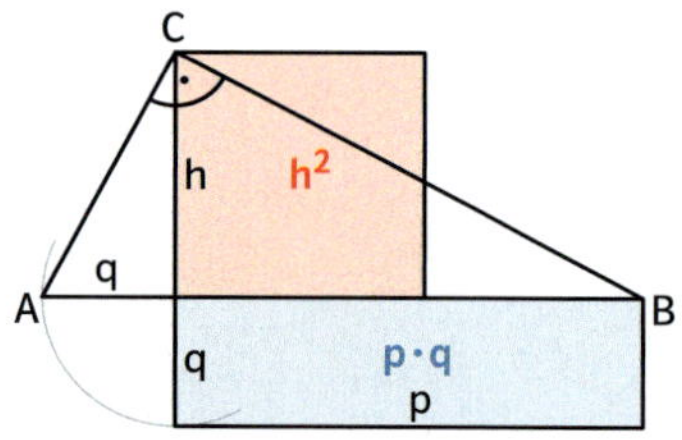

Beispiele

a) Aus den beiden Hypotenusenabschnitten $p = 4{,}5\,\text{cm}$ und $q = 6{,}5\,\text{cm}$ kann man die Höhe berechnen.

$h^2 = p \cdot q$ $\qquad$ $h^2 = 4{,}5 \cdot 6{,}5\,\text{cm}^2$
$h = \sqrt{p \cdot q}$ $\qquad$ $h \approx 5{,}4\,\text{cm}$

b) Durch Umformen kann man aus $h = 7{,}2\,\text{cm}$ und $p = 4{,}9\,\text{cm}$ den Hypotenusenabschnitt q berechnen.

$h^2 = p \cdot q \quad |:p$ $\qquad$ $q = \frac{7{,}2^2}{4{,}9}\,\text{cm}$
$\frac{h^2}{p} = q$ $\qquad$ $q \approx 10{,}6\,\text{cm}$

c) Mit dem Höhensatz und dem Satz des Thales kann ein Rechteck zeichnerisch in ein flächeninhaltsgleiches Quadrat umgewandelt werden und umgekehrt.

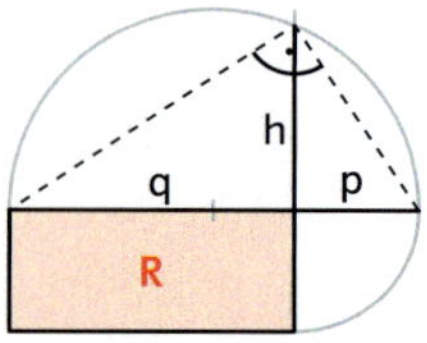

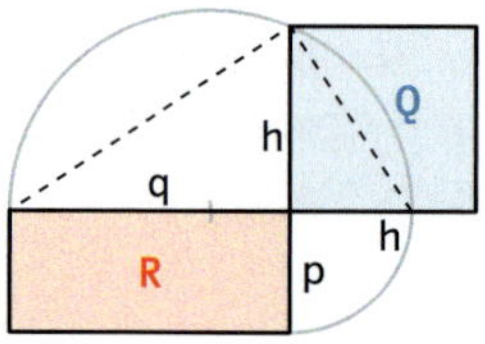

Aufgaben

1 Formuliere den Höhensatz.

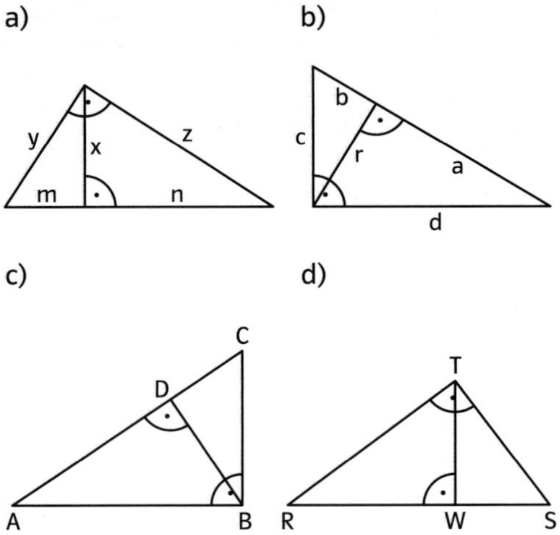

2 Berechne im Dreieck ABC ($\gamma = 90°$)
a) die Höhe h
aus p = 5,3 cm und q = 8,4 cm;
aus c = 10,8 cm und p = 3,4 cm;
aus c = 9,45 m und q = 2,25 m;
aus p = 5,2 dm und q = 1,4 m.
b) den zweiten Hypotenusenabschnitt und die Hypotenuse c
aus p = 8,2 cm und h = 5,9 cm;
aus q = 2,1 cm und h = 4,7 cm.

3 Berechne im Dreieck ABC ($\gamma = 90°$) die fehlenden Größen mit dem Höhensatz oder Kathetensatz.

	a)	b)	c)	d)	e)	f)
a		5,9 cm				
b			11,8 m			
c		12,3 cm		37 m		9,4 m
p	8,3 cm				12,4 cm	
q	5,2 cm		2,5 m	14 m		6,2 m
h					15,1 cm	

4 Hier haben sich in den Aufgaben für das rechtwinklige Dreieck Fehler eingeschlichen. Wie kannst du die Maßzahlen ändern, um rechnen zu können?
a) h = 9 cm und c = 16 cm
b) a = 4 cm und p = 5 cm

5 Berechne die Länge der Strecke x.
(Maße in cm)

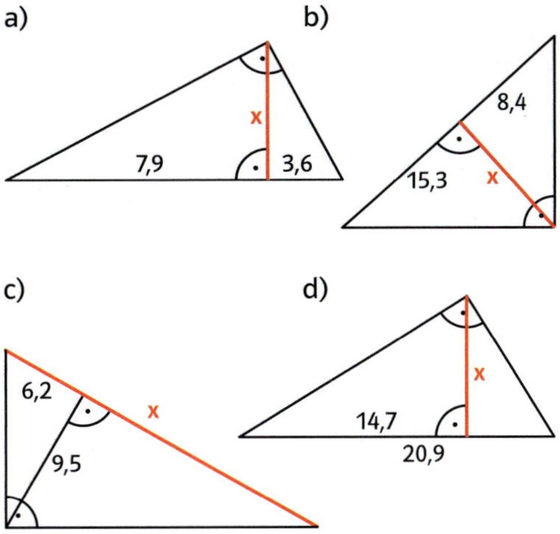

6 Welchen Flächeninhalt hat das Quadrat?

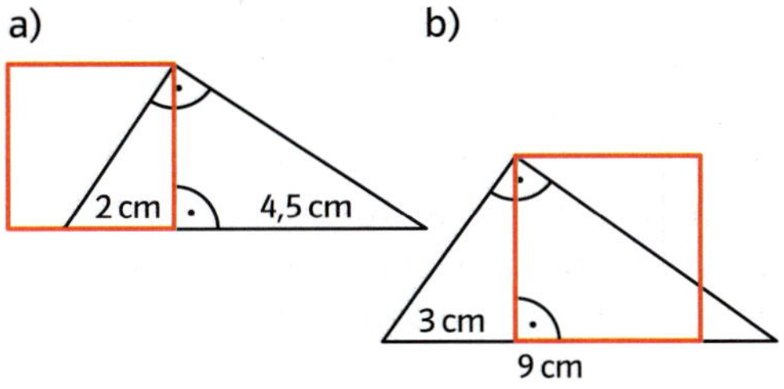

7 a) Konstruiere ein Rechteck, das zu einem Quadrat mit der Seitenlänge 5 cm flächengleich ist und von dem eine Seitenlänge mit 4 cm bekannt ist.
b) Konstruiere ein Quadrat, das zu einem Rechteck mit den Seiten 7 cm und 3,5 cm flächengleich ist.
c) Mit dem Höhensatz lassen sich Wurzeln als geometrisches Mittel konstruieren. Zeichne Strecken der Länge $\sqrt{32}$ cm; $\sqrt{20}$ cm; $\sqrt{48}$ cm und $\sqrt{13}$ cm.

8 Berechne die Länge des Sees.

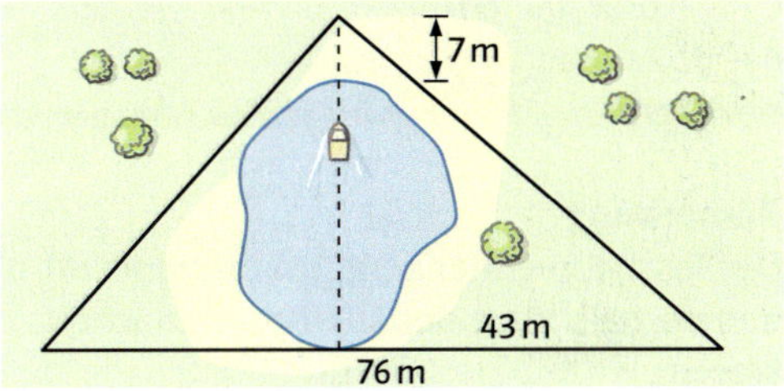

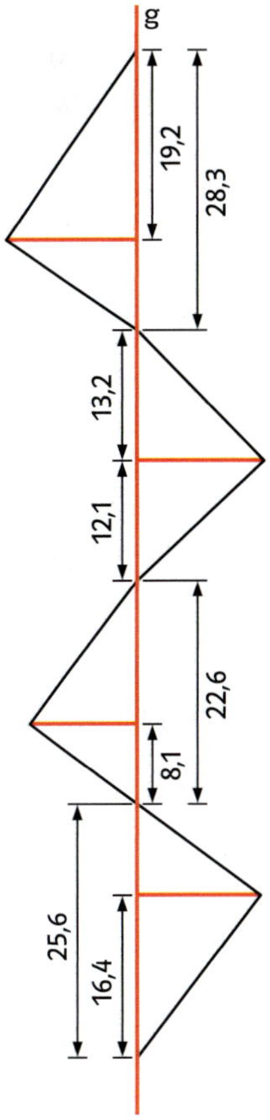

Wie weit sind die Punkte A, B, C und D jeweils von g entfernt?

3 Satz des Pythagoras

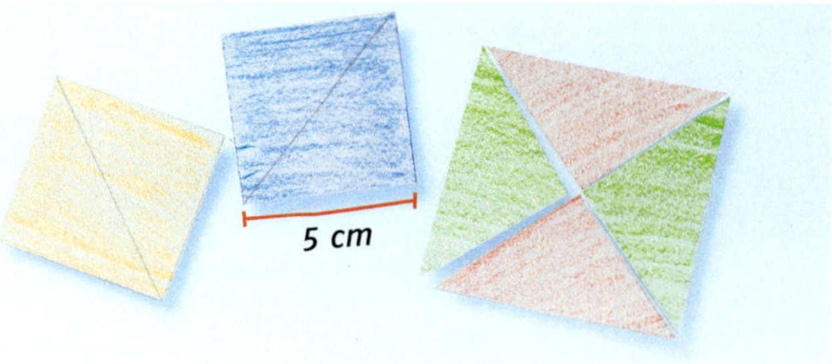

Schneide vier gleich große Quadrate mit der Seitenlänge 5 cm aus.
Zerlege nun zwei davon entlang einer Diagonalen und setze die Einzelteile zu einem einzigen größeren Quadrat zusammen.
→ Wie groß ist die neue Quadratseite?
→ Lege die beiden anderen Quadrate Seite an Seite aneinander. Vergleiche die beiden Flächen.

Wenn man die vier flächengleichen rechtwinkligen Dreiecke des linken Quadrats anders anordnet, erhält man im gleichen Quadrat die rechte Figur.

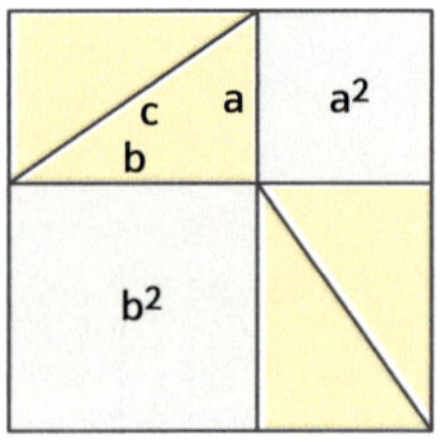

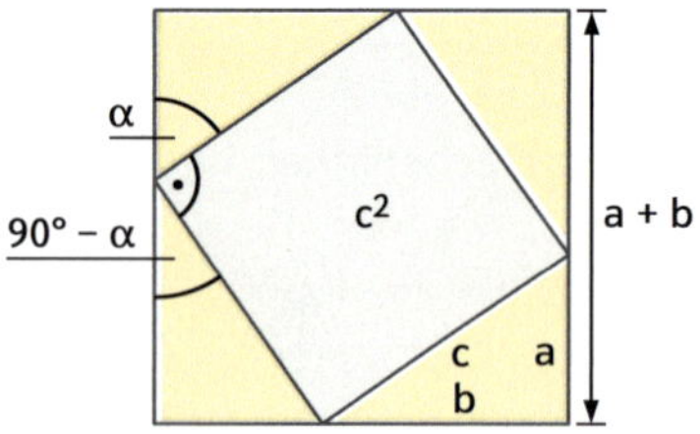

Es gilt: $A = (a + b)^2$ und für die Teilflächen: $A = 4 \cdot \frac{1}{2}ab + c^2$. Setzt man die beiden Terme gleich, erhält man

$$(a + b)^2 = 4 \cdot \frac{1}{2}ab + c^2$$
$$a^2 + 2ab + b^2 = 2ab + c^2 \quad | -2ab$$
$$a^2 + b^2 = c^2$$

Aus dem Kathetensatz $a^2 = c \cdot p$ und $b^2 = c \cdot q$ sowie $c = p + q$ folgt:
$a^2 + b^2 = c \cdot p + c \cdot q = c \cdot (p + q) = c \cdot c = c^2$.
Den Zusammenhang $a^2 + b^2 = c^2$ zwischen den Längen von Katheten und Hypotenusen bezeichnet man als Satz des Pythagoras.

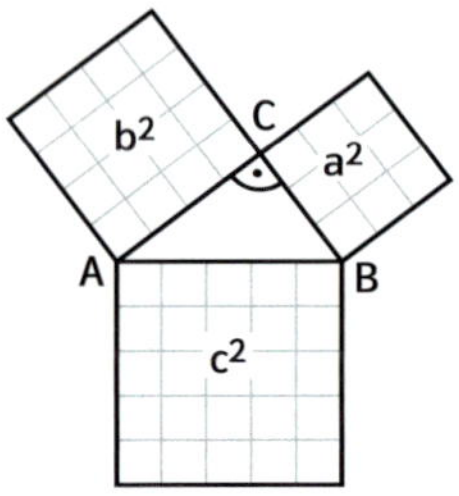

Satz des Pythagoras
Ist ein Dreieck rechtwinklig, so haben die Quadrate über den **Katheten** zusammen denselben Flächeninhalt wie das Quadrat über der **Hypotenuse**. Werden die beiden Katheten mit a und b und die Hypotenuse mit c bezeichnet, gilt:
$\mathbf{a^2 + b^2 = c^2}$.

Beispiele

a) In einem rechtwinkligen Dreieck ABC ($\gamma = 90°$) kann aus den beiden Katheten $a = 6{,}0\,cm$ und $b = 4{,}0\,cm$ die Hypotenuse c berechnet werden:
$c^2 = a^2 + b^2$
$c = \sqrt{a^2 + b^2}$
$c = \sqrt{6{,}0^2 + 4{,}0^2}\,cm$
$c = \sqrt{52{,}0}\,cm$
$c \approx 7{,}2\,cm$

b) In einem rechtwinkligen Dreieck ABC kann aus der Hypotenuse $c = 12{,}1\,cm$ und der Kathete $a = 4{,}3\,cm$ die Kathete b berechnet werden.
$c^2 = a^2 + b^2$
$b^2 = c^2 - a^2$
$b = \sqrt{12{,}1^2 - 4{,}3^2}\,cm$
$b = \sqrt{127{,}92}\,cm$
$b \approx 11{,}3\,cm$

Zum Satz des Pythagoras gibt es bis heute ca. 360 verschiedene Beweise.

Bemerkung

Der Taschenrechner zeigt im Ergebnis oft mehr Stellen an als man braucht. Wir verwenden deshalb statt des Gleichheitszeichens das Rundungszeichen „≈“ bei gerundeten Werten.

Aufgaben

1 Zeichne drei verschieden große rechtwinklige Dreiecke. Überprüfe die Genauigkeit deiner Messung mithilfe des Satzes von Pythagoras.

2 Formuliere den Satz des Pythagoras für das Dreieck.

a)

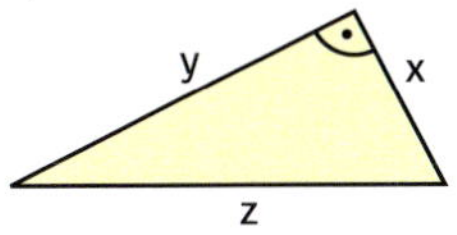

b)

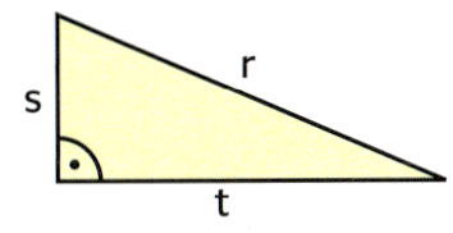

c)

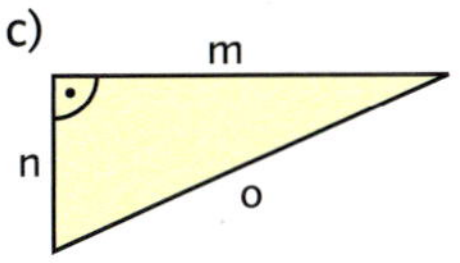

d)

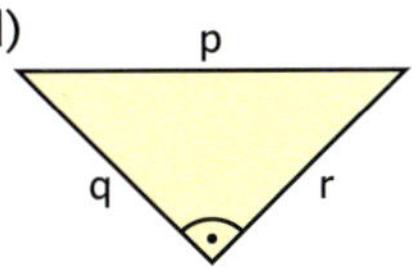

e)

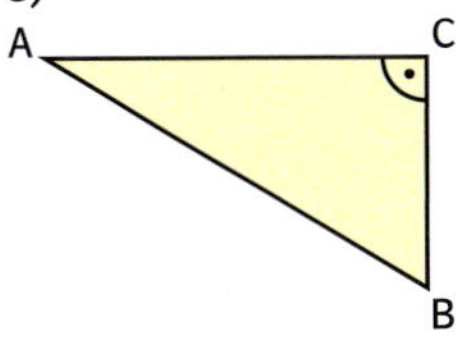

f)

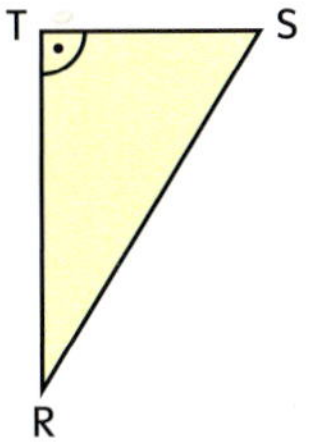

3 Formuliere den Satz des Pythagoras in allen vorkommenden rechtwinkligen Dreiecken.

a)

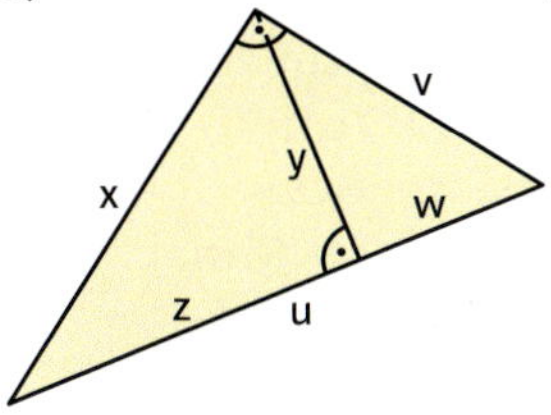

b)

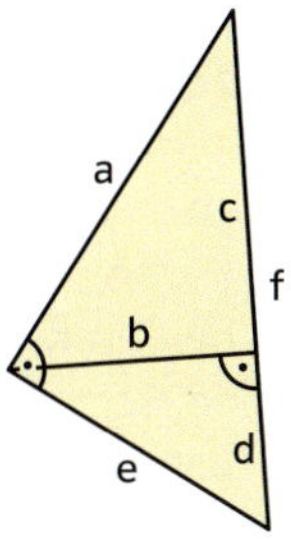

4 Berechne die Länge der Strecke x.

a)

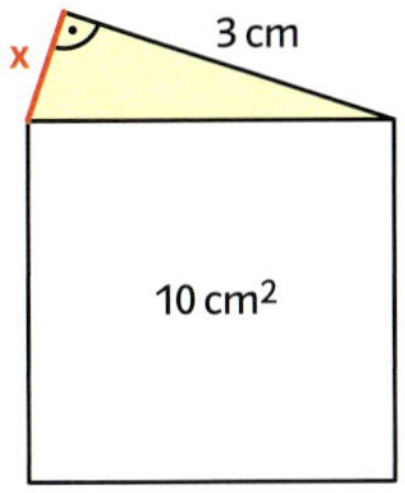

b)

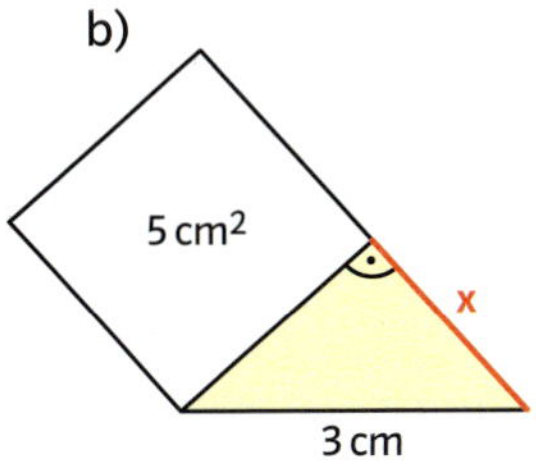

5 Wie lang ist x?

a)

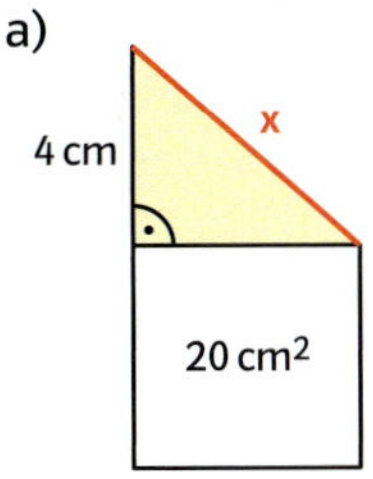

b)

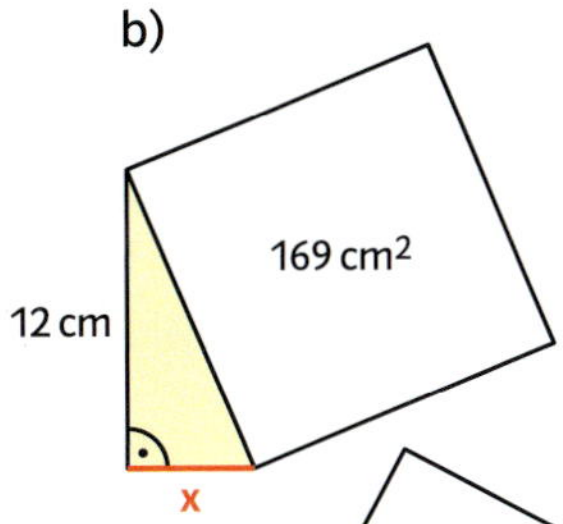

c)

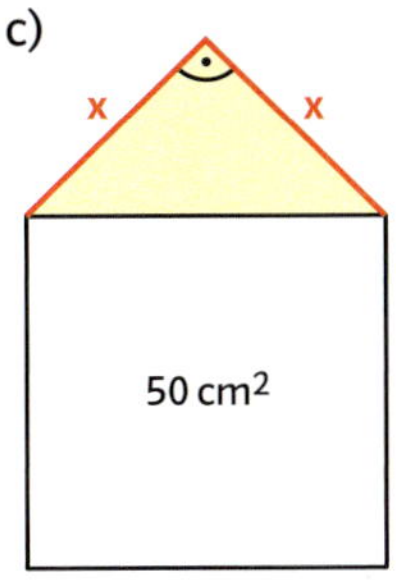

d)

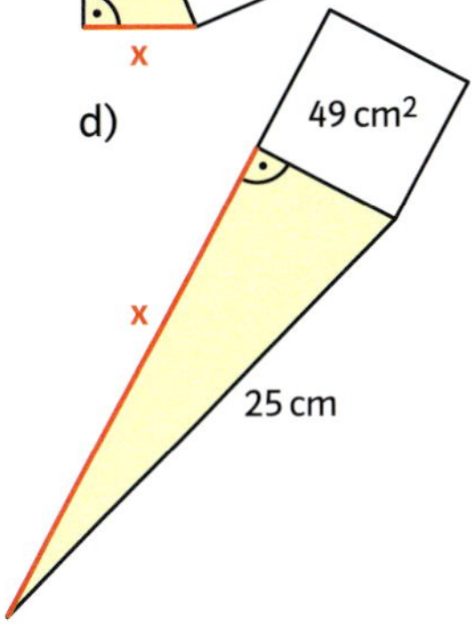

6 Berechne die Länge der Strecke x. (Maße in cm)

a)

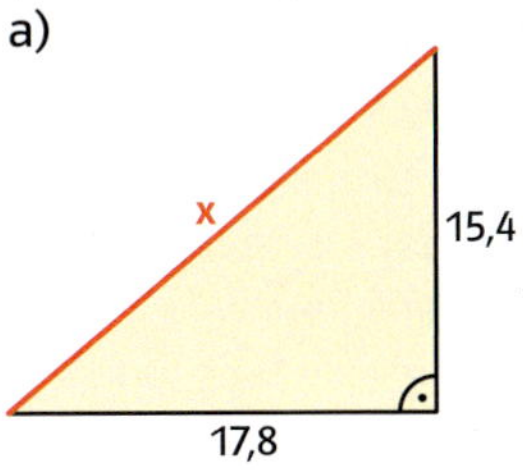

b)

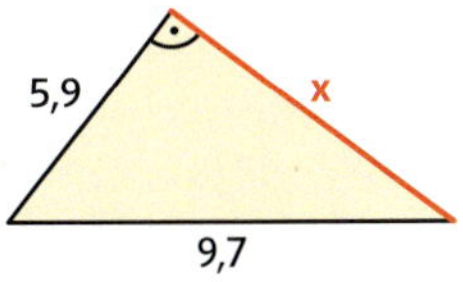

c)

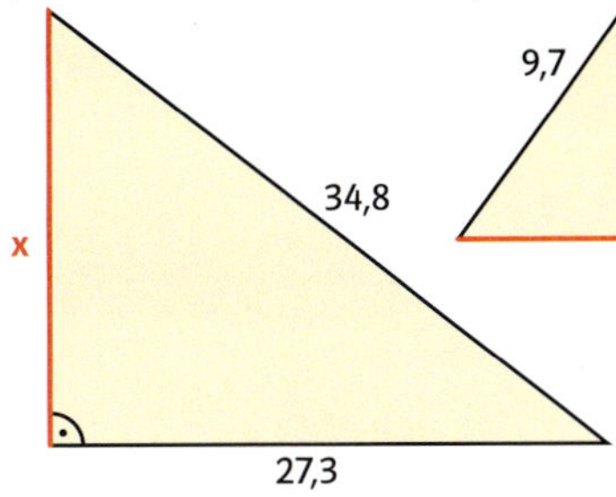

d)

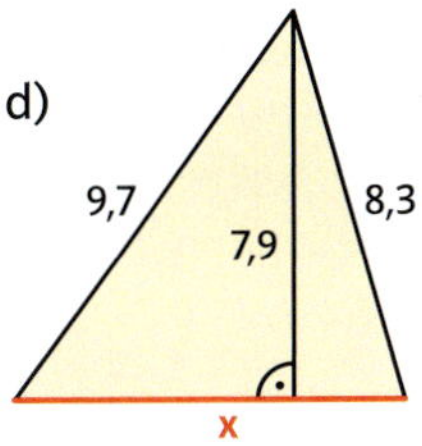

7 Berechne im Dreieck ABC ($\gamma = 90°$)

a) die Hypotenuse c aus
a = 6,2 cm und b = 8,4 cm.

b) die Kathete a aus
b = 12,7 m und c = 158 dm.

c) die Kathete b aus
a = 2,43 m und c = 9,41 m.

d) die Kathete b aus
c = 0,62 dm und a = 43 mm.

Der bekannteste aller mathematischen Sätze ist nach einem Mann benannt, von dem nur wenig bekannt ist. Man weiß nicht einmal, ob Pythagoras „seinen" Satz überhaupt entdeckt hat.
Pythagoras wurde 600 v. Chr. (auch 570 v. Chr. wird angenommen) auf der Insel Samos geboren. Auf langen Reisen nach Babylon und Ägypten machte er sich in Mathematik und Philosophie kundig.
Der Satz des Pythagoras findet sich erstmals im großen Lehrbuch des Euklid, der etwa von 340 bis 270 v. Chr. lebte.

8 Berechne die fehlende Stücke des rechtwinkligen Dreiecks aus den Angaben a, b, c und Flächeninhalt A. Achte darauf, wo der rechte Winkel liegt. Eine Skizze hilft.

a) $a = 10{,}0\,\text{dm}$, $c = 6{,}0\,\text{dm}$, $\alpha = 90°$
b) $a = 8{,}0\,\text{m}$, $b = 12{,}0\,\text{m}$, $\beta = 90°$
c) $A = 24{,}0\,\text{cm}^2$, $a = 7{,}2\,\text{cm}$, $\gamma = 90°$
d) $A = 14{,}4\,\text{dm}^2$, $b = 9{,}2\,\text{dm}$, $\alpha = 90°$

9 a) Die Längen der Katheten in einem rechtwinkligen Dreieck verhalten sich wie 3 : 4. Die Hypotenuse ist 12,0 cm lang. Wie lang sind die Katheten?
b) Die Hypotenuse eines rechtwinkligen Dreiecks ist dreimal länger als eine Kathete. Die andere Kathete ist 12,0 cm lang. Wie lang sind die Dreiecksseiten?

10 Haben rechtwinklige Dreiecke ganzzahlige Seitenlängen, nennt man diese Zahlen **pythagoreische Zahlen**.

Beispiel für 3 cm; 4 cm und 5 cm:
$3^2 + 4^2 = 5^2$ $\quad$ $9 + 16 = 25$

a) Überprüfe, ob pythagoreische Zahlen vorliegen: (9; 12; 15); (5; 12; 13); (24; 7; 25); (17; 15; 8); (9; 40; 41); (10; 24; 26)
b) Entstehen weitere pythagoreische Zahlen, wenn man (3; 4; 5) vervielfacht?
c) Gib die fehlenden Seitenlängen an.

Kathete	10	□	27	11	□
Kathete	□	45	120	□	84
Hypotenuse	26	51	□	61	85

d) Wie heißt die dritte pythagoreische Zahl? (48; 52; □); (22; 122; □); (112; 113; □)

Dreiecke und DGS

Mithilfe eines **Dynamischen Geometrieprogramms** kannst du in Dreiecken mit Winkelgrößen und den daraus resultierenden Quadratflächen experimentieren.
- Die Katheten bleiben gleich lang und nur die Länge der Hypotenuse lässt sich verändern.
- Welche Beobachtungen machst du?
- Versuche mithilfe deiner Ergebnisse Gesetzmäßigkeiten zu formulieren.

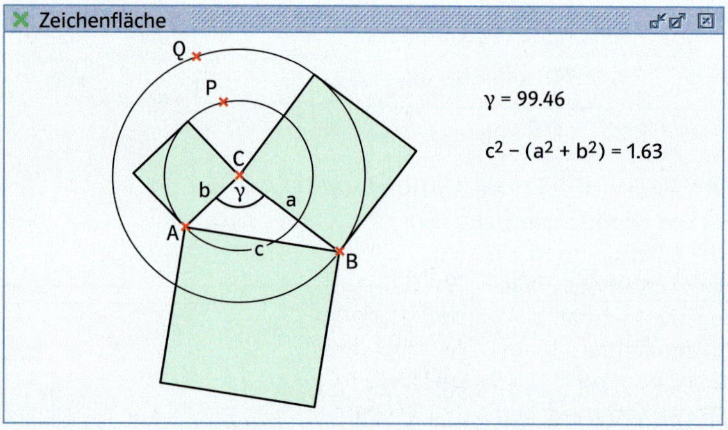

- Untersuche den Zusammenhang der Quadratflächen in einem stumpfwinkligen Dreieck. Formuliere dein Ergebnis.
- Wie sehen deine Überlegungen aus, wenn du mit einem spitzwinkligen Dreieck experimentierst?
- Ist das Dreieck rechtwinklig, spitzwinklig oder stumpfwinklig?

a) $a = 2\,\text{cm}$; $b = 4\,\text{cm}$; $c = 5\,\text{cm}$
b) $a = 9\,\text{cm}$; $b = 6\,\text{cm}$; $c = 7\,\text{cm}$
c) $a = 7\,\text{cm}$; $b = 11\,\text{cm}$; $c = 8\,\text{cm}$
d) $a = 11\,\text{mm}$; $b = 60\,\text{mm}$; $c = 61\,\text{mm}$

- Die beiden kurzen Seiten eines Dreiecks sind 6 cm und 8 cm lang. Wähle die dritte Seitenlänge so, dass einmal ein spitzwinkliges, ein rechtwinkliges und ein stumpfwinkliges Dreieck entsteht.
- Finde eine passende dritte Seite.

	a)	b)	c)	d)
1. Seite	4 cm	18 cm	7 cm	112 cm
2. Seite	8 cm	24 cm	18 cm	87 cm
3. Seite	□	□	□	□
Art des Dreiecks	spitzwinklig	rechtwinklig	stumpfwinklig	spitzwinklig

4 Satz des Pythagoras an geometrischen Figuren

Im Dreieck ABC soll die Länge von $\overline{AB}$ berechnet werden.
Kevin errechnet aus den Angaben für a und b die Länge von c und erhält 12,8 cm. Sina rechnet über zwei Schritte und erhält für c 8,5 cm. „Das ist unmöglich", meint Kevin, „die Hypotenuse ist doch immer die längste Dreiecksseite!"
→ Kannst du den Widerspruch klären?

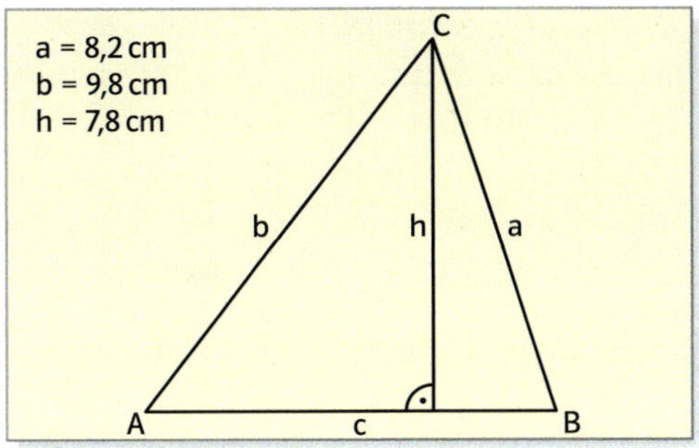

Um die Raumdiagonale d eines Würfels zu berechnen, rechnet man im rechtwinkligen Schnittdreieck CGE. Die Strecke $\overline{EG} = e$ ist die Flächendiagonale der Quadratfläche EFGH:

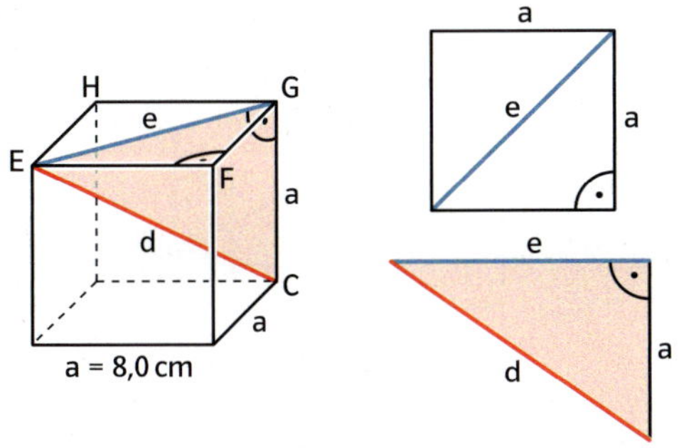

$e^2 = a^2 + a^2$
$e = \sqrt{64 + 64}\,\text{cm}$
$e = \sqrt{128}\,\text{cm}$
$e \approx 11{,}3\,\text{cm}$
Die Raumdiagonale d ist die Hypotenuse des rechtwinkligen Dreiecks ECG, für das gilt:
$d^2 = e^2 + a^2$
$d^2 = (128 + 64)\,\text{cm}^2$
$d = \sqrt{192}\,\text{cm}$
$d \approx 13{,}9\,\text{cm}$

Beim Berechnen von Streckenlängen in geometrischen Figuren wählt man **geeignete rechtwinklige Dreiecke**. Häufig muss man dazu Flächen zerlegen.
In rechtwinkligen Dreiecken kann man dann die fehlenden Seitenlängen mithilfe des Satzes des Pythagoras berechnen.

Beispiele

a)

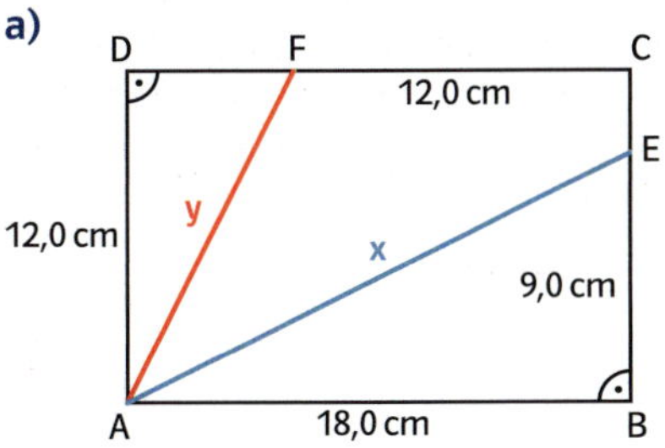

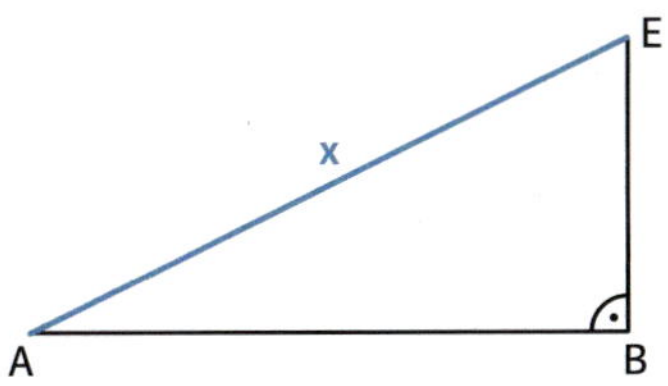

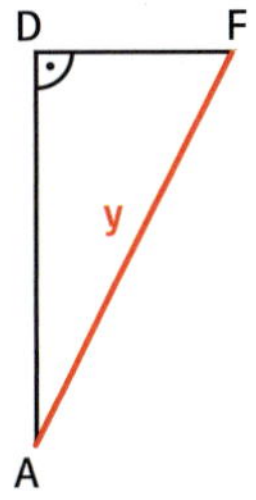

$\overline{DF} = (18{,}0 - 12{,}0)\,\text{cm}$
$\overline{DF} = 6{,}0\,\text{cm}$

Die Strecke x wird im Dreieck ABE berechnet.
$x^2 = (18{,}0^2 + 9{,}0^2)\,\text{cm}^2$
$x = \sqrt{405}\,\text{cm}$
$x \approx 20{,}1\,\text{cm}$

Die Strecke y wird im Dreieck AFD berechnet.
$y^2 = (12{,}0^2 + 6{,}0^2)\,\text{cm}^2$
$y = \sqrt{180}\,\text{cm}$
$y \approx 13{,}4\,\text{cm}$

b) Mithilfe des Netzes lässt sich der Streckenzug ABCDE auf der Würfeloberfläche leicht berechnen. Im Netz wird der Streckenzug zur Strecke $\overline{AE}$.

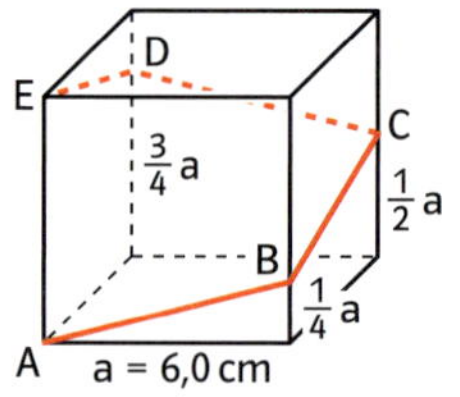

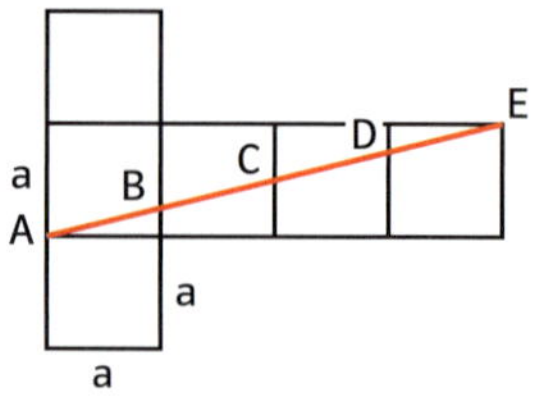

$\overline{AE}^2 = (4\,a)^2 + a^2$

$\overline{AE}^2 = 17\,a^2$

$\overline{AE} = a\sqrt{17}$

$\overline{AE} = 6{,}0 \cdot \sqrt{17}\,\text{cm}$

$\overline{AE} \approx 24{,}7\,\text{cm}$

Der Streckenzug ABCDE ist 24,7 cm lang.

Aufgaben

1 Berechne x. (Alle Maße in cm)

a)

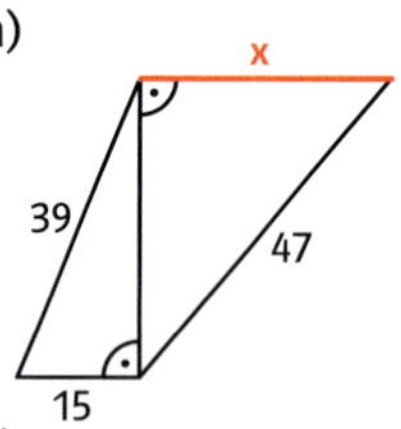

b)

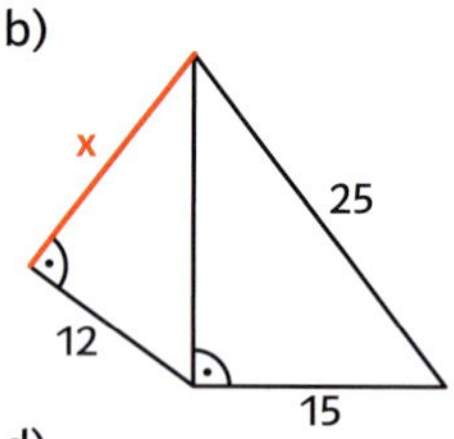

c)

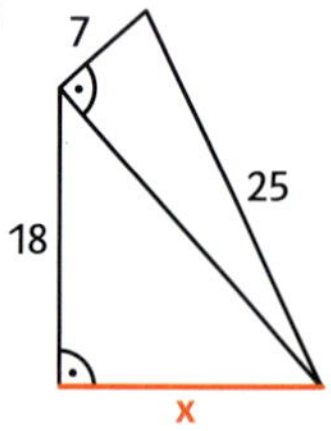

d)

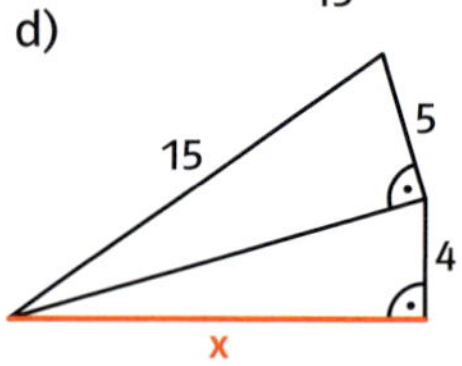

e)

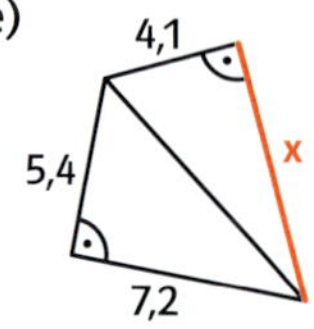

f)

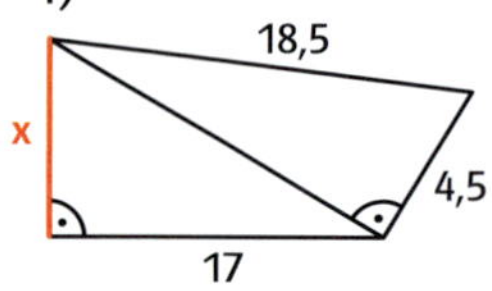

2 Berechne x. (Alle Maße in cm)

a)

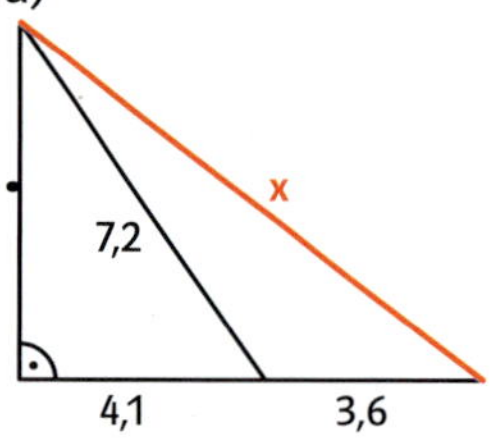

b)

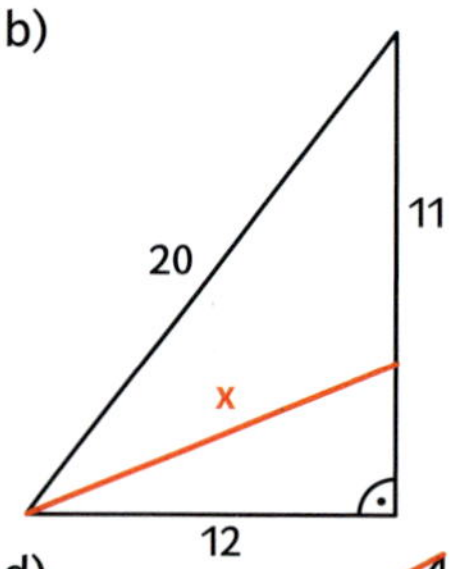

c)

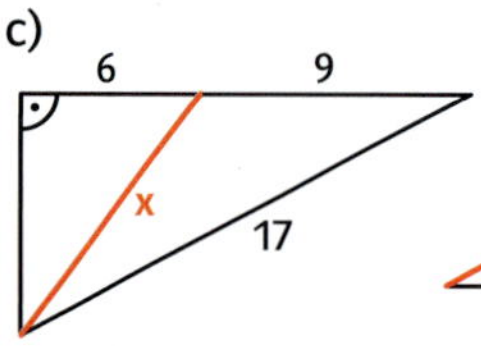

d)

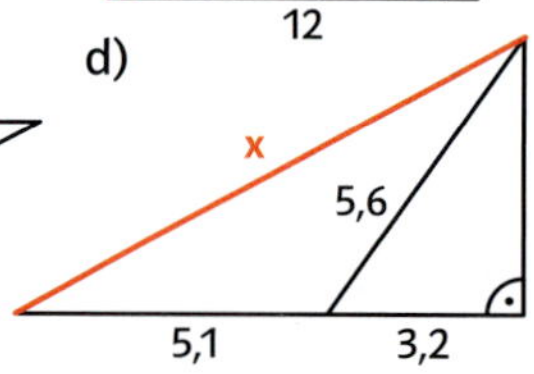

3 Gegeben ist ein Quader, in dem drei verschiedene Dreiecke liegen.

(1)

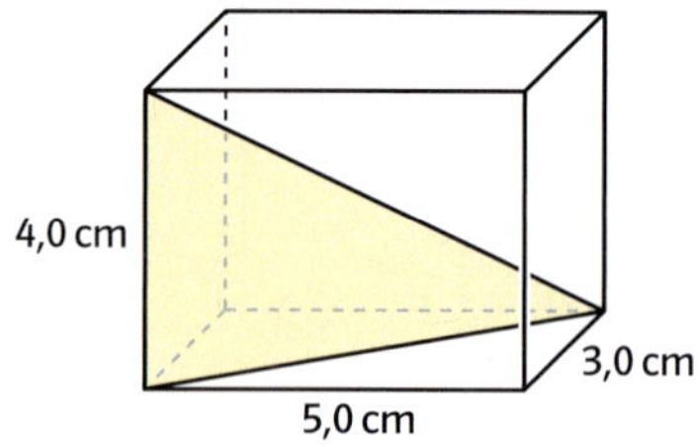

(2)

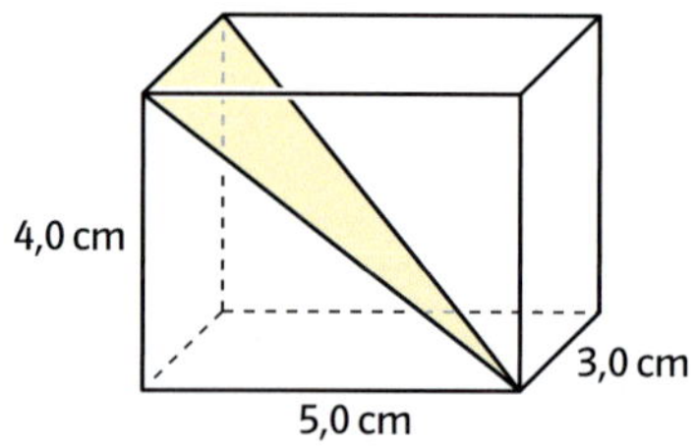

(3)

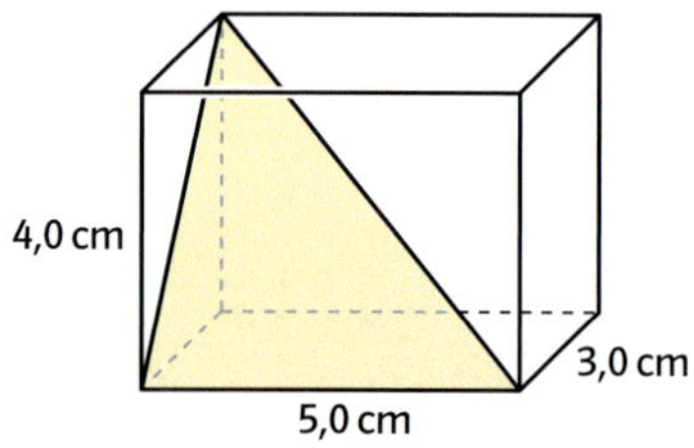

a) Wo liegt der rechte Winkel in jedem Dreieck?
b) Welches der Dreiecke hat den größten Umfang?
c) Welches ist das Dreieck mit dem größten Flächeninhalt?
d) Zeichne jedes Dreieck in Originalgröße.
e) Miss in den Dreiecken die Winkel aus.
f) Baue ein Modell des Quaders mit den drei Dreiecken.

4 Berechne die fehlenden Stücke und den Flächeninhalt des Dreiecks ABC.

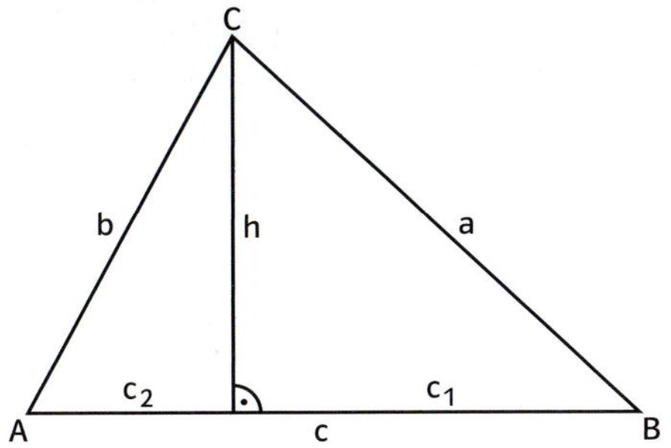

a) $b = 4{,}5\,cm$; $c = 7{,}2\,cm$ und $c_2 = 2{,}4\,cm$.
b) $c_1 = 8{,}5\,cm$; $c_2 = 3{,}3\,cm$ und $h = 4{,}9\,cm$.

5 Einem Quadrat mit der Seitenlänge 10 cm werden weitere Quadrate so einbeschrieben, dass jeweils ihre Seitenmitten zum neuen Quadrat verbunden werden.
Berechne die Umfänge der ersten fünf Quadrate.

6 a) Die Diagonalen einer Raute sind 12,0 cm und 9,6 cm lang. Berechne ihren Umfang.
b) Von einer Raute sind die Seitenlänge $a = 5{,}1\,cm$ und die Länge der Diagonale $e = 4{,}5\,cm$ gegeben.
Berechne die Länge der Diagonale f und den Flächeninhalt.

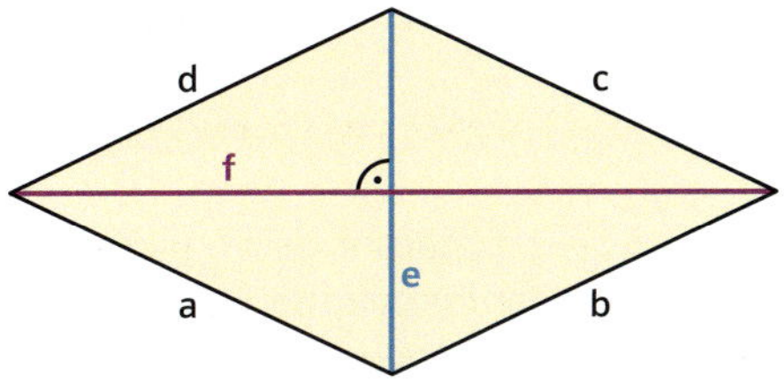

7 Berechne die Länge der Raumdiagonalen des Würfels.
a) $a = 5\,cm$ b) $a = 8{,}2\,cm$ c) $a = 0{,}75\,m$

8 Gegeben ist die Länge der Raumdiagonalen. Berechne die Kantenlänge des Würfels.
a) $d = 15{,}6\,cm$ b) $d = 2{,}4\,dm$ c) $d = 1{,}25\,m$

9 Gegeben ist ein Quader mit den Kantenlängen $a = 8{,}0\,cm$; $b = 5{,}0\,cm$ und $c = 9{,}0\,cm$.
a) Fertige eine Schrägbildskizze an.
b) Berechne die drei verschieden langen Flächendiagonalen.
c) Wie lang ist die Raumdiagonale?

10 Ein Würfel hat die Kantenlänge $a = 7{,}0\,cm$. Berechne die Länge des Streckenzuges ABC.

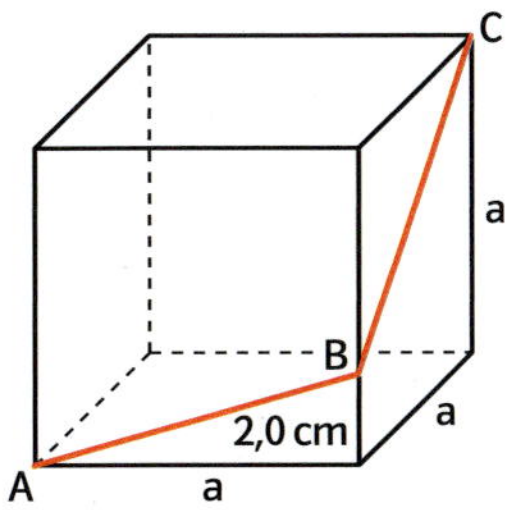

11 Von einem Drachen sind die Diagonalen $e = 15{,}8\,cm$ und $f = 24{,}4\,cm$ sowie die Seiten $a = b = 18{,}4\,cm$ bekannt. Berechne den Umfang und den Flächeninhalt.

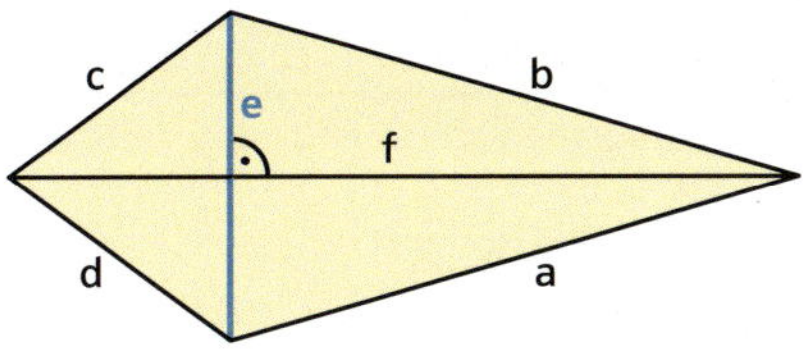

12 Von einem Fünfeck ABCDE sind gegeben: $\overline{AB} = 15{,}0\,cm$; $\overline{DE} = 4{,}5\,cm$; $\overline{CD} = 7{,}5\,cm$; $\overline{BC} = 4{,}6\,cm$. Berechne $\overline{AE}$.

zu Aufgabe 12:

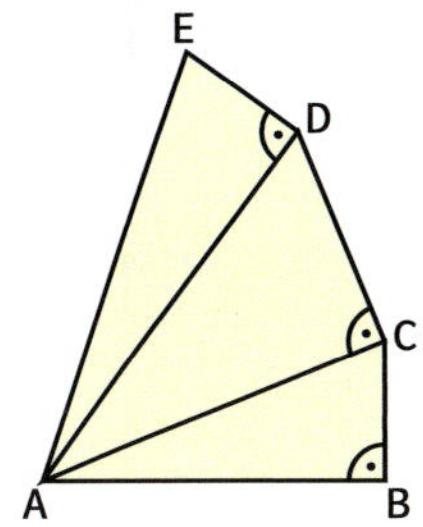

13 Im Fünfeck ABCDE sind gegeben: $\overline{AB} = 3{,}6\,cm$; $\overline{BC} = 4{,}8\,cm$; $\overline{AE} = 2{,}7\,cm$.
Berechne Umfang und Flächeninhalt des Fünfecks.

zu Aufgabe 13:

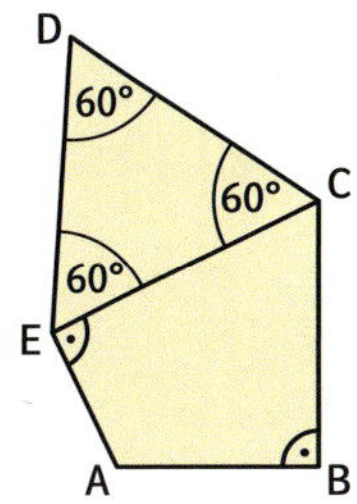

14 Berechne Umfang und Flächeninhalt der Figur. (Maße in cm)

a)

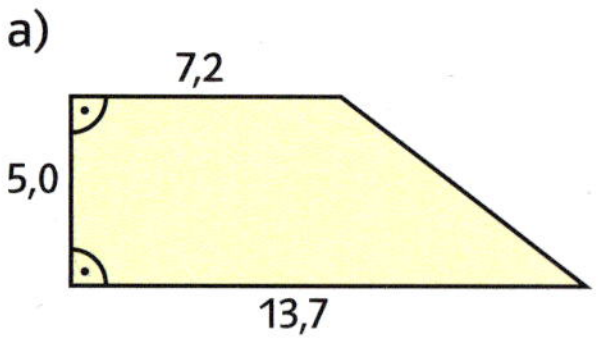

b)

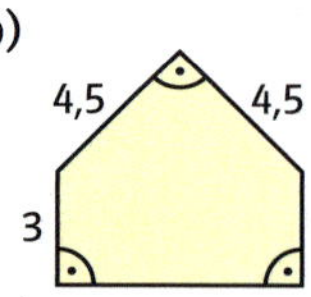

c)

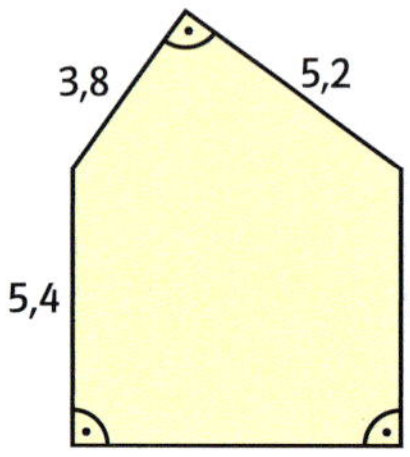

d)

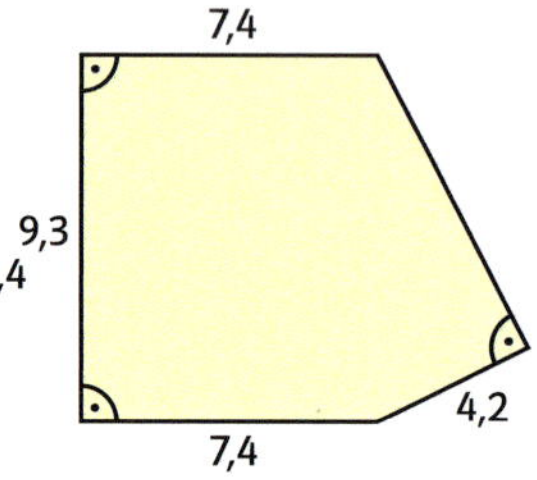

15 Berechne den Umfang und den Flächeninhalt des Trapezes.

a)

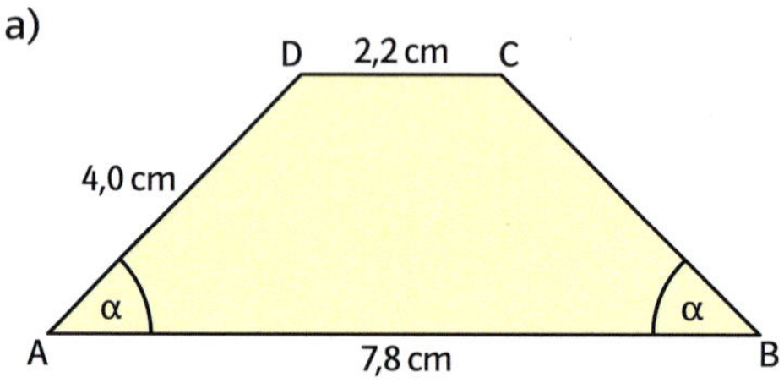

b)

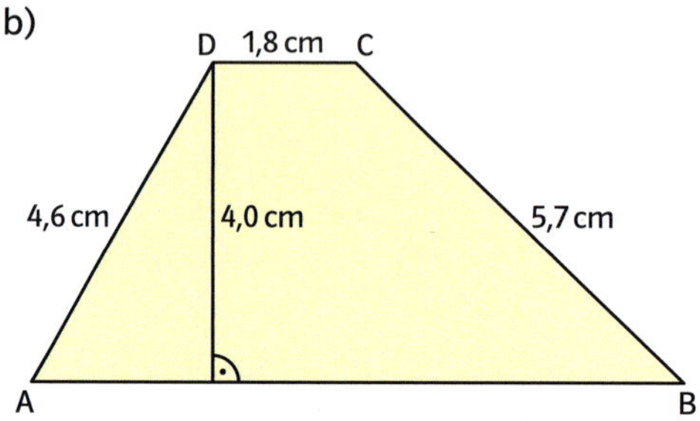

16 Für den Quader gilt:
a = 12,0 cm; b = 10,0 cm; c = 8,0 cm.
Der Punkt B halbiert die Quaderkante.
Berechne den Umfang des Dreiecks ABC.

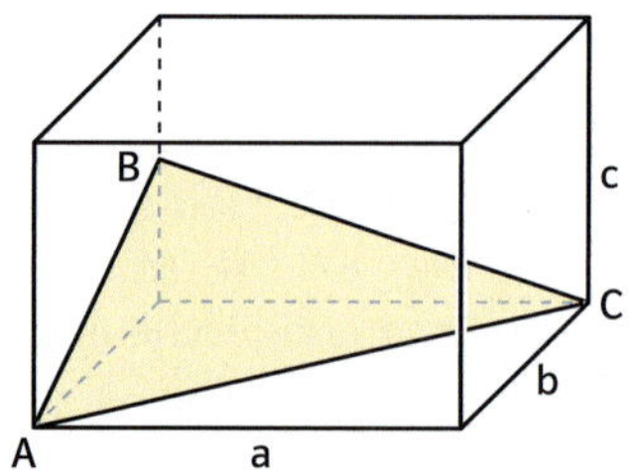

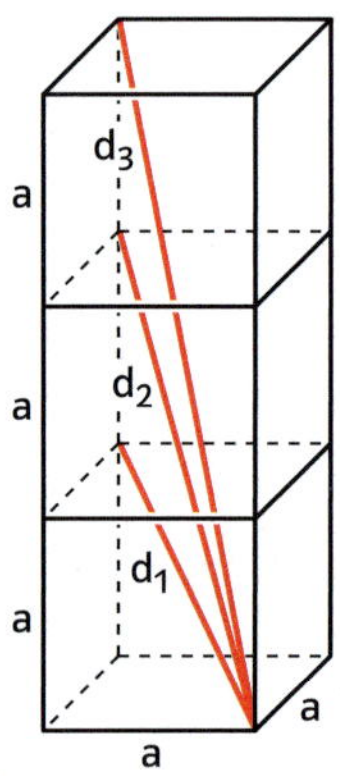

? *Findest du eine Gesetzmäßigkeit?*

17 Das Schrägbild zeigt eine quadratische Pyramide mit der Grundkante a = 6,0 cm und der Seitenkante s = 8,4 cm.
a) Berechne den Umfang des roten Dreiecks AHS.
b) Benenne weitere rechtwinklige Dreiecke in der Pyramide.

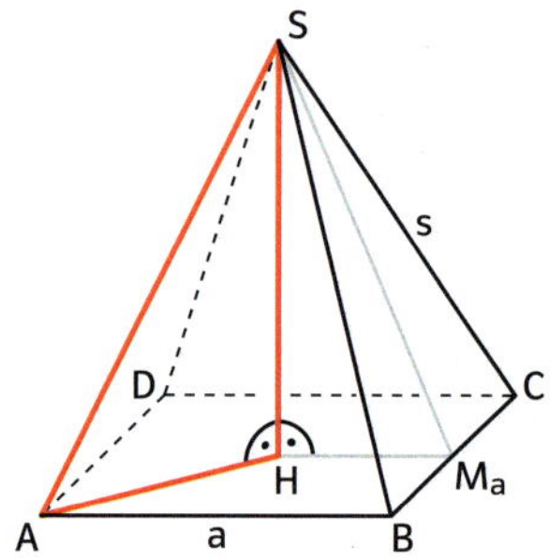

18 Auf einen Würfel ist eine Pyramide mit gleich langen Kanten aufgesetzt. Berechne die Länge der roten Strecke für a = 8,0 cm.

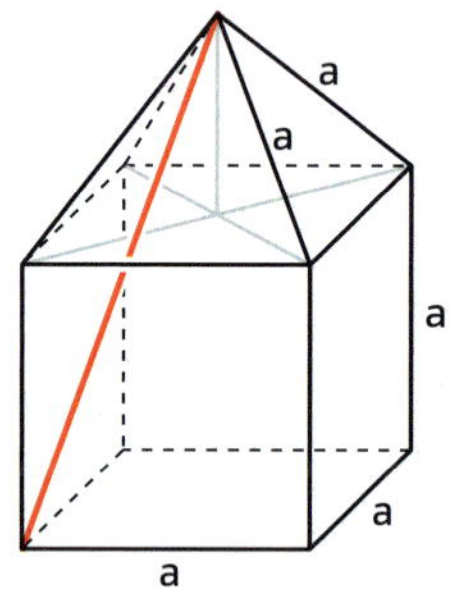

19 Gegeben ist das Netz eines Körpers.

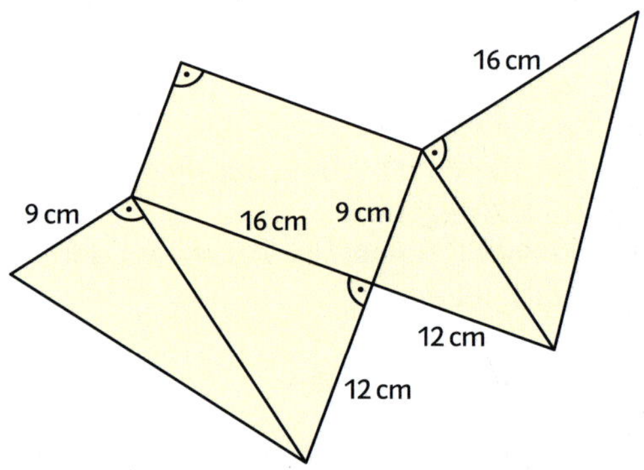

a) Kannst du den Körper beschreiben?
b) Sind die zusammenstoßenden Kanten des Körpers gleich lang? Berechne sie.
c) Bastle den Körper.

5 Anwendungen

Alte Langspielplatten haben einen Durchmesser von 31,5 cm.
Um Transportkosten zu sparen, sollte allerdings eine Päckchenbreite von 30 cm nicht überschritten werden. Nun kam jemand auf die Idee, Langspielplatten nicht liegend, sondern schräg gelegt zu versenden.
→ Hättest du Vorschläge, welche Päckchengrößen günstig wären?

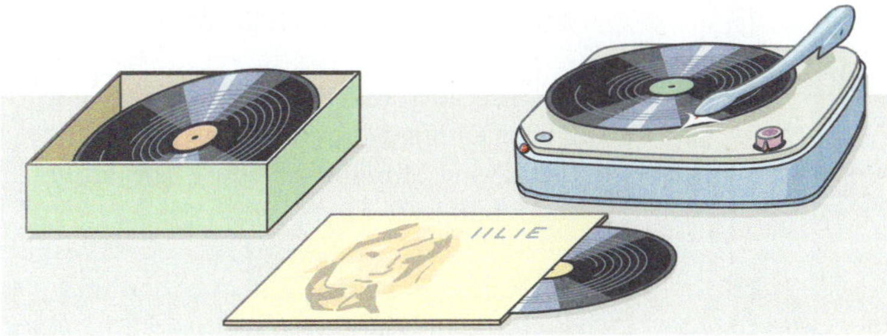

Für ein pyramidenförmiges Zelt mit quadratischer Grundfläche und 1,70 m Höhe wird auf der Eingangsseite ein neuer Reißverschluss benötigt. Die letzten 15 cm bis zum Zeltboden bleiben frei. Um die Länge x des Reißverschlusses zu bestimmen, wählt man ein geeignetes rechtwinkliges Dreieck:

$y = 1^2 + 1{,}70^2\,m^2$
$y = 1 + 2{,}89\,m^2$
$y = \sqrt{3{,}89}\,m$
$y \approx 1{,}97\,m$

Länge des Reißverschlusses:
$x = (1{,}97 - 0{,}15)\,m = 1{,}82\,m$

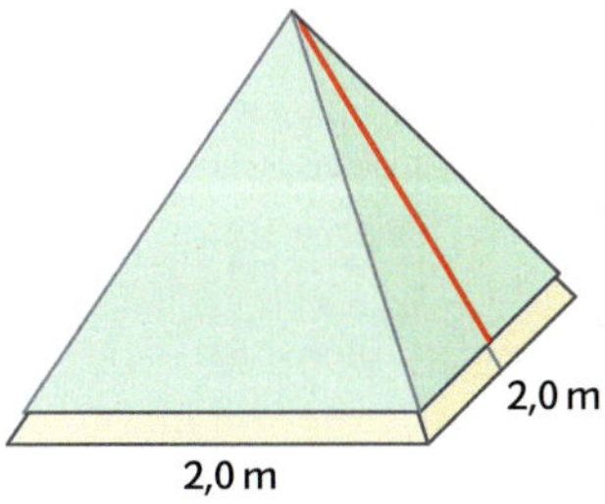

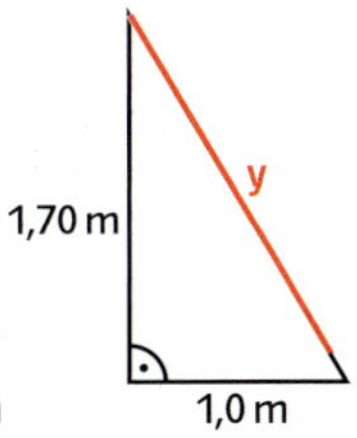

Um geometrische Sachprobleme mithilfe des Satzes des Pythagoras lösen zu können, wird zunächst geprüft, ob ein rechtwinkliges Dreieck vorliegt.
In vielen Fällen müssen durch Hilfslinien rechtwinklige Dreiecke erzeugt werden.

Beispiel

Aus einem Baumstamm mit 15,0 cm Durchmesser soll ein quadratisches Kantholz mit größtmöglicher Grundfläche herausgesägt werden:

$x^2 + x^2 = 15{,}0^2\,cm^2$
$2 \cdot x^2 = 225\,cm^2$
$x^2 = 112{,}5\,cm^2$
$x = \sqrt{112{,}5}\,cm$
$x \approx 10{,}6\,cm$

Die Grundkante des Kantholzes beträgt 10,6 cm.

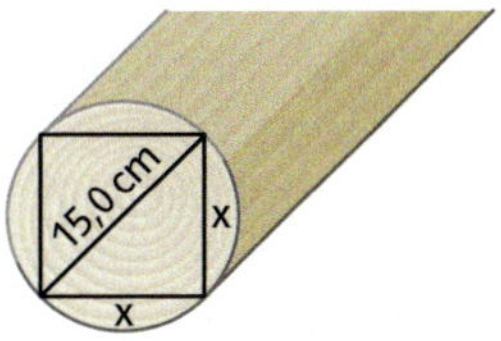

Aufgaben

1 Zeichne die Grafik maßstabsgetreu in dein Heft.
a) Um wie viel Kilometer ist der direkte Weg von A nach B kürzer als der über C, D und E? Rechne und prüfe zeichnerisch.
b) Wie viel Prozent Ersparnis sind das?

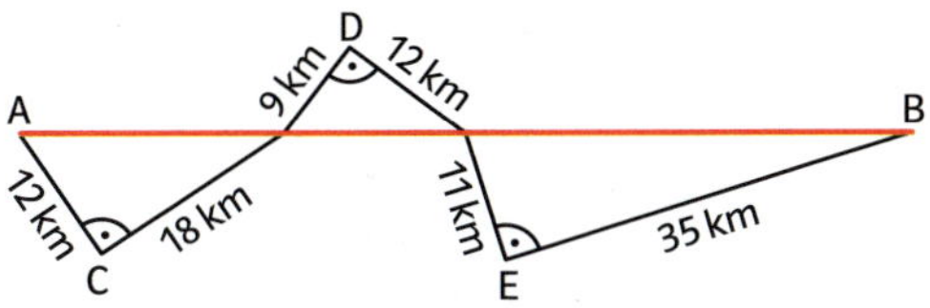

2 Wie hoch reicht eine 4,50 m lange Leiter, wenn sie mindestens 1,50 m von der Wand entfernt aufgestellt werden muss?

3 Wie hoch reicht eine Klappleiter von 2,50 m Länge, wenn für einen sicheren Stand eine Standbreite von 1,20 m vorgeschrieben ist?

4 Kann man einen 2,30 m hohen und 45 cm tiefen Wandschrank in einem 2,40 m hohen Raum aufstellen?

5 Beim Lauftraining startet Markus zur gegenüberliegendenden Eckfahne des 100 m × 50 m-Spielfeldes.
Sven läuft die Außenlinie entlang. Markus und Sven laufen gleich schnell.
a) Wie weit ist Sven noch von der Eckfahne entfernt, wenn Markus ankommt?
b) Wie viel Prozent des Weges spart sich Markus?
c) Wo begegnen sie sich, wenn Markus Sven über die Eckfahne entgegen läuft?

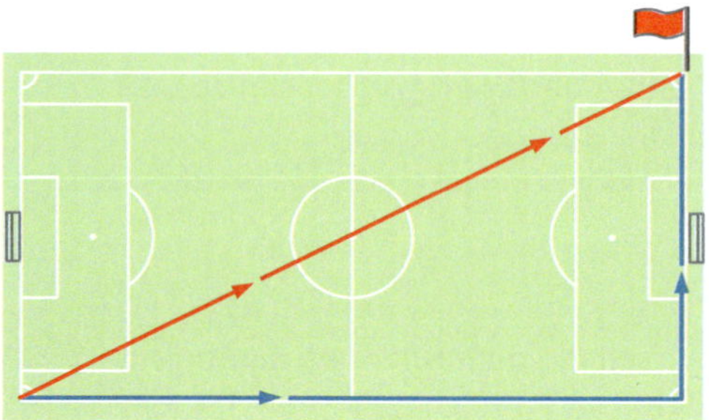

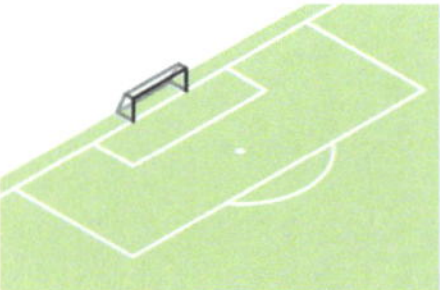

6 Sahin scheitert beim Elfmeterschuss. Er knallt den Ball ans Lattenkreuz.
a) Das Fußballtor ist 7,32 m breit und 2,44 m hoch. Welche Strecke legt der Ball bis zum Pfosten mindestens zurück?
b) Stimmt dein Ergebnis mit dem wirklichen Wert überein? Argumentiere.

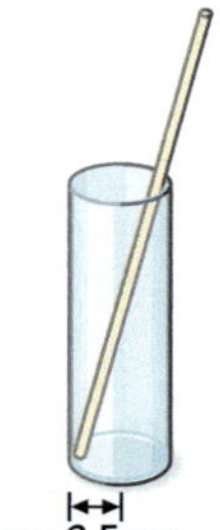

r = 2,5 cm

7 a) Das Wasserglas ist 15 cm hoch. Wie lang muss der Strohhalm sein, damit er 10 cm über den Glasrand hinausragt?
b) Ein anderer Strohhalm ragt 8 cm über den Rand eines Glases mit gleichem Durchmesser hinaus. Er ist doppelt so lang wie das Glas hoch ist.

8 Bildschirme von Fernsehgeräten gibt es in zwei unterschiedlichen Formaten. Das Verhältnis von Breite zu Höhe beträgt bei älteren Geräten 4 : 3, bei neuen 16 : 9. Die Bildschirmgröße wird in der Regel mit der Länge der Bilddiagonalen angegeben.

a) Berechne Breite und Höhe von Bildschirmen mit den Bilddiagonalen 69 cm und 89 cm bei einem 4 : 3-Format. Um wie viel cm² unterscheiden sich die beiden Bildschirmflächen?
b) Die Bilddiagonalen von zwei Plasmabildschirmen im Format 16 : 9 sind mit 82 cm und 106 cm angegeben. Berechne Breite und Höhe und gib an, um wie viel Prozent sich die größere Bildschirmfläche von der kleineren unterscheidet.
c) Wenn ein Film im 16 : 9-Format auf einem Bildschirm im 4 : 3-Format gezeigt wird, sieht man oben und unten schwarze Streifen.
Wie viel Prozent der Bildfläche werden von dem Film eingenommen?

9 Die Größe von Monitoren wird in Zoll (1 Zoll = 2,54 cm) angegeben. Gemessen wird die Länge der Bilddiagonale.
a) Berechne Breite und Höhe von zwei Monitoren im 17"- (Zoll) und 19"-Format. Vergleiche die prozentualen Veränderungen der Längen mit der Veränderung der Flächen. Erkläre den Unterschied.
b) Die Bildschirmauflösung beim Computer mit 1024 × 768 Pixel sagt etwas über das Bildformat aus.
Wie lang ist die Bilddiagonale bei einer Bildschirmbreite von 43 cm? Gib die Länge auch in Zoll an.

10 Eine Seilbahn überwindet einen Höhenunterschied von 650 m.
Auf einer Karte im Maßstab 1 : 50 000 beträgt die Entfernung zwischen Tal und Bergstation 4 cm. Wie lang ist das Halteseil mindestens?

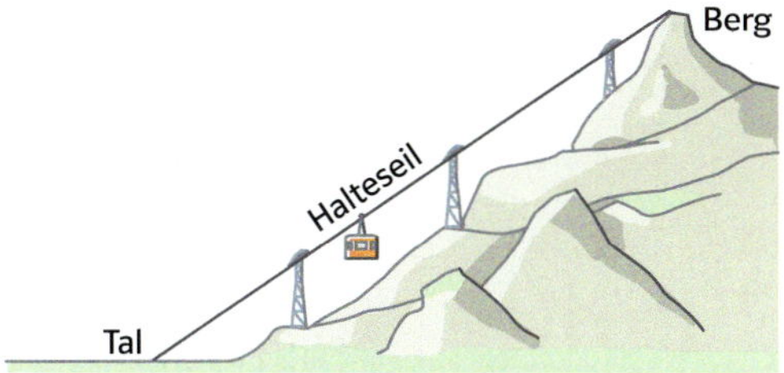

11 Ein liegender Tank von 1,20 m Durchmesser ist mit Heizöl gefüllt. Die rechteckige Flüssigkeitsoberfläche ist 0,84 m breit. Wie hoch ist der Zylinder mit Öl gefüllt? Es gibt zwei Möglichkeiten.

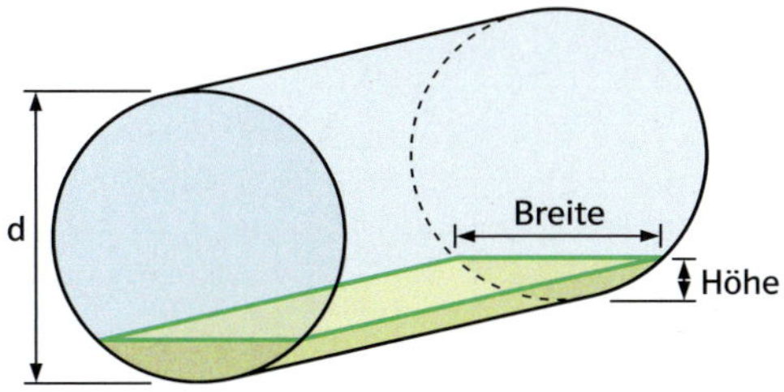

12 a) Wie weit kann man von einem 45 m hohen Leuchtturm sehen? Stelle dir die Erde als Kugel vor und verwende bei der Berechnung für den Erdradius 6370 km.
b) Im Altertum wurde eine Leuchtweite von 100 Stadien (1 Stadion = 225 m) angestrebt. Wie hoch musste demnach ein Leuchtturm mindestens gebaut werden?

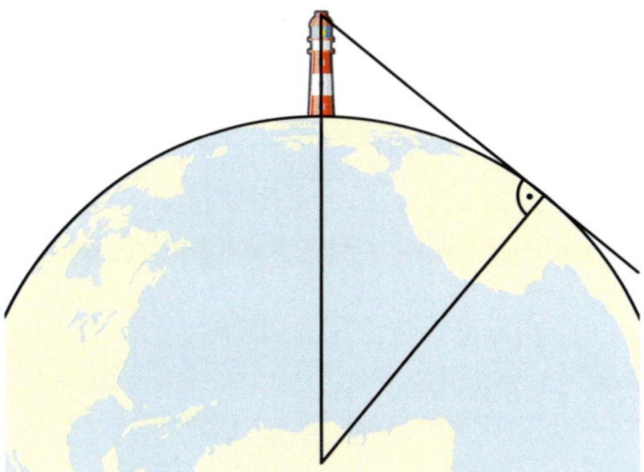

13 Wie hoch bzw. wie weit schwenkt das Pendel aus?

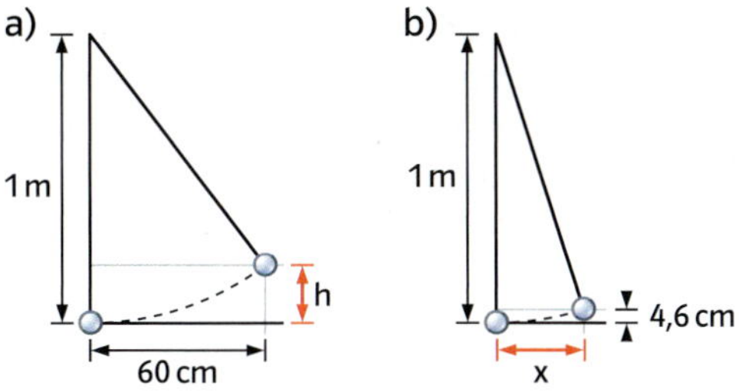

14 Wie lang ist das Pendel?

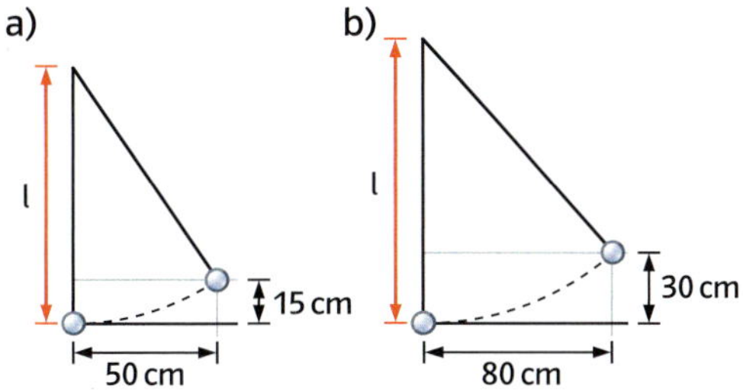

15 Der Giebel des Hauses wird neu verputzt. Für einen Quadratmeter werden 45 € berechnet.
Die Flächen von Fenstern und Türen werden wegen des höheren Arbeitsaufwandes nicht abgezogen.

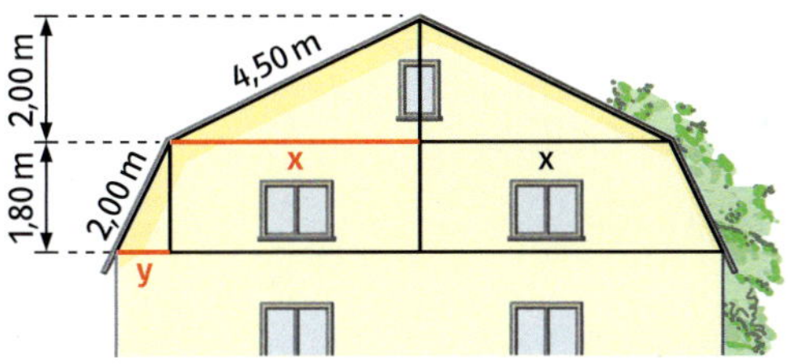

16 Fünf Fuß vom Ufer eines Teiches entfernt ragt ein Schilfrohr einen Fuß über das Wasser empor.
Zieht man seine Spitze an das Ufer, so berührt sie gerade den Wasserspiegel.
Wie tief ist der Teich?

Zusammenfassung

Kathetensatz

Im rechtwinkligen Dreieck ist das Quadrat über einer Kathete flächeninhaltsgleich mit dem Rechteck aus der Hypotenuse und dem anliegenden Hypotenusenabschnitt:
$a^2 = c \cdot p$ und $b^2 = c \cdot q$

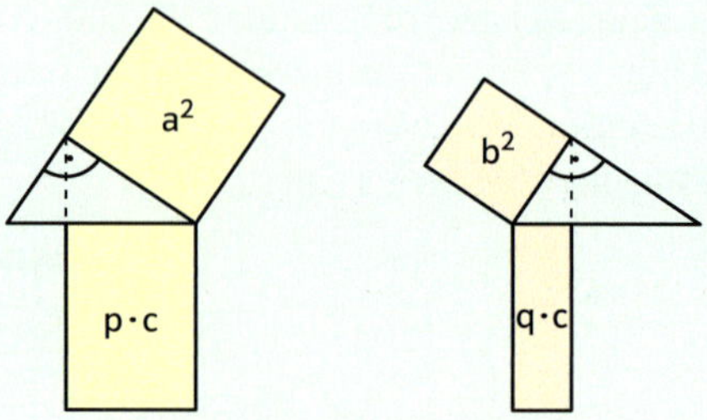

Höhensatz

Im rechtwinkligen Dreieck ist das Quadrat über der Höhe flächengleich mit dem Rechteck aus den beiden Hypotenusenabschnitten:
$h^2 = p \cdot q$

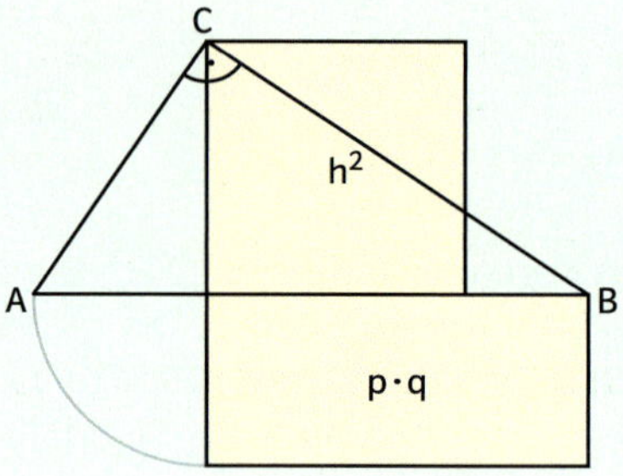

Satz des Pythagoras

Ist ein Dreieck rechtwinklig, so haben die Quadrate über den beiden Katheten zusammen denselben Flächeninhalt wie das Quadrat über der Hypotenuse. Nennt man die Katheten a und b und die Hypotenuse c, gilt: $c^2 = a^2 + b^2$.

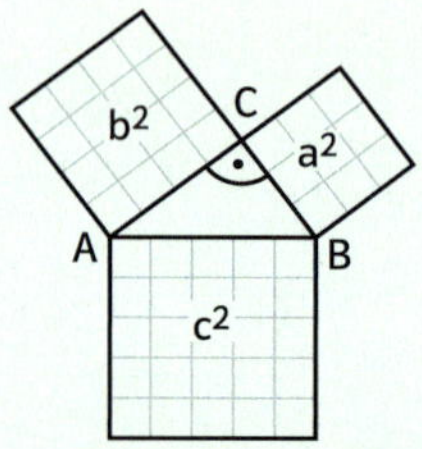

Berechnung an geometrischen Figuren

Werden Strecken in ebenen Figuren berechnet, hilft meist eine Zerlegung in rechtwinklige Dreiecke.

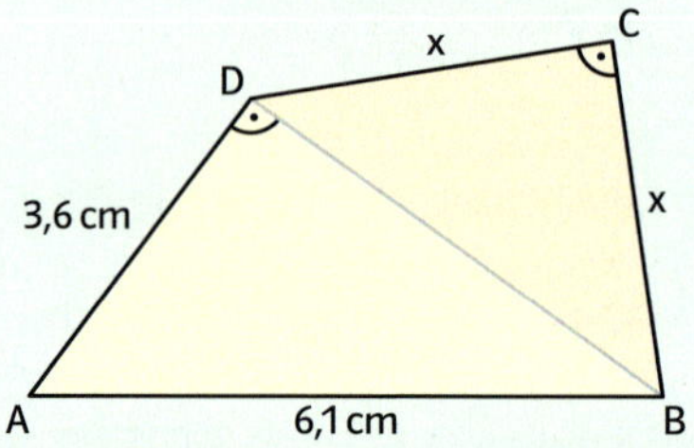

$\overline{BD}^2 = (6{,}1^2 - 3{,}6^2)\,cm^2$
$\overline{BD} = \sqrt{24{,}25}\,cm$
$\overline{BD} \approx 4{,}9\,cm$

$x^2 + x^2 = 24{,}25\,cm^2$
$2x^2 = 24{,}25\,cm^2$
$x = \sqrt{12{,}125}\,cm$
$x \approx 3{,}5\,cm$

Um Strecken auf oder in Körpern zu berechnen, wählt man geeignete rechtwinklige Dreiecke.

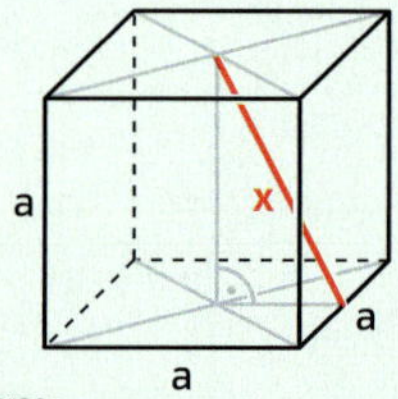

Für $a = 5{,}0\,cm$:
$x^2 = (5{,}0^2 + 2{,}5^2)\,cm^2$
$x^2 = 31{,}25\,cm^2$
$x = \sqrt{31{,}25}\,cm$
$x \approx 5{,}6\,cm$

Üben • Anwenden • Nachdenken

1 Sina soll den Satz des Pythagoras nennen.
Sie antwortet: „$a^2 + b^2 = c^2$."
Reicht diese Antwort aus?

2 Berechne die fehlende Seite.

a)
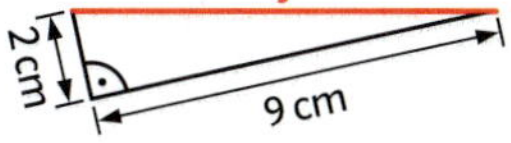

b)
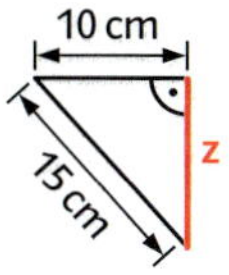

c)
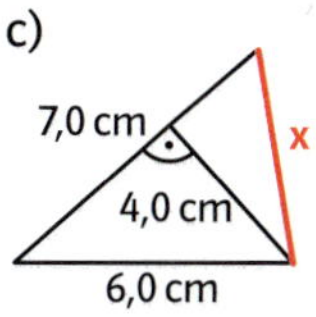

d)
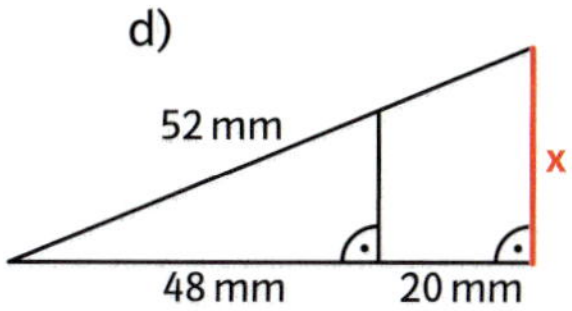

3 Berechne Umfang und Flächeninhalt der Figur. (Maße in cm)

a)
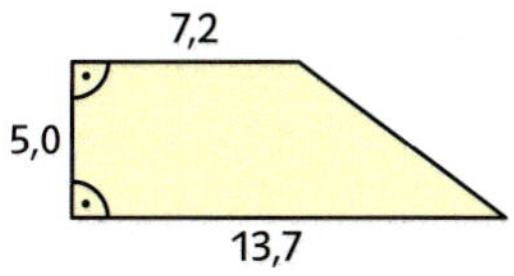

b)
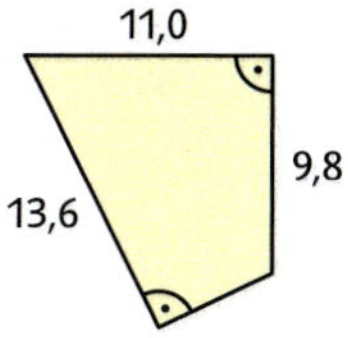

4 Stelle die Formeln im Dreieck ABC und in den Teildreiecken auf.

a)
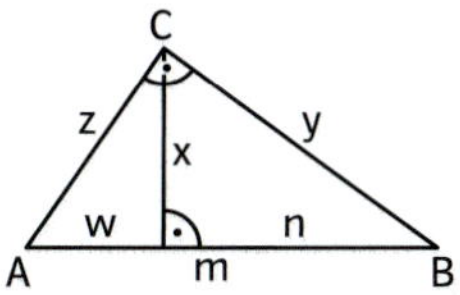

b)
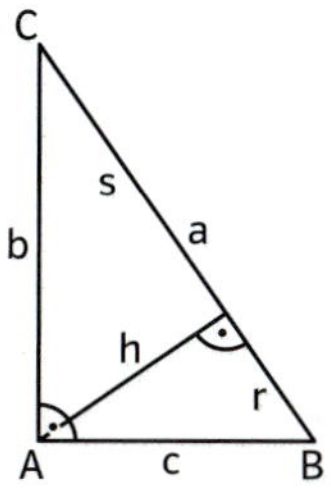

5 Berechne im Dreieck ABC ($\gamma = 90°$) die fehlenden Größen.

	a)	b)	c)	d)	e)	f)
a	5,2 cm	11,1 m				
b	7,3 cm		17,3 cm			
c			25,2 cm	8,3 m		
p		4,7 m			1,4 m	9,2 cm
q				2,8 m		4,1 cm
h					3,5 m	

6 Die Diagonale e = 9,0 cm und der Schenkel b = 6,0 cm eines gleichschenkligen Trapezes bilden einen rechten Winkel. Berechne die Höhe und den Flächeninhalt des Trapezes.

7 Von einem Drachen ABCD mit $\alpha = 90°$ und $\gamma = 90°$ sind die Seite a = 7,2 cm und die Diagonale e = 8,5 cm gegeben. Berechne den Umfang und den Flächeninhalt des Drachens.

8 Berechne Umfang und Flächeninhalt (Maße in cm).

a)
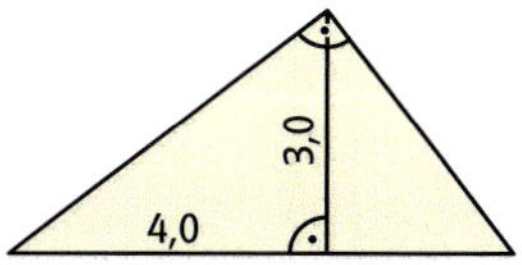

b)
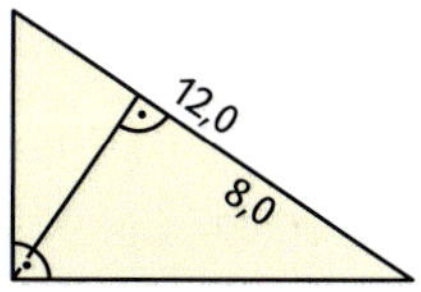

9 Berechne die Raumdiagonale.

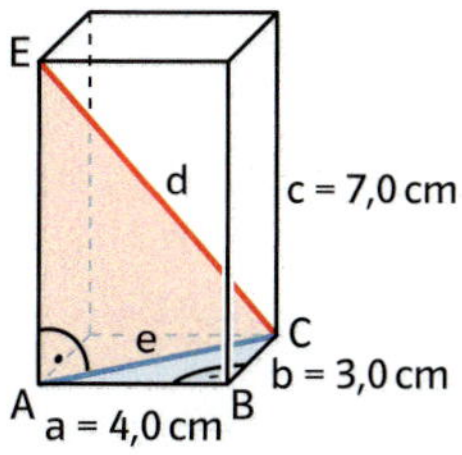

10 a) Stelle Formeln für den Umfang und den Flächeninhalt der Figur mit der Variable e auf.

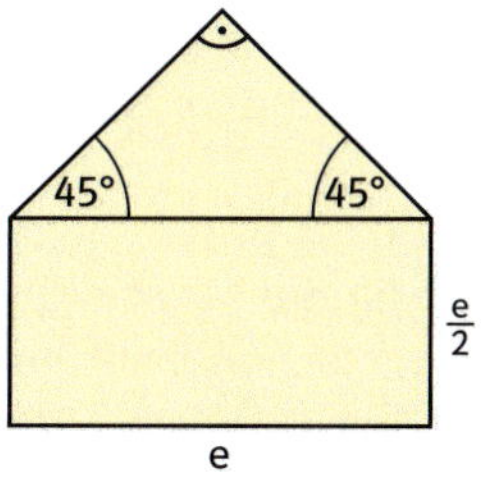

b) Wie groß muss e gewählt werden, damit der Umfang 20,0 cm ergibt?
c) Wie groß ist e, wenn der Flächeninhalt der Figur 75,0 cm² beträgt?

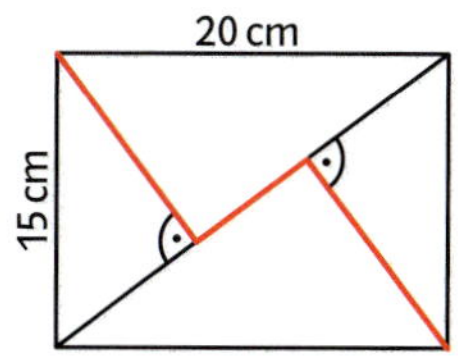

Wie lang ist der rote Weg?

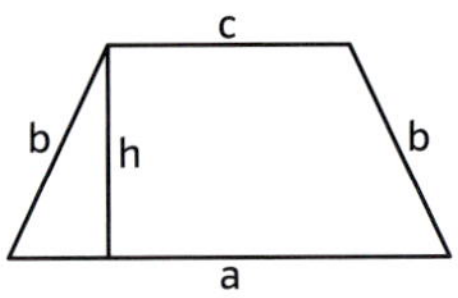

11 Berechne die fehlenden Größen des gleichschenkligen Trapezes.

	a)	b)	c)	d)	e)	f)
a	12,0 cm	15,3 cm		8,3 m	21,5 m	
b		12,7 cm	9,1 cm		12,5 m	8,4 m
c	8,0 cm	8,3 cm	24,0 cm			7,6 m
h	4,0 cm		7,5 cm	11,2 m	10,8 m	
u						37,2 m
A				99,8 m²		

12 Ein Quader hat die Kantenlängen a = 20 cm, b = 10 cm und c = 15 cm. Auf dem Eckpunkt S sitzt eine Spinne, auf F eine Fliege. Die Spinne will auf dem kürzesten Weg – auf den Begrenzungsflächen des Körpers laufend – zur Fliege gelangen.

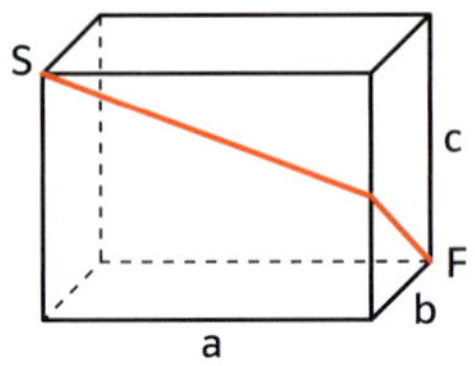

13 Zwischen zwei Häusern wird eine Weihnachtsdekoration gespannt. Die Stadtarbeiter verwenden ein Seil mit 12,1 m, obwohl die Häuser nur 12 m voneinander entfernt sind. Wie weit hängt der in der Mitte befestigte Stern durch?

14 Ein Fahnenmast soll durch vier 4 m lange Seile befestigt werden. Die Seile werden in einer Höhe von 3,2 m befestigt.

15 Eine Bergbahn überwindet auf einer Fahrtlänge von 2,6 km einen Höhenunterschied von 540 m. Wie lang ist die Strecke auf einer Karte mit dem Maßstab 1 : 50 000 eingezeichnet?

16 Gegeben ist das Fünfeck ABCDE. Berechne den Flächeninhalt der Figur.

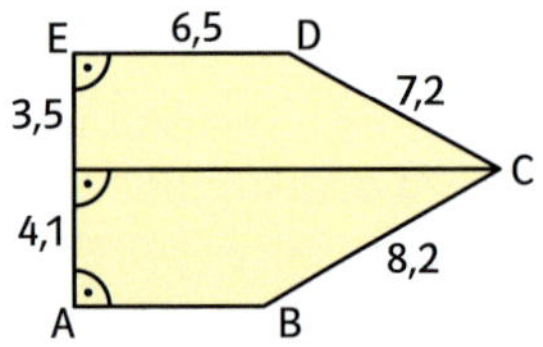

17 Gib die Länge der farbigen Strecke in Abhängigkeit von e an.

a)

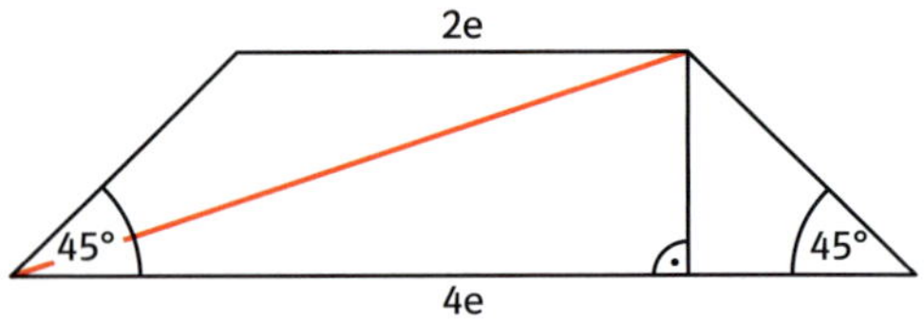

b)

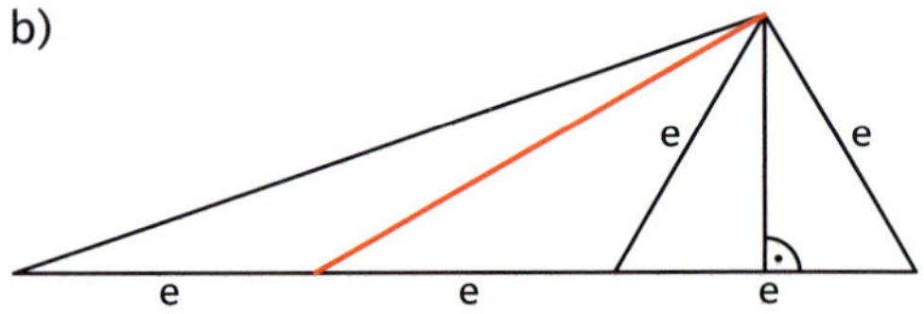

18 Berechne den Umfang und den Flächeninhalt in Abhängigkeit von e.

a)

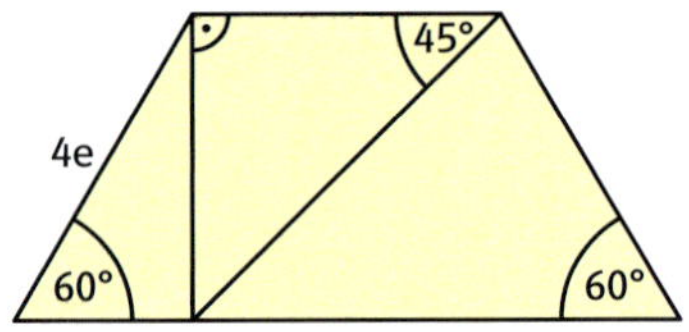

b)

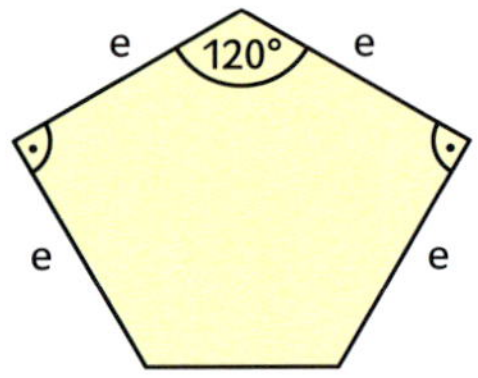

19 Von einem Würfel mit der Kantenlänge a werden zwei Teile wie abgebildet abgeschnitten.
Berechne den Umfang und den Flächeninhalt der beiden Schnittflächen in Abhängigkeit von a.

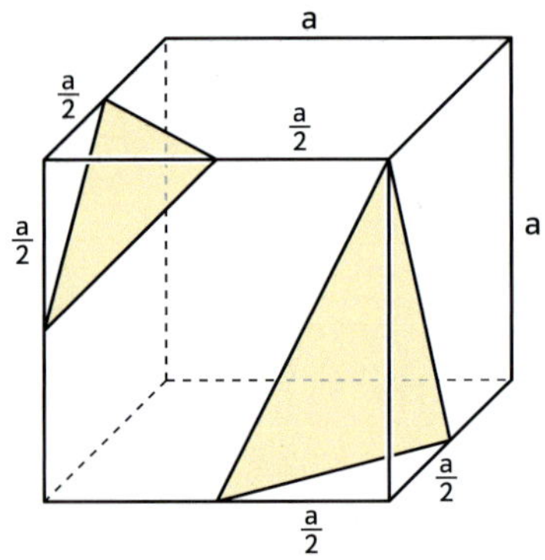

Pythagoras im Koordinatensystem

Die Entfernung zweier Punkte A und B im rechtwinkligen Koordinatensystem lässt sich mithilfe des Satzes des Pythagoras berechnen.

Beispiel für A(3|2) und B(10|6)

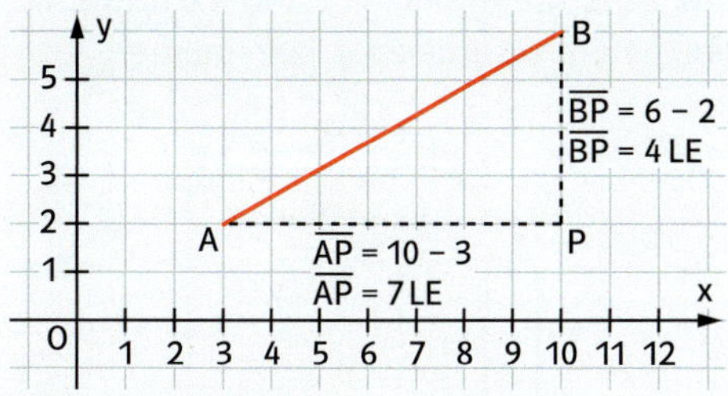

Es gilt:
$\overline{AB}^2 = \overline{AP}^2 + \overline{BP}^2$
$\overline{AB} = \sqrt{7^2 + 4^2}$
$\overline{AB} = 8{,}1$ LE

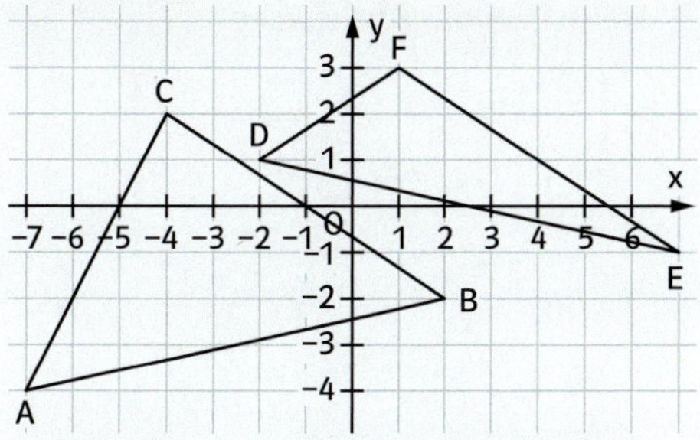

- Berechne die Umfänge der beiden Dreiecke.
- Welche Dreiecksseiten sind gleich lang, welche parallel? Begründe.
- Drücke die Steigung jeder Dreiecksseite mithilfe des Steigungsfaktors m aus.
- Berechne den Abstand zwischen den Punkten.
A(2|4) und B(8|9); C(1|3) und D(10|10); E(0|0) und F(−3|8); G(−2|−3) und H(5|7)
- Zeichne das Dreieck ABC und berechne seinen Umfang und seinen Flächeninhalt. Gib für jede Gerade $\overline{AB}$; $\overline{BC}$ und $\overline{AC}$ die Funktionsgleichung an.
  - A(1|1); B(0|2); C(6|8)
  - A(−5|−2); B(5|1); C(0|9)
  - A(−1|8); B(3|−3); C(−5|−2)

20 Auf der Mantelfläche des quadratischen Prismas ist ein Streckenzug ABCDE aufgezeichnet.

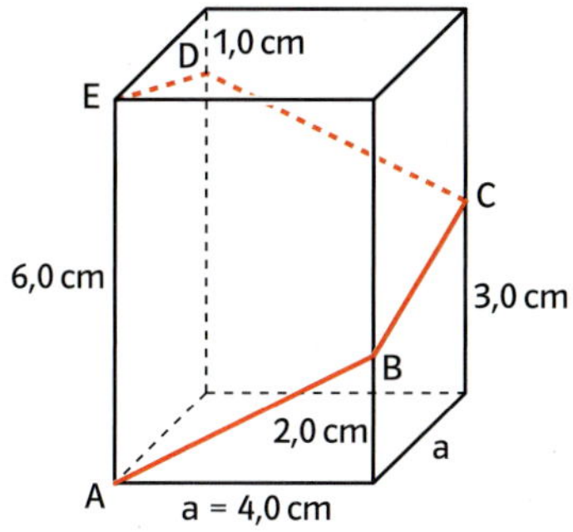

a) Berechne die Länge des Streckenzugs.
b) Zeichne das Netz des Prismas und trage den Streckenzug ein.

21 Ein Würfel hat das Volumen $V = 343\,cm^3$.
Berechne den Umfang und den Flächeninhalt des Dreiecks RTS.

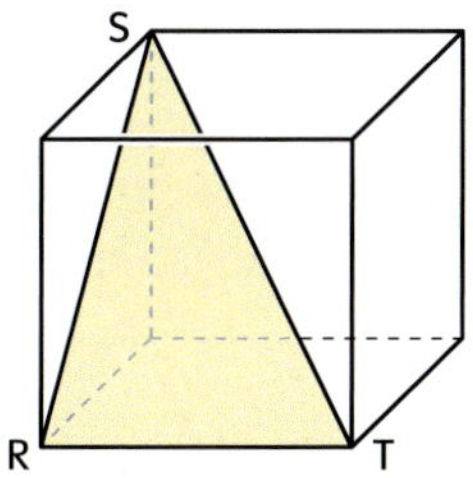

22 Bestimme die fehlenden Größen im gleichseitigen Dreieck:

	a)	b)	c)	d)
a	18 cm	0,45 m		
h			5,4 cm	
A				$72\,cm^2$

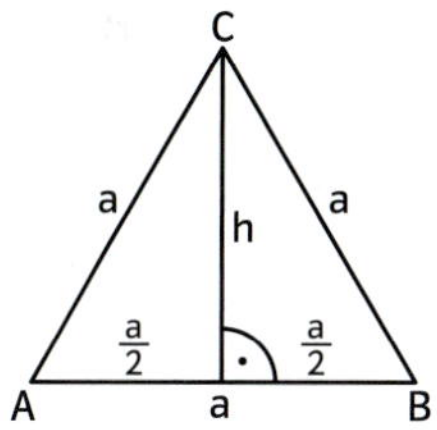

Ein Tetraeder ist eine von vier kongruenten gleichseitigen Dreiecken begrenzte Pyramide.

23 Die Kantenlänge eines Tetraeders beträgt 16 cm. Die Höhe h_a wird durch die Körperhöhe h im Verhältnis $r : p = 2 : 1$ geteilt.
a) Berechne die Körperhöhe des Tetraeders.
b) Wie groß ist seine Oberfläche?
c) Leite für h, O und V eine Formel in Abhängigkeit von a her.

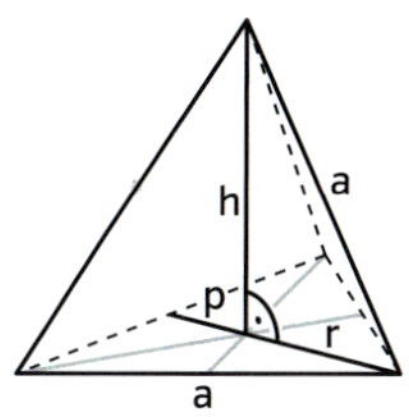

24 Ein Baum von der Länge 25 m wird beim Sturm abgeknickt. Die Spitze erreicht den Boden in einer Entfernung von 10 m vom Fußende des Stammes. In welcher Höhe wurde der Stamm abgeknickt?

25 Stelle Formeln für Umfang und Flächeninhalt des Trapezes in Abhängigkeit von e auf.

a)

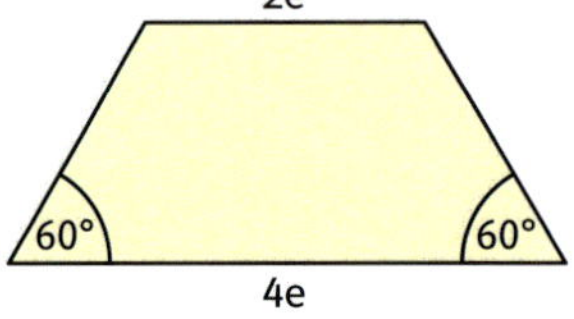

b)

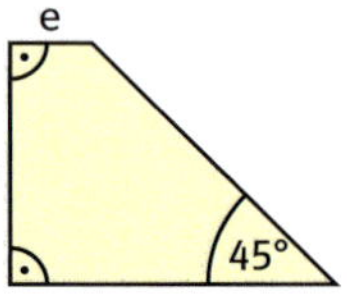

26 Kim misst ein geradliniges Straßenstück auf einer Karte mit dem Maßstab 1:25 000 mit 18 mm ab. In Wirklichkeit ist es 468 m lang.

27 Ein Fliesenleger will wissen, ob ein Raum rechtwinklig ist. Er misst dazu die Länge mit 3,5 m, die Breite mit 4,5 m und die Diagonale mit 5,7 m.

28 Wie lang ist die rote Strecke?
Gegeben sind $a = 5{,}0$ cm und $h = 10{,}0$ cm.

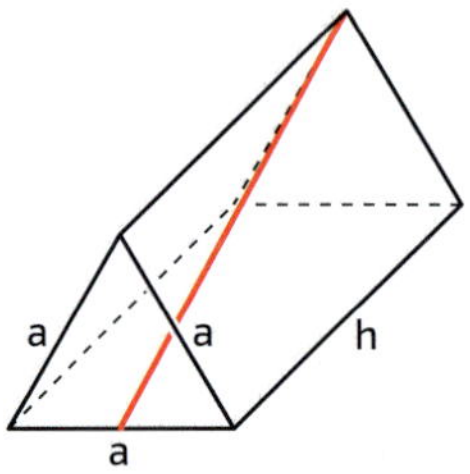

29 Berechne für jedes Gebäude die Länge eines Dachsparren. Jeder Dachsparren steht 40 cm über.

a)

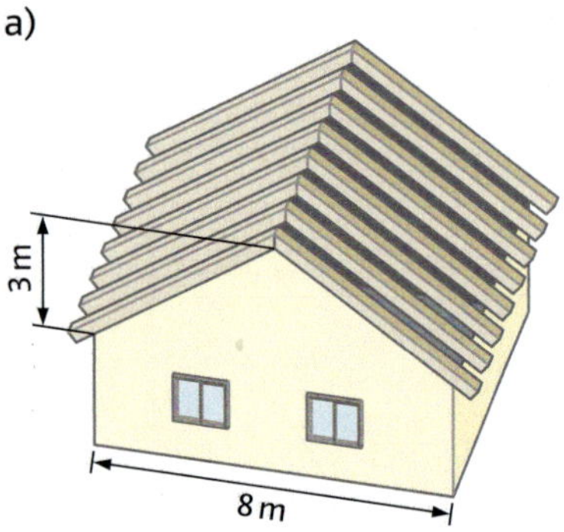

b)

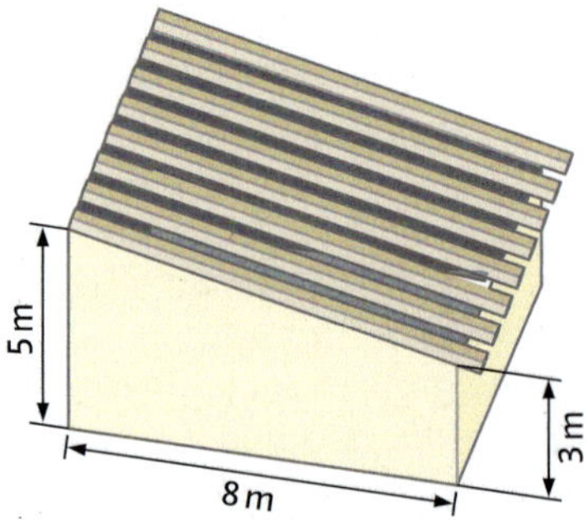

30 a) Durch einen Diagonalschnitt wird ein Würfel mit der Kantenlänge 10 cm in zwei Dreiecksprismen zerlegt. Berechne die Oberfläche eines dieser Prismen.
b) Halbiert man den Würfel so, dass zwei Trapezprismen entstehen, ändern sich die Oberflächen der Prismen je nach Teilung der Würfelkanten. Teile einmal mit 8 cm und 2 cm, dann mit 6 cm und 4 cm und vergleiche die Oberflächen der Prismen.

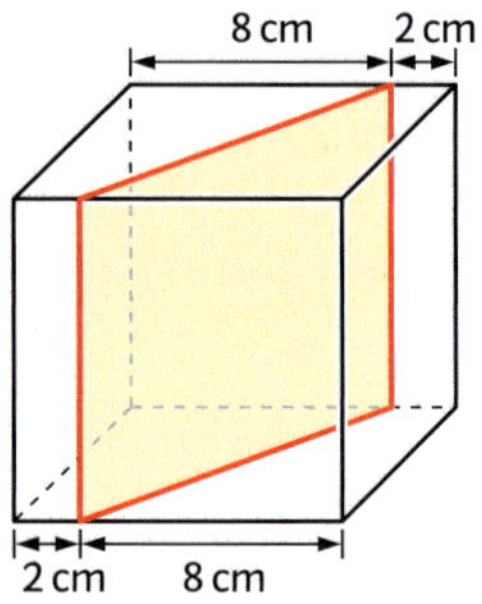

31 Berechne die Dachfläche.

a)

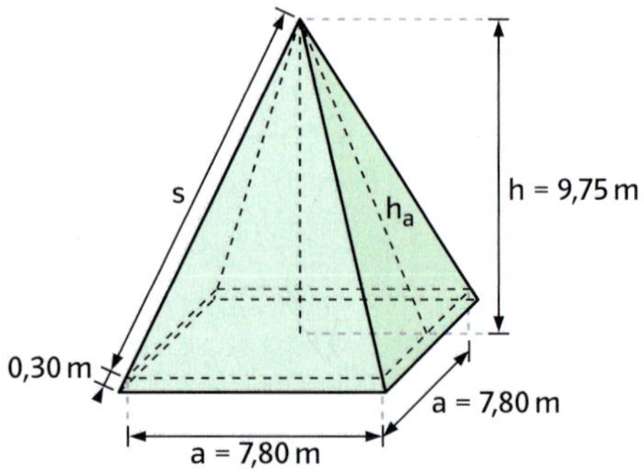

b)

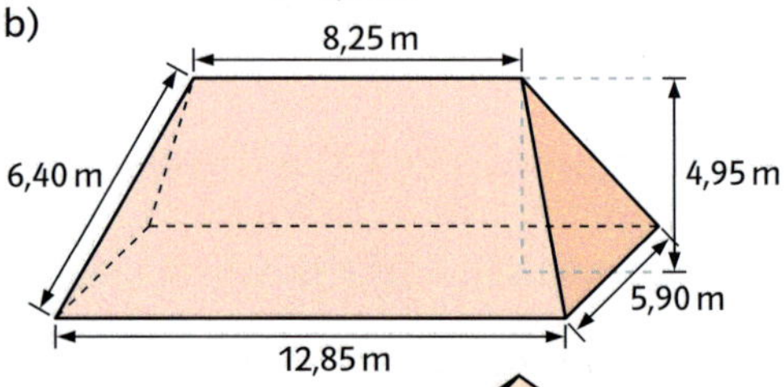

c)

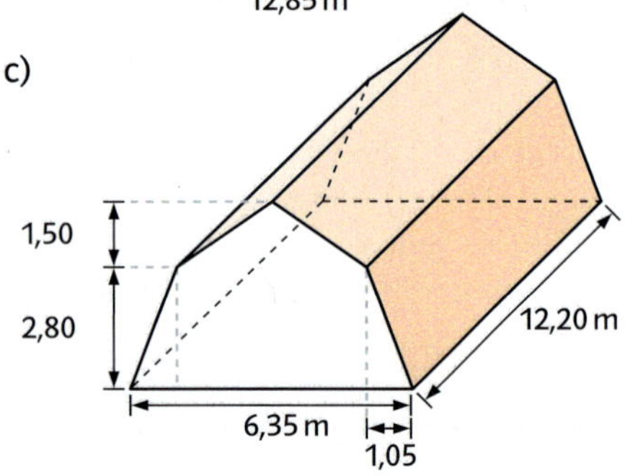

Rückspiegel

1 Formuliere alle möglichen Sätze aus der Satzgruppe des Pythagoras.

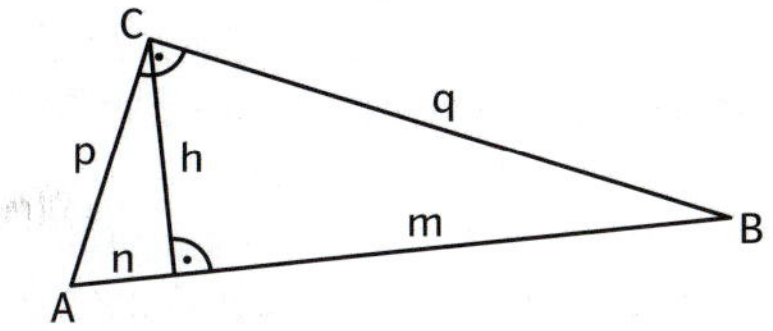

2 Berechne die Länge der Strecke x. (Maße in cm)

a)

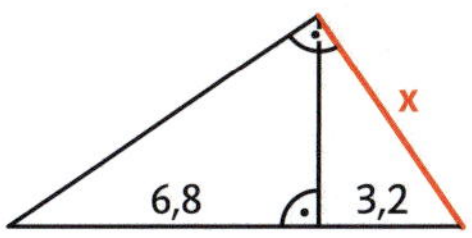

b)

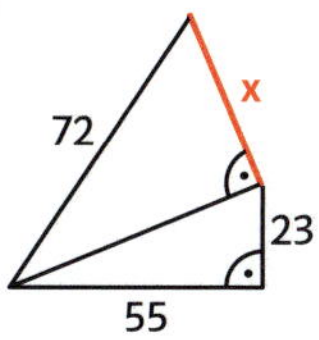

3 Überprüfe, ob das Dreieck rechtwinklig ist. Wenn nicht, begründe, dass es spitz- bzw. stumpfwinklig ist.

a) 9 cm; 40 cm; 41 cm
b) 25 cm; 48 cm; 60 cm
c) 11 cm; 60cm; 61 cm

4 a) Berechne den Umfang des Dreiecks ABC in cm.

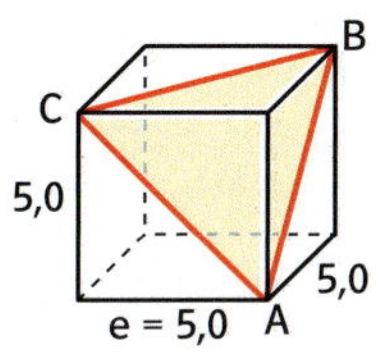

b) Gib den Umfang und den Flächeninhalt des Dreiecks ABC mithilfe der Formvariablen e an.

5 Für das Dach einer Halle braucht man Dachsparren. Wie lang müssen sie zugeschnitten werden, wenn sie an den Dachkanten jeweils 30 cm überstehen sollen?

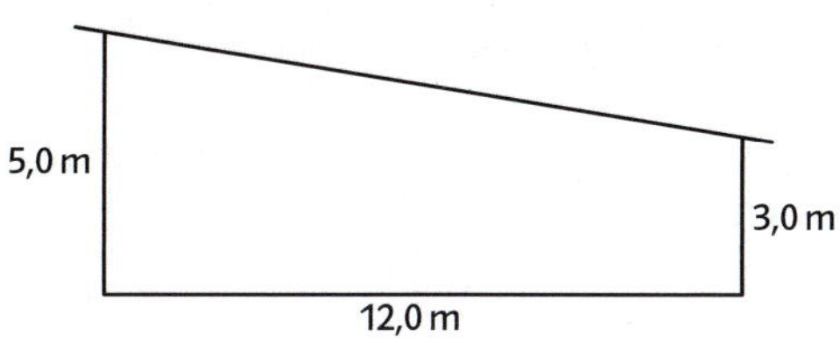

1 Formuliere alle möglichen Sätze aus der Satzgruppe des Pythagoras.

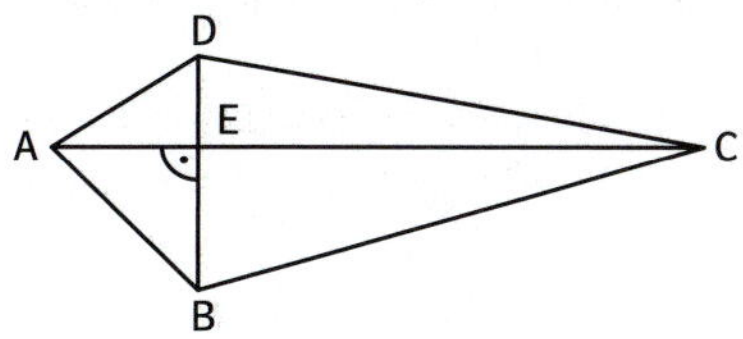

2 Gib die Länge der Strecke x in Abhängigkeit von der Variablen e an.

a)

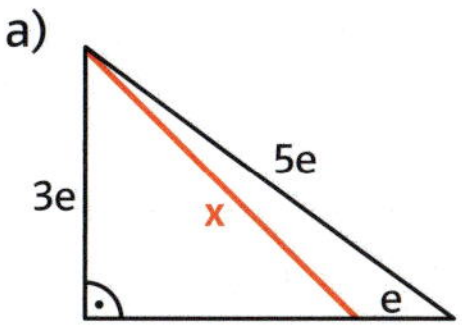

b)

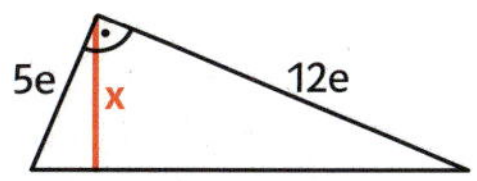

3 Überprüfe, ob das Dreieck rechtwinklig ist. Wenn nicht, dann korrigiere ein Maß.

a) 7 cm; 24 cm; 25 cm
b) 10 cm; 26 cm; 25 cm
c) 7,5 cm; 18 cm; 19,5 cm

4 a) Die Punkte A, B, C, D sind Kantenmittelpunkte. Berechne den Umfang des Vierecks ABCD in cm.

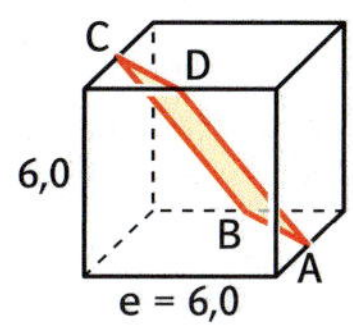

b) Gib den Umfang und den Flächeninhalt des Vierecks ABCD mithilfe der Formvariable e an.

5 Viele Autofahrer, die von A nach B wollen, fahren über C, da man auf den Strecken $\overline{AC}$ und $\overline{CB}$ schneller fahren darf, als auf der Strecke $\overline{AB}$.
Die Wegstrecke A – C – B darf mit 50 km/h befahren werden.

a) Um wie viel Prozent ist die Wegstrecke $\overline{AB}$ kürzer als der Umweg über C?
b) Frau Maier fährt mit 30 km/h die Abkürzung, Herr Müller über C.
Sie kommen gleichzeitig in B an.

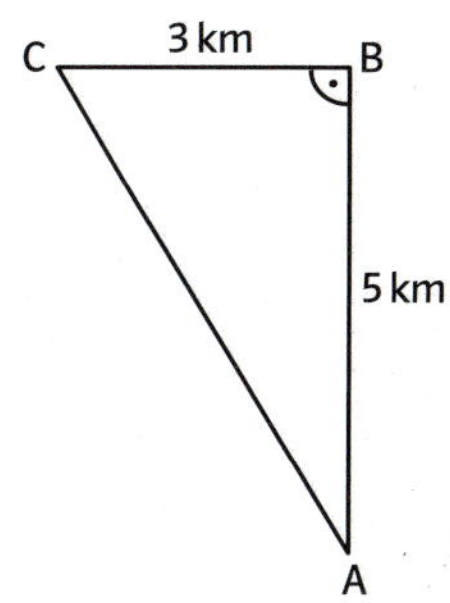

Wir nähern uns dem Kreis

Ermittelt Durchmesser und Umfang von kreisrunden Gegenständen.

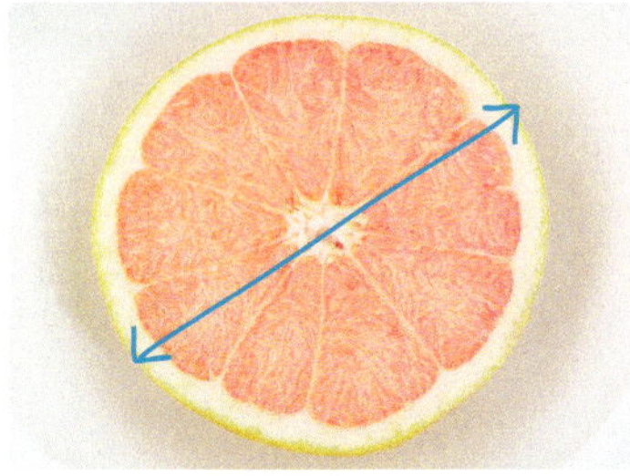

Beschreibt, wie ihr vorgegangen seid.

Das Pulvermaar in der Eifel ist ein fast kreisförmiger See vulkanischen Ursprungs. Sein Durchmesser beträgt ungefähr 700 m. Bestimme die Gesamtfläche des Maars so genau wie möglich.

Es ist gar nicht so einfach, den Flächeninhalt eines Kreises genau zu bestimmen. Man kann Kästchen zählen, wenn man eine Vorlage mit Quadratgitter verwendet. Aus mehreren Kästchenteilen bildet man durch Abschätzung vollständige Kästchen.

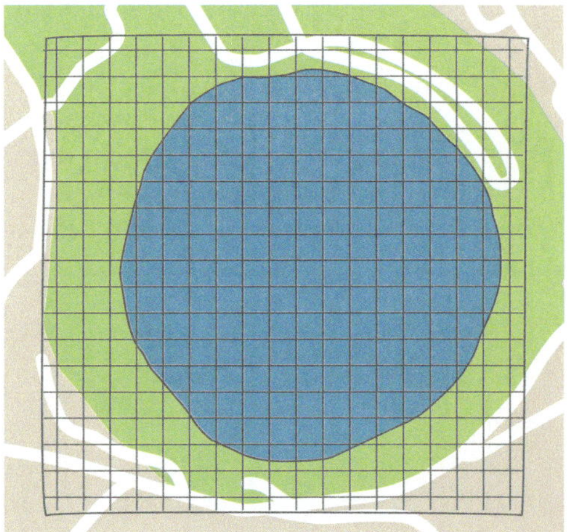

Zylinder

Rund um dich herum – welche Zylinder kennt ihr in Stadt, Land, Fluss …? Setzt euch in Gruppen zusammen und sucht um die Wette.

	Rotiert um die eigene Achse	Kann man essen	Ist hohl	Ist lang und dünn
R	Rad		Ring	Rhabarber
K	Kreissägeblatt	Kirschtorte		Kabel
S	Sommerreifen	Schokostäbe	Saftglas	Spaghetti
B				

	Rotiert um die eigene Achse	Kann man essen	Ist hohl	Ist lang und dünn
R	Rad	Rettich	Rohr	
K	Kurbelwelle		Kirchturm	Kerze
S	Schwungscheibe	Spaghetti	Strohhalm	Stange
B				

In diesem Kapitel lernst du,

- wie man Kreisumfang und Kreisfläche berechnet,
- was man unter der Kreiszahl π versteht,
- wie man die Oberfläche von Zylindern berechnet,
- wie man das Volumen von Zylindern berechnet.

1 Kreisumfang

→ Miss den Durchmesser d und den Umfang u von verschiedenen kreisrunden Gegenständen.
→ Trage die Werte in eine Tabelle ein und bilde das Verhältnis $\frac{u}{d}$.

Gegenstand	Umfang u	Durchmesser d	$\frac{u}{d}$
Dose	24 cm	7,7 cm	□
CD	□	□	□
	□	□	□

→ Was fällt dir auf?

π ist der 16. Buchstabe des griechischen Alphabets und wird „pi" gesprochen.

Zum Kreis mit dem doppelten (dreifachen, …) Durchmesser gehört der doppelte (dreifache, …) Umfang. Der Umfang u eines Kreises ist also proportional zu seinem Durchmesser d.

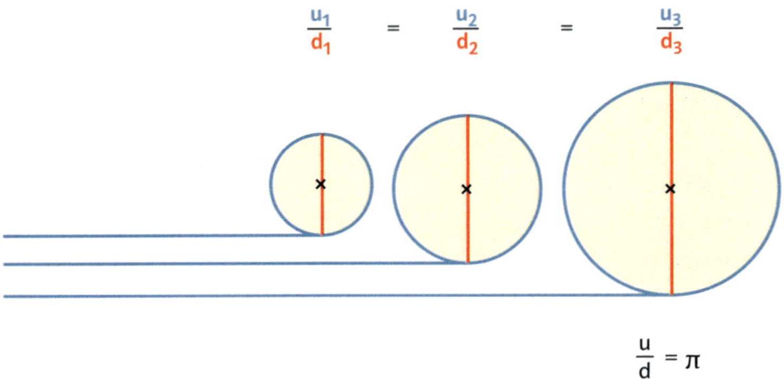

Dividiert man den Umfang eines Kreises durch seinen Durchmesser, so ist das Ergebnis für alle Kreise gleich.
Dieses Verhältnis wird **Kreiszahl** genannt und mit dem griechischen Buchstaben π bezeichnet.

In einfachen Experimenten kann man für π gute Näherungswerte wie 3,1 oder 3,14 finden.
Der Taschenrechner gibt für π einen sehr genauen Wert an: **3,141592654**

Für den **Umfang u** eines Kreises mit dem Durchmesser d bzw. dem Radius r gilt:
$\mathbf{u = \pi d}$ bzw. mit $d = 2r$ $\mathbf{u = 2\pi r}$

$\frac{22}{7} = 3,\overline{142857}$

Bemerkung
In der Praxis genügt in vielen Fällen die Zahl 3,14 oder der Bruch $\frac{22}{7}$ als Näherung für π.

Beispiele

a) Aus dem Durchmesser d = 2,0 cm eines Kreises wird der Umfang berechnet.
$u = \pi d$
$u = \pi \cdot 2{,}0\,\text{cm}$
$u \approx 6{,}3\,\text{cm}$
Man orientiert sich an der Genauigkeit der gegebenen Größen.
Der Umfang beträgt 6,3 cm.

b) Aus dem Umfang u = 8,50 m eines Kreises wird der Radius berechnet.
$u = 2\pi r \quad |:2 \quad |:\pi$
$r = \frac{u}{2\pi}$
$r \approx \frac{8{,}50}{2\pi}\,\text{m}$
$r = 1{,}35\,\text{m}$
Der Umfang des Kreises beträgt 1,35 m.

! *Es ist nicht sinnvoll, die gesamte Anzeige des Taschenrechners abzuschreiben.*

Aufgaben

1 Berechne den Umfang des Kreises.
a) d = 5,3 cm b) d = 7,7 cm c) d = 17,2 cm
d) r = 31,8 cm e) r = 0,98 m f) r = 12,4 dm

2 Wie groß ist der Radius?
a) u = 133 cm b) u = 8,5 m c) u = 0,41 m
d) u = 12,9 m e) u = 18 mm f) u = 2,71 dm

3 Berechne die fehlenden Größen.

	a)	b)	c)	d)	e)
r	24,4 cm				
d		0,5 m		31,84 m	
u			1,1 m		2,56 dm

4 Berechne den Umfang der Figur.
a)

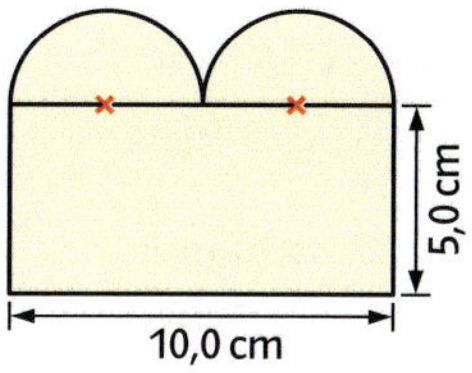

b)

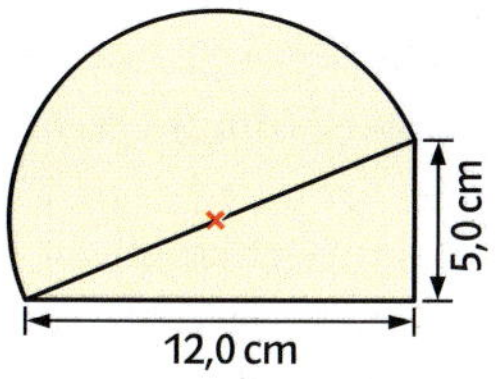

5 Gib den Umfang der Figur unter Verwendung der Variable e an.
a) e = 2 cm b) e = 3,5 cm
a)

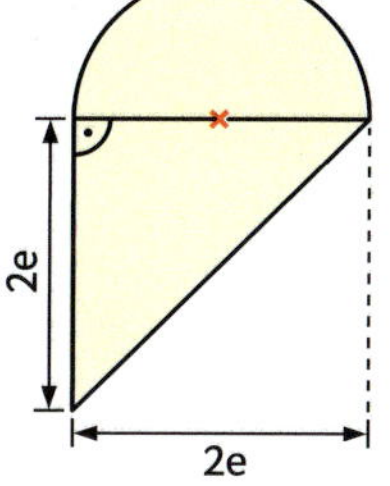

b)

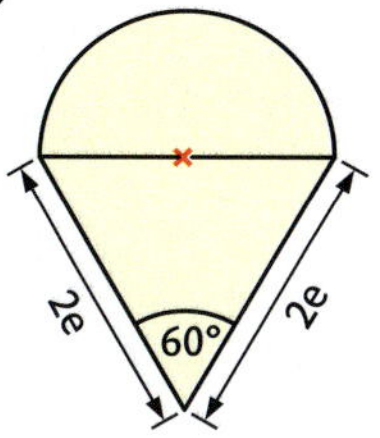

6 Wie lang ist die Schlangenlinie aus 2; 3; 4; 5 Halbkreisbögen?
Welche Vermutung gewinnst du aus den aufeinander folgenden Ergebnissen?

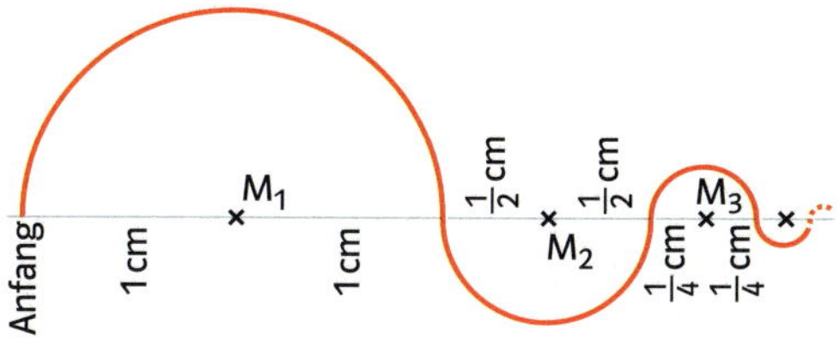

Rund ums Fahrrad

Elektronische Fahrradcomputer sind Messgeräte, die z. B. über die Geschwindigkeit und die zurückgelegte Wegstrecke informieren. Sie bestehen aus einem Anzeigegerät, einem Sensor und einem Speichenmagnet. Bei jeder Radumdrehung gibt der Speichenmagnet dem Sensor einen Zählimpuls. Fahrradcomputer müssen für jedes Fahrrad exakt eingestellt (programmiert) werden.

■ Welchen Wert benötigt der Fahrradcomputer für seine Arbeit? Beschreibe wie du vorgehst, um diesen Wert zu ermitteln.

Fahrräder können ganz unterschiedliche Laufradgrößen besitzen.

■ Vervollständige die Tabelle.
(1 Zoll = 2,54 cm, Dicke der Bereifung ca. 4,0 cm)

Fahrradtyp	Durchmesser der Felge		Durchmesser des Laufrades	Laufradumfang
	in Zoll	in Meter	in Meter	in Meter
Kinderrad	18	☐	☐	☐
Jugendrad	24	☐	☐	☐
Tourenrad	26	☐	☐	☐
	28	☐	☐	☐
Faltrad	20	☐	☐	☐

Gangschaltungen erlauben an Fahrrädern unterschiedliche Übersetzungen zwischen dem Kettenblatt und dem Ritzel.

■ Welche Strecke kannst du bei der abgebildeten Schaltung mit einem Faltrad bzw. einem 28er-Tourenrad mit einer Umdrehung des Kettenblattes maximal zurücklegen?

■ Wie viele Umdrehungen des Kettenblattes sind für eine Strecke von 100 km mindestens notwendig?

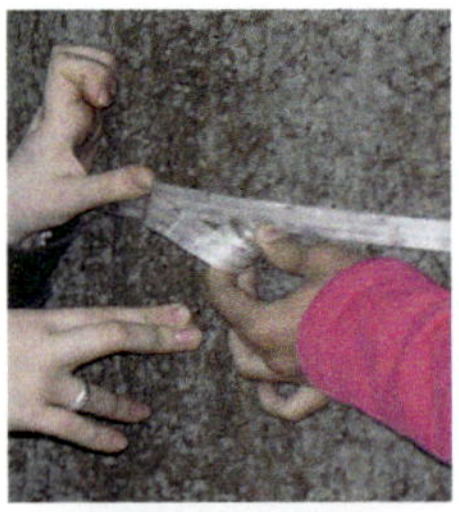

7 Die Naturschutzbehörde einer Stadt schreibt vor, dass das Fällen von Bäumen mit einem Durchmesser von über 20 cm in 1 m Höhe genehmigungspflichtig ist. Prüft, welche Bäume auf eurem Schulgelände nicht ohne Genehmigung gefällt werden dürften. Gibt es auch in eurem Wohnort eine Baumschutzsatzung?

8 Jan will im Zelt schlafen und leiht sich von einem Freund eine Iso-Matte als Unterlage. Er ist 1,85 m groß. Kannst du abschätzen, ob die Matte lang genug ist? Es gibt mehrere gute Lösungswege.

9 Ein Metallband von 1 m Länge wird zu einem Ring gebogen. Wie groß ist der Durchmesser?
Rechne auch für 2 m; 3 m und 5 m Länge.

10 Das Messrad dient zur Bestimmung von Entfernungen z. B. bei Verkehrsunfällen. Nach zwei Umdrehungen wird eine Strecke von 1 m angezeigt. Was weißt du dann über das Messrad?

11 Ein Fahrrad fährt mit einer Geschwindigkeit von 25 km/h. Wie oft ungefähr dreht sich das Rädchen des Dynamos (d = 2 cm) in einer Sekunde?

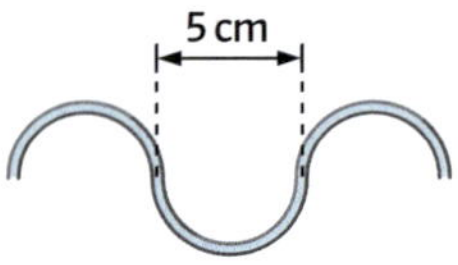

12 Eine Wellblechplatte ist 2,50 m lang und 1,00 m breit. Sie hat den im Bild dargestellten Querschnitt. Welche Abmessungen hatte die Platte aus glattem Blech, aus der sie hergestellt wurde?

13 Die spiralförmige Feder hat einen Durchmesser von 4,0 mm.

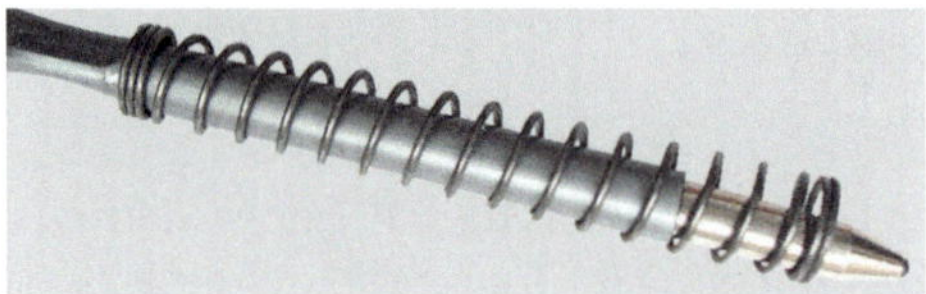

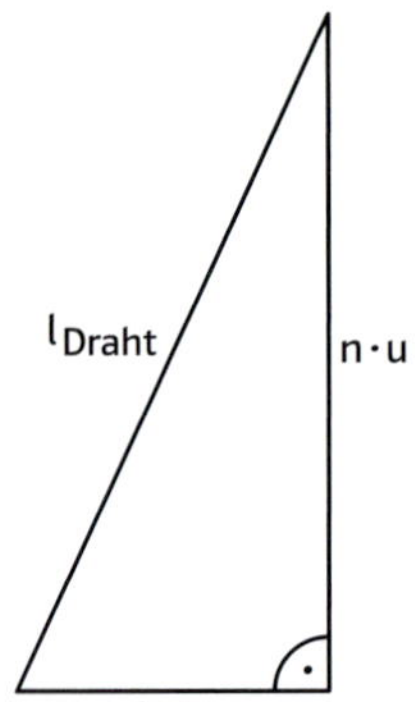

n: Anzahl der Windungen

a) Wie lang ist der Draht ungefähr?
b) Die Feder ist 5 cm lang. Berechne jetzt die Länge des Drahtes genauer.
c) Die Feder wird auf 15 cm gedehnt. Welchen Durchmesser hat sie dann etwa?

14 a) Das Rad eines schweren Muldenkippers in einem Tagebau ist 1,95 m hoch und dreht sich pro Tag etwa 6000-mal.
b) Das Rad eines anderen Kippers hat ein Rad mit 3 cm kleinerem Radius.

15 Handwerker benutzen zur Umfangsberechnung die Faustformel:

> Umfang gleich
> Durchmesser mal 3
> plus 5 Prozent

a) Rechne mit der Faustformel und dem exakten Wert für π. Vergleiche die Ergebnisse.

1) d = 20 cm	2) d = 80 mm
3) d = 1,50 m	4) r = 65 cm
5) r = 3 dm	6) r = 5 mm

b) Welcher Näherungswert für π wird bei dieser Formel verwendet?

16 a) Denke dir ein um den Äquator gelegtes Seil. Es wird exakt einen Meter verlängert und steht überall gleich weit vom Äquator ab. Kann eine Katze unter dem Seil durchschlüpfen?

b) Führe das Experiment mit runden Gegenständen aus deiner Umgebung durch. Was fällt dir auf?
Begründe rechnerisch.

17 a) Mit welcher Geschwindigkeit bewegt sich ein Körper am Äquator durch die Drehung der Erde um ihre Achse?
b) Hamburg liegt auf dem 53. nördlichen Breitenkreis. Dieser besitzt einen Radius von 3825 km.

2 Kreisfläche

→ Schneidet aus gleich dickem Karton Quadrate und Viertelkreise mit $a = r$ wie rechts gezeigt aus.
→ Bestimmt mit einer Waage das Gewicht der ausgeschnittenen Teile und bildet jeweils das Verhältnis von Kreis und Quadratgewicht. Füllt die Tabelle aus.
→ Was stellt ihr fest? Was heißt das für die Flächeninhalte?

$r = a$	10 cm	15 cm	20 cm
$m_{Quadrat}$	5 g	☐	☐
$m_{Viertelkreis}$	4 g	☐	☐
m_{Kreis}	16 g	☐	☐
$\frac{m_{Kreis}}{m_{Quadrat}}$	3,2	☐	☐

(· 4)

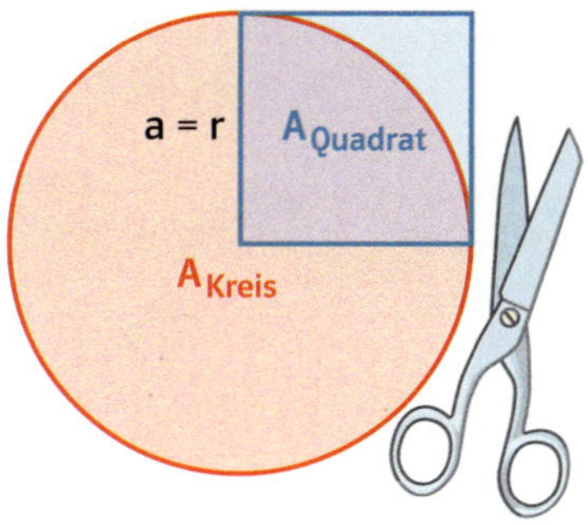

Betrachtet man Kreise mit dem Radius r und Quadrate mit der Seitenlänge $a = r$, so ist das Verhältnis ihrer Flächeninhalte stets gleich groß. Es ist zu vermuten, dass der konstante Wert des Verhältnisses gleich der Kreiszahl π ist.

$$\frac{A_{Kreis\,1}}{A_{Quadrat\,1}} = \frac{A_{Kreis\,2}}{A_{Quadrat\,2}} = \frac{A_{Kreis\,3}}{A_{Quadrat\,3}}$$

Wenn ein Kreis in gleiche Ausschnitte geteilt und einer von ihnen zusätzlich halbiert wird, lassen sich diese Ausschnitte näherungsweise wie eine Rechteckfläche anordnen. Je mehr Kreisteile gebildet werden, desto weniger weicht die Fläche von einem Rechteck ab.

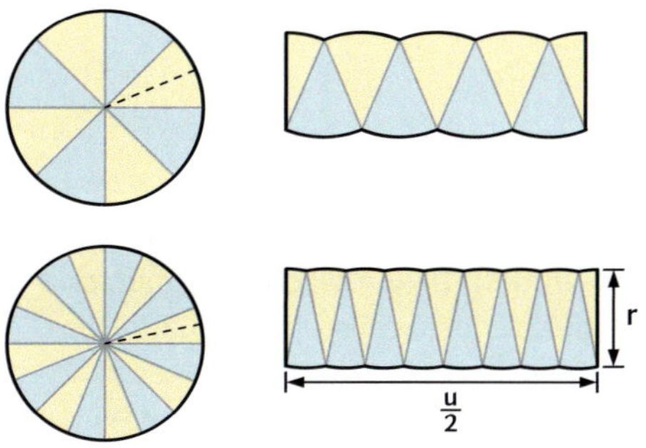

Für den Flächeninhalt des Kreises ergibt sich also: $A = \frac{u}{2} \cdot r$.

Mit $u = 2 \cdot \pi \cdot r$ erhält man: $A = \frac{2 \cdot \pi \cdot r}{2} \cdot r = \pi \cdot r^2$. Es gilt: $\frac{A_{Kreis}}{A_{Quadrat}} = \frac{\pi \cdot r^2}{r^2} = \pi$.

Für den **Flächeninhalt A** eines Kreises mit dem Radius r gilt: $A = \pi r^2$

Wegen $r = \frac{d}{2}$ gilt auch: $A = \frac{\pi d^2}{4}$

Beispiele

a) Aus dem Flächeninhalt $A = 7{,}0\,dm^2$ eines Kreises wird der Radius berechnet.

$A = \pi r^2 \quad | : \pi$

$r^2 = \frac{A}{\pi}$

$r = \sqrt{\frac{A}{\pi}}$

$r = \sqrt{\frac{7{,}0}{\pi}}\,dm$

$r \approx 1{,}5\,dm$

Die Länge der Radius ist 1,5 dm.

b) Aus dem Durchmesser $d = 5{,}0\,m$ eines Kreises wird der Flächeninhalt berechnet.

$A = \frac{\pi d^2}{4}$

$A = \frac{\pi \cdot 5{,}0^2}{4}\,m^2$

$A \approx 19{,}6\,m^2$

Der Flächeninhalt beträgt $19{,}6\,m^2$.

Aufgaben

1 Berechne den Flächeninhalt A.

a) $r = 96\,cm$ b) $r = 238\,mm$
c) $d = 12{,}3\,cm$ d) $d = 2{,}79\,km$

2 Berechne Radius r und Durchmesser d.

a) $A = 50\,cm^2$ b) $A = 320\,m^2$
c) $A = 63{,}5\,dm^2$ d) $A = 1795\,mm^2$

3 Berechne den Umfang bzw. Flächeninhalt des Kreises.

a) $A = 288\,\text{cm}^2$ b) $A = 0{,}73\,\text{dm}^2$
c) $u = 375{,}2\,\text{cm}$ d) $u = 0{,}09\,\text{km}$

4 Berechne die fehlenden Angaben.

	r	d	A	u
a)	□	8,6 cm	□	□
b)	□	□	$26{,}3\,\text{m}^2$	□
c)	□	□	□	149 cm
d)	□	□	$0{,}8\,\text{m}^2$	□

5 Ergänze die Tabelle und setze fort.

r in cm	1	2	3	□
u in cm	□	□	□	□
A in cm^2	□	□	□	□

Stelle die Zusammenhänge zwischen Radius und Umfang bzw. zwischen Radius und Flächeninhalt in jeweils einem Diagramm dar. Vergleiche die Schaubilder.
Ergänze: „Wenn man den Radius eines Kreises verdoppelt, verdreifacht, … , dann … sich der Umfang bzw. dann … sich der Flächeninhalt."

6 Berechne Umfang und Flächeninhalt der Figur. Alle Maße sind in cm gegeben.

a)

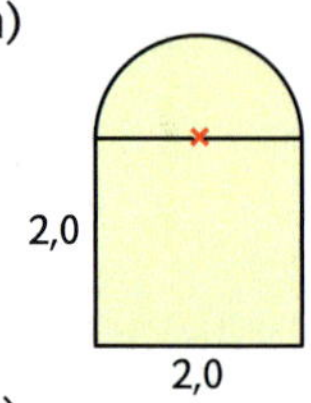

b)

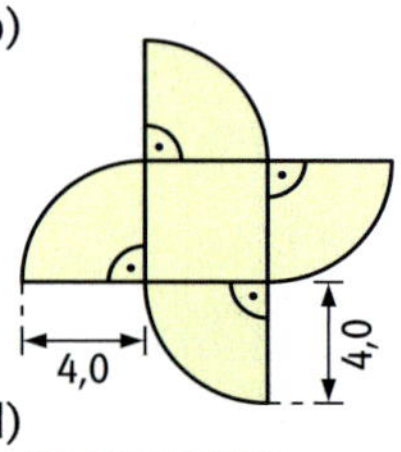

c)

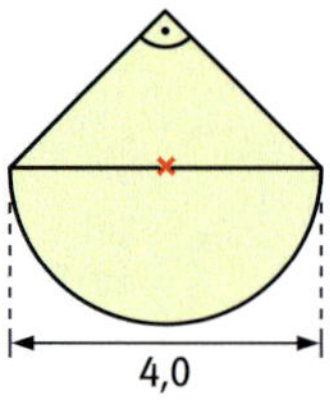

d)

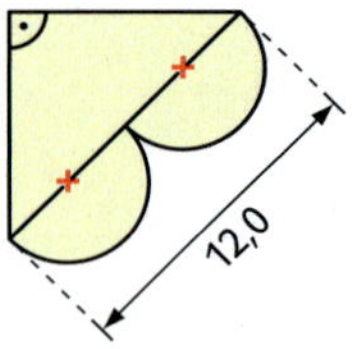

e)

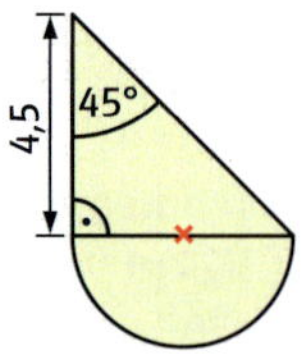

f)

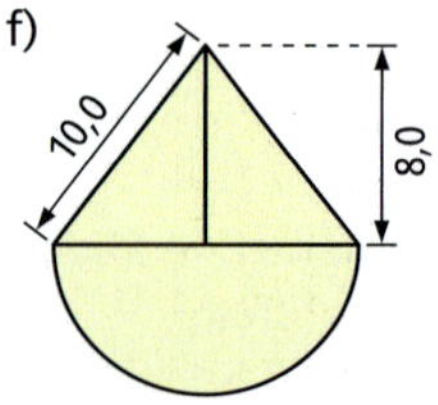

7 Vergleiche die Grafik mit der Figur zum Satz des Pythagoras.

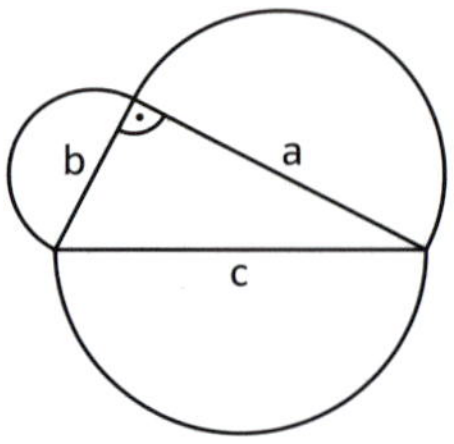

a) Berechne die Flächeninhalte der Halbkreise für $a = 4\,\text{cm}$; $b = 3\,\text{cm}$; $c = 5\,\text{cm}$. Was fällt dir dabei auf?
b) Prüfe allgemein.

8 Berechne den Umfang und den Flächeninhalt der aus Halbkreisen gebildeten Figur. ($d = 8\,\text{cm}$)

a)

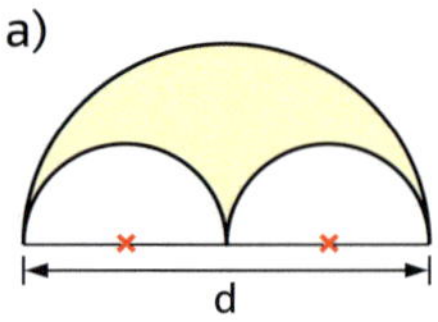

b)

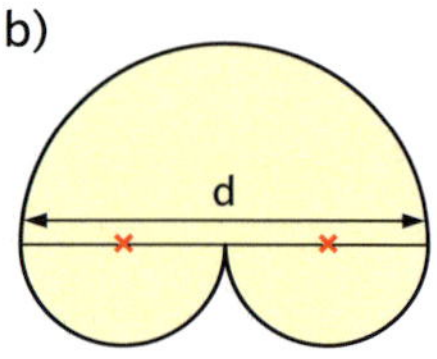

c)

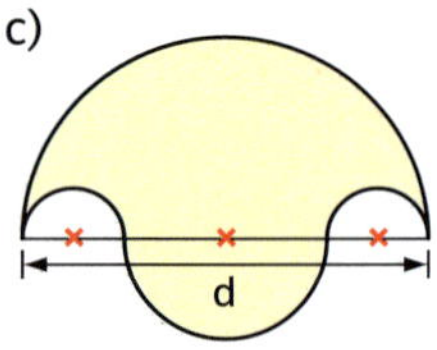

d)

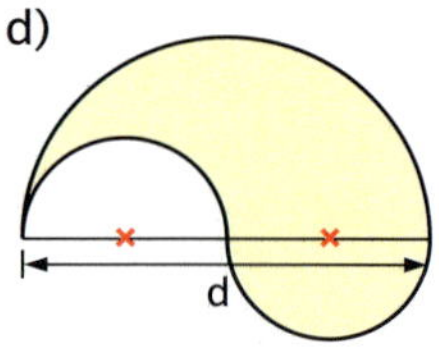

9 Gib Umfang und Flächeninhalt in Abhängigkeit von e an.

a)

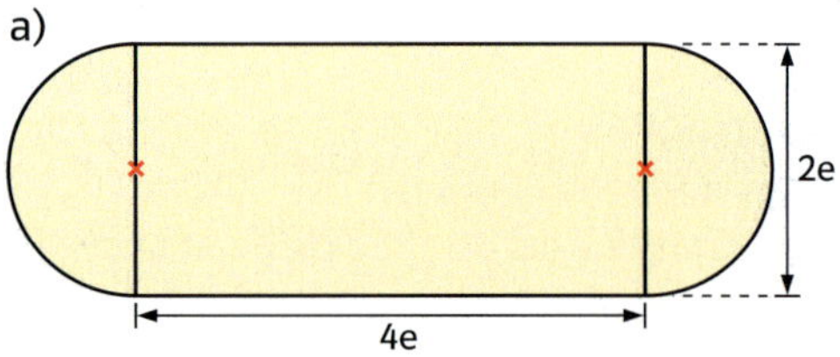

b)

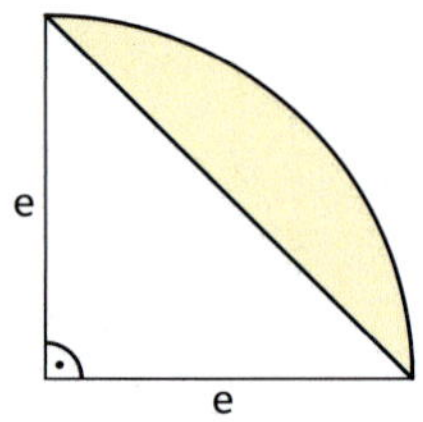

c)

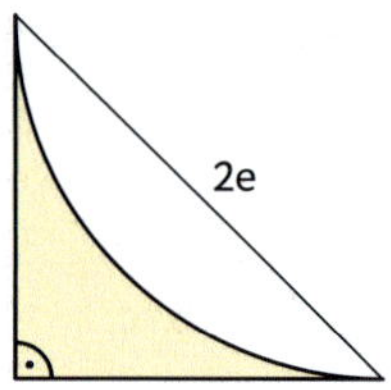

Kreisring

Werden zwei Kreise mit verschiedenen Radien und gemeinsamem Mittelpunkt gezeichnet, so entsteht ein **Kreisring**.

Zur Berechnung des Flächeninhaltes eines Kreisrings bildet man die Differenz der Flächeninhalte der beiden Kreise.

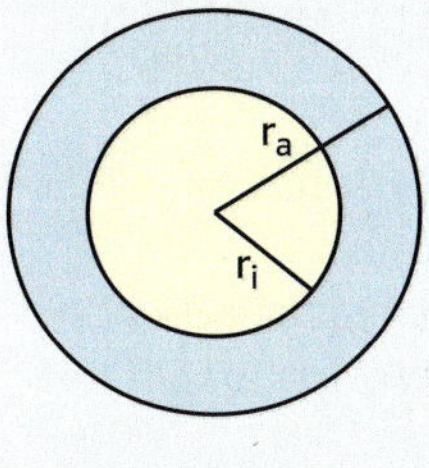

$r_a = 6{,}7\,\text{cm}$
$r_i = 4{,}1\,\text{cm}$

$A_R = A_1 - A_2$
$A_R = \pi r_a^2 - \pi r_i^2$
$A_R = \pi (r_a^2 - \pi r_i^2)$
$A_R = \pi (6{,}7^2 - 4{,}1^2)\,\text{cm}^2$
$A_R = 88{,}2\,\text{cm}^2$

Der Flächeninhalt beträgt $88{,}2\,\text{cm}^2$.

■ Berechne den Flächeninhalt der gefärbten Flächen. (Maße in cm)

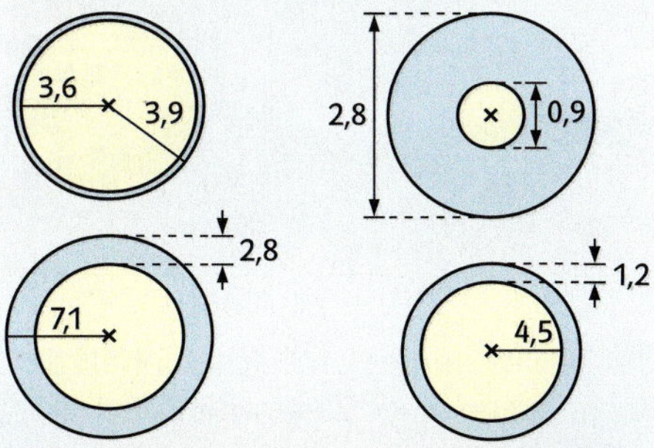

Der Durchmesser der zentralen Ringkampffläche beträgt 7 m. Um die Kampffläche herum liegt die 1 m breite Passivitätszone.

■ Wie viel Prozent der gesamten Fläche macht die Passivitätszone aus?

10 Berechne den Verschnitt, der beim Ausstanzen der Kreise aus einem Quadrat mit $a = 80\,\text{cm}$ jeweils übrig bleibt.

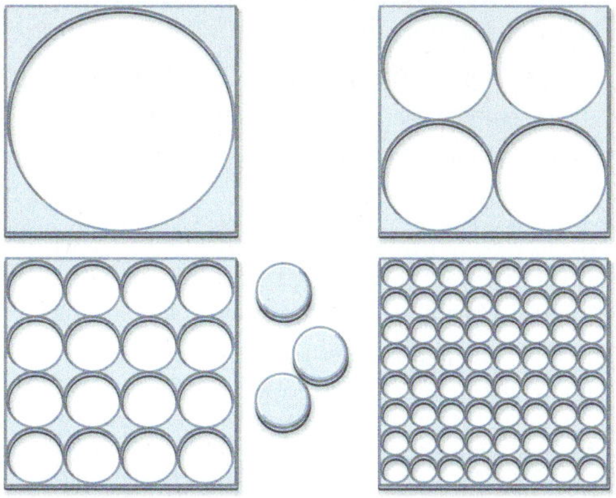

11 a) Ein Kreis hat denselben Umfang wie ein Quadrat mit der Seitenlänge $a = 4{,}0\,\text{cm}$. Welche Figur hat den größeren Flächeninhalt?
b) Ein Kreis ist zu einem gleichseitigen Dreieck mit $a = 6{,}0\,\text{cm}$ umfangsgleich. Vergleiche die Flächeninhalte.
c) Ein Kreis und ein regelmäßiges Sechseck mit der Seitenlänge $a = 5{,}0\,\text{cm}$ haben denselben Umfang. Hat der Kreis den größeren Flächeninhalt?

12 Zum Abspeichern von Daten werden häufig CDs oder DVDs, früher auch Disketten, verwendet.
1 MB bedeutet dabei 1 Megabyte.
$1\,\text{MB} = 2^{20}\,\text{B} = 1\,048\,576\,\text{B} \approx 1\,000\,000\,\text{B}$

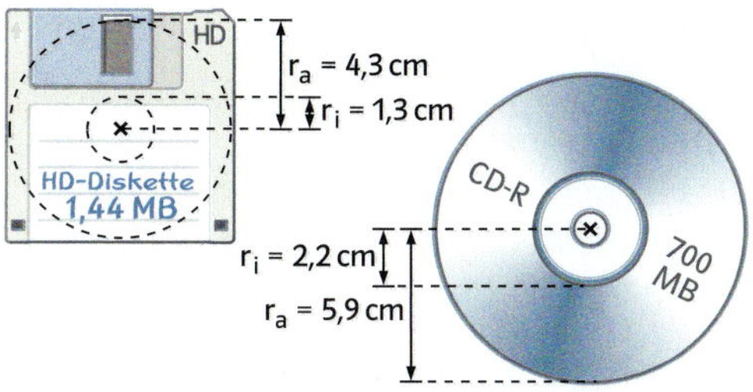

a) Berechne die auf diesen Medien vorhandene Speicherfläche.
b) Bestimme, welche Datenmengen gemessen in B auf einem Quadratzentimeter der Diskette bzw. der CD Platz findet.
c) Auf einer DVD sind 4,7 GB Daten abgespeichert.

13 a) Ein Rotor der Windkraftanlage in Hamburg hat einen Durchmesser von 70 m und besitzt eine so genannte Winderntefläche von 3848,5 m^2. Wie wird die Winderntefläche berechnet?
b) Eine Windkraftanlage in Breitnau besitzt einen Rotor mit 16,5 m Flügellänge.
Wie groß ist deren Winderntefläche?

14 In vielen trockenen Regionen der Erde findet man kreisförmige Felder.
Kannst du die Kreisform erklären?
Die Seitenlänge der Feldquadrate beträgt 200 m.

15 Der Mondkrater Pythagoras hat einen oberen Durchmesser von 120 km bis 130 km. Er ist 4800 m tief.
a) Bestimme die Größe der tiefen Kraterfläche. Achte auf den zentralen Berg.
b) Schätze die Genauigkeit des Wertes ab.

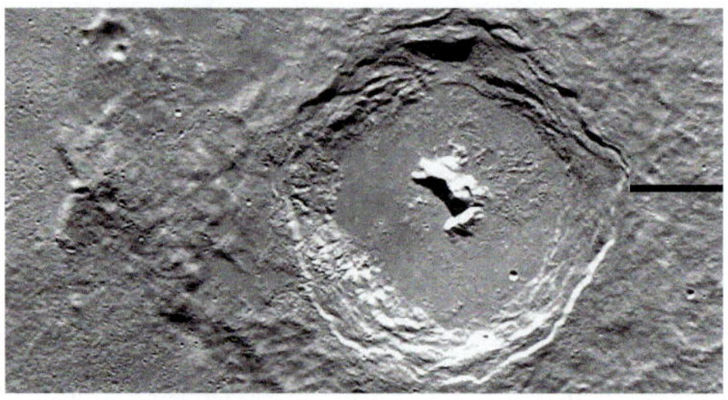

16 Ein Sendeverstärker für Ultrakurzwelle strahlt 55 km weit. Welche Größe besitzt das vom Sender versorgte Gebiet?

17 Für die Strombelastbarkeit von Leitungen braucht man Kupferdrähte mit bestimmten Querschnitten.
Welchen Durchmesser haben die einzelnen Drähte?

Belastbarkeit in Ampère	16,0	20,0	25,0
Querschnitt in mm^2	1,5	2,5	4,0

18 Welchen Flächeninhalt hat die Iris auf dem Plakat ungefähr?
Wie groß müsste das Plakat mindestens sein, damit die ganze Person abgebildet werden könnte?

19 a) Bestimme den Flächeninhalt der Kochflächen eines Elektroherdes.

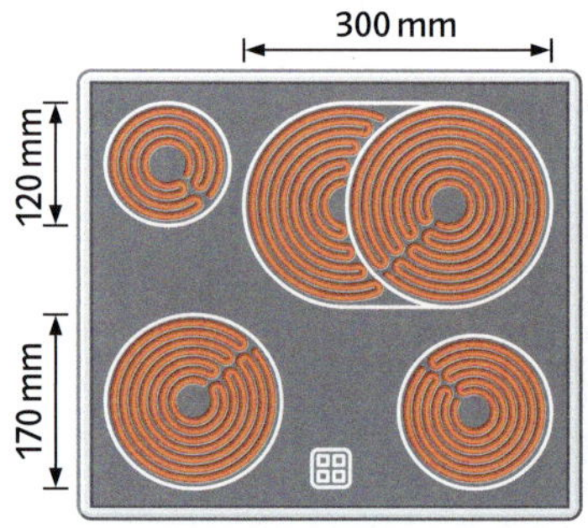

b) Beim Kochen lässt sich Energie sparen, wenn Platten- und Topfgröße zusammenpassen.
Klaus behauptet: „Ein Topf mit 15 cm Durchmesser auf einer Kochplatte mit 18 cm Durchmesser vergeudet etwa 30 % kostbare Energie.“

Annäherung an π

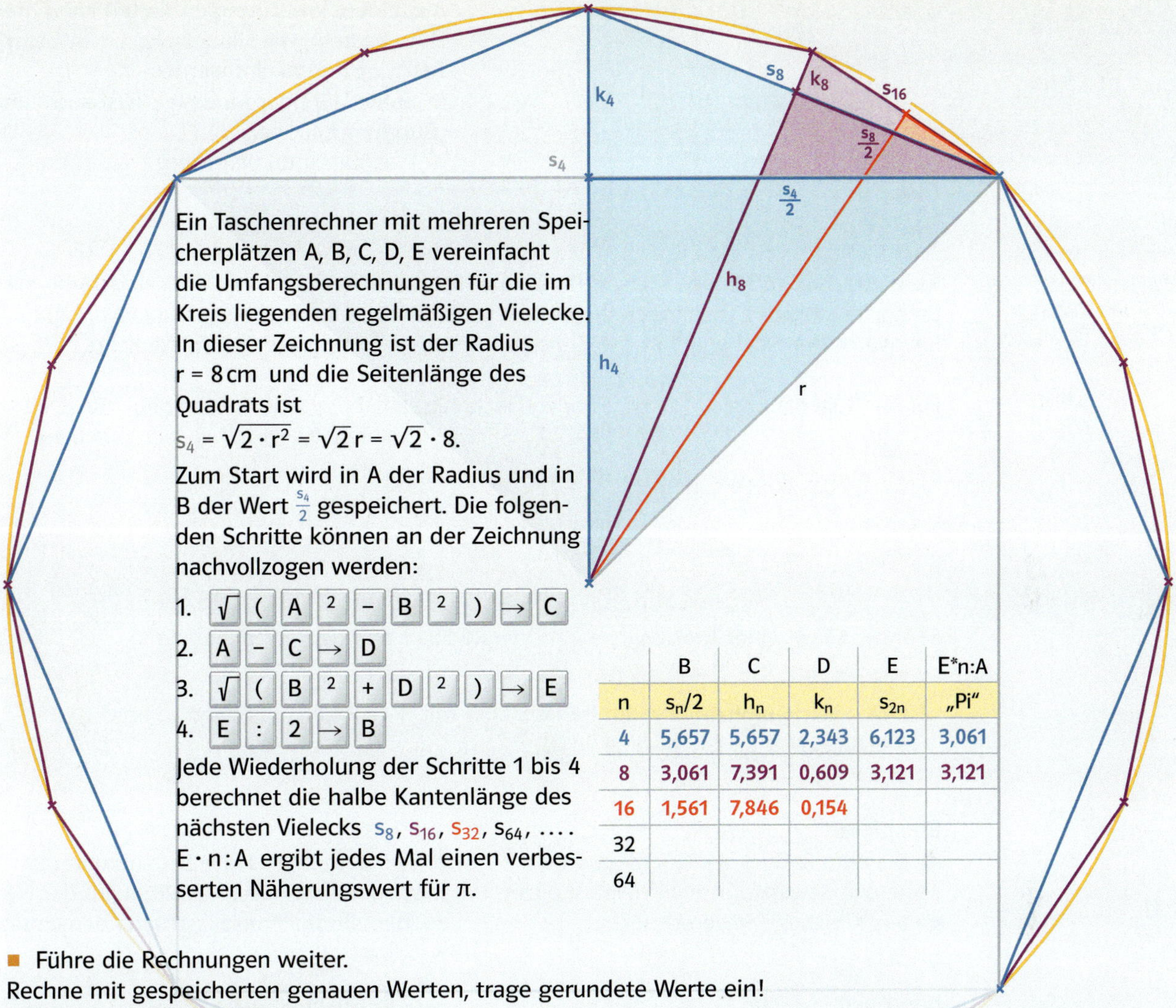

Ein Taschenrechner mit mehreren Speicherplätzen A, B, C, D, E vereinfacht die Umfangsberechnungen für die im Kreis liegenden regelmäßigen Vielecke. In dieser Zeichnung ist der Radius r = 8 cm und die Seitenlänge des Quadrats ist

$s_4 = \sqrt{2 \cdot r^2} = \sqrt{2}\,r = \sqrt{2} \cdot 8$.

Zum Start wird in A der Radius und in B der Wert $\frac{s_4}{2}$ gespeichert. Die folgenden Schritte können an der Zeichnung nachvollzogen werden:

1. [√] [(] [A] [²] [−] [B] [²] [)] [→] [C]
2. [A] [−] [C] [→] [D]
3. [√] [(] [B] [²] [+] [D] [²] [)] [→] [E]
4. [E] [:] [2] [→] [B]

Jede Wiederholung der Schritte 1 bis 4 berechnet die halbe Kantenlänge des nächsten Vielecks s_8, s_{16}, s_{32}, s_{64}, … . $E \cdot n : A$ ergibt jedes Mal einen verbesserten Näherungswert für π.

	B	C	D	E	E*n:A
n	$s_n/2$	h_n	k_n	s_{2n}	„Pi"
4	5,657	5,657	2,343	6,123	3,061
8	3,061	7,391	0,609	3,121	3,121
16	1,561	7,846	0,154		
32					
64					

■ Führe die Rechnungen weiter.
Rechne mit gespeicherten genauen Werten, trage gerundete Werte ein!
Achte auf die Näherungswerte E*n:A.

Mit jeder Wiederholungsrunde berechnet der Taschenrechner den Umfang eines Vielecks, das noch dichter an der Kreislinie liegt. Die Teilverhältnisse von Umfang und Durchmesser werden dem Wert für die gesuchte Zahl π immer ähnlicher. Mit endlich vielen Schritten lässt sie sich jedoch nie genau errechnen.

Es gibt viele Methoden, π näherungsweise zu berechnen,
z. B. $\frac{\pi}{4} = 1 - \frac{1}{3} + \frac{1}{5} - \frac{1}{7} + \frac{1}{9} - \frac{1}{11} + \dots$

Man kann beweisen: Der Dezimalbruch für π ist weder abbrechend noch periodisch, also keine rationale Zahl.
Die Kreiszahl π ist eine **irrationale Zahl**, die sich nur näherungsweise angeben lässt:
$\pi = 3{,}141\,592\,653\,589\,793\,238\,462\,643\,383\,279\,502\,884\,197\,169\,399\,375\,105\,820\,974\dots$

3 Kreisteile

Aus einem kreisförmigen Karton kann man Hüte basteln, wie sie beispielsweise beim Fasching verwendet werden.

➔ Stelle Hüte der Modelle „Reisbauer“ und „Burgjungfrau“ her.

➔ Was musst du beachten?

Man nennt Kreisausschnitte auch Sektoren.

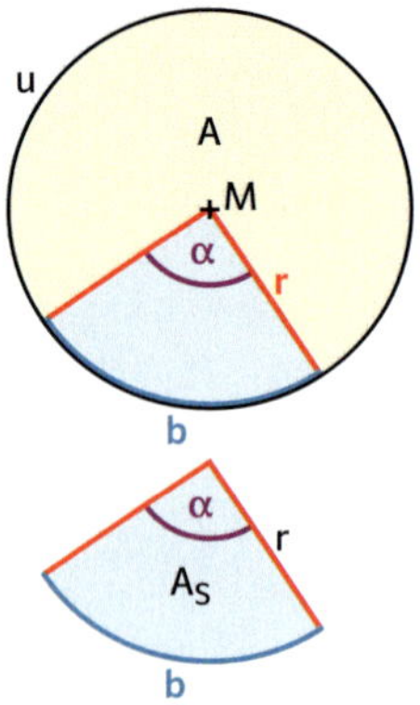

Zwei Radien teilen eine Kreisfläche in zwei **Kreisausschnitte**. Ein **Kreisbogen** ist der jeweils zugehörige Teil des Kreises. Die Länge des Kreisbogens b eines Kreisausschnittes ist proportional zum zugehörigen Winkel am Kreismittelpunkt, dem **Mittelpunktswinkel** α. Ebenso ist der Flächeninhalt des Kreisausschnittes A_S proportional zum Winkel α.

Für die Bogenlänge:

$\frac{b}{u} = \frac{\alpha}{360°}$

mit $u = 2 \cdot \pi \cdot r$

$\frac{b}{2 \cdot \pi \cdot r} = \frac{\alpha}{360°}$

$b = 2 \cdot \pi \cdot r \cdot \frac{\alpha}{360°}$

Für den Flächeninhalt:

$\frac{A_S}{A} = \frac{\alpha}{360°}$

mit $A = \pi \cdot r^2$

$\frac{A_S}{\pi \cdot r^2} = \frac{\alpha}{360°}$

$A_S = \pi \cdot r^2 \cdot \frac{\alpha}{360°}$

Weiterhin gilt:

$\frac{A_S}{A} = \frac{b}{u}$

$\frac{A_S}{\pi \cdot r^2} = \frac{b}{2 \cdot \pi \cdot r}$

$A_S = \pi \cdot r^2 \cdot \frac{b}{2 \cdot \pi \cdot r} = \frac{b \cdot r}{2}$

Für die **Länge eines Kreisbogens** mit dem Radius r und dem Mittelpunktswinkel α gilt: $b = 2\pi r \cdot \frac{\alpha}{360°}$ $b = \pi r \cdot \frac{\alpha}{180°}$

Für den **Flächeninhalt eines Kreisausschnitts** mit dem Radius r und dem Mittelpunktswinkel α gilt: $A_S = \pi r^2 \cdot \frac{\alpha}{360°}$ $A_S = \frac{b\,r}{2}$

Beispiele

a) Aus dem Radius r = 6,0 cm und dem Mittelpunktswinkel α = 45° wird die Länge des Kreisbogens berechnet.

$b = \pi r \cdot \frac{\alpha}{180°}$

$b = \pi \cdot 6{,}0 \cdot \frac{45°}{180°}\,\text{cm}$

$b \approx 4{,}7\,\text{cm}$ b beträgt 4,7 cm.

c) Aus dem Flächeninhalt $A_S = 300{,}0\,\text{cm}^2$ und dem Mittelpunktswinkel α = 100° wird der Radius r berechnet.

$A_S = \pi r^2 \cdot \frac{\alpha}{360°}$ | · 360°

$A_S \cdot 360° = \pi r^2 \alpha$ | : (πα)

$r^2 = \frac{A_S \cdot 360°}{\pi \alpha}$

$r = \sqrt{\frac{A_S \cdot 360°}{\pi \alpha}}$

$r = \sqrt{\frac{300{,}0\,\text{cm}^2 \cdot 360°}{\pi \cdot 100°}}$

$r \approx 18{,}5\,\text{cm}$ r beträgt 18,5 cm

b) Aus dem Radius r = 20,0 cm und dem Mittelpunktswinkel α = 120° wird der Flächeninhalt des Kreisausschnitts berechnet.

$A_S = \pi r^2 \cdot \frac{\alpha}{360°}$

$A_S = \pi \cdot 20{,}0^2 \cdot \frac{120°}{360°}\,\text{m}$

$A_S \approx 418{,}9\,\text{m}$

A_S beträgt 418,9 cm².

d) Aus der Länge des Kreisbogens b = 25,0 m und dem Radius r = 5,0 m wird der Mittelpunktswinkel α berechnet.

$b = \pi r \cdot \frac{\alpha}{180°}$ | · 180°

$b \cdot 180° = \pi r \alpha$ | : (πr)

$\alpha = \frac{b \cdot 180°}{\pi r}$

$\alpha = \frac{25{,}0\,\text{m} \cdot 180°}{\pi \cdot 5{,}0\,\text{m}}$

$\alpha \approx 286{,}5°$

α beträgt 286,5°.

Aufgaben

1 Kreisteile werden oft nach ihrem Anteil am Kreis benannt. Ergänze im Heft.

Mittelpunktswinkel α	Bezeichnung
180°	Halbkreis
90°	□
□	Achtelkreis
□	Drittelkreis
□	Zehntelkreis
□	Fünftelkreis
270°	□
240°	□
108°	□

2 Du benötigst keinen Taschenrechner.
a) Der Umfang des Kreises beträgt 72 cm. Berechne die Bogenlänge zum Mittelpunktswinkel 120°; 90°; 60°; 45°; 30°; 12°; 10°; 20°.
b) Der Flächeninhalt des Kreises beträgt 120 cm². Berechne den Flächeninhalt des Kreisausschnitts für die Mittelpunktswinkel 36°; 18°; 72°; 240°; 108°; 24°.

3 Berechne die Bogenlänge und den Flächeninhalt des Kreisausschnitts.

a)

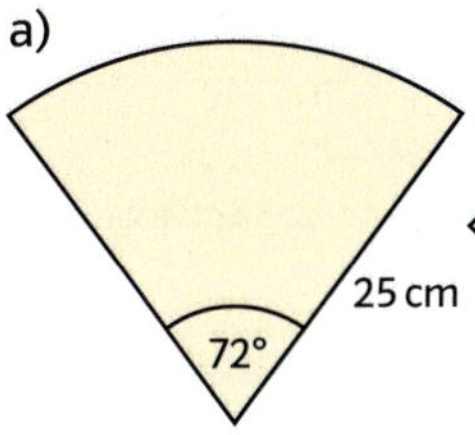

b)

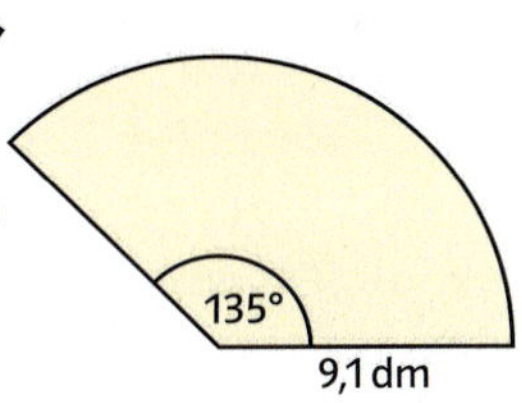

4 Berechne den Radius des Kreisbogens.

a) α = 48°
b = 6,0 cm

b) α = 330°
b = 6,4 m

c) α = 57°
A = 199 cm²

d) α = 108°
A = 76,8 m²

5 Berechne den Mittelpunktswinkel.

a) b = 4,2 cm
r = 3,0 cm

b) d = 137 m
b = 86 m

c) r = 8,5 cm
A = 91 cm²

d) r = 13 dm
A = 0,86 m²

6 Berechne die fehlenden Angaben.

	r	α	b	A
a)	2,8 cm	112°	□	□
b)	□	48°	96,4 m	□
c)	4,4 dm	□	□	31,0 dm²
d)	□	211°	□	84,9 cm²
e)	1,74 m	□	9,99 m	□
f)	□	□	33,1 cm	198,5 cm²
g)	□	85°	95 mm	□
h)	□	□	1 dm	1 m²

7 Wie lang ist der Treibriemen?

a)

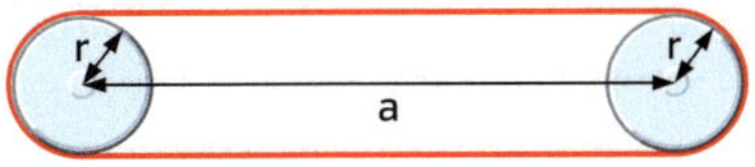

r = 32 cm
a = 2,75 m

b)

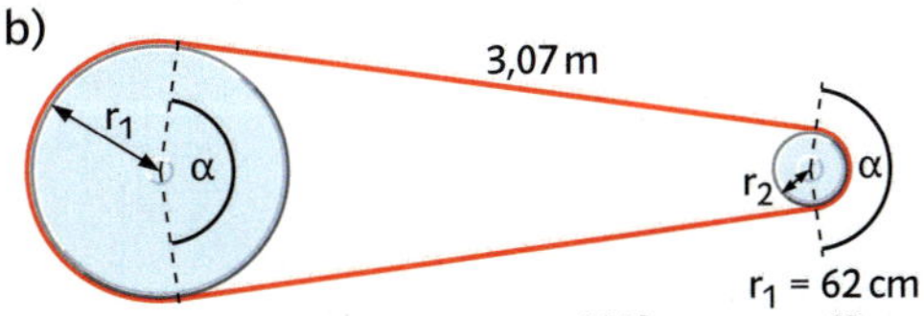

α = 164°
r_1 = 62 cm
r_2 = 18 cm

8 Berechne den Flächeninhalt des Blechstückes. Die Maße sind in mm angegeben.

a)

b)

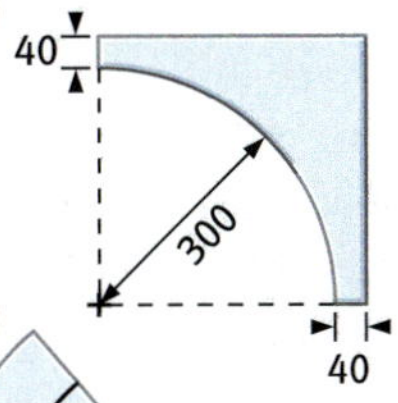

c)

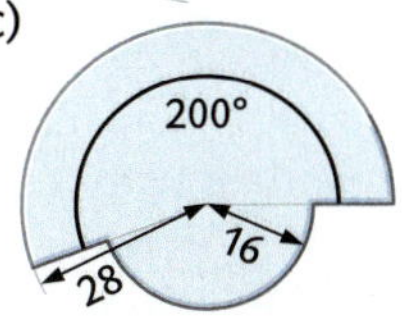

d)

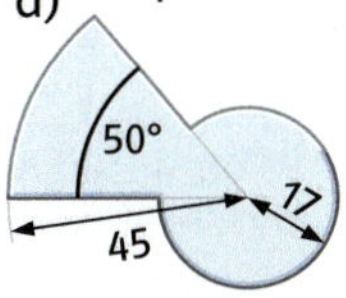

9 Gib Umfang und Flächeninhalt in Abhängigkeit von e an.

a)

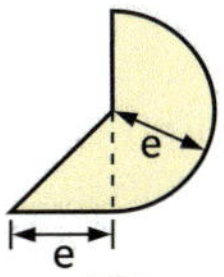

b)

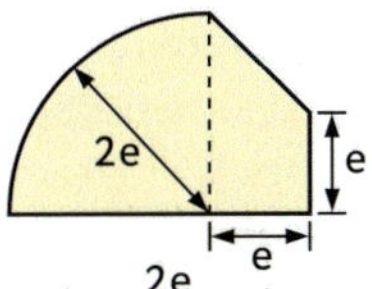

c)

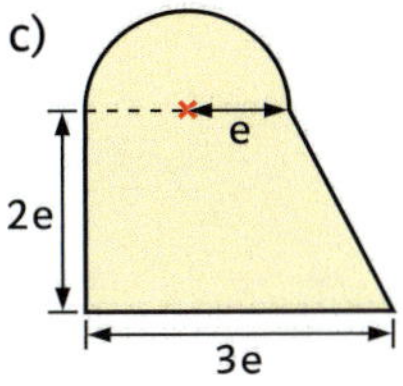

d)

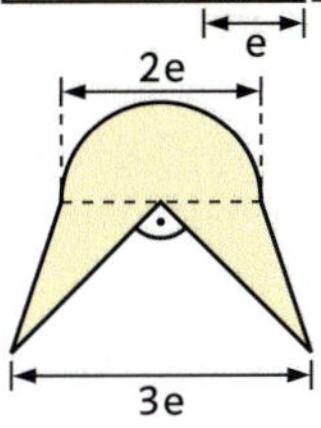

4 Zylinder. Oberfläche

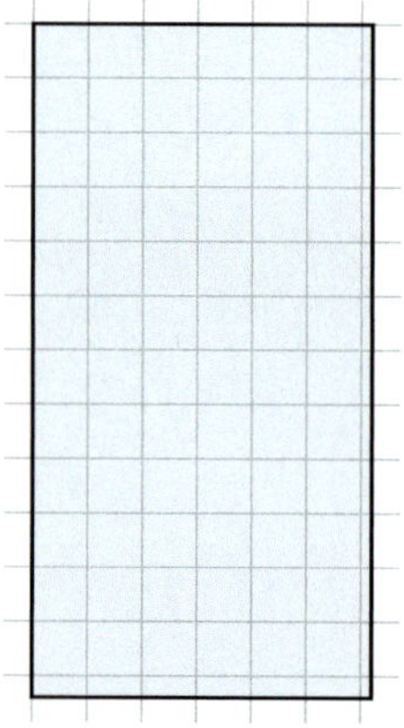

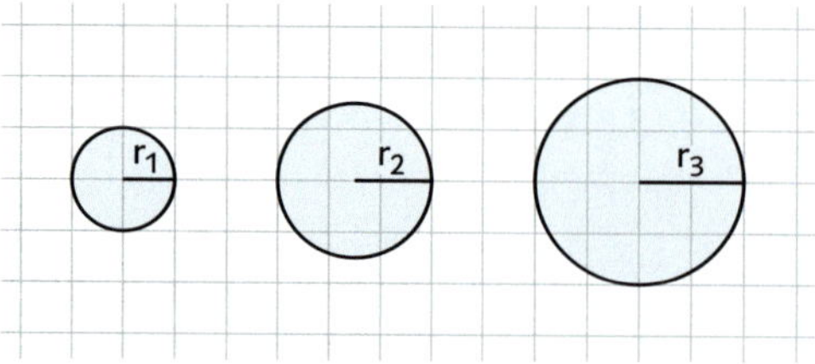

Welcher Grundkreis passt zum Zylindermantel?
→ Vergleicht eure Ergebnisse.
→ Zeichnet weitere passende Mantelrechtecke.

Ein Zylinder wird von zwei kongruenten Kreisflächen als **Grund- und Deckfläche** und einem Rechteck als **Mantel** begrenzt.

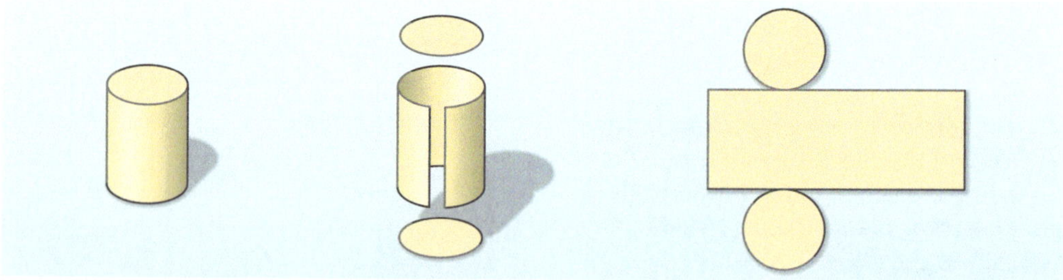

! *Beim Skizzieren eines Zylinders werden die Kreise zu Ellipsen. Zeichne zuerst links und rechts außen kleine Bögen.*

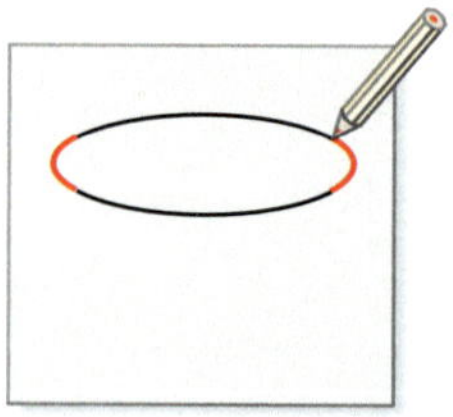

Für den Flächeninhalt des Grundkreises gilt: $G = D = \pi \cdot r^2$
Der Flächeninhalt des Mantelrechtecks beträgt: $M = u \cdot h$ mit $u = 2 \cdot \pi \cdot r$
$M = 2 \cdot \pi \cdot r \cdot h$
Die Zylinderoberfläche berechnet man aus der doppelten Grundfläche und der Mantelfläche.
$O = 2 \cdot G + M$
$O = 2 \cdot \pi \cdot r^2 + 2 \cdot \pi \cdot r \cdot h$

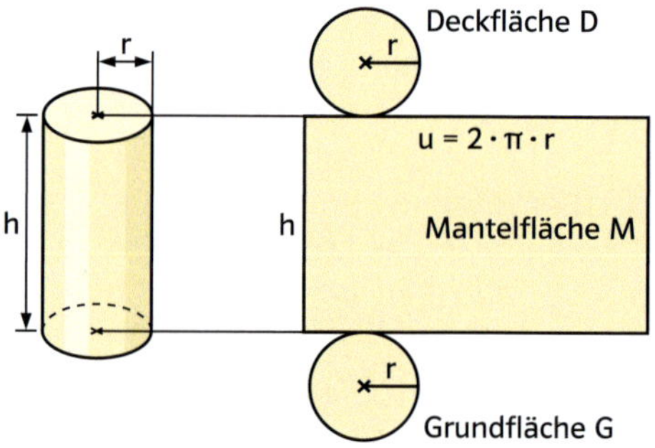

Die **Mantelfläche eines Zylinders** wird als Produkt des Grundkreisumfanges und der Zylinderhöhe berechnet. **M = u h** **M = 2πrh**
Zur Berechnung der **Oberfläche eines Zylinders** bildet man die Summe aus der doppelten Grundfläche und der Mantelfläche.
O = 2G + M **O = 2πr² + 2πrh**

$$M = u\,h \qquad M = 2\pi r h$$
$$O = 2G + M \qquad O = 2\pi r^2 + 2\pi r h$$

Beispiele

a) Aus dem Radius $r = 3{,}0\,cm$ und der Höhe $h = 5{,}0\,cm$ wird die Oberfläche des Zylinders berechnet.
$O = 2\pi r^2 + 2\pi r h$
$O = 2\pi \cdot 3{,}0^2\,cm^2 + 2\pi \cdot 3{,}0 \cdot 5{,}0\,cm^2$
$O \approx 56{,}6\,cm^2 + 94{,}2\,cm^2$
$O \approx 150{,}8\,cm^2$
Die Oberfläche beträgt $150{,}8\,cm^2$.

b) Aus der Mantelfläche $M = 220{,}0\,cm^2$ und der Höhe $h = 8{,}0\,cm$ wird der Radius des Zylinders berechnet.
$M = 2\pi r h \qquad | : (2\pi h)$
$r = \frac{M}{2\pi h}$
$r = \frac{220{,}0}{2\pi \cdot 8{,}0}\,cm$
$r \approx 4{,}4\,cm$ Der Radius ist 4,4 cm lang.

Aufgaben

1 Stelle einen Zylinder her.
a) Der Grundkreisradius beträgt 4 cm und die Höhe 10 cm.
b) Das Mantelrechteck ist 15 cm breit und 5 cm hoch.

2 Welche Figur ergibt einen Zylindermantel? Begründe.

a) b)

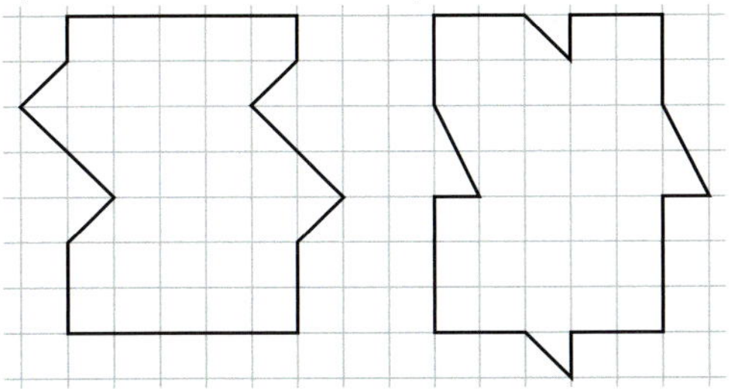

3 Berechne die Mantelfläche und die Oberfläche des Zylinders.

a) r = 5,5 cm
h = 7,5 cm

b) r = 8,4 cm
h = 15,1 cm

c) r = 4,1 dm
h = 1,8 m

d) d = 37,0 cm
h = 6,9 dm

e) d = 1,7 m
h = 8,9 dm

f) d = 8,4 cm
h = 12,2 cm

4 Berechne die fehlenden Größen.

	r	h	M	O
a)	6,3 cm	☐	324,2 cm²	☐
b)	114 mm	☐	1826,5 cm²	☐
c)	☐	14,8 cm	1878,0 cm²	☐
d)	2,0 cm	☐	☐	86,9 cm²
e)	55,5 cm	☐	☐	5,5 m²
f)	☐	☐	3,8 dm²	1477,9 cm²

5 Vergleiche Mantel- und Oberflächen der Zylinder. Kannst du dein Ergebnis erklären?

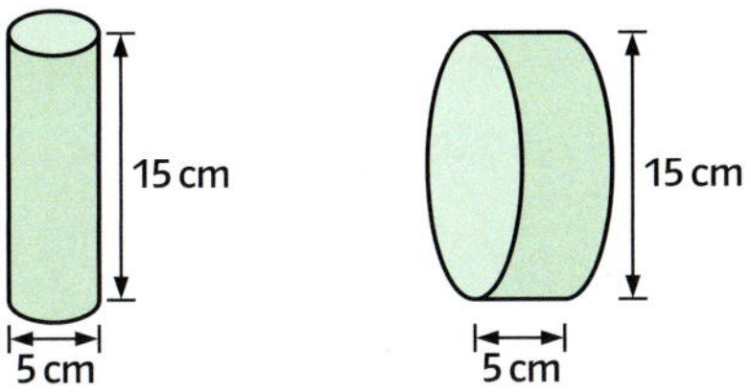

6 Wie groß ist die Werbefläche der abgebildeten Litfaßsäule ungefähr?

7 Die Konservendose hat einen Durchmesser von 10 cm und ist 11,5 cm hoch.
a) Wie groß ist der Materialbedarf?

Für Falze und Verschnitt werden 18 % Zuschlag eingerechnet.
b) Welchen Flächeninhalt hat der Papierstreifen auf dem Dosenmantel? Zu den Falzen oben und unten bleibt 3 mm Abstand. Beim Kleben ist eine Überlappung von 1,2 cm notwendig.

8 Welche Gestalt hat das Stück Pappe, aus dem der Kern einer Rolle Küchenpapier hergestellt wird?

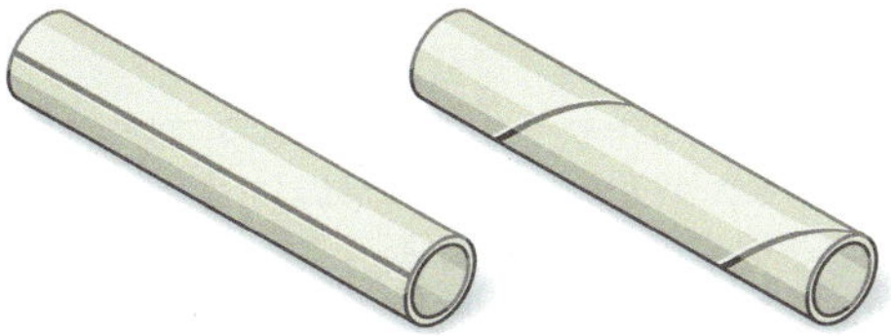

Kannst du die Form erklären?
Wie lang ist die Klebekante?

9 Wird ein ebener Schnitt entlang der Achse eines Zylinders durchgeführt, erhält man den Achsenschnitt des Zylinders. Die Schnittfläche ist ein Rechteck.

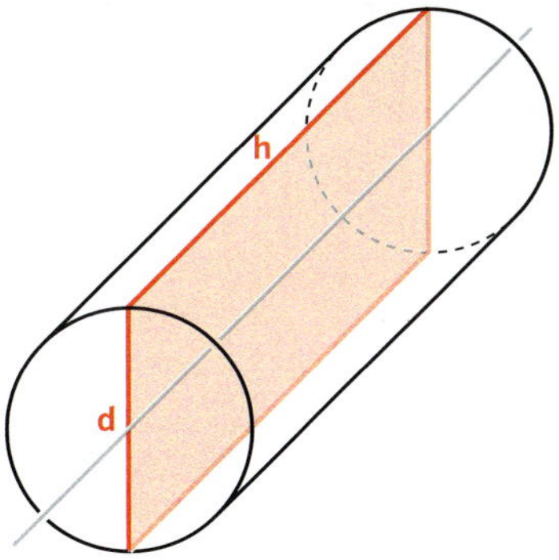

Bestimme die Maße der Schnittfläche und ihren Flächeninhalt.

a) d = 7,5 cm
h = 7,5 cm

b) r = 4,5 cm
M = 300 cm²

c) G = 0,6 m²
M = 2,4 m²

10 Wie groß ist die Dachfläche des abgebildeten Scheddaches?

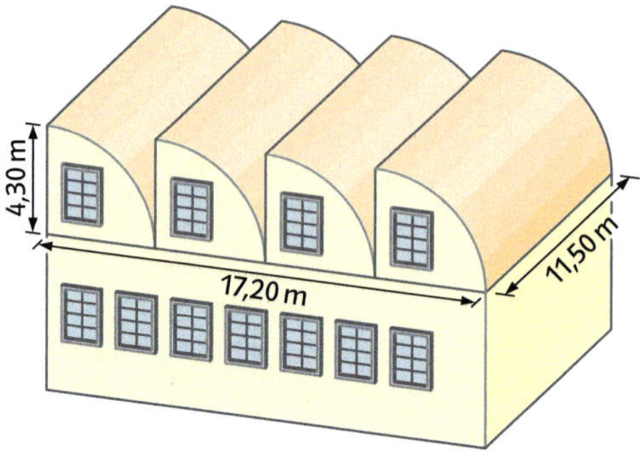

11 Das Rohr ist 1,00 m lang und hat einen Außendurchmesser von 10,0 cm. Die innere Fläche ist um 10 % kleiner als die äußere Fläche. Wie dick ist die Wand?

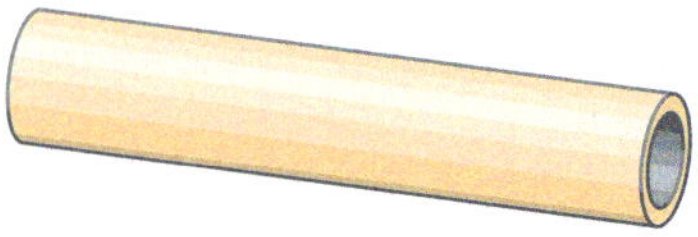

12 Berechne die Mantelfläche M und die Oberfläche O des Zylinders in Abhängigkeit von e.

a) $r = e$, $h = 3e$ b) $r = 3e$, $h = e$ c) $r = \frac{3}{2}e$, $h = \frac{1}{2}e$

Schrägbild eines Zylinders

Sollen Körper in der Ebene räumlich dargestellt werden, kann man Schrägbilder anfertigen.
Wird ein Zylinder von oben betrachtet, sieht man einen Kreis. Kippt der Körper, wird der Kreis zur Ellipse.

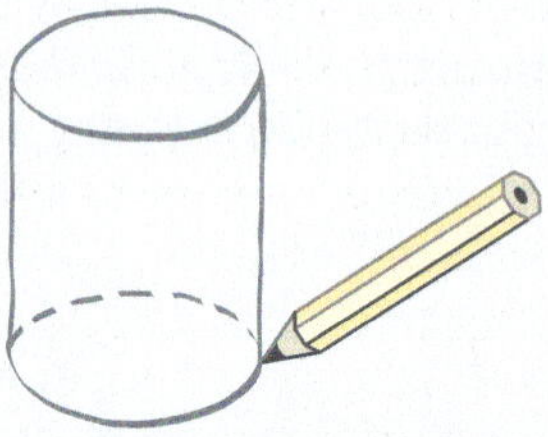

In vielen Fällen reicht eine Freihandskizze aus.

Um das Schrägbild der Grundfläche genauer zu zeichnen, werden Strecken senkrecht zur Zeichenebene auf die Hälfte verkürzt und im Winkel von $\alpha = 45°$ gezeichnet.
Das Schrägbild eines stehenden Zylinders enthält zwei Ellipsen.

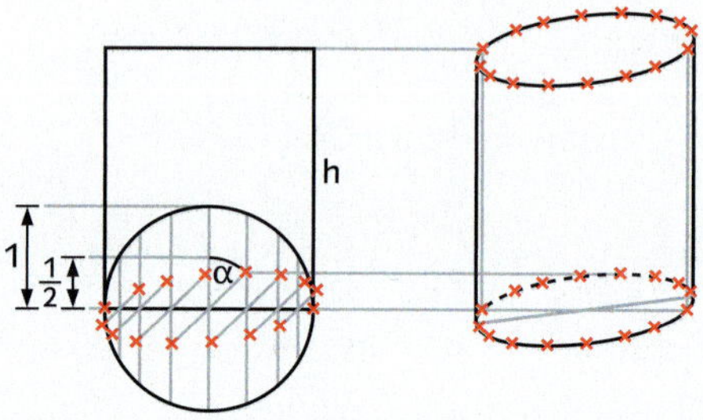

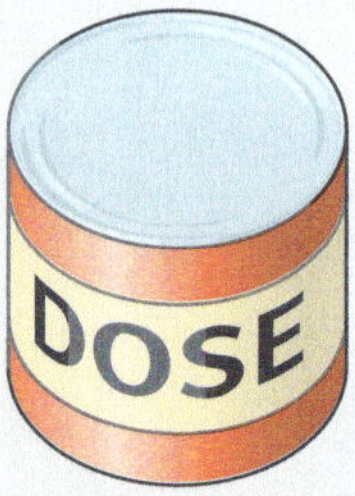

Beim liegenden Zylinder kann der Grundkreis verzerrungsfrei gezeichnet werden, da er parallel zur Zeichenebene liegt.
Die Körperhöhe wird unter einem Winkel von 45° und auf die Hälfte verkürzt dargestellt.

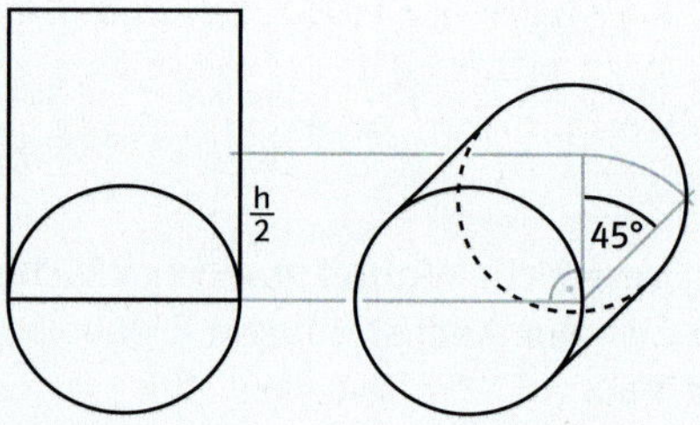

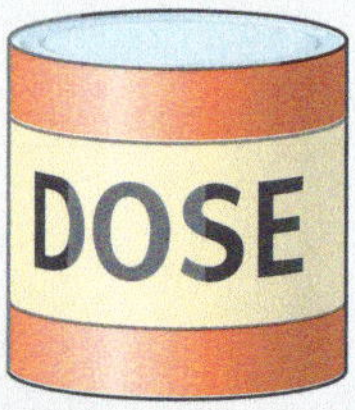

■ Fertige für verschiedene Arten von Dosen für Getränke, Gemüse oder Wurst eine Freihandskizze an.

■ Zeichne das Schrägbild eines stehenden und eines liegenden Zylinders.

r = 3,0 cm	r = 4,5 cm	r = 6,0 cm
h = 8,0 cm	h = 11,0 cm	h = 2,5 cm

5 Zylinder. Volumen

Sammelt verschiedene leere Dosen.
Bestimmt die Grundfläche und die Höhe.
Das Volumen könnt ihr messen, indem ihr mit einem Messbecher Wasser einfüllt.
Auch die Angaben auf dem Etikett können helfen.

G in cm^2	h in cm	V in cm^3
74	11,5	851
☐	☐	☐
☐	☐	☐
☐	☐	☐

→ Was fällt euch auf?

Wird ein Zylinder ähnlich einem Kuchen in gleiche Teile zerlegt, kann man diese durch eine andere Anordnung näherungsweise zu einem Quader zusammensetzen. Je mehr Zylinderteile gebildet werden, desto genauer ist diese Näherung.
Das Volumen kann man so berechnen:

$V = \frac{u}{2} \cdot r \cdot h$

$V = \frac{2 \cdot \pi \cdot r}{2} \cdot r \cdot h$

$V = \pi \cdot r^2 \cdot h$

$V = G \cdot h$

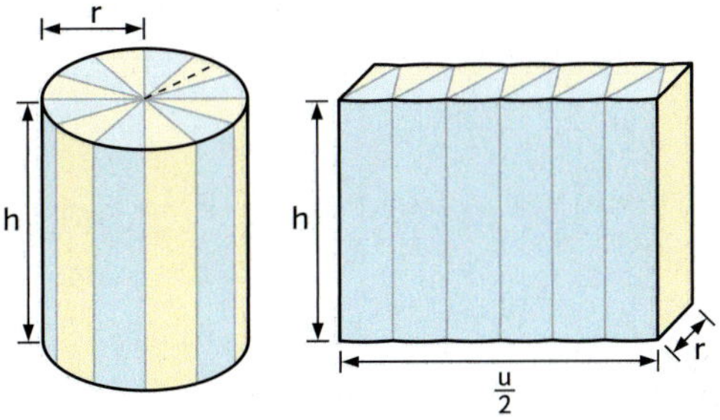

Wie bei Prismen ergibt sich das Volumen eines Zylinders aus dem Produkt der Grundfläche und der Körperhöhe. Der Unterschied besteht lediglich in der Form der Grundfläche.

Das **Volumen eines Zylinders** kann als Produkt der Grundfläche und der Höhe berechnet werden.
$\mathbf{V = G\,h}$; $\mathbf{V = \pi r^2 h}$

Beispiele

a) Aus dem Radius $r = 2{,}0\,cm$ und der Höhe $h = 5{,}0\,cm$ wird das Volumen des Zylinders berechnet.

$V = \pi r^2 h$

$V = \pi \cdot 2{,}0^2 \cdot 5{,}0\,cm^3$

$V \approx 62{,}8\,cm^3$

Das Volumen beträgt $62{,}8\,cm^3$.

b) Aus dem Volumen $V = 328{,}0\ cm^3$ und der Höhe $h = 18{,}0\ cm$ wird der Radius des Zylinders berechnet.

$V = \pi r^2 h \quad | : (\pi h)$

$r^2 = \frac{V}{\pi h}$

$r = \sqrt{\frac{V}{\pi h}}$

$r = \sqrt{\frac{328{,}0}{\pi \cdot 18{,}0}}\,cm$

$r \approx 2{,}4\,cm$

Der Radius ist $2{,}4\,cm$ lang.

Aufgaben

1 Berechne das Volumen des Zylinders.

a) r = 8 cm; h = 24 cm
b) r = 14 m; h = 9 m
c) r = 4,2 cm; h = 11,9 cm
d) r = 33,5 cm; h = 96 mm
e) d = 68 mm; h = 1,4 dm
f) d = 123,7 cm; h = 0,8 m

2 Wie groß sind der Radius bzw. die Höhe des Zylinders?

a) $V = 150\,cm^3$; h = 10 cm
b) $V = 760\,dm^3$; h = 25 dm
c) $V = 201{,}6\,cm^3$; h = 4,2 cm
d) V = 1,8 l; h = 7,5 cm
e) $V = 35\,dm^3$; r = 15,6 cm
f) $V = 56\,cm^3$; d = 12 mm

3 Berechne die fehlenden Angaben des Zylinders. (Maße in $cm/cm^2/cm^3$)

	r	h	M	O	V
a)	4,6	11,7	□	□	□
b)	13,5	□	605,0	□	□
c)	9,8	□	□	□	936,5
d)	□	10,1	□	□	769,0
e)	□	49,0	□	□	2345,0
f)	□	□	350,0	□	560,0

4 Eine zylinderförmige Regentonne hat einen Innendurchmesser von 80 cm und eine Höhe von 1,2 m.

a) Die Tonne ist zu 80 % gefüllt. Wie viel Liter Wasser enthält sie?
b) In der Tonne sind 450 l Wasser. Wie hoch steht das Wasser?

5 Alle abgebildeten Zylinder haben das gleiche Volumen von $144\pi\,cm^3$. Berechne die Radien und die Oberflächen. Die Taschenrechner bieten Editierfunktionen, mit denen du wiederkehrende Rechenwege einfacher eingeben kannst.

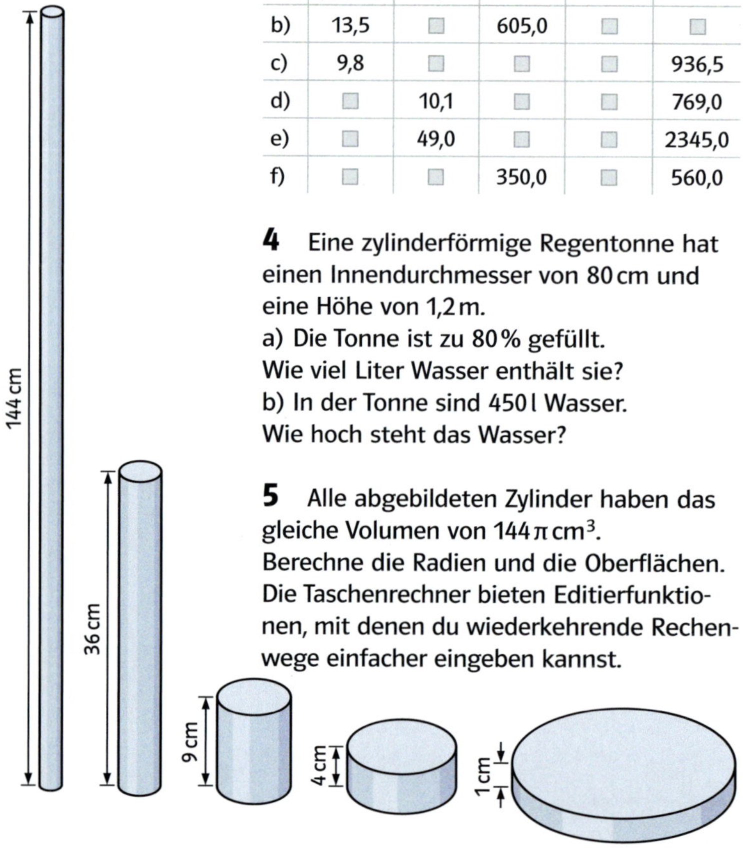

6 a) Berechne das Volumen der Zylinder.
b) Wie muss die Höhe des linken Zylinders verändert werden, damit beide das gleiche Volumen besitzen?

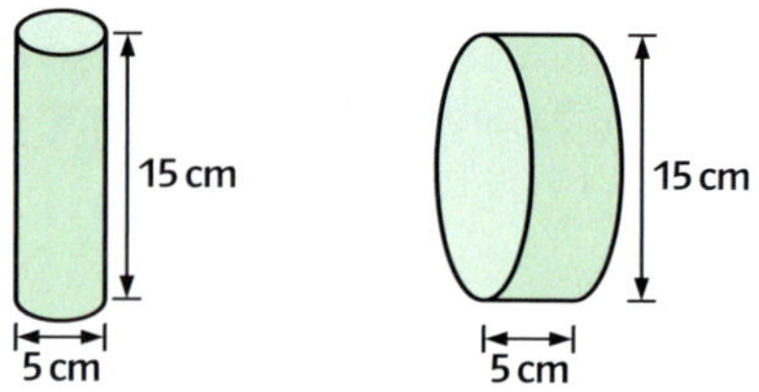

7 Ein Messzylinder hat einen Innendurchmesser von 76 mm.

a) In welcher Höhe befinden sich die Eichstriche für 50 ml; 100 ml; 150 ml, … ?
b) Das Fassungsvermögen soll ein Liter betragen. Wie hoch muss der Messzylinder mindestens sein?

8 Vergleiche die Rauminhalte der Körper. Gib den Unterschied in Prozent an.

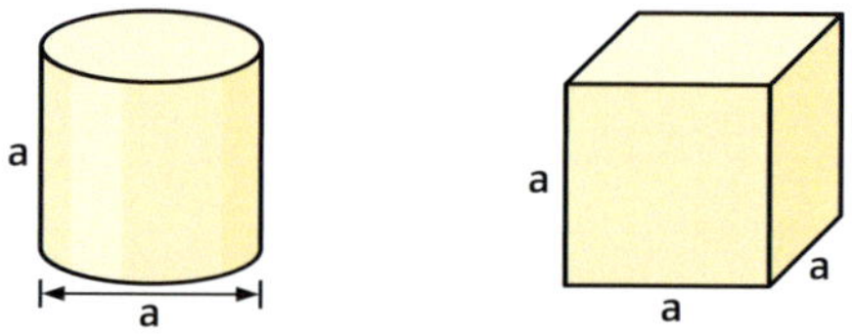

9 Wie verändern sich das Volumen und die Mantelfläche eines Zylinders?

a) Die Körperhöhe wird verdoppelt.
b) Der Radius wird verdoppelt.
c) Der Durchmesser wird verdreifacht.
d) Der Radius wird halbiert.
e) Der Radius wird verdoppelt und die Körperhöhe wird halbiert.

10 Bei der Herstellung integrierter Schaltkreise werden extrem dünne Drähte (d = 0,01 mm) aus Gold ($19{,}3\,g/cm^3$) verwendet.

a) Wie viel Meter Draht lassen sich aus $1\,cm^3$ Gold herstellen?
b) Wie viel Gold braucht man für 1000 km Draht?

11 Die Kolben von Verbrennungsmotoren bewegen sich in zylinderförmigen Verbrennungskammern auf und ab. Deren Gesamtvolumen bezeichnet man als Hubraum. Berechne den Hubraum eines Vierzylindermotors mit einem Kolbendurchmesser von 80 mm und einem Kolbenhub von 88 mm. Gib das Ergebnis in Liter an.

12 Deutschlands längste Autoröhre ist der Rennsteigtunnel. Er ist das Herzstück der etwa 20 km langen Kammquerung des Thüringer Waldes für die Autobahn A 71 und besteht aus zwei getrennten Röhren von 7,92 km Länge mit einer Breite von 9,50 m.

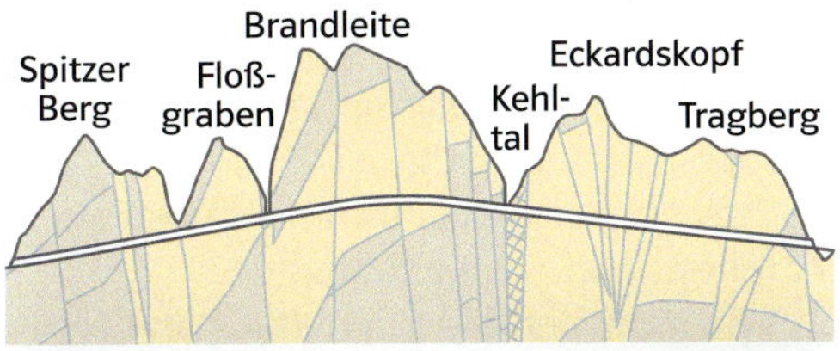

Jörg überprüft die Angabe in der Zeitung zum Abraumvolumen „ca. 1,35 Mio m³". Er sagt nach seiner Rechnung: „Da stimmt etwas nicht!" Kannst du helfen? Für Abweichungen kann es mehrere Gründe geben.

13 Ein 4 m langes Rohr aus Beton hat einen Außendurchmesser von 1,50 m und eine Wandstärke von 12 cm. Reicht 1 m³ Beton, um dieses Rohr herzustellen?

14 Um einen 3,5 m langen Öltank mit einem Durchmesser von 1,20 m soll aus Sicherheitsgründen eine Auffangwanne mit rechteckiger Grundfläche gebaut werden.

Welche Abmessungen muss diese Wanne mindestens besitzen, damit sie das gesamte Öl des Tanks aufnehmen kann?

15 Das Bild zeigt den Wasserspeicher der Stadt Hérouville St-Claire. Er besteht aus drei gleich großen Zylindern, die auf hohen Säulen ruhen, und fasst maximal 1500 m³.
a) Schätze anhand des Bildes die Außenmaße der Zylinder.
b) Vor einigen Jahren kletterte ein Junge hinauf und kam nur mithilfe der Feuerwehr wieder herunter. Wie lang musste die Feuerwehrleiter mindestens sein?

16 Eine 20 cm lange Zahnbürste ragt 6,5 cm über den Rand des Glases mit einem Durchmesser von 6 cm hinaus. Wie viel Wasser passt in das Glas?

17 Der Wassereimer ist eigentlich gar kein Zylinder.
Wie viel Wasser passt mindestens hinein? Wenn du geschickt überlegst, kannst du auch einen genaueren Näherungswert berechnen. Es gibt mehrere Möglichkeiten.

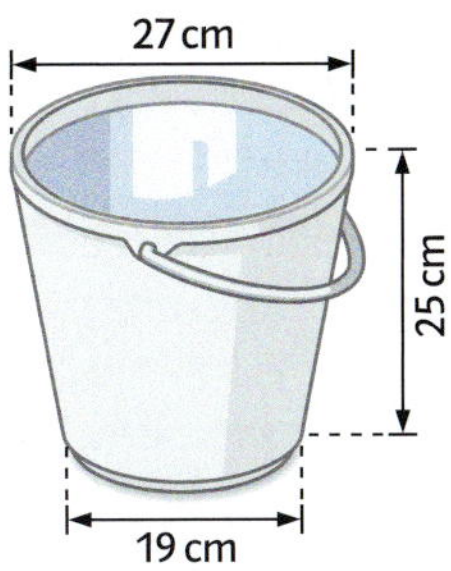

6 Zusammengesetzte Körper

Zu jedem der vier Zylinder gehört eine Spalte in der Tabelle.
→ Ordne zu.

h in cm	10	15	20	20
u in cm	60	24	60	15
r in cm	9,5	3,8	9,5	2,4

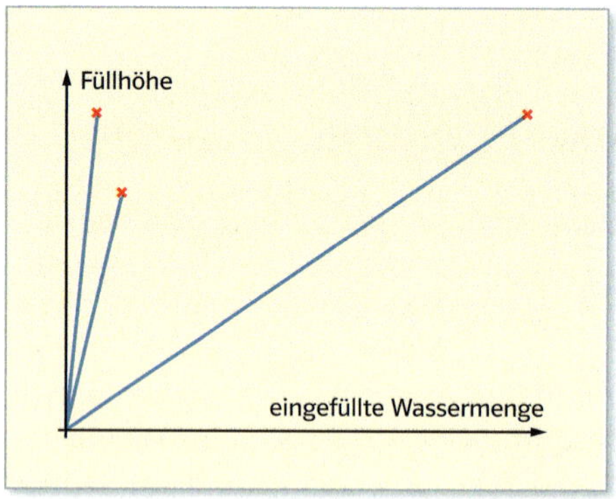

→ Welcher Füllgraph gehört zu welchem der vier Zylinder?
Einer der Graphen ist aber versteckt. Wo ist er?

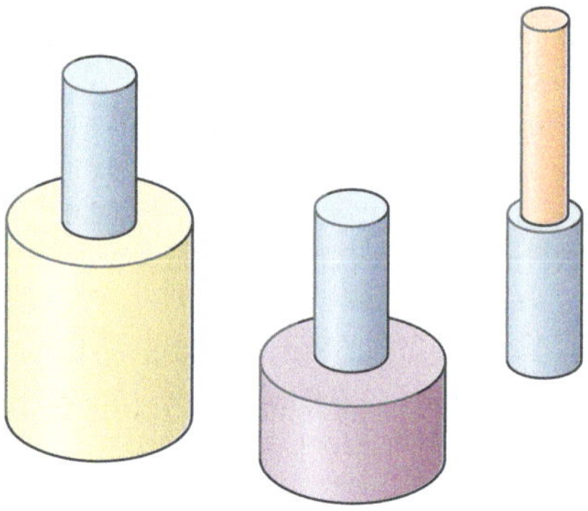

→ Wie sehen die Füllgraphen der zusammengesetzten Zylinder aus?
→ Welcher der drei zusammengesetzten Körper hat das größte Volumen?
→ Wie groß sind die Mantelflächen der drei Körper?

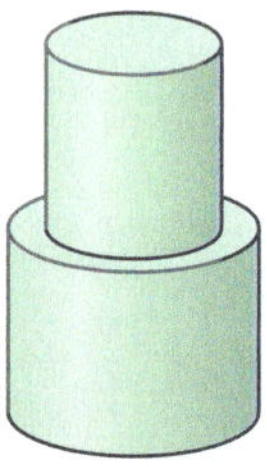

Das Volumen des Doppelzylinders setzt sich aus den Volumina der zwei Teile zusammen. Die Oberfläche besteht aus zwei Kreisen, einem Kreisring und zwei Zylindermänteln.

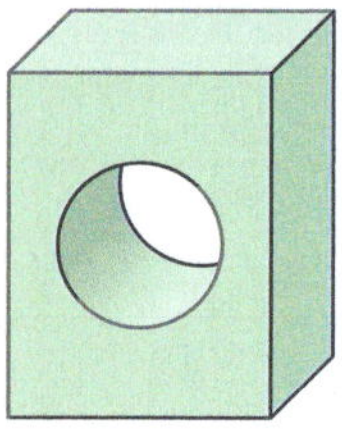

Das Volumen des Hohlkörpers ist die Differenz des Quadervolumens und des Zylindervolumens. Die Oberfläche besteht aus vier Rechtecken, dem Zylindermantel und zwei Rechtecken, aus denen je ein Kreis ausgeschnitten ist.

Das **Volumen** zusammengesetzter oder ausgehöhlter Körper berechnet man als Summe oder Differenz der einzelnen Volumina. Es gilt also:
$\mathbf{V = V_1 + V_2}$ oder $\mathbf{V = V_1 - V_2}$
Die **Oberfläche** zusammengesetzter oder ausgehöhlter Körper lässt sich als Summe der Einzelflächen berechnen.

Beispiele

a) Zylinder 1:
$r_1 = 2{,}0\,\text{cm}$
$h_1 = 3{,}0\,\text{cm}$
Zylinder 2:
$r_2 = 4{,}0\,\text{cm}$
$h_2 = 5{,}0\,\text{cm}$

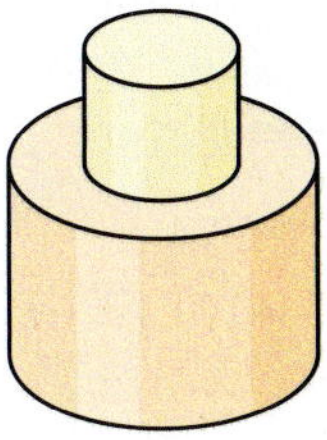

Das Volumen wird berechnet:
$V_1 = \pi r_1^2 h_1 = \pi \cdot 2{,}0^2 \cdot 3{,}0 = 37{,}7$
$V_2 = \pi r_2^2 h_2 = \pi \cdot 4{,}0^2 \cdot 5{,}0 = 251{,}3$
$V = V_1 + V_2 = 289{,}0$
Das Volumen beträgt etwa $V = 289\,\text{cm}^3$.

Die Oberfläche wird berechnet:
$O = G_1 + M_1 + (G_2 - G_1) + M_2 + G_2$
$\quad = M_1 + M_2 + 2 \cdot G_2$
$\quad = 2\pi \cdot 2{,}0 \cdot 3{,}0 + 2\pi \cdot 4{,}0 \cdot 5{,}0 + 2\pi \cdot 4{,}0^2$
$\quad = 2\pi \cdot 42{,}0$
$O = 263{,}9$
Die Oberfläche beträgt etwa $264\,\text{cm}^2$.

b) Zylinder:
$r = 6{,}0\,\text{cm}$
$h = 22{,}0\,\text{cm}$
quadratischer Schacht:
$a = b = 4{,}0\,\text{cm}$
$c = h = 22{,}0\,\text{cm}$

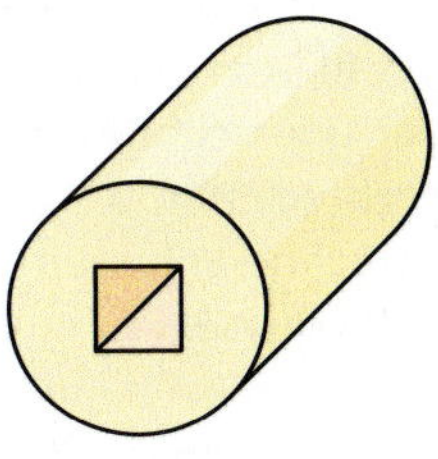

Zylinder: $V_Z = \pi \cdot 6{,}0^2 \cdot 22{,}0 = 2488{,}1$
Quadratischer Schacht:
$V_S = 4{,}0 \cdot 4{,}0 \cdot 22{,}0 = 352{,}0$
Hohlkörper: $V = V_Z - V_S = 2136{,}1$
Das Volumen beträgt etwa $2136\,\text{cm}^3$.
Die Oberfläche besteht aus dem Zylindermantel, vier Rechtecken und zwei Kreisen, aus denen je ein Quadrat ausgeschnitten ist. Das ergibt:
$O = 2 \cdot \pi \cdot 6{,}0 \cdot 22{,}0 + 4 \cdot 4{,}0 \cdot 22{,}0$
$\quad + 2 \cdot (\pi \cdot 6{,}0^2 - 4{,}0^2)$
$O = 1375{,}6$
Die Oberfläche beträgt etwa $O = 1375{,}6\,\text{cm}^2$.

Bemerkung

Sind die Oberflächen der zwei Körper schon bekannt, lässt sich die Oberfläche des zusammengesetzten Körpers vorteilhaft nach der Formel $\mathbf{O = O_1 + O_2 - 2 \cdot A_g}$ berechnen: Man addiert die Oberflächen und subtrahiert das Doppelte der gemeinsamen Grenzfläche A_g.

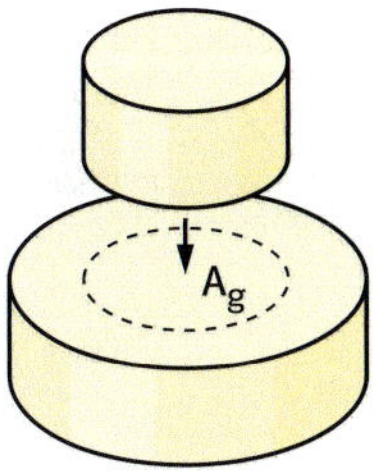

Aufgaben

1 Berechne das Volumen V und die Oberfläche O des aus zwei Zylindern zusammengesetzten Körpers. (Maße in cm)

	r_1	h_1	r_2	h_2
a)	7,0	9,0	5,0	4,0
b)	8,5	12,4	6,2	5,7
c)	12,1	24,0	7,6	13,8

2 Berechne Volumen und Oberfläche des ausgebohrten Zylinders.
Außenradius:
$r_a = 2{,}75\,\text{dm}$
Innenradius:
$r_i = 0{,}75\,\text{dm}$
Länge:
$h = 8{,}50\,\text{dm}$

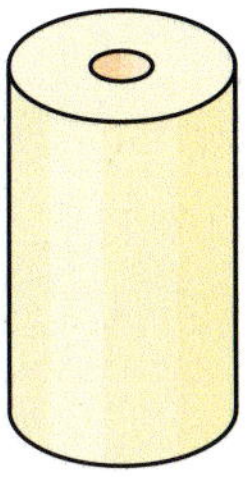

3 Ein außen quaderförmiger Lochstein hat als Querschnitt ein gelochtes Quadrat.

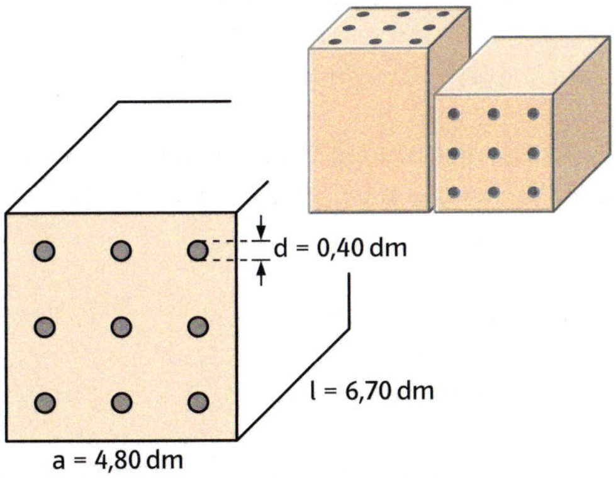

a) Berechne das Volumen V.
b) Wie groß ist die Oberfläche O? Um wie viel Prozent ist O größer als die Oberfläche des Quaders ohne Löcher?
c) $1\,\text{dm}^3$ des Materials wiegt 2,1 kg.

? *Kann man das Volumen auch mit der Prismenformel $V = G \cdot h$ berechnen?*

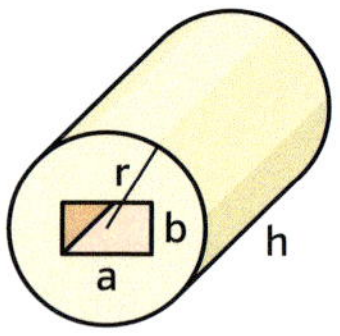

4 Ein Zylinder mit $r = 5{,}5\,cm$ und $h = 10{,}0\,cm$ ist ausgehöhlt.
Der Querschnitt der Aushöhlung ist ein Rechteck mit $a = 3{,}2\,cm$ und $b = 2{,}4\,cm$.
Berechne Volumen und Oberfläche des Hohlkörpers.

5 a) Berechne die Oberfläche des Würfels mit sechs aufgesetzten Zylindern.
Würfelkanten und Zylinderhöhen haben die Länge $a = 10\,cm$.

b) Sven sagt: „Für die Oberfläche addiere ich einfach die Würfeloberfläche zum Sechsfachen einer Zylindermantelfläche."
Wie hat Sven überlegt?

? Musst du wirklich alle vier Kreisringflächen berechnen, um die Oberfläche des Stapels zu bekommen?

6 Auf einen Zylinder mit $r_1 = 10\,cm$ und $h_1 = 10\,cm$ wird ein Zylinder mit $r_2 = 5\,cm$ und $h_2 = 5\,cm$ aufgesetzt.
a) Berechne die Oberflächen einzeln und die Oberfläche des zusammengesetzten Körpers.
b) Spielt es für das Ergebnis eine Rolle, ob der kleine Zylinder genau mittig auf den großen aufgesetzt wird?
Schreibe auf, was du herausfindest.

7 a) Berechne das Volumen und die Oberfläche des Hohlkörpers.
(Maße in cm)

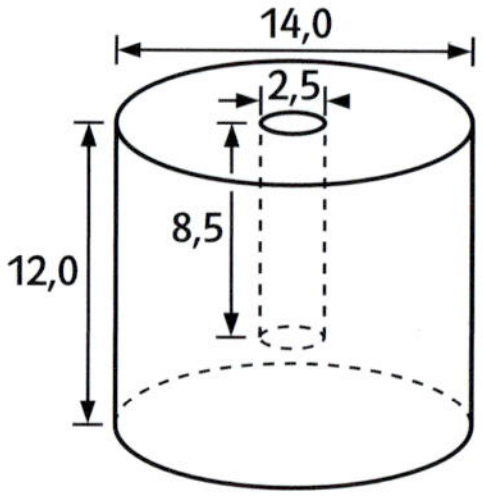

b) Wird die Oberfläche immer größer, wenn die Bohrung immer tiefer wird?

8 Berechne Volumen und Masse der Gussteile. $1\,dm^3$ Aluminium wiegt 2,7 kg.
(Maße in mm)

a)

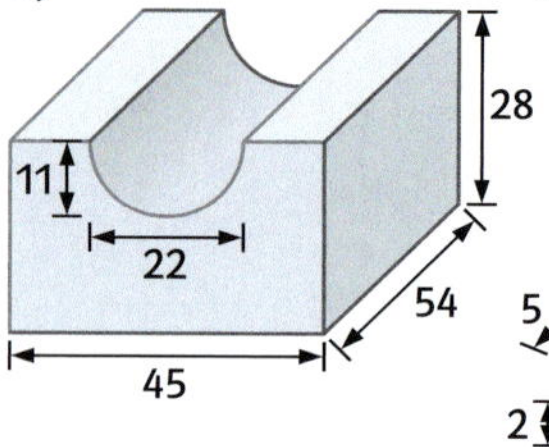

b)

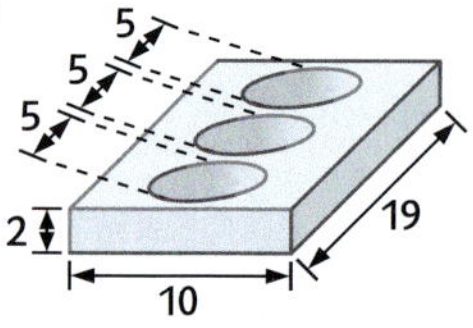

9 Eine Achse ist aus drei Zylindern Z_1; Z_2 und Z_3 zusammengesetzt.
Berechne das Gewicht. $1\,dm^3$ Stahl wiegt 7,85 kg.
Die Achse wird sandgestrahlt.
Daher ist auch die Oberfläche wichtig.

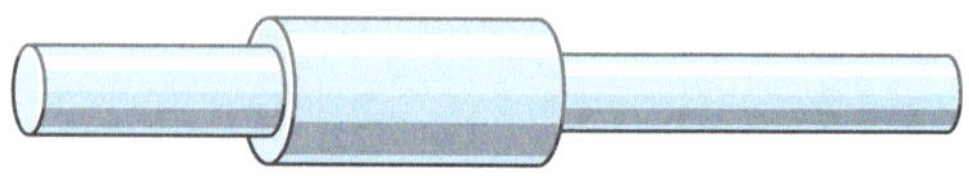

Z_1: $h_1 = 52{,}5\,mm$; $d_1 = 20{,}0\,mm$
Z_2: $h_2 = 58{,}5\,mm$; $d_2 = 32{,}5\,mm$
Z_3: $h_3 = 90{,}8\,mm$; $d_3 = 17{,}0\,mm$

10 a) Berechne das Volumen der Tanks.
b) Die angegebenen Maße sind Außenmaße. Das Material ist 5 mm dickes Stahlblech.

(1)

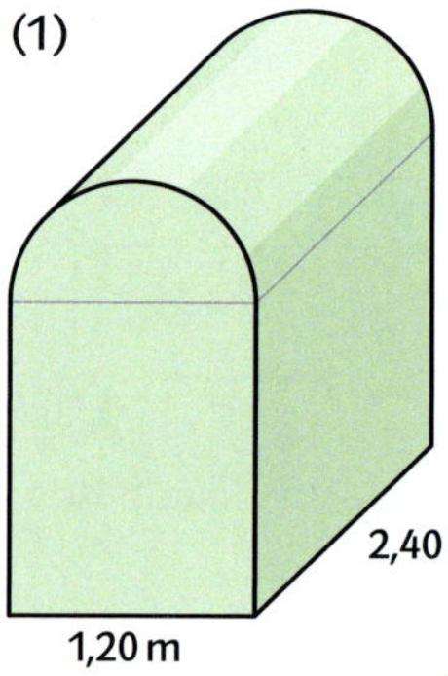

(2)

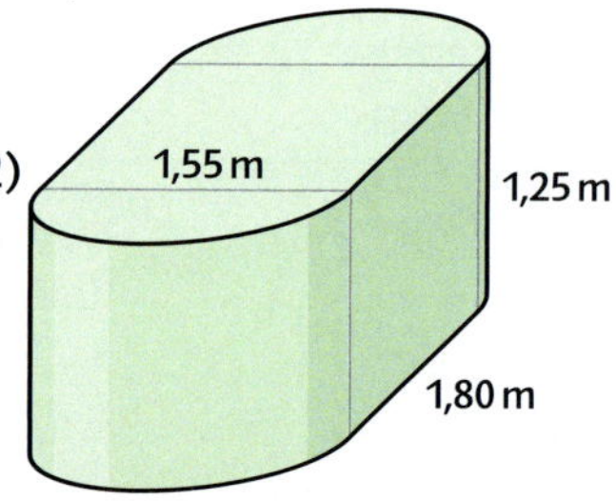

Zusammenfassung

Kreiszahl π

Das Verhältnis von Kreisumfang zu Kreisdurchmesser wird **Kreiszahl π** genannt. π wird oft gerundet auf $\pi \approx 3{,}14$.

$\frac{u}{d} = \pi$

$\pi = 3{,}141\,592\,653\,589\,793\,238\,462\,643\,383\ldots$

Kreisumfang

Für den **Umfang u eines Kreises** mit dem Durchmesser d bzw. dem Radius r gilt:

$\mathbf{u = \pi d}$ bzw. $\mathbf{u = 2\pi r}$

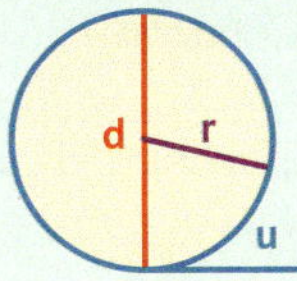

d = 2 cm $u = \pi \cdot d$

r = 1 cm $u = \pi \cdot 2$

$u \approx 6{,}3\,\text{cm}$

Der Umfang beträgt 6,3 cm.

Kreisfläche

Für den **Flächeninhalt A eines Kreises** mit dem Radius r gilt: $A = \pi r^2$

Wegen $r = \frac{d}{2}$ gilt auch: $A = \frac{\pi d^2}{4}$

$A = \pi r^2$	$A = \frac{\pi d^2}{4}$
$A = \pi \cdot 1{,}0^2$	$A = \frac{\pi \cdot 2{,}0^2}{4}$
$A = 3{,}1\,\text{cm}^2$	$A = 3{,}1\,\text{cm}^2$

Die Kreisfläche ist $3{,}1\,\text{cm}^2$ groß.

Kreisbogen

Die **Länge des Kreisbogens b** eines Kreisausschnittes ist proportional zum zugehörigen **Mittelpunktswinkel α**.

$b = 2\pi r \cdot \frac{\alpha}{360°}$ $b = \pi r \cdot \frac{\alpha}{180°}$

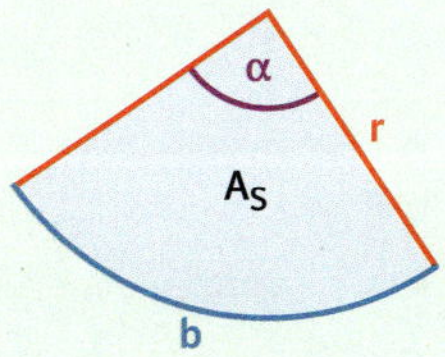

r = 4,5 cm

α = 60°

Oberfläche eines Zylinders

Die **Mantelfläche eines Zylinders** kann als Produkt des Grundkreisumfangs und der Zylinderhöhe berechnet werden.

$\mathbf{M = u h}$ $\mathbf{M = 2\pi r h}$

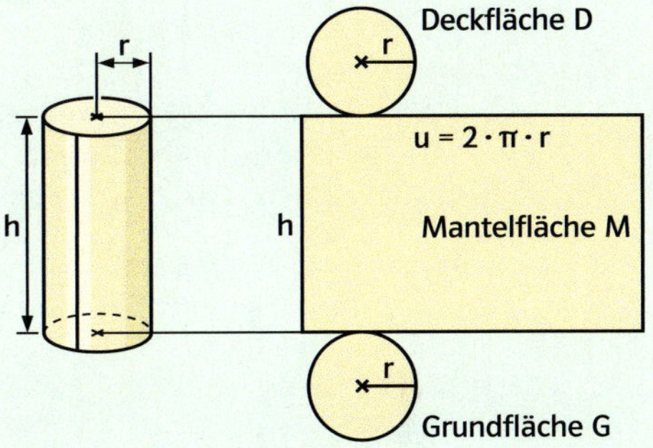

Zur Berechnung der **Oberfläche eines Zylinders** verdoppelt man den Flächeninhalt der Grundfläche und addiert die Mantelfläche.

$\mathbf{O = 2G + M}$; $\mathbf{O = 2\pi r^2 + 2\pi r h}$

r = 2,0 cm $O = 2\pi r^2 + 2\pi r h$

h = 4,0 cm $O = 2\pi \cdot 2{,}0^2 + 2\pi \cdot 2{,}0 \cdot 4{,}0\,\text{cm}^3$

$O = 75{,}4\,\text{cm}^3$

Die Oberfläche beträgt $75{,}4\,\text{cm}^2$.

Volumen eines Zylinders

Das **Volumen eines Zylinders** kann als Produkt der Grundfläche und der Höhe berechnet werden.

$\mathbf{V = G h}$; $\mathbf{V = \pi r^2 h}$

$V = \pi r^2 h$

$V = \pi \cdot 2{,}0^2 \cdot 4{,}0\,\text{cm}^3$

$V = 50{,}3\,\text{cm}^3$

Das Volumen beträgt $50{,}3\,\text{cm}^3$.

zusammengesetzte Körper

Das **Volumen zusammengesetzter oder ausgehöhlter Körper** berechnet man als Summe oder Differenz der einzelnen Volumina. Es gilt also:

$\mathbf{V = V_1 + V_2}$ oder $\mathbf{V = V_1 - V_2}$

Die **Oberfläche zusammengesetzter oder ausgehöhlter Körper** lässt sich als Summe der Einzelflächen berechnen.

Zylinder:
r = 2,0 cm
h = 5,0 cm

Würfel:
a = 7,0 cm

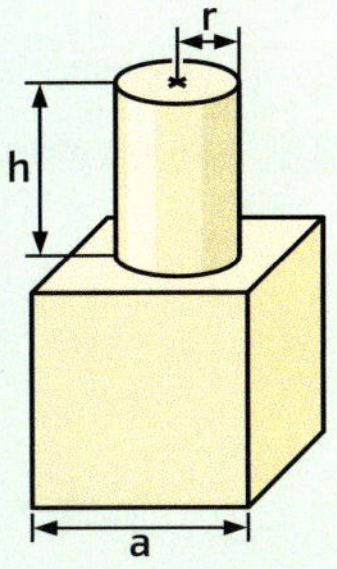

Üben • Anwenden • Nachdenken

? Gibt es einen Kreis, der ebenso viel Meter Umfang wie Quadratmeter Flächeninhalt hat?

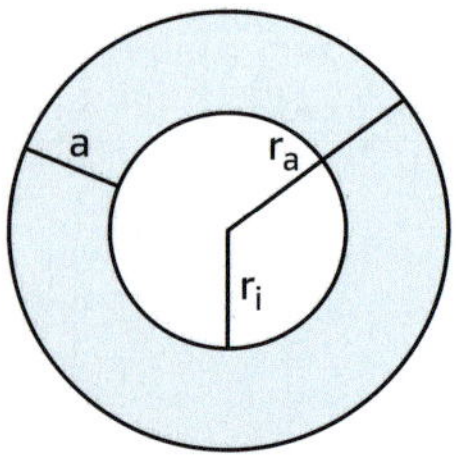

1 Berechne Umfang und Flächeninhalt des Kreises.

a) d = 35 mm b) d = 77 mm
c) d = 123 mm d) r = 12,8 cm
e) r = 2400 mm f) r = 0,97 dm

2 Berechne den Durchmesser bzw. den Radius.

a) u = 91,1 mm b) u = 411,55 cm
c) u = 86,08 m d) u = 1153 dm
e) A = 56,75 cm^2 f) A = 363,1 cm^2

3 Gesucht ist die Kreisfläche oder der Umfang.

a) u = 10,0 cm b) u = 279,6 mm
c) A = 452,4 cm^2 d) A = $\pi \cdot 144\,dm^2$

4 Welchen Flächeninhalt hat der Kreis?

a)
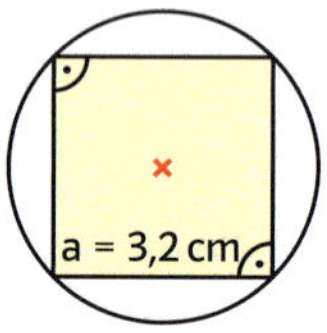

b)
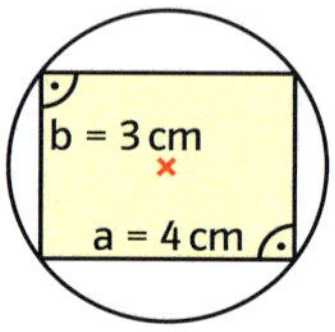

c)
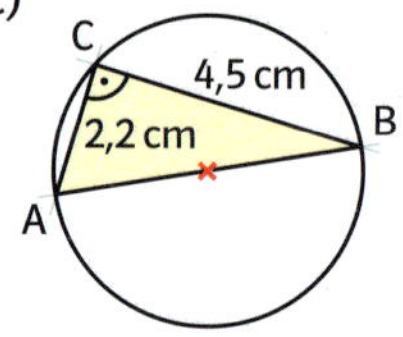

d)
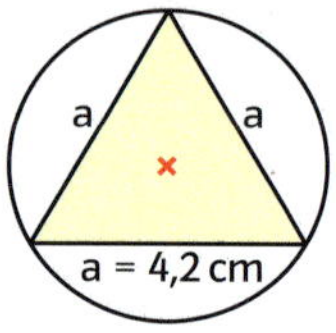

5 Vergleiche die Umfänge der vier flächengleichen Figuren mit A = 50,0 cm^2.

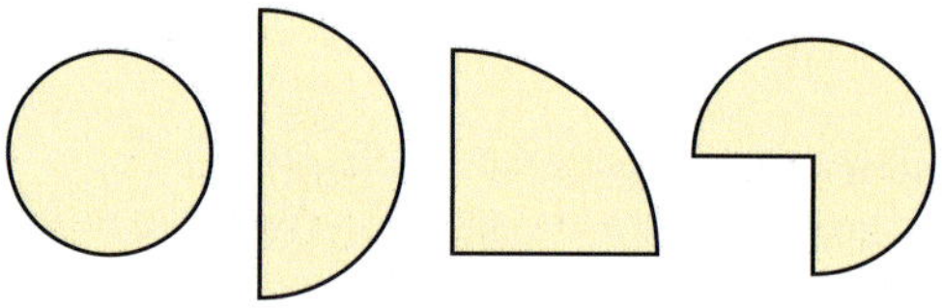

6 Berechne den Flächeninhalt des Kreisrings.

a) r_i = 2,8 cm, r_a = 4,6 cm b) r_i = 6,3 cm, r_a = 10,9 cm
c) r_i = 3,0 cm, a = 1,1 cm d) a = 33 mm, r_a = 102 mm
e) r_i = 2e, r_a = 6e f) a = 0,5e, r_a = 8e

7 Familie Gerhard hat einen kreisförmigen Gartenteich mit einem Durchmesser von 4 m. Er soll mit Natursteinen umrandet werden. Wie viel laufende Meter müssen mindestens bestellt werden?

8 a) Eine mittlere Pizza hat einen Durchmesser von 26 cm, eine große von 36 cm. Um wie viel Prozent ist die Fläche der zweiten Pizza größer?
b) Eine Familienpizza hat einen Durchmesser von 48 cm.

9 Runde 1000 Jahre hat der Baum auf dem Buckel, den 10 Personen mit einer Spannweite von durchschnittlich 1,50 m gerade so umfassen können.

10 Das Laufrad eines Fahrrades hat einen Durchmesser von 75 cm. Das Kettenblatt hat 40, das Ritzel 16 Zähne.
Wie viel m kommt man bei 1000 Umdrehungen der Tretkurbel vorwärts?

11 Vergleiche die Umfänge der roten und der lila Kreise mit dem des blauen Kreises.

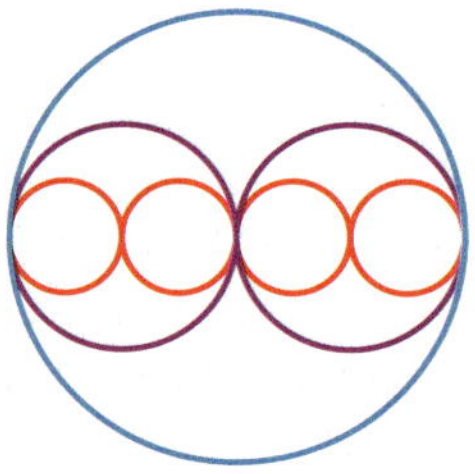

12 Die Blutgefäße eines Menschen ergeben insgesamt eine Strecke, die mehr als zweimal um den Äquator der Erde reicht. Der Erdradius beträgt 6378 km.

13 Nachrichtensatelliten sind geostationär. Sie halten ihre Position in einer konstanten Höhe, in der sie sich im Gleichlauf mit der täglichen Erddrehung befinden. Berechne die Länge der Umlaufbahn eines geostationären Satelliten.
Welche Bahngeschwindigkeit besitzt er?

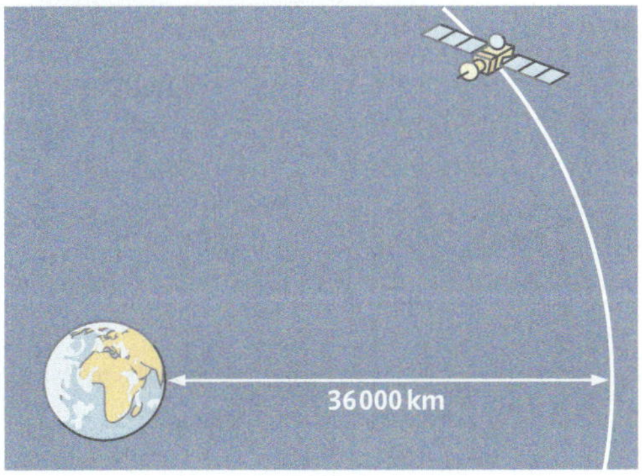

14 Der Wurfkreis beim Diskuswerfen hat einen Durchmesser von 2,5 m und wird von einem 6 mm dicken und 80 mm hohen Stahlband eingefasst. Kannst du dieses Band ohne Hilfe anheben?

15 Der Scheibenwischer eines Pkw macht Ausschläge von 140°. Der wischende Gummistreifen ist 50 cm lang, und sein unteres Ende ist 20 cm vom Drehpunkt entfernt. Wie groß ist die Fläche, die der Wischer überstreicht?

16 CD-Rohlinge werden von innen nach außen beschrieben. Um den Mittelpunkt bleibt eine Kreisfläche mit dem Radius von 2,2 cm unbeschrieben.
Zeichne eine halbvolle CD. Finde dazu den Radius selbst und färbe die beschriebene Fläche rot.

17 Eine Zielscheibe mit 50 cm Durchmesser besteht aus dem Mittelkreis und vier darumliegenden Kreisringen. Alle fünf Flächen sind gleich groß. Berechne die Radien.

18 Stellt aus einem DIN-A4-Blatt einen Zylinder her.
a) Sieger ist, wer den Zylinder mit dem größten Volumen gebastelt hat.
b) Jetzt ist die größte Oberfläche das Ziel.

19 Berechne Volumen und Oberfläche des Zylinders.
a) r = 6,5 cm, h = 78,0 cm
b) r = 2,4 dm, h = 5,3 dm
c) d = 72,0 cm, h = 8,9 m

20 Von einem Zylinder sind zwei Maße gegeben.
a) Berechne die Oberfläche.
$V = 1178{,}1\,cm^3$, $h = 15{,}0\,cm$ $\qquad$ $V = 3041{,}1\,mm^3$, $h = 2{,}0\,mm$
b) Berechne das Volumen.
$O = 62{,}8\,dm^2$, $r = 2{,}0\,dm$ $\qquad$ $O = 40{,}8\,m^2$, $r = 0{,}5\,m$

21 Berechne die fehlenden Größen des Zylinders.

	a)	b)	c)	d)
r	6,0 cm	4,5cm	□	□
h	□	□	41,0 cm	□
M	$4{,}5\,dm^2$	□	□	$140{,}0\,cm^2$
O	□	□	□	□
V	□	$482{,}0\,cm^3$	$0{,}77\,m^3$	$385{,}0\,cm^3$

22 Aus dem Lexikon: Die Litfaßsäule ist ein Werbeträger in zylindrischer Form und besitzt folgende Maße: 260 bis 360 cm Höhe und 360 bis 430 cm Umfang. Bestimme die minimale und die maximale Plakatfläche und den Unterschied.

23 Die Druckwalze eines Kopierers bedruckt bei einer Umdrehung zwei DIN-A4-Seiten. Berechne das Volumen.

24 a) Ein Würfel hat eine Kantenlänge von 25 cm. Gib die Abmessungen eines Zylinders an, der mit dem Würfel volumengleich ist.
b) Ein Prisma hat als Grundfläche ein gleichseitiges Dreieck. Es gilt a = h = 15 cm. Welche Abmessungen kann ein Zylinder haben, der die gleiche Oberfläche besitzt?

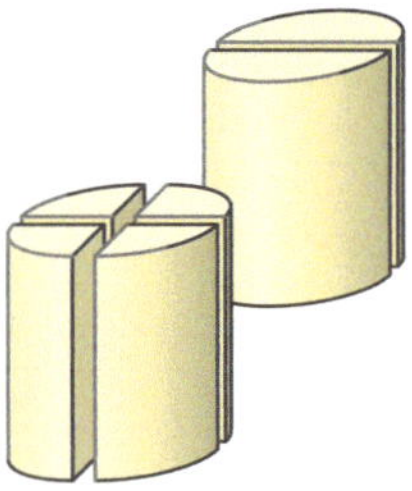

25 Ein Zylinder mit $r = 4{,}0\,cm$ und $h = 10{,}0\,cm$ wird durch Achsenschnitte zerlegt.
a) Berechne die Oberfläche der Zylinderhälfte und des Zylinderviertels.
b) Um wie viel Prozent ist die Oberfläche der zwei bzw. vier Teilkörper größer als die Oberfläche des Zylinders?

26 Drücke V und O durch e aus.
a)

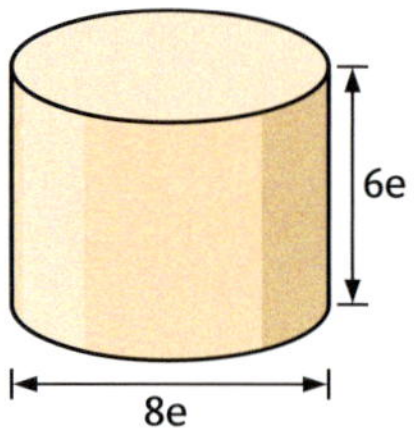

b)

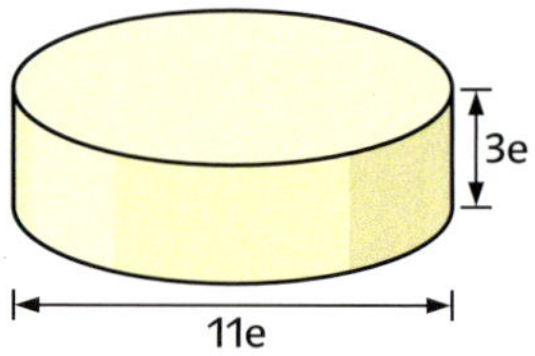

27 a) Ein Pkw hat eine Spurweite von 1530 mm. Er durchfährt eine 90°-Kurve mit einem Radius von 40 m.
Wie viel m legt das äußere Rad mehr zurück als das innere?
b) Welches Ergebnis erhältst du bei 90°-Kurven mit anderen Radien?
c) Der Pkw durchfährt eine 140°-Kurve nach links und nach 50 m gerader Strecke eine 30°-Rechtskurve.
d) Was vermutest du für die Wegdifferenz der Räder bei den folgenden Streckenverläufen?

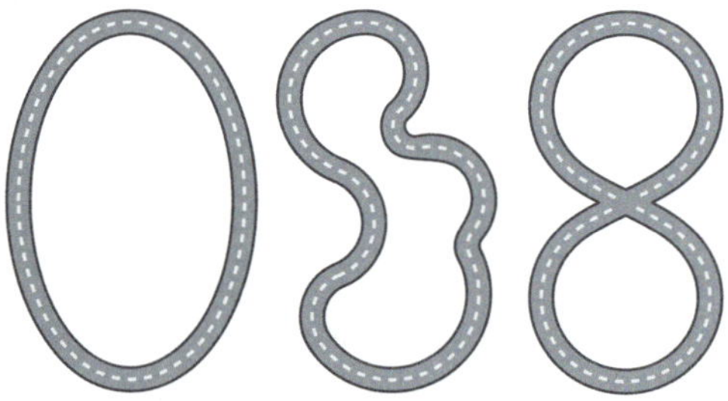

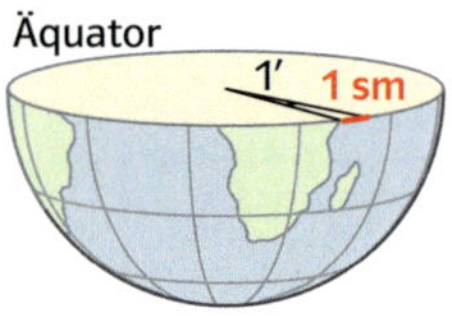

$1' = \frac{1}{60}°$

28 Der Radius der Erdkugel beträgt 6378 km.
a) Die Längengrade zweier Orte auf dem Äquator unterscheiden sich um 1°.
Berechne die Entfernung der zwei Orte.
b) Eine Seemeile ist die Bogenlänge, die zu einem Mittelpunktswinkel von 1 Winkelminute gehört.

29 Von der Wasserleitung bis zur Pipeline – überall braucht man Rohre.

d_a: Außendurchmesser; w: Wanddicke
Aus der Fülle der Typen:
A $d_a = 25\,mm$; $w = 1{,}0\,mm$
B $d_a = 323{,}8\,mm$; $w = 25{,}40\,mm$;
C $d_a = 711\,mm$; $w = 12{,}70\,mm$
$1\,dm^3$ Stahl wiegt 7,85 kg.
Wie viel wiegt 1 lfm Rohr?
International werden Rohre in inch gemessen (1 inch = 25,4 mm). Erkläre damit die Maße der Typen A und B.

30 Aus einem Prospekt für Lochbleche:

Schlosserei Blechle

Lochblech mit versetzter Rundlochung (Form RV)
Typ-Nr. 002 5378 11RV
Format:
2000 mm x 1000 mm
Weite:
w = 10 mm
Teilung:
t = 15 mm
Lochfläche:
40,3% der Gesamtfläche
Materialdicke:
d = 10 mm
Gewicht einer Lochplatte:
48,00 kg

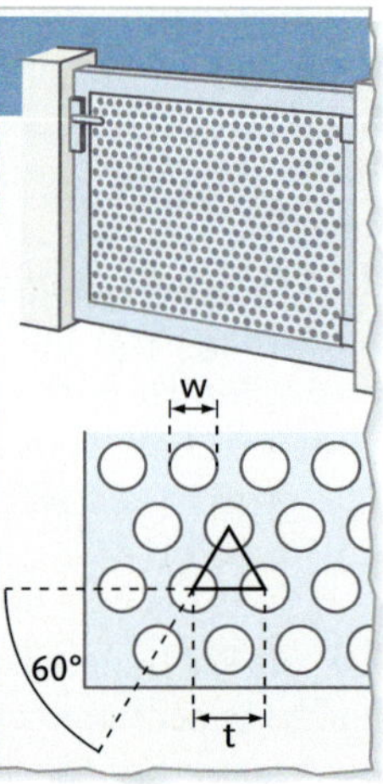

Passen diese Angaben zusammen? Überlege dazu, wie viel Prozent des gleichseitigen Dreiecks die drei Kreisausschnitte einnehmen.

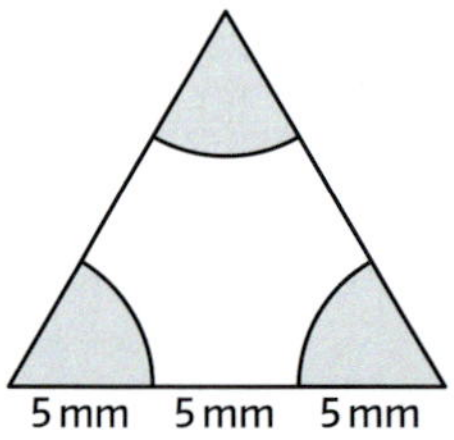

31 a) Skizziere die Zylinder und berechne ihr Volumen. Denke daran: Ellipsen haben weder Ecken noch Spitzen.

Zylinder	(1)	(2)	(3)	(4)
r in cm	1,5	2,4	3	4
h in cm	16	6,25	4	2,25

b) Suche weitere Zylinder, die zu denen aus a) passen.

32 Schätze erst, rechne dann: Welcher Zylinder hat das größere Volumen, welcher die größere Oberfläche?

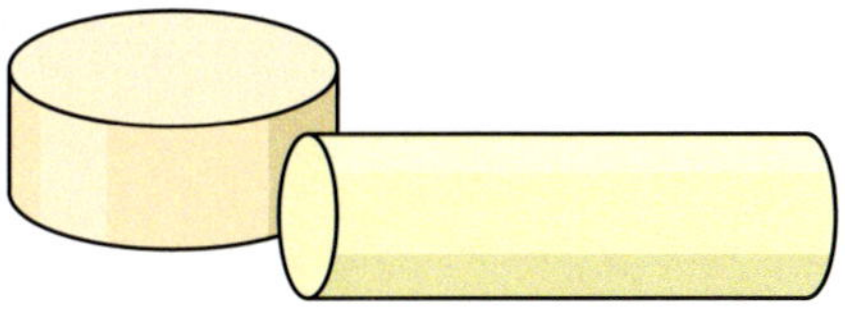

$r_1 = 10\,cm$ $h_1 = 7{,}5\,cm$

$r_2 = 5{,}0\,cm$ $h_2 = 30{,}0\,cm$

33 Der Schnitt durch einen Zylinder entlang der Mittelachse zeigt ein Rechteck mit einem Umfang von 10 cm.
a) Finde drei verschiedene Zylinder, für die dieses zutrifft. Berechne jeweils die Oberfläche und das Volumen.
b) Gibt es von dieser Art Zylinder einen
- mit größtem Volumen
- mit größter Oberfläche
- mit kleinstem Volumen
- mit kleinster Oberfläche?

Drei dieser Fragen kannst du ohne ausführliche Berechnung beantworten.

34 Drei Grundschulklassen haben 1-Euro-Stücke gesammelt. Sie vergleichen.
1a: Wir haben 945 g gewogen.
1b: Unser Turm ist 28 cm hoch.
1c: Wenn man unsere Euros ganz dicht auf ein DIN-A4-Blatt legt, passen sie genau darauf!

Optimale Dosen

Konservendosen gibt es in ganz unterschiedlichen Formaten. Das zu verpackende Produkt, die Standfestigkeit oder Stapelbarkeit der Dosen und die für Produktwerbung zur Verfügung stehende Fläche sind Kriterien, sich für ein bestimmtes Dosenformat zu entscheiden.
Von großer Bedeutung ist der Materialverbrauch. Die „ideale" Dose benötigt zur Verpackung einer bestimmten Warenmenge am wenigsten Blech.

■ Ermittle mit einer Tabellenkalkulation die Abmessungen der „idealen" Dose mit einem Volumen von 850 ml.

Für eine vorgegebene Höhe berechnet das Programm Radius und Oberfläche. Du kannst die Eingabe schrittweise verfeinern.

E6 fx =2*PI()*D6^2+2*PI()*D6*C6

	A	B	C	D	E
1					
2	**Zylinder**	**Gleichbleibendes Volumen / Kleinste Oberfläche**			
3					
4		Volumen	Höhe	Radius	Oberfläche
5					
6		850	1	16,45	1803,35
7		850	2	11,63	996,16
8		850	3	9,50	745,68
9		850	4	8,22	631,70
10		850	5	7,36	571,10
11		850	6	6,72	536,49
12		850	7	6,22	516,30
13		850	8	5,82	504,82
14		850	9	5,48	498,94
15		850	10	5,20	496,82
16		850	11	4,96	497,32
17		850	12	4,75	499,68
18		850	13	4,56	503,41

35 Berechne Umfang und Flächeninhalt der gefärbten Fläche.
Die Seitenlänge der kleinen Quadrate beträgt a = 3,0 cm.

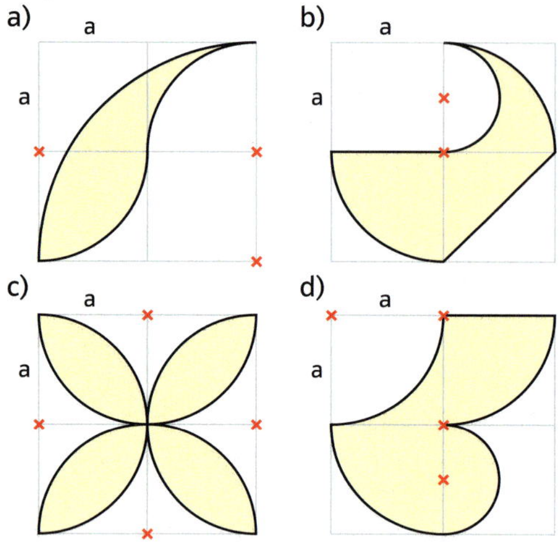

36 Vier Kreise mit einem Radius von 3 cm sind so angeordnet, dass sie sich berühren. Wie groß ist die eingeschlossene Fläche?

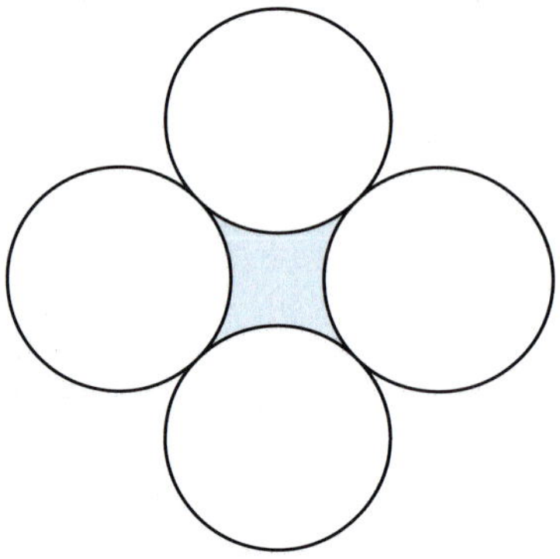

37 Möndchen des Hippokrates
Weise nach, dass die beiden farbigen Möndchen zusammen den gleichen Flächeninhalt haben wie das Dreieck.

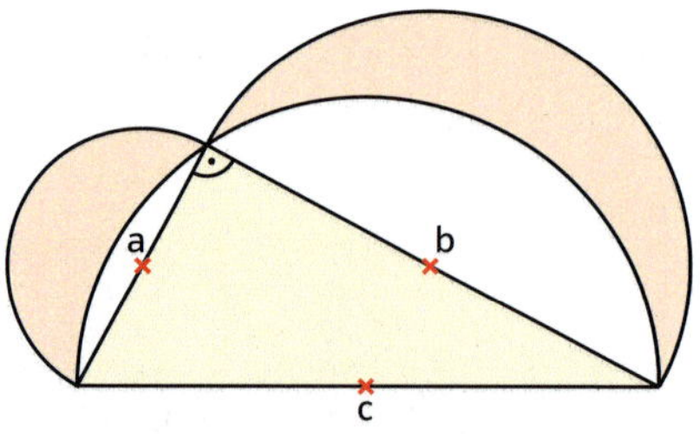

Beachte die Mittelpunkte der Kreisbögen.

38 Zeige, dass die verschiedenfarbigen Flächen den gleichen Inhalt haben.

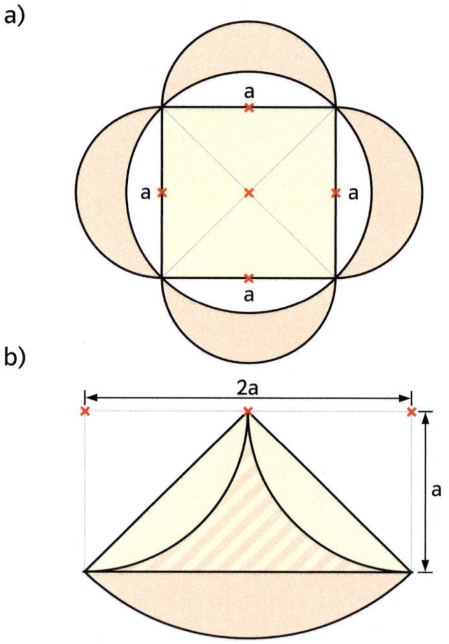

39 Drücke Flächeninhalt und Umfang in Abhängigkeit von e aus.

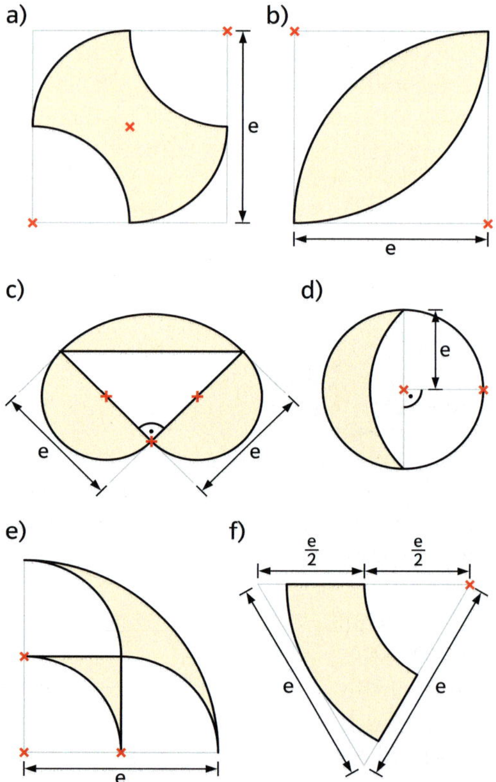

Rückspiegel

1 Berechne fehlende Angaben: Umfang, Flächeninhalt oder Radius des Kreises.

a) $r = 12\,cm$ b) $d = 1{,}38\,m$

c) $u = 25{,}9\,cm$ d) $A = 625\,cm^2$

2 Berechne Umfang und Flächeninhalt der gefärbten Fläche.

a)

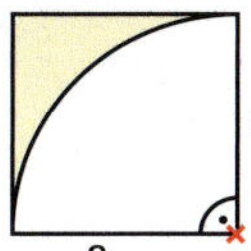

b)

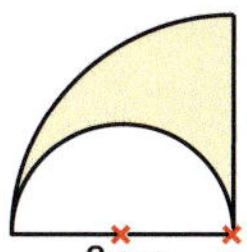

3 Berechne den Flächeninhalt des Kreisrings. a ist die Differenz der beiden Radien.

a) $r_1 = 23\,cm$, $r_2 = 16\,cm$ b) $r_1 = 740\,m$, $a = 80\,m$

4 Berechne die Mantelfläche, die Oberfläche und das Volumen des Zylinders.

a) $r = 6\,cm$; $h = 15\,cm$

b) $r = 37{,}0\,mm$; $h = 25{,}5\,cm$

5 Berechne den Radius des Zylinders.

a) $M = 78\,cm^2$, $h = 6\,cm$ b) $M = 1{,}5\,m^2$, $h = 25\,cm$ c) $V = 3{,}5\,m^3$, $h = 1{,}2\,m$

6 Eine Flugzeughalle hat die Form eines Halbzylinders mit einem Radius von 15 m. Sie ist 120 m lang.

a) Berechne das Volumen der Halle.

b) Die gewölbte Decke soll mit Zinkblech bedeckt werden. Wie viel m² Blech müssen bestellt werden?

7 Berechne das Volumen V und die Oberfläche O des Körpers.

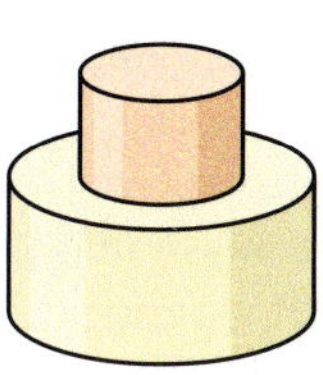

Z_1: $r_1 = 2{,}4\,cm$, $h_1 = 3{,}1\,cm$ Z_2: $r_2 = 4{,}5\,cm$, $h_2 = 4{,}0\,cm$

Rückspiegel

1 Berechne erst den Radius und dann den Flächeninhalt oder Umfang des Kreises.

a) $u = 18{,}3\,cm$ b) $u = 6373\,mm$

c) $A = 720\,mm^2$ d) $A = 48\,cm^2$

2 Berechne Umfang und Flächeninhalt der gefärbten Fläche.

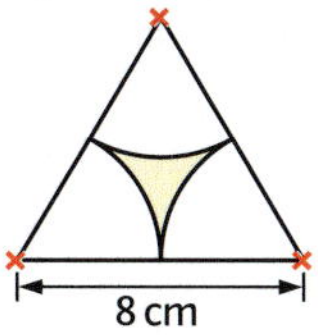

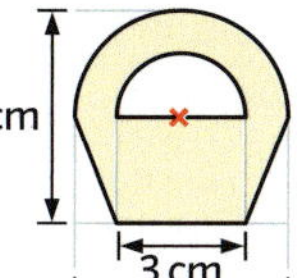

3 Welche Farbe in der Zielscheibe nimmt die größte Fläche ein? (Maße in cm)

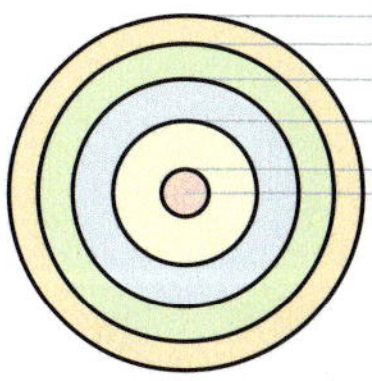

4 Wie hoch ist der Zylinder?

a) $M = 282{,}7\,cm^2$; $r = 9{,}0\,cm$

b) $O = 37{,}7\,dm^2$; $r = 15{,}0\,cm$

5 Berechne das Volumen des Zylinders.

a) $M = 660\,cm^2$, $h = 15\,cm$ b) $M = 0{,}09\,m^2$, $r = 15\,cm$

c) $O = 512\,cm^2$, $M = 3{,}3\,dm^2$

6 Der Eurotunnel unter dem Ärmelkanal zwischen Frankreich und Großbritannien ist 50,5 km lang. Er besteht aus 3 Röhren. Die beiden Fahrröhren haben einen Durchmesser von 7,6 m; die Versorgungsröhre hat einen Durchmesser von 4,8 m.

a) Wie lang wäre ein Güterzug mit dem gesamten Aushub, wenn ein Güterwaggon 12,50 m lang ist und 40 m³ fasst?

b) Stelle dir das Aushubvolumen in Form eines Würfels vor. Wie groß wäre dessen Kantenlänge? Schätze zuerst.

7 Berechne das Volumen und die Oberfläche des Hohlkörpers.

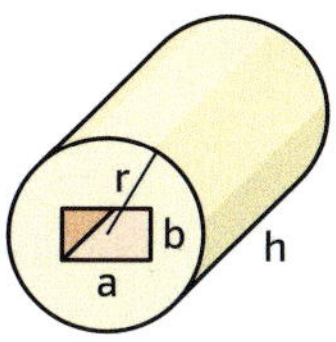

$r = 3{,}2\,cm$
$h = 11{,}4\,cm$
$a = 2{,}9\,cm$
$b = 1{,}7\,cm$

Spätestens wenn dein Bewerbungsschreiben erfolgreich war, musst du an die nächste Hürde denken: Der Einstellungstest muss bestanden werden.
Die Aufgaben in diesem Teil sollen dir helfen, dich auf den mathematischen Bereich vorzubereiten.

Achtung:
In der Regel werden auch Aufgaben zum Allgemeinwissen und zu deinen sprachlichen Fähigkeiten gestellt!

Allgemeine Hinweise

Vor dem Test solltest du dich über den Betrieb informieren. Mach dir auch Gedanken über deine Stärken und Schwächen. Lass dich bei der Wahl der Kleidung für ein Vorstellungsgespräch beraten, achte auf ein gepflegtes Äußeres. Pünktlichkeit und höfliches Verhalten sind ebenfalls sehr wichtig – auch bei einem Test. Der erste Eindruck, den dein zukünftiger Chef von dir bekommt, hat immer Einfluss auf die Entscheidung zur weiteren Zusammenarbeit.
Durch Auswahltests versucht der Betrieb, sich ein Bild von deinen Fähigkeiten zu machen. Nicht immer bekommen die Bewerber mit den besten Testergebnissen den Ausbildungsplatz. Entscheidend ist oft, wer insgesamt am besten den Erwartungen entspricht und damit die Ausbildung erfolgreich abschließen kann.
Zu den Tests gehören meist auch schriftliche Prüfungen, die mit Klassenarbeiten vergleichbar sind.

Tipps für den schriftlichen Test

- Beginne die Prüfung ohne Hektik, konzentriere dich auf deine Aufgabe. Zeitdruck ist Absicht, um zu testen, wie du auf Stress reagierst.
- Lies die Aufgabe gewissenhaft durch, damit du sicher bist, dass du alles verstanden hast.
- Gib nicht sofort auf, wenn du bei einer Aufgabe Schwierigkeiten bekommst. Beiße dich aber auch nicht zu lange an einem Problem fest, wechsle dann lieber zur nächsten Aufgabe.
- Bei manchen Aufgaben kann dir eine Skizze, ein Diagramm oder eine Tabelle weiterhelfen.
- Überprüfe deine Ergebnisse und überlege, ob sie sinnvoll sind.
- Wissen wird abgeprüft, ebenso die Fähigkeit zum logischen Denken und räumlichen Vorstellungsvermögen.

LINDENER LANDMASCHINEN GMBH

Eignungstest (Dauer: 30 Minuten)

Liebe Bewerberin, lieber Bewerber,

herzlich willkommen bei unserer Veranstaltung.
Durch diesen Test möchten wir herausfinden, ob Sie für den angebotenen Ausbildungsplatz geeignet sind.
Bitte bearbeiten Sie die Aufgaben selbstständig und ohne Hilfsmittel (Taschenrechner).
Bitte lesen Sie sich die Aufgaben genau durch und bearbeiten Sie einen Aufgabentyp bis zur leeren Seite.
Befolgen Sie die Anweisungen unserer Mitarbeiter, ansonsten müssen Sie die Veranstaltung leider vorzeitig verlassen.

Wir wünschen Ihnen viel Erfolg!

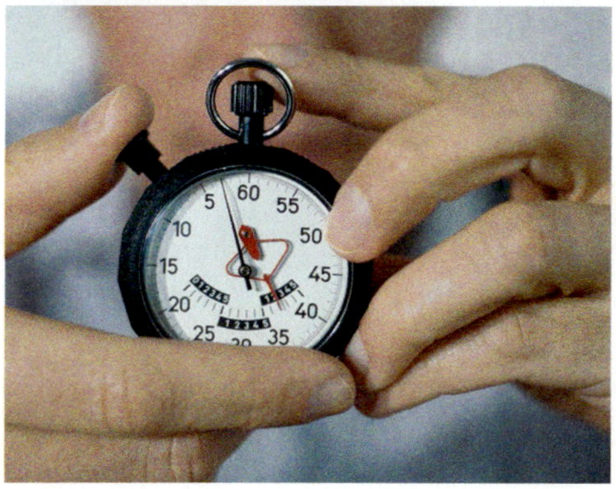

Aufgabe: Markieren Sie die Ziffern 6 und 9

2	9	3	1	6	8	5	9	6	2	5	5	5	2	2	5
6	6	5	9	5	6	9	3	5	5	9	6	8	6	4	8
5	7	4	8	8	7	8	9	8	8	9	2	8	8	7	9
2	4	1	4	5	5	8	6	7	1	6	6	5	6	5	2
4	4	4	5	5	3	4	2	2	2	1	2	6	2	2	9
4	8	1	4	1	2	1	2	3	1	6	8	9	9	7	6
3	6	3	1	6	4	7	1	3	3	1	6	8	9	5	9
8	9	6	5	6	7	5	7	8	9	8	2	2	3	7	5
2	4	1	1	5	3	5	5	5	8	9	9	8	3	5	8
1	4	1	8	1	8	3	2	5	4	6	5	3	4	7	6
4	5	1	9	7	3	8	6	5	1	9	2	9	4	7	5
1	7	9	9	5	8	8	7	8	2	2	2	9	3	1	6

Bewerbungstraining | Grundrechenarten

8 : 4
Dividend : Divisor

Beim schriftlichen **Addieren** und **Subtrahieren** müssen die Zahlen stellenwertgerecht untereinander stehen, dabei steht Komma unter Komma.
Dezimalzahlen sind zunächst ohne Berücksichtigung des Kommas zu **multiplizieren**. Das Komma wird erst im Endergebnis gesetzt. Dabei hat das Ergebnis so viele Nachkommastellen wie die einzelnen Faktoren zusammen haben.
Beim **Dividieren** muss der Divisor eine natürliche Zahl sein. Gegebenenfalls müssen Dividend und Divisor entsprechend mit einer Zehnerpotenz erweitert werden. Das Komma ist also nach rechts zu verschieben.

Beispiele

a) Addition

```
     1,354
+   44,580
+    2,679
     1 21
----------
    48,613
      ↑
```

Komma unter Komma

b) Subtraktion

```
    64,390
-   21,822
-    6,656
    12   1
----------
    35,912
      ↑
```

Komma unter Komma

c) Multiplikation

```
6,28 · 5,7
----------
 3140
   4396
----------
 35,796
```

3 Nachkommastellen

d) Division

```
1,68 : 0,3 =
16,8 : 3 = 5,6
15
--
 18
 18
 --
  0
```

Komma um eine Stelle nach rechts

Aufgaben

1 Berechne im Kopf.
a) 17,6 + 12,3 b) 0,6 + 1,23
c) 11,7 + 18,8 d) 65,6 + 48,7
e) 3,8 − 2,3 f) 12,8 − 2,76
g) −5,6 − 3,8 h) −5,6 + 3,8
i) 0,7 · 0,3 j) 0,04 · 1,2
k) 0,005 · 0,007 l) 0,001 · 348
m) 0,8 : 0,2 n) 0,57 : 0,3
o) 0,51 : 0,003 p) 12,1 : 0,11

! Vergiss nicht: Komma unter Komma!

2 Addiere schriftlich.
a) 19,53 + 21,89 + 17,52
b) 129,87 + 17,3 + 4523,6
c) 125,04 + 87,9 + 0,0026 + 28
d) 23,87 + 5432, 8 + 12,483
e) 4,3 + 21 + 6,362 + 12,91 + 3,228 + 2,2

0,1234
↑
Zehntel

3 Subtrahiere schriftlich.
a) 87,49 − 75,34 b) 56,41 − 33,88
c) 256,7 − 129,65 d) 870 − 495,36
e) 589,23 − 123,35 − 84,3 − 215,469
f) 58 345,022 − 15 634,472 − 38 945,36

4 Berechne durch Kommaverschiebung.
a) 2,85 · 10 b) 3,96 · 100
c) 45,325 · 100 d) 72,1 · 100
e) 15,625 · 1000 f) 2,3 · 10 000

5 Berechne durch Kommaverschiebung.
a) 13,5 : 10 b) 78,3 : 100 c) 2,5 : 100
d) 0,056 : 10 e) 3752 : 100 f) 85 : 1000

6 Multipliziere schriftlich.
a) 2,86 · 8 b) 1,7 · 3,6
c) 12,45 · 0,021 d) 47 · 1,23
e) 25,025 · 4,44 f) 3,7 · 2,5 · 0,68

7 Dividiere schriftlich.
a) 1890 : 6 b) 165,8 : 0,8 c) 96,6 : 0,12
d) 0,02526 : 0,3 e) 9,027 : 1,7 f) 3,42 : 0,019

8 Dividiere schriftlich. Runde das Ergebnis auf Zehntel.
a) 3,9 : 0,7 b) 6,86 : 1,5 c) 8,1 : 0,17
d) 78 : 2,01 e) 4,96 : 0,48 f) 10,354 : 0,51

Bewerbungstraining | Schätzen

In Bewerbungstests geht es manchmal auch nur darum, sich eine Vorstellung von der Größenordnung des Ergebnisses zu machen. Häufig ist ein Näherungswert aus mehreren Lösungsvorschlägen anzukreuzen. Wichtigstes Hilfsmittel ist dabei der Überschlag.

Gute Schätzwerte erhält man beim Überschlagen, wenn man folgende Regeln beachtet:

Beim **Addieren** und **Multiplizieren** werden zwei Summanden bzw. Faktoren **gegensinnig verändert**: Einer wird verkleinert, der andere vergrößert.

Beim **Subtrahieren** und **Dividieren** werden die Zahlen **gleichsinnig verändert**: beide verkleinert oder beide vergrößert. Bei der Division wird der Dividend so gerundet, dass die Division glatt aufgeht.

Beispiele

a) 3754 · 84 982
≈ 4000 · 80 000 = 320 000 000

b) 96 358 : 532
≈ 95 000 : 500 = 190

Aufgaben

1 Schätze.
a) 67 385 + 823 356
b) 32 568 + 47 888 + 426 333
c) 72,23 + 179,3 + 36,78 + 114,238
d) 523 489 − 217 912
e) 2 526 815 − 287 256 − 224 569
f) 256,87 − 23,56 − 112,3 − 82,4

2 Schätze. Kontrolliere deine Schätzung, indem du schriftlich rechnest.
a) 379 · 829 b) 2589 · 75 089
c) 67 589 · 8289 d) 232 589 · 778
e) 2,786 · 83,5 f) 23,872 · 38,9

3 Schätze, berechne dann zur Kontrolle und als zusätzliche Übung schriftlich.
a) 34 782 : 83 b) 4822 : 68
c) 556 231 : 865 d) 145,7 : 1,887
e) 365,8 : 59,8 f) 913,54 : 15,03

4 In einen Swimmingpool passen 42 540 Liter Wasser.
a) Wie viele Stunden werden ungefähr zum Füllen des Pools benötigt, wenn die Wasserpumpe 5100 l je Stunde schafft?
b) Wie viele Stunden werden benötigt, wenn ein Pool 480 000 l Wasser enthält?

5 Überschlage, wie viel Müll in folgenden Städten anfiel. (Zahlen von 2006)
a) Schwerin: 96 280 Einwohner
b) Potsdam: 148 691 Einwohner
c) Kiel: 235 366 Einwohner
d) Wiesbaden: 274 640 Einwohner
e) Stuttgart: 594 970 Einwohner

Müll je Bundesbürger und Jahr: 523 kg

6 Im Jahr 2006 lebten in Würzburg auf 87,63 km² insgesamt 131 320 Einwohner.
a) Schätze die Einwohnerzahl je km². Kreuze dann die richtige Lösung an.
☐ 149,86 ☐ 1498,6 ☐ 14 986
b) Wie viel Butter aßen die Würzburger im Jahr 2006 ungefähr?
☐ 8 404 l ☐ 84 040 l
☐ 840 400 l ☐ 8 404 000 l
c) Schätze den Milchkonsum des gleichen Jahres. Kreuze die Lösung an, die deiner Schätzung am nächsten ist.
☐ 85 095 l ☐ 850 950 000 l
☐ 850 950 l ☐ 8 509 500 l
d) Überschlage, wie viel Wasser die Würzburger Privathaushalte im Jahr 2006 verbrauchten.
☐ 52 000 000 l ☐ 6 000 000 000 l
☐ 5 200 000 000 l ☐ 520 000 000 l
☐ 60 000 000 l ☐ 600 000 000 l

Pro-Kopf-Verbrauch der Bundesbürger: jährlich 6,4 kg Butter monatlich 5,4 l Milch täglich 126 l Wasser

Bewerbungstraining | Schätzen

Soll zum Beispiel eine große Menschenmenge geschätzt werden, so zählt man einen geeigneten Anteil der Menge und schätzt, mit welchem Faktor diese Anzahl zu multiplizieren ist, um die Gesamtmenge zu erhalten.
Es kann auch eine Vergleichsgröße, zum Beispiel ein Mensch, abgebildet sein.

Beispiel

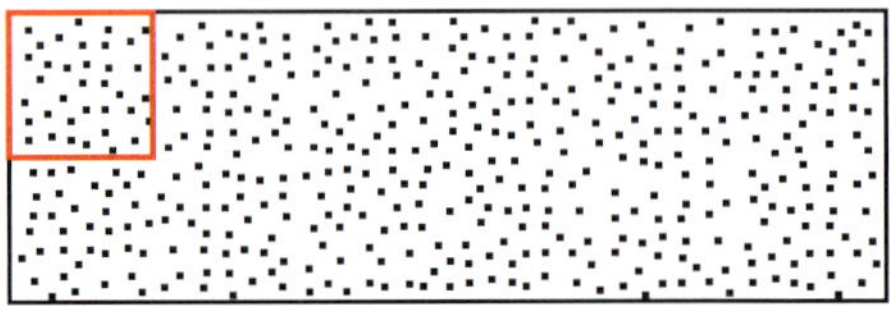

Das kleine rote Quadrat enthält 36 Punkte. Es bedeckt den zwölften Teil des Rechtecks.
Folglich enthält das Rechteck rund 420 Punkte. ($\approx 12 \cdot 35 = 420$)

Aufgaben

7 Schätze die Anzahl der Gummibären.

8 Das Foto zeigt einen Schmetterlingsschwarm. Wie viele Schmetterlinge sind ungefähr zu sehen?

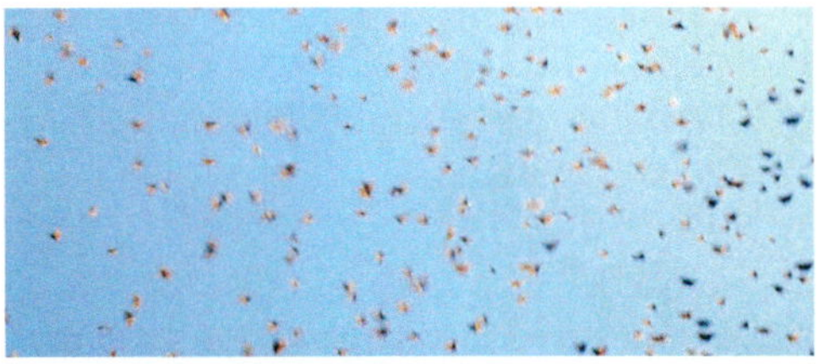

9 Man sieht einen Flamingoschwarm. Schätze die Anzahl der Flamingos.

10 Wie viele Menschen sind zu sehen? Wähle den zu zählenden Teil geschickt.

11 Wie hoch ist der Zaun?

12 Wie viel km^2 groß ist Deutschland?

Bewerbungstraining | Bruchrechnung

Addition
Zwei Brüche werden addiert, indem man beide Brüche gleichnamig macht und dann die Zähler addiert.

Subtraktion
Zwei Brüche werden subtrahiert, indem man beide Brüche gleichnamig macht und dann die Zähler subtrahiert.

Beispiele

a) $\frac{3}{4} + \frac{2}{3} = \frac{9}{12} + \frac{8}{12} = \frac{17}{12} = 1\frac{5}{12}$

b) $\frac{3}{4} - \frac{2}{3} = \frac{9}{12} - \frac{8}{12} = \frac{1}{12}$

Multiplikation
Zwei Brüche werden multipliziert, indem man Zähler mit Zähler und Nenner mit Nenner multipliziert.

Division
Zwei Brüche werden dividiert, indem man den ersten Bruch mit dem Kehrbruch des zweiten Bruches multipliziert.

Der Kehrbruch zu $\frac{a}{b}$ ist $\frac{b}{a}$.

Beispiele

c) $\frac{4}{5} \cdot \frac{2}{3} = \frac{4 \cdot 2}{5 \cdot 3} = \frac{8}{15}$

d) $\frac{4}{5} : \frac{3}{7} = \frac{4 \cdot 7}{5 \cdot 3} = \frac{28}{15} = 1\frac{13}{15}$

Aufgaben

1 Addiere bzw. subtrahiere die gleichnamigen Brüche.

a) $\frac{3}{11} + \frac{5}{11}$ b) $\frac{4}{7} + \frac{5}{7}$
c) $\frac{7}{8} - \frac{3}{8}$ d) $\frac{13}{25} - \frac{3}{25}$
e) $5\frac{2}{9} + 3\frac{4}{9}$ f) $3\frac{5}{6} + 2\frac{5}{6}$

2 Addiere, mache vorher gleichnamig.

a) $\frac{3}{4} + \frac{5}{12}$ b) $\frac{3}{5} + \frac{7}{30}$
c) $\frac{6}{7} + \frac{3}{8}$ d) $\frac{3}{8} + \frac{9}{10}$
e) $8\frac{2}{3} + 7\frac{3}{4}$ f) $3\frac{5}{9} + 2\frac{2}{3}$
g) $\frac{2}{9} + \frac{7}{15} + \frac{11}{45} + \frac{7}{18} + \frac{3}{5} + \frac{19}{30}$

3 Mache gleichnamig und subtrahiere.

a) $\frac{4}{5} - \frac{3}{13}$ b) $\frac{8}{9} - \frac{5}{12}$
c) $\frac{29}{30} - \frac{5}{6}$ d) $6\frac{5}{6} - 3\frac{2}{15}$
e) $3\frac{2}{3} - 2\frac{9}{10}$ f) $8\frac{1}{4} - 7\frac{4}{5}$
g) $19\frac{5}{12} - 6\frac{3}{4} - 2 - 3\frac{1}{2} - \frac{2}{3}$
h) $\frac{1}{8} - \frac{7}{24}$ i) $4\frac{1}{5} - 7\frac{11}{15}$

4 Multipliziere. Kürze, wenn möglich, vor dem Ausrechnen.

a) $\frac{13}{44} \cdot \frac{11}{65}$ b) $\frac{34}{45} \cdot \frac{15}{68}$
c) $\frac{48}{77} \cdot \frac{121}{96}$ d) $\frac{19}{112} \cdot 28$
e) $5\frac{3}{8} \cdot 7\frac{5}{9}$ f) $3\frac{11}{35} \cdot 1\frac{6}{29}$
g) $\frac{8}{39} \cdot \frac{13}{28} \cdot 3\frac{1}{2}$ h) $\frac{5}{18} \cdot \frac{9}{35} \cdot 7$

*Kürze **vor** dem Ausrechnen:*
$\frac{\cancel{27}^{3}}{\cancel{32}_{1}} \cdot \frac{\cancel{64}^{2}}{\cancel{45}_{5}} = \frac{6}{5} = 1\frac{1}{5}$

Tipp:
$5\frac{3}{8} = \frac{5 \cdot 8 + 3}{8} = \frac{43}{8}$

5 Dividiere.

a) $8 : \frac{3}{7}$ b) $\frac{3}{7} : 4$
b) $\frac{9}{32} : \frac{45}{64}$ d) $\frac{21}{40} : \frac{7}{16}$
e) $\frac{17}{19} : \frac{119}{152}$ f) $\frac{56}{95} : \frac{21}{38}$
g) $2\frac{1}{2} : 4\frac{1}{2}$ h) $1\frac{11}{25} : 1\frac{3}{5}$

6 Welche Zahl musst du für x einsetzen, sodass eine wahre Aussage entsteht? Probiere oder forme um.

a) $\frac{5}{7} \cdot x = \frac{15}{49}$ b) $\frac{7}{8} \cdot x = 4\frac{3}{8}$
c) $\frac{1}{2} : x = \frac{1}{12}$ d) $x : \frac{4}{7} = \frac{7}{8}$
e) $3 : x = \frac{5}{9}$ f) $\frac{5}{6} : x = \frac{10}{33}$

Bewerbungstraining | Längenmaße

Früher gab es eine Vielfalt von unterschiedlichen Maßen. Um sie zu vereinheitlichen, wurden seit Ende des 18. Jahrhunderts Standards nach folgenden Grundsätzen entwickelt:

- Die Basiseinheiten beziehen sich auf unveränderliche Größen aus der Natur.
- Alle anderen Einheiten leiten sich aus den Basiseinheiten ab.
- Die Multiplikation der Einheiten erfolgt in Dezimalschritten.

Seit 1983 wird ein **Meter** definiert als die Länge der Strecke, die Licht im Vakuum während der Dauer von $\frac{1}{299\,792\,458}$ Sekunde durchläuft.

Vorsilben:
kilo – tausend
dezi – zehntel
zenti – hundertstel
milli – tausendstel

Kilometer	**km**	1 km = 1000 m
Meter	**m**	1 m = 10 dm = 100 cm = 1000 mm
Dezimeter	**dm**	1 dm = 10 cm = 100 mm
Zentimeter	**cm**	1 cm = 10 mm
Millimeter	**mm**	

Die **Umwandlungszahl bei Längen ist grundsätzlich 10**. Ungebräuchlich sind die Einheiten Dekameter (1 dam = 10 m) und Hektometer (1 hm = 10 dam = 100 m).

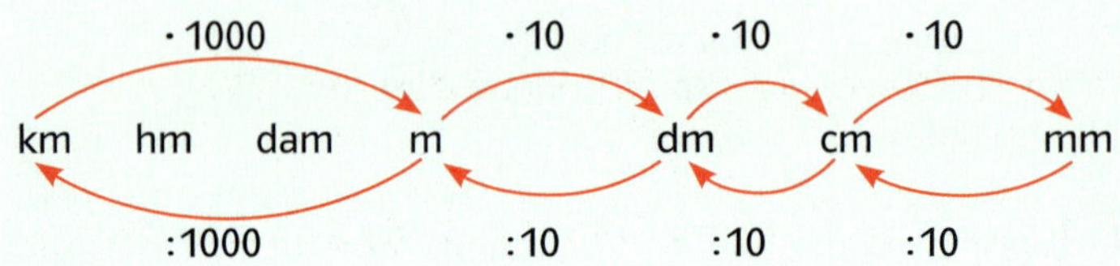

Beispiele

a) 7 m = 7 · 10 dm = 70 dm

b) 5 cm = (5 : 10 : 10) m = 0,05 m

Aufgaben

1 Wandle in die in Klammern angegebene Längeneinheit um.

a) 12 m (dm) b) 20 dm (cm)
c) 71 cm (mm) d) 3 m (cm)
e) 4 dm (mm) f) 5 km (m)
g) 9 m (cm) h) 12 m (mm)

2 Rechne in die in Klammern angegebene Längeneinheit um.

a) 3,7 m (dm) b) 5,87 m (cm)
c) 1,2 cm (mm) d) 0,05 dm (mm)
e) 3,65 km (m) f) 2,37 m (cm)
g) 0,6 dm (mm) h) 1,38 m (mm)

3 Wandle jeweils in Zentimeter um.

a) 1,25 dm b) 0,82 dm
c) 0,78 m d) 0,053 m
e) 2 km f) 0,091 km

4 Schreibe in der in Klammern angegebenen Längeneinheit.

a) 40 mm (cm) b) 120 cm (dm)
c) 500 cm (m) d) 27 000 m (km)
e) 8000 mm (m) f) 12 000 cm (m)
g) 7000 mm (dm) h) 700 000 cm (m)

5 Notiere mit Komma in der angegebenen Längeneinheit.

a) 4 mm (cm) b) 8 cm (dm)
c) 12 dm (m) d) 12 987 m (km)
e) 428 m (km) f) 3 mm (dm)
g) 2 cm (m) h) 17 m (km)

6 Im Mittelalter war die Elle Hannovers 584,2 mm lang. In Hannover und in Braunschweig wurde ein Stoff zum gleichen Preis verkauft. Vergleiche.

Bewerbungstraining | Flächenmaße

1 Quadratmeter = 1 m

Ein **Quadratmeter** oder Meterquadrat (1 qm oder 1 m^2) ist der Flächeninhalt eines Quadrates mit der Seitenlänge 1 m. Entsprechend lassen sich die anderen Flächeneinheiten erklären:
Quadratkilometer (km^2), **Quadratdezimeter** (dm^2), **Quadratzentimeter** (cm^2) und **Quadratmillimeter** (mm^2).
Grundstücksgrößen werden oft auch in **Ar** (a) oder **Hektar** (ha) angegeben. 1 Ar ist der Flächeninhalt eines Quadrates mit der Seitenlänge 10 m, ist also $10\,m \cdot 10\,m = 100\,m^2$ groß, ein Hektar hat eine Seitenlänge von 100 m, ist also $100\,m \cdot 100\,m = 10\,000\,m^2$ groß.
Ein **Morgen** ist ein altes bäuerliches Feldmaß und entsprach der Feldfläche, die von einem Mann an einem Vormittag (Morgen) abgemäht werden konnte. Heute entsprechen vier Morgen einem Hektar.

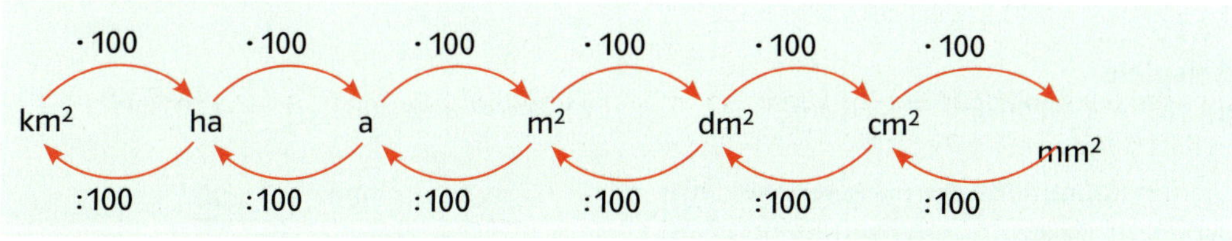

Die Umwandlungszahl von einer Einheit zur nächsten ist grundsätzlich $10^2 = 100$.

Beispiele

a) $7\,m^2 = 7 \cdot 100\,dm^2 = 700\,dm^2$

b) $800\,mm^2 = (800 : 100)\,cm^2 = 8\,cm^2$

c) $2{,}5\,ha = 2{,}5 \cdot 100 \cdot 100\,m^2 = 25\,000\,m^2$

d) $52\,m^2 = (52 : 100)\,a = 0{,}52\,a$

Aufgaben

1 Drücke in der in Klammern angegebenen Flächeneinheit aus.

a) 9 dm^2 (cm^2) b) 3 a (m^2)
c) 4 cm^2 (mm^2) d) 27 m^2 (dm^2)
e) 12 ha (a) f) 35 km^2 (ha)
g) 12 dm^2 (mm^2) h) 3 m^2 (cm^2)

2 Verwandle in die in Klammern angegebene Flächeneinheit.

a) 2,45 km^2 (ha) b) 1,06 m^2 (dm^2)
c) 0,46 ha (a) d) 2,375 dm^2 (cm^2)
e) 1,82 cm^2 (mm^2) f) 64,5 a (m^2)
g) 2,3 m^2 $(cm)^2$ h) 12,4 cm^2 (mm^2)
i) 4,243 m^2 (mm^2) j) 0,0003 km^2 (m^2)

3 Notiere in der in Klammern angegebenen Flächeneinheit.

a) 2300 mm^2 (cm^2) b) 300 a (ha)
c) 500 dm^2 (m^2) d) 5000 ha (km^2)
e) 1200 m^2 (a) f) 3100 cm^2 (dm^2)
g) 80 000 cm^2 (m^2) h) 950 000 dm^2 (a)

4 Schreibe mit Komma in der angegebenen Maßeinheit.

a) 634 ha (km^2) b) 132 m^2 (a)
c) 30 mm^2 (cm^2) d) 81 cm^2 (dm^2)
e) 9,4 a (ha) f) 7 cm^2 (dm^2)
g) 2,43 dm^2 (m^2) h) 223,6 m^2 (ha)

5 Wandle jedes der folgenden Maße in Quadratmeter um.

a) 13 000 cm^2 b) 5,8 ha
c) 36,5 dm^2 d) 127 a
e) 3 km^2 f) 6,79 km^2
g) 7 Morgen h) 3 Morgen

6 Laut Grundbuchauszug ist ein Grundstück 1 ha 4 a 4 m^2 groß.
a) Wie viel m^2 groß ist die Fläche?
b) Schreibe mit Komma in Hektar bzw. Ar.
c) Die Fläche soll in 18 gleich große Bauplätze geteilt werden. Wie viel m^2 groß wird ein Bauplatz sein?

Bewerbungstraining | Rauminhalte – Hohlmaße

Ein **Kubikmeter** (1 m³) ist der **Rauminhalt** (das **Volumen**) eines Würfels mit der Kantenlänge 1 m. Entsprechend sind die Einheiten **Kubikmillimeter (mm³)**, **Kubikzentimeter** (cm³), **Kubikdezimeter** (dm³) und **Kubikkilometer** (km³) definiert. Selten werden die Einheiten cbm für Kubikmeter und ccm für Kubikzentimeter verwendet.

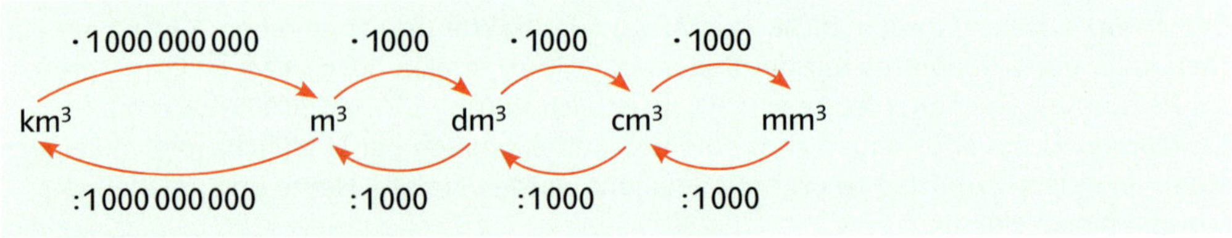

Die Umwandlungszahl bei Rauminhalten ist $10^3 = 1000$.

Beispiele

a) $3\,m^3 = 3 \cdot 1000\,dm^3 = 3000\,dm^3$

b) $2\,mm^3 = (2 : 1000)\,cm^3 = 0{,}002\,cm^3$

Dienen Raummaße zum Messen von Flüssigkeiten, so spricht man von **Hohlmaßen**. Hierfür werden die Einheiten **Hektoliter** (hl), **Liter** (l), **Zentiliter** (cl) und **Milliliter** (ml) verwendet.

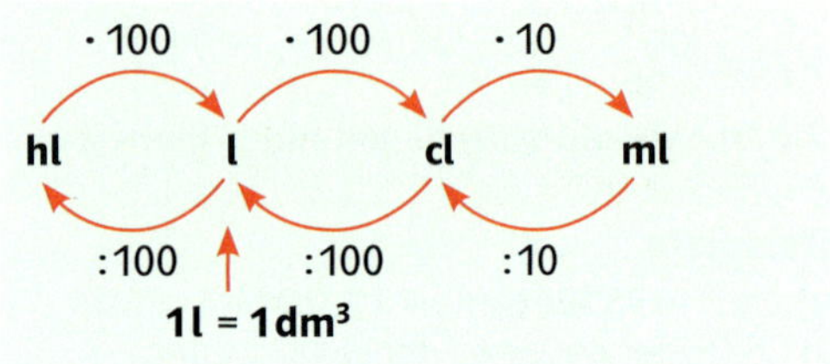

c) 45 hl = 45 · 100 l = 4500 l

d) 3 ml = (3 : 1000) l = 0,003 l

Vorsilbe beachten!
hekto = hundert

Aufgaben

1 Wandle jeweils in die in der Klammer stehende Einheit um.

a) 35 dm³ (cm³) b) 12 cm³ (mm³)
c) 4 m³ (dm³) d) 4,635 m³ (dm³)
e) 2,87 cm³ (mm³) f) 0,3 cm³ (mm³)
g) 0,07 dm³ (cm³) h) 7 m³ (cm³)

2 Schreibe in der in Klammern angegebenen Volumeneinheit.

a) 6000 cm³ (dm³) b) 75 000 dm³ (m³)
c) 4500 mm³ (cm³) d) 721 dm³ (m³)
e) 42 cm³ (dm³) f) 4 mm³ (cm³)
g) 9253,5 cm³ (m³) h) 37 mm³ (dm³)

3 Drücke in der angegebenen Einheit aus. Achte auf die Umwandlungszahl.

a) 35 hl (l) b) 823 l (ml)
c) 4,73 l (ml) d) 4,2 hl (l)
e) 0,75 hl (ml) f) 8 hl (ml)
g) $\frac{1}{2}$ l (ml) h) $\frac{1}{8}$ l (ml)

4 Notiere in der angegebenen Einheit. Achte auf die Umwandlungszahl.

a) 8000 l (hl) b) 8000 ml (l)
c) 250 l (hl) d) 470 ml (l)
e) 67 l (hl) f) 91 ml (l)
g) 3 l (hl) h) 6 ml (l)

5 Raummaße und Hohlmaße – Wandle um.

a) 2 dm³ (l) b) 12 cm³ (ml)
c) 5,75 dm³ (ml) d) 325 dm³ (hl)
e) 25 l (cm³) f) 750 ml (dm³)
g) 40 hl (m³) h) 8 hl (m³)

6 Ein quaderförmiger Behälter ist 2 m lang, 5 dm breit und 80 cm hoch. Er soll mit Wasser gefüllt werden.
Wie viel Liter passen hinein?
Achte auf die Maßeinheiten. Rechne im Kopf.

Bewerbungstraining | Gewichte und Zeitspannen

Ursprünglich war das **Kilogramm** definiert als die **Masse** von 1 dm^3 (1 Liter) Wasser. 1889 wurde ein Zylinder aus einer Platin-Iridium-Legierung hergestellt, das **„Urkilogramm"**. In Deutschland noch übliche Gewichtseinheiten sind das **Pfund** (1 ℔ = 500 g), der **Zentner** (1 Ztr. = 100 ℔ = 50 kg) und der **Doppelzentner** (1 dz = 200 ℔ = 100 kg).

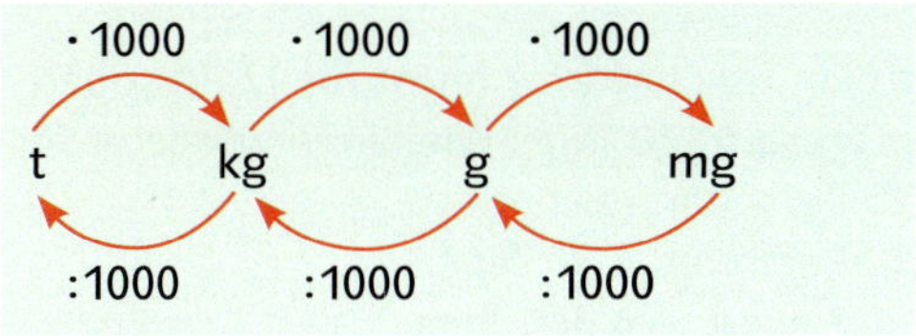

Beispiele

a) 4,2 kg = 4,2 · 1000 g = 4200 g
b) 50 g = (50 : 1000) kg = 0,05 kg
c) 3,5 ℔ = 3,5 · 500 g = 1750 g = 1,75 kg

Der Begriff „Gewicht" ist nicht korrekt, hat sich aber für „Masse" eingebürgert.

Aufgaben

1 Rechne in die in Klammern angegebene Gewichtseinheit um.
a) 15 t (kg) b) 43 kg (g)
c) 2,1 t (g) d) 0,0005 g (mg)
e) 0,07 kg (g) f) 0,56 t (kg)

2 Verwandle jeweils in die in Klammern angegebene Gewichtseinheit.
a) 40 000 g (kg) b) 3500 kg (t)
c) 2030 mg (g) d) 900 kg (t)
e) 75 g (kg) f) 6 kg (t)
g) 32,75 mg (g) h) 3,6 kg (t)

3 Hier musst du zweimal umwandeln.
a) $\frac{1}{2}$ t (kg, Ztr.) b) $\frac{1}{4}$ kg (g, ℔)
c) $\frac{3}{4}$ t (kg, Ztr.) d) $\frac{1}{8}$ kg (g, ℔)
e) $\frac{3}{8}$ t (kg, Ztr.) f) $2\frac{1}{2}$ kg (g, ℔)

4 Berechne das Gewicht der Gegenstände. Rechne schriftlich.
a) Bleikugel (V = 12,5 cm^3)
b) Goldmünze (V = 1,6 cm^3)
c) Eisenbolzen (V = 4 dm^3)
d) Glasplatte (1,25 m · 50 cm · 0,4 cm)

Stoff	*Dichte in $\frac{g}{cm^3}$*
Glas	*2,5*
Eisen	*7,86*
Blei	*11,34*
Gold	*19,3*

Die **Einheiten der Zeit** sind **Tage** (d), **Stunden** (h), **Minuten** (min) und **Sekunden** (s). Früher waren für Sekunden auch die Abkürzungen „sek" oder „sec" üblich.

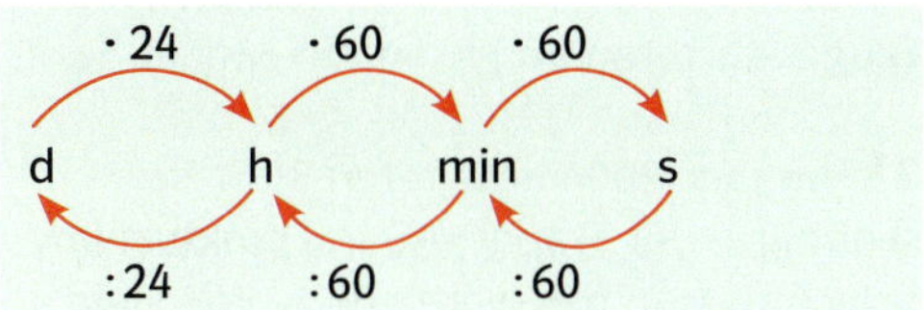

Beispiele

a) 5,3 min = 5,3 · 60 s = 318 s
b) 2 min 13 s = 2 · 60 s + 13 s = 133 s
c) 60 h = (48 : 24) d + 12 h = 2 d 12 h

Aufgaben

5 Rechne in die angegebene Einheit um.
a) 30 min (s) b) 7 d (h)
c) 12 h (min) d) 3 d (min)
e) 144 h (d) f) 1080 min (h)
g) 720 s (min) h) 2880 min (d)
i) 2 d 11 h (h) j) 7 min 45 s (s)
k) 3,5 d (h) l) 7,5 min (s)

6 Wandle in die angegebene Einheit um.
a) $3\frac{1}{2}$ h (min) b) $3\frac{1}{2}$ d (h) c) $4\frac{3}{5}$ min (s)

7 Berechne. Achte auf die Einheiten.
a) 2,25 h − 17 min
b) 3,5 h + 14 min − 300 s

Bewerbungstraining | Textaufgaben – Dreisatz

Ein beliebter Bestandteil von Einstellungs- und Eignungstests, nicht nur in den kaufmännischen Berufen, sind Textaufgaben.
Häufig ist der Dreisatz hilfreich, bei Zinsrechnungsaufgaben sollte man die Formel zur Zinsrechnung kennen und umstellen können.

Beispiele

a) Ein Auto verbraucht 7,2 Liter Benzin auf 100 km. Wie viel Liter passen in den Tank, wenn er nach 690 km leer ist?
100 km ≙ 7,2 l
1 km ≙ 0,072 l
690 km ≙ 41,4 l

b) Ein Essensvorrat reicht für 12 Personen insgesamt 30 Tage. Wie lange würde er für 20 Personen reichen?
12 Personen ≙ 30 Tage
1 Person ≙ 360 Tage
20 Personen ≙ 18 Tage

Aufgaben

1 Zum Bau einer langen Mauer benötigen acht Maurer zwölf Tage. Wie lange benötigen sechs Maurer für diese Arbeit?

2 In einer Goldmine gewinnt man aus einer Tonne Erz 9 Gramm Gold. Wie viel Tonnen Erz muss man abbauen, um 3,6 kg Gold zu gewinnen?

3 Die Kaltmiete einer 90 m² großen Wohnung beträgt 432,00 €. Was kostet eine 70 m² große Wohnung im gleichen Haus?

*$Z = \frac{K \cdot t \cdot p}{100 \cdot 360}$ mit Zinsen **Z**, Kapital **K**, Tage **t**, Zinssatz **p***

4 Frau Pfiffig lieh sich 2880 € zu einem Zinssatz von 5 % bei der Sparkasse. Nach 50 Tagen zahlte sie das Geld einschließlich der Zinsen zurück. Wie viel Geld war das?

5 Herr Töricht lieh sich 6000 € bei der Bank. Nach 165 Tagen zahlte er einschließlich der Zinsen 6343,75 € zurück. Wie hoch war der Zinssatz?

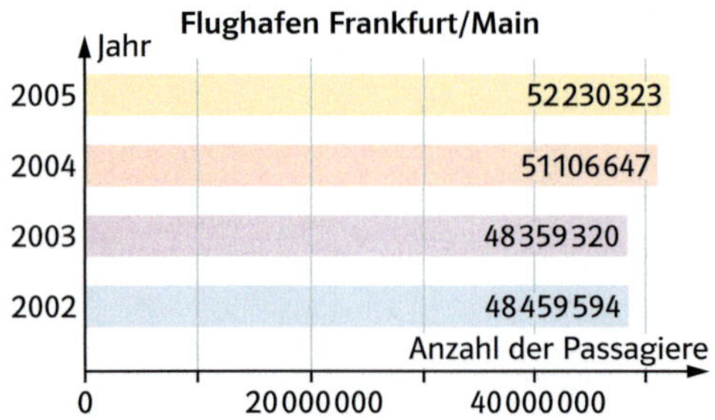

6 Vergleiche die Anzahl der Passagiere der Jahre 2002 und 2005 miteinander.
Um wie viel Prozent stieg die Anzahl der Passagiere ungefähr?

7 Bei einem Räumungsverkauf zahlt man 60 % des alten Preises. Ein Fernseher kostet nun 690,00 €. Was kostete er ursprünglich?

8 650 m² Kopfsteinpflaster sollen verlegt werden, 8 % sind bereits geschafft. Wie viel m² sind das?

9 Nach einer Preiserhöhung von 4 % kostet ein Rucksack 78 €. Wie teuer war der Rucksack vorher?

10 Im April 2005 flogen in einer Woche durchschnittlich 4739 Flugzeuge auf dem Rhein-Main-Flughafen ab. Wie viele Flugzeuge starteten im gesamten Monat April?

11 Im Jahr 2004 arbeiteten 8514 Beschäftigte der Fraport-AG in Frankfurt im Schichtdienst, das waren 66 %. Wie viele Mitarbeiter hatte die Fraport-AG?

12 2004 erhielt das VW-Werk 4000 Bewerbungen von Ausbildungsplatzsuchenden. Acht Mitarbeiterinnen arbeiteten 50 Stunden daran, die Bewerbungen zu sichten.
Wie lange hätte es gedauert, wenn zusätzlich weitere vier Mitarbeiterinnen zur Verfügung gestanden hätten? Notiere als Stunden mit Restminuten.

Bewerbungstraining | Zahlenreihen

In fast jedem Einstellungstest sind Zahlenreihen zu finden. Sie sind nach einer bestimmten Regel aufgebaut. Aufgabe ist es, die nächste oder die nächsten beiden Zahlen sinnvoll zu ergänzen. Hier gilt es, möglichst schnell die „Regel“ zu erkennen. Folgende Überlegungen können helfen, wenn das Aufbausystem nicht auf den ersten Blick zu erkennen ist:

1. Werden die Zahlen größer oder kleiner oder abwechselnd größer und kleiner oder kleiner und größer?
2. Werden die Zahlen kontinuierlich größer, so berechnet man die Differenzen zwischen benachbarten Zahlen und versucht, die Regelmäßigkeit herauszufinden.
3. Sind die Differenzen unregelmäßig, so sollte man prüfen, ob die Regel auf einer Multiplikation oder Division aufbaut.
4. Folgen die Zahlenwerte auch nicht diesem Prinzip, so versucht man, die Zahlenreihe in zwei oder mehr getrennte Reihen zu teilen, die jeweils einem bestimmten Aufbauprinzip folgen.

Beispiele

a) 2 4 6 8 10 12 □ □	Lösung: 14 16	(Regel: + 2)
b) 2 4 8 16 32 □ □	Lösung: 64 128	(Regel: · 2)
c) 2 3 6 7 10 11 □ □	Lösung: 14 15	(Regel: + 1 + 3)
d) 10 6 18 14 42 □ □	Lösung: 38 114	(Regel: − 4 · 3)

Aufgaben

1 Das ist einfach.

a) 3 6 9 12 15 □ □
b) 1 2 4 8 16 □ □
c) 1 3 6 10 15 21 □ □
d) 30 29 27 24 20 □ □
e) 30 26 22 18 14 □ □
f) 30 26 31 27 32 28 □ □
g) 4 6 12 14 28 30 □ □
h) 7 8 9 11 13 16 □ □

2 Gelegentlich werden Zahlenreihen als „Zahlenräder“ verpackt. Sie sehen in der Regel komplizierter aus als sie sind. Finde heraus, welche Zahlen für die Fragezeichen einzusetzen sind.

a)

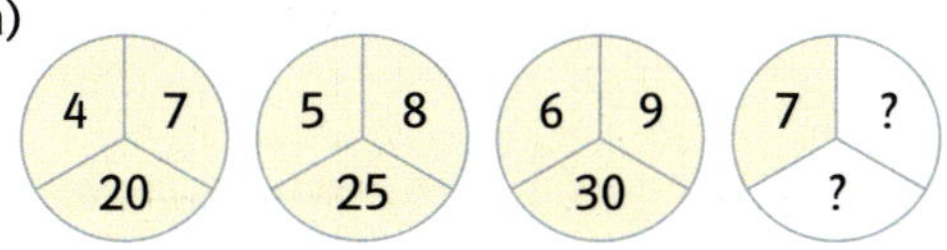

b)

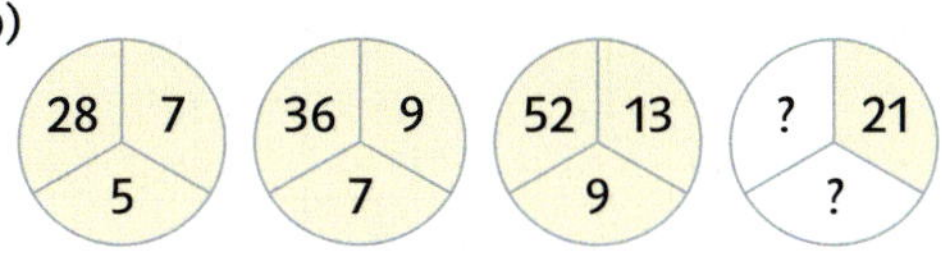

3 Das ist schon schwerer.

a) 5 4 7 6 10 9 □ □
b) 15 6 18 9 27 18 □ □
c) 15 6 18 9 36 27 □ □
d) 15 6 18 10 30 23 □ □
e) 44 22 26 13 18 9 □
f) 6 7 9 6 10 15 9 □
g) 6 42 35 5 35 28 4 28 □
h) 18 12 6 24 20 10 40 □

4 Soll gleichzeitig mit Symbolen gearbeitet werden, so sind die Zahlenreihen häufig mit Dominosteinen dargestellt. Welcher der Dominosteine A, B, C oder D ergänzt jeweils die Reihe sinnvoll?

a)

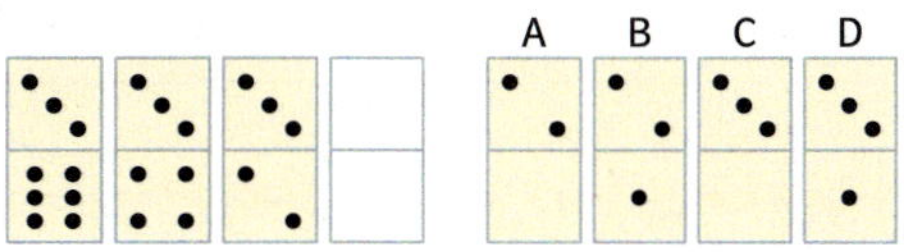

b)

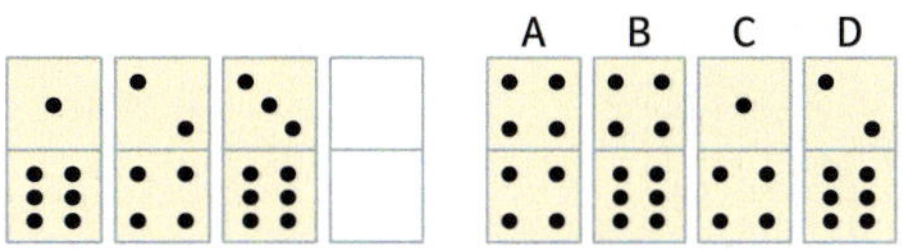

Bewerbungstraining | Flächen und Körper I

Zum Thema Flächen gehört einerseits das Berechnen von Flächeninhalten, andererseits auch die Vorstellung von dreidimensionalen „Gebilden“ und den Flächen, aus denen sie zusammengesetzt sind.

Beispiele

a) Berechne den Flächeninhalt der Figur. Dazu wird die Fläche in einzelne Teilflächen zerlegt, um die Berechnungsformeln für Drei- und Vierecke oder auch den „Pythagoras“ zum Ermitteln von fehlenden Längen zu nutzen.

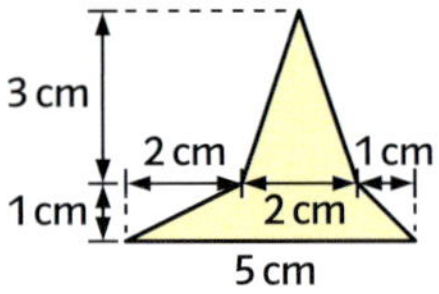

Obere Figur: Dreieck

$A_D = \frac{gh}{2} = 3\,\text{cm}^2$

Untere Figur: Trapez

$A_T = \frac{(a + c)h}{2} = 3{,}5\,\text{cm}^2$

$A_{ges} = A_D + A_T = 6{,}5\,\text{cm}^2$

b) Manchmal müssen die entsprechenden Maße durch Ablesen aus einer Skizze gefunden werden. Die Skizze kann in einem Raster gezeichnet sein, die Länge der Rasterflächen ist gegeben.

c) Die Anzahl der Flächen eines Körpers soll bestimmt werden. Bei einer räumlichen Figur musst du auch an die nicht sichtbaren Flächen auf der Rückseite denken.

Diese Figur besteht aus sechs Flächen.

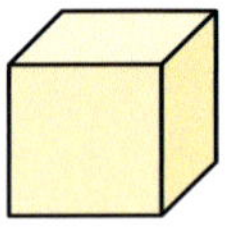

Aufgaben

1 Berechne den Flächeninhalt der zusammengesetzten Figur. Ein Kästchen des Rasters entspricht 1 cm.

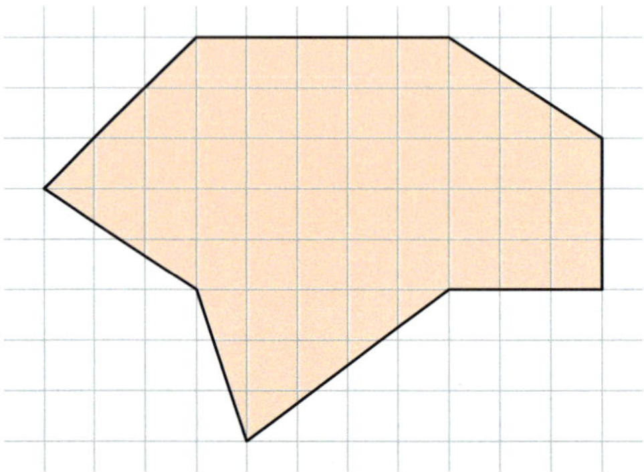

2 Berechne den Flächeninhalt der zusammengesetzten Figuren. (Maße in cm)

a)

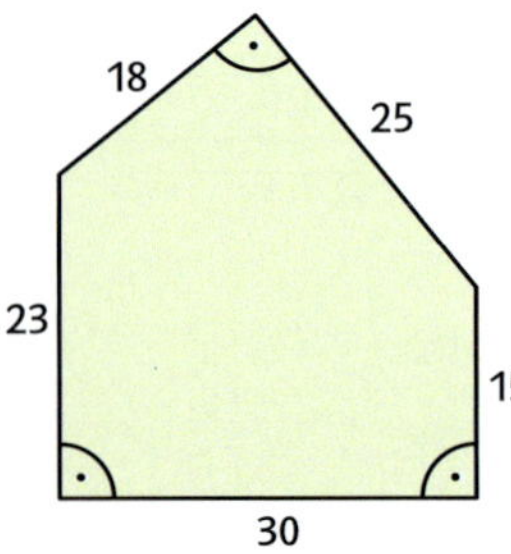

b)

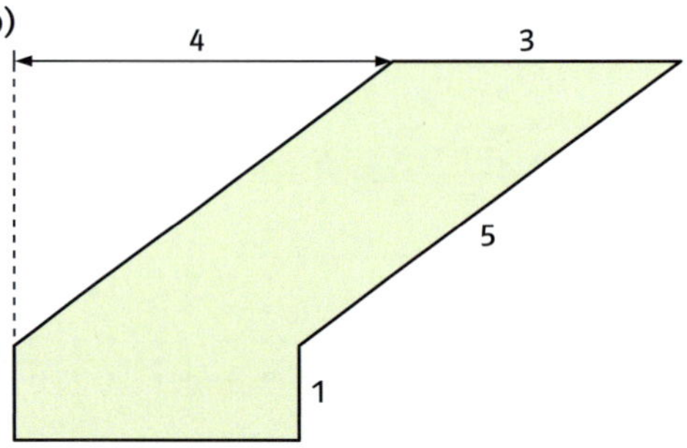

3 Zähle die Flächen der abgebildeten Körper.

a)

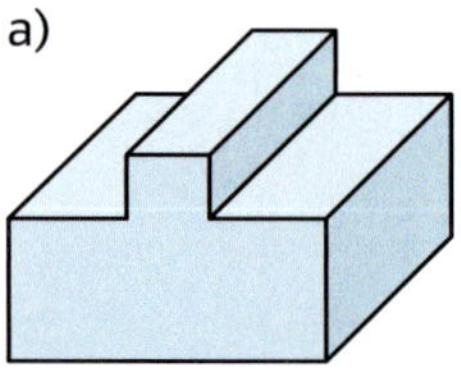

b)

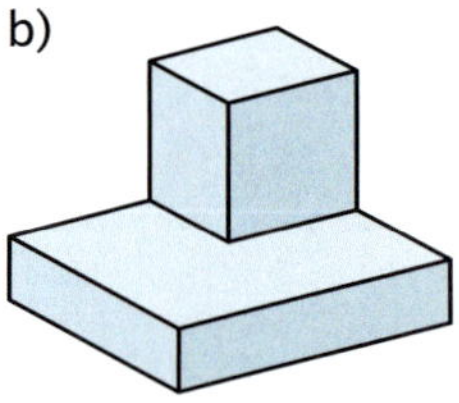

c)

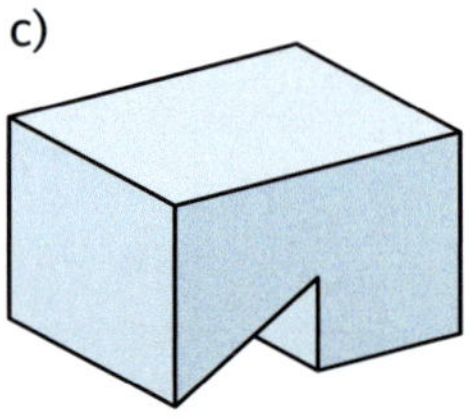

d)

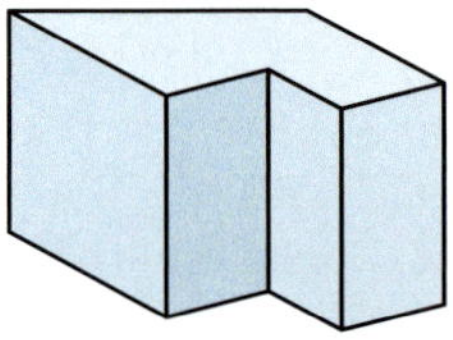

4 Welcher Körper hat die größere Oberfläche?

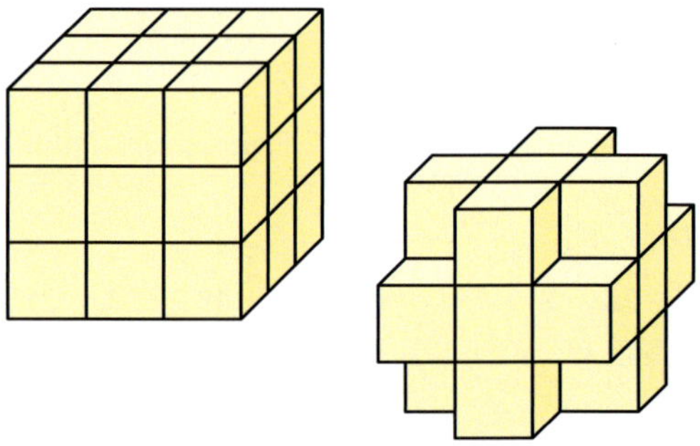

Bewerbungstraining | Flächen und Körper II

Mit den Aufgaben auf dieser Seite soll dein räumliches Vorstellungsvermögen getestet werden, also wie gut du dir Dinge anhand von Zeichnungen vorstellen kannst.
Oft hilft das Zählen der Flächen bei der Entscheidung.
Bei einigen Aufgaben kannst du nach dem Multiple-Choice-Verfahren unter mehreren Lösungen auswählen. Raten solltest du aber nicht! Versuche, durch Überlegung oder bei Rechnungen durch Überschlag eine Lösung zu finden.

Aufgaben

1 Zu welcher Figur gehört das Netz?

a)

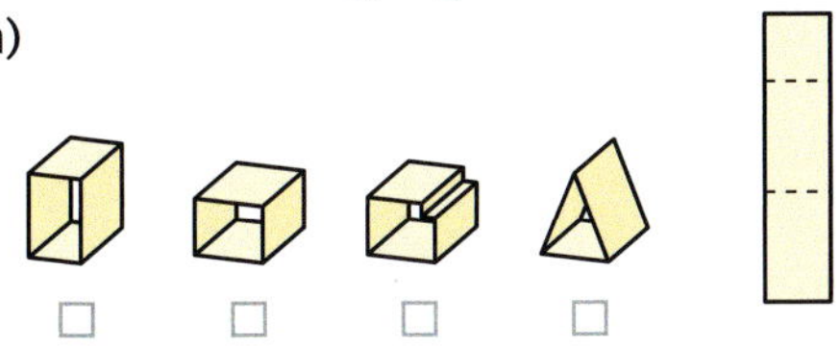

b)

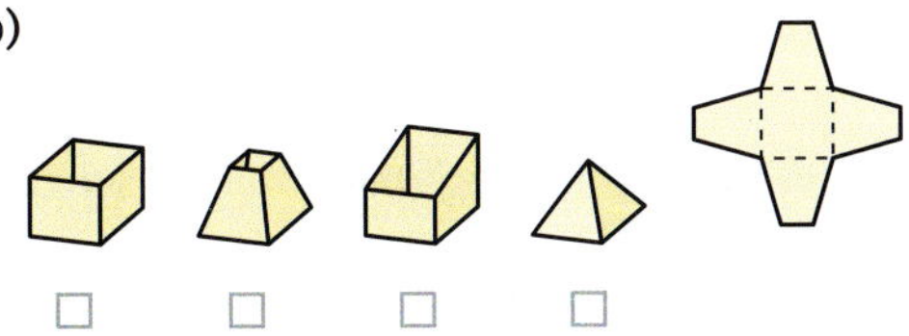

c)

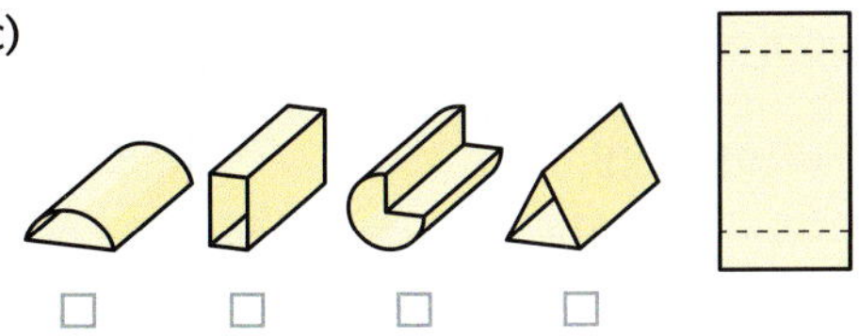

d)

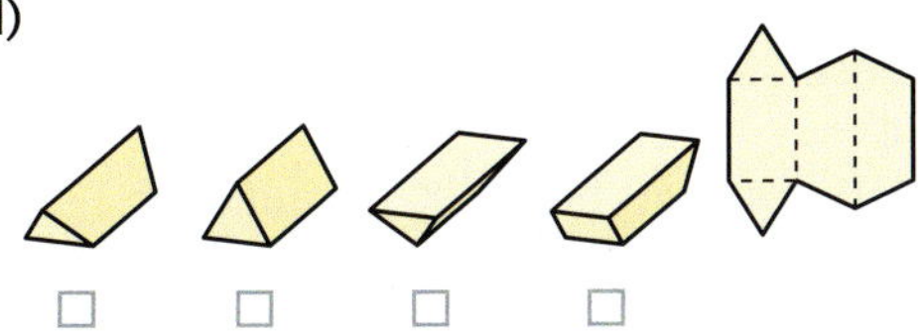

e)

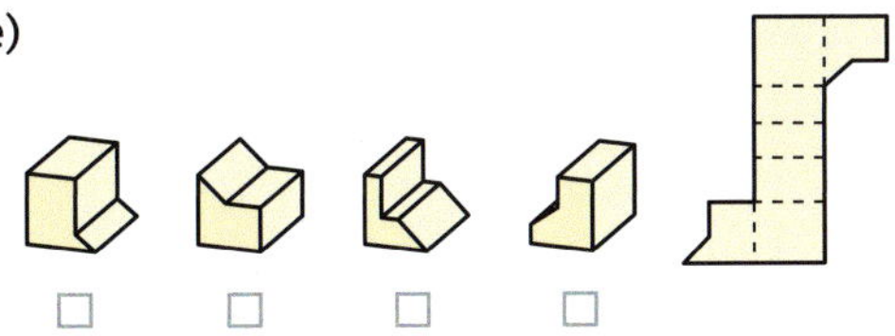

f)

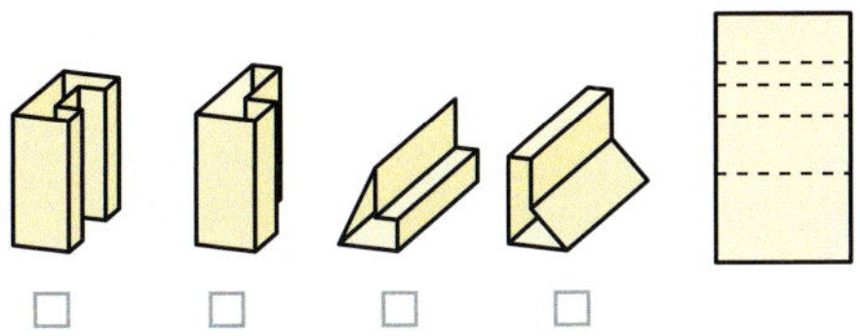

2 Schätze, wie viel m^3 Getreide ein Silo mit rechteckiger Grundfläche (12 m × 10 m) und einer Höhe von 25 m aufnehmen kann.

☐ 300 m^3 ☐ 1500 m^3 ☐ 3000 m^3 ☐ 6000 m^3

3 Eine Regentonne hat einen Durchmesser von 60 cm und eine Höhe von 1,20 m. Überschlage, wie viel Liter Wasser sie auffangen kann.

☐ 80 Liter ☐ 180 Liter ☐ 340 Liter ☐ 500 Liter

4 Ein Glaspavillion hat als Grundfläche die Form eines regelmäßigen Sechsecks mit einer Seitenlänge von 4 m. Schätze den Flächeninhalt der Glasflächen mit einer Höhe von 6 m.

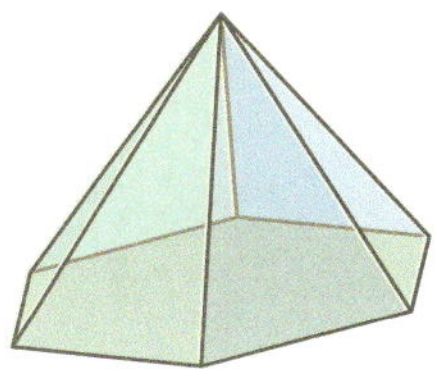

☐ 30 m^2 ☐ 70 m^2 ☐ 100 m^2 ☐ 120 m^2

5 Auf einem Fußballfeld mit den Maßen 70 m × 100 m liegt 20 cm hoch Neuschnee. Überschlage, wie viel m^3 das sind.

☐ 60 m^3 ☐ 250 m^3 ☐ 900 m^3 ☐ 1400 m^3

6 * Das Gehäuse eines elektrischen Wäschetrockners hat die Außenmaße 60 × 60 × 85 (in cm). Die zylindrische Trommel zur Aufnahme der Wäsche soll möglichst groß sein. Schätze die Maße und das Fassungsvermögen dieser Trommel. Rechne im Überschlag mit $\pi = 3$.

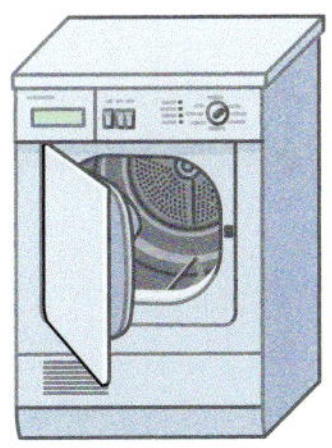

* Diese Aufgabe setzt Inhalte aus Klasse 9 voraus.

Bewerbungstraining | Zeit-Weg-Diagramme

Wir alle sehen täglich in vielen Bereichen graphische Darstellungen, vor allem Diagramme. Bei den folgenden Aufgaben sollst du das zu den Situationen passende Diagramm auswählen.

Beispiele

a) Ein Gefäß wird gleichmäßig mit einer Flüssigkeit gefüllt. Der Graph zeigt den Füllstand in Abhängigkeit von der Zeit an.

b) Bei einem Zeit-Weg-Diagramm kann ein zurückgelegter Weg, also auch die Geschwindigkeit, in Abhängigkeit von der Zeit dargestellt werden. Je höher die Geschwindigkeit, desto steiler der Graph.
Gina läuft langsam an, macht dann eine Pause und läuft dann sehr schnell weiter.

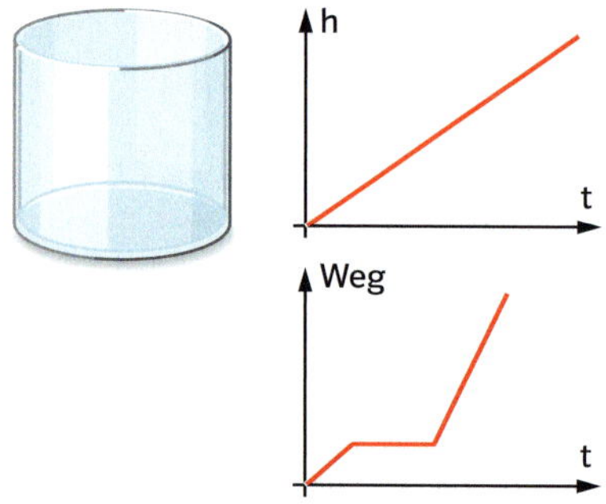

Aufgaben

1 Welcher Graph gehört zu welcher Aussage?
a) Zeit → Temperatur von Tee im Glas
b) Zeit → Höhe einer brennenden Kerze
c) Alter eines Menschen → Körpergröße
d) Zeit → Abstand eines geworfenen Balles zum Boden
e) Zeit → Abstand eines Schaukelbrettes zum Boden

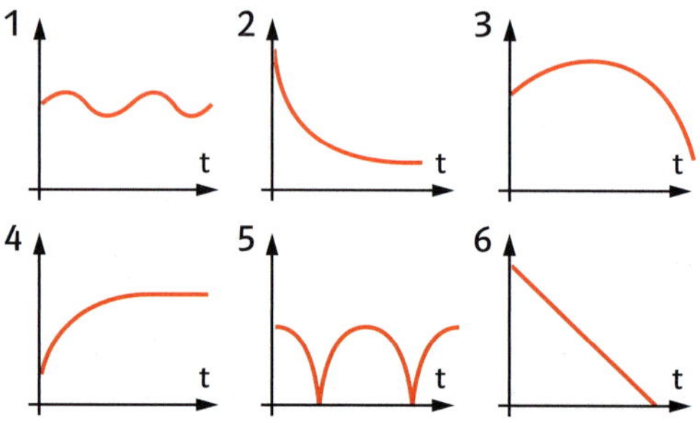

2 Die Gefäße werden gleichmäßig mit Flüssigkeit gefüllt. Ordne die Graphen zu.

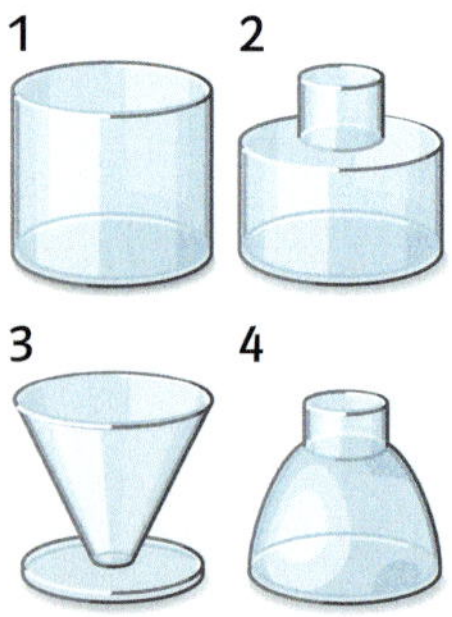

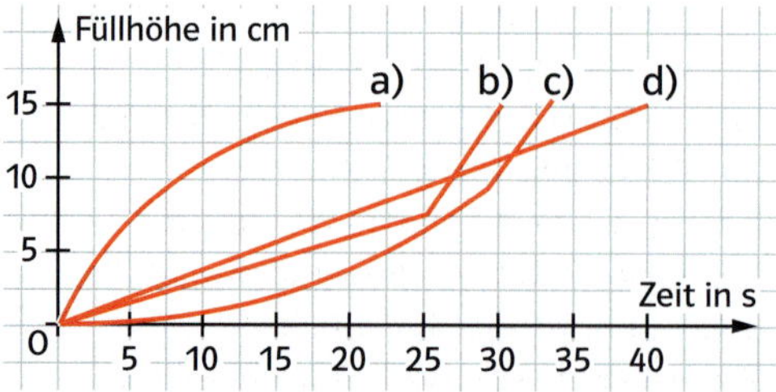

3 Welches Zeit-Weg-Diagramm passt zu der Aussage?
a) Ein Radfahrer steigert schnell eine Geschwindigkeit, hält diese für kurze Zeit und stoppt dann an einer Ampel. Danach fährt er ohne Unterbrechung mit konstanter Geschwindigkeit.
b) Ein Läufer startet zu einer Tour im Wald. Er erhöht seine Geschwindigkeit langsam und läuft dann mit konstanter Geschwindigkeit. Zwischendurch legt er kurze Pausen ein, in denen er seine Muskulatur dehnt.
c) Tina startet beim 100-m-Lauf sehr schnell, wird dann aber bis zum Ziel immer langsamer.

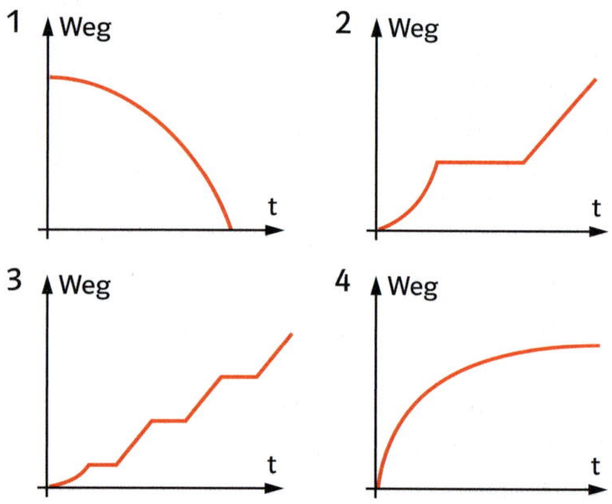

Bewerbungstraining | Textaufgaben – Gleichungen

Textaufgaben enthalten oft mathematische Probleme, die in Worten ausgedrückt sind. Aufgabe ist zunächst die „Übersetzung in eine mathematische Form", zum Beispiel eine Gleichung, und dann die Lösung des Problems.

Beispiele

a) Zwei Brüder, die sich in ihrem Alter um 7 Jahre unterscheiden, sind zusammen 39 Jahre alt.
Wie alt sind sie?
Bezeichne mit x das Alter des jüngeren Bruders.
Antwort: Der eine Bruder ist 16, der ältere 23 Jahre alt.

$$x + (x + 7) = 39 \quad | -7$$
$$2x = 32 \quad | :2$$
$$x = 16$$

b) Von welcher Zahl ist das Fünffache, vermehrt um 8, gleich dem Siebenfachen, vermindert um 4?
Bezeichne die gesuchte Zahl mit x.
Antwort: Die Zahl ist 6.

$$5x + 8 = 7x - 4 \quad | +4 - 5x$$
$$12 = 2x \quad | :2$$
$$6 = x$$

c) Die Summe zweier Zahlen ist 10, ihre Differenz beträgt 4.
Bezeichne die gesuchten Zahlen mit x und y.
Einsetzen in eine Gleichung ergibt $y = 3$.
Antwort: Die Zahlen sind 3 und 7.

$$\text{I} \quad x + y = 10$$
$$\text{II} \quad x - y = 4 \quad | \text{ Addieren}$$
$$2x = 14 \quad | :2$$
$$x = 7$$

Aufgaben

1 Löse das Rätsel mit einer Gleichung.
a) Von welcher Zahl ist das Fünffache, vermehrt um 11, gleich dem Achtfachen, vermehrt um 8?
b) Von welcher Zahl ergeben das Dreifache und das Vierfache zusammen 224?
c) Von welcher Zahl ergeben der dritte und vierte Teil zusammen 7?

2 a) Tina ist halb so alt wie ihr Bruder Ulf. Beide zusammen sind 15 Jahre alt. Wie alt sind sie?
b) * Elke ist heute dreimal so alt wie Sabine. In 10 Jahren ist Elke nur noch doppelt so alt. Wie alt sind sie heute?

3 a) Der Flächeninhalt eines Rechtecks beträgt $21\,cm^2$, der Umfang ist 20 cm. Wie lang sind die Seiten?
b) Die Seitenkanten eines Würfels sind insgesamt 96 mm lang. Welches Volumen besitzt der Würfel?

4* a) Die Summe zweier Zahlen beträgt 50, ihre Differenz ist 10.
b) Die Addition von zwei Zahlen ergibt 15. Addiert man zum Doppelten der ersten Zahl das Dreifache der zweiten Zahl, so ergibt dies 38.
c) Die Differenz von zwei Zahlen ergibt 20. Ihre Summe ergibt das Fünffache ihrer Differenz.
d) Die Summe aus dem Zweifachen einer Zahl und dem Dreifachen einer anderen Zahl beträgt 18. Das Dreifache der ersten Zahl vermehrt um das Doppelte der anderen Zahl ergibt 17.
e) Tim hat bei einer Verkehrszählung insgesamt 35 Fahrzeuge gezählt. Wie viele Mofas und Pkw waren es, wenn sie zusammen 110 Räder hatten?
f) Ein Bauer hat zusammen 45 Enten und Schafe. Sie haben insgesamt 130 Beine. Wie viele Enten und Schafe sind es?

* Diese Aufgabe setzt Inhalte aus Klasse 9 voraus.

! *Hier kommst du mit einer Gleichung nicht aus.*

Lösungen des Basiswissens

Basiswissen | Binomische Formeln, Seite 6

1
a) $y^2 + 2yz + z^2$
b) $u^2 - 2uv + v^2$
c) $s^2 - 2st + t^2$
d) $c^2 - d^2$
e) $q^2 + 2pq + p^2$
f) $a^2 + 4a + 4$
g) $g^2 - h^2$
h) $b^2 - 9$
i) $25 - 10z + z^2$

2
a) $9a^2 + 30ab + 25b^2$
b) $81x^2 - 121$
c) $49x^2 - 84xy + 36y^2$
d) $100c^2 + 260cd + 169d^2$
e) $6{,}25u^2 - 20uv + 16v^2$
f) $225 - 16s^2$

3
a) … + 80 xy …
b) … 81 b^2
c) … − 289
d) … − 49 t^2
e) kein Fehler

4
a) $4x^2 + 12xy + 9y^2$
b) $(11c + 6d)^2 = 121c^2 + 132cd + 36d^2$
c) $(3z - 2y^2)^2 = 9z^2 - 12y^2z + 4y^4$
d) $(3n - 8m)^2 = 9n^2 - 48mn + 64m^2$
e) $(\frac{1}{2}a + b)^2 = \frac{1}{4}a^2 + ab + b^2$
f) $(2x^2y - 4y)^2 = 4x^4y^2 - 16x^2y^2 + 16y^2$ oder
$(1xy^2 - 8x)^2 = 1x^2y^4 - 16x^2y^2 + 64x^2$

5
a) $4ab$
b) $4xz - 20z^2$
c) $-19p^2 + 60pq - 31q^2$
d) $13x^2 - 36xy + 25y^2$
e) $-108u^2 + 36uv + 34v^2$

6
a) $(5x + 2y)^2$
b) $(2p - 2q)^2$
c) $(3s + 3t)(3s - 3t)$
d) $(6h + 8g)^2$
e) $(6z + 1)(6z - 1)$
f) $(2u + v)^2$

7
a) $y^2 - 14y + 49$
b) $4n^2 + 32mn + 64m^2$
c) $x^2 + 5x + 6{,}25$
d) $16y^2 + 72xy + 81x^2$
e) $900x^2 - 600xy + 100y^2$

8
a) $5(a + b)(a - b)$
b) $3(a + b)^2$
c) $2(h + g)^2$
d) $3u(v + w)(v - w)$
e) $17(x + y)^2$
f) $26(z + 1)(z - 1)$
g) $0{,}5(x + y)^2$
h) $2(6z + 1)(6z - 1)$
i) $b(a + c)^2$

9
a) $x^2 + 10x + 25$
b) $x^2 - 6xy + 9y^2$
c) $4n^2 + 2mn + \frac{1}{4}m^2$
d) $4n^2 + 32mn + 64m^2$
e) $16m^2 - 72mn + 81n^2$
f) $36n^2 - 12n + 1$

10
a) $8x^2 - 8x - 2$
b) $8x^3 - 4x^2 - 2x + 1$

Basiswissen | Gleichungen lösen, Seite 7

1
a) $x = 6$
b) $x = 2$
c) $x = 1$
d) $x = 10$
e) $x = 0$
f) $x = -4$

2
a) $x = 14$
b) $x = 12$
c) $x = 5$
d) $x = 2$
e) $x = -1$
f) $x = 2$

3
a) $x = 2$
b) $x = 6$
c) $y = 9$
d) $y = 0$
e) $u = -31$

4
a) $x = \frac{1}{2}$
b) $y = -\frac{2}{3}$
c) $z = -7$

5
a) $x = 9$
b) $x = 5$
c) $x = -1$
d) $x = -45$
e) $x = 1$
f) $x = -5$
g) $x = \frac{1}{2}$

6
a) $x = 1{,}2$
b) $x = 1$
c) $x = -15$
d) $x = -2$
e) $x = 2$
f) $x = 1\frac{1}{3}$
Lösungswort: Tennis

7
a) $a = \frac{u - 2b}{2}$
b) $b = 2m - a$
c) $a = \frac{2A}{h} - c$; $h = \frac{2A}{a + c}$
d) $b = \frac{0 - 2ac}{2a + 2c}$

Basiswissen | Umfang und Flächeninhalt, Seite 8

Randspalte
$u = 18\,e$; $A = 12\,e^2$

1
a) $A = 35\,cm^2$
b) $A = 12\,dm^2$
c) $A = 10{,}08\,cm^2$

2
a) $b = 4{,}44\,m$
b) $b = 20{,}4\,mm$
c) $b = 22\,cm$

3

a) $A = 107{,}73\,cm^2$; $u = 46{,}8\,cm$

b) $b = 21\,cm$; $A = 1848\,cm^2$ c) $a = 7{,}2\,cm$; $u = 23\,cm$

4

a) $A = 27{,}54\,cm^2$; $u = 23{,}24\,cm$

b) $A = 186{,}24\,cm^2$; $u = 71{,}2\,m$

c) $A = 53\,cm^2$; $u = 41{,}2\,cm$

5

Der Flächeninhalt ist 6-mal so groß.

6

$A = 345{,}45\,m^2$

Basiswissen | Prismen, Seite 9

1

a) $O = 75{,}6\,cm^2$

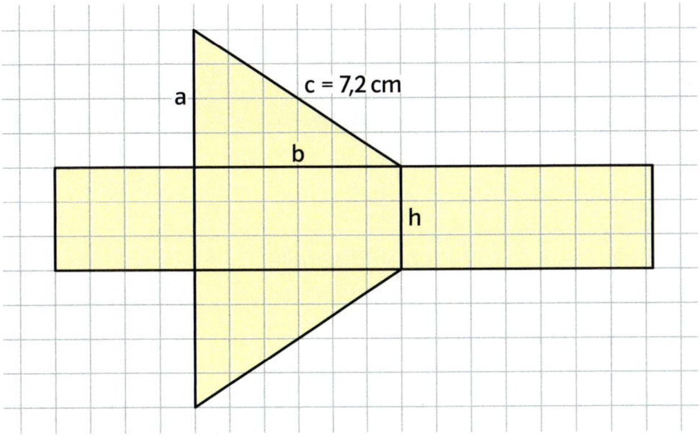

b) $O = 81{,}5\,cm^2$

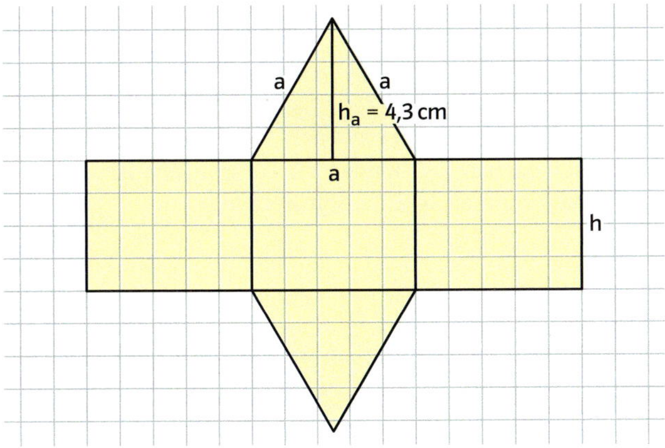

c) $O = 112\,cm^2$

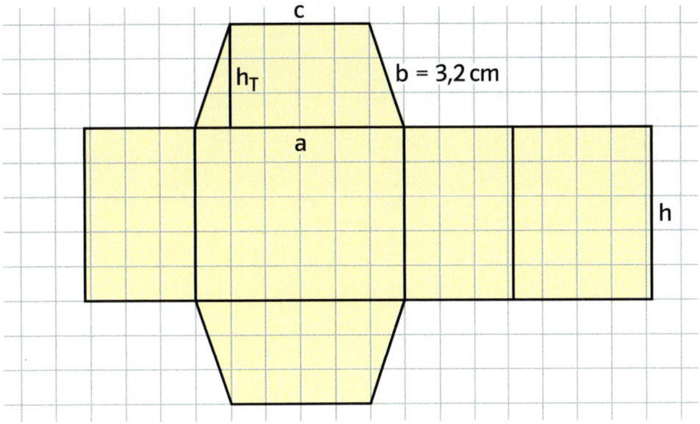

2

Auch Lösungen, in denen das Dreieck gedreht ist, können richtig sein. (Figuren im Maßstab 1:2)

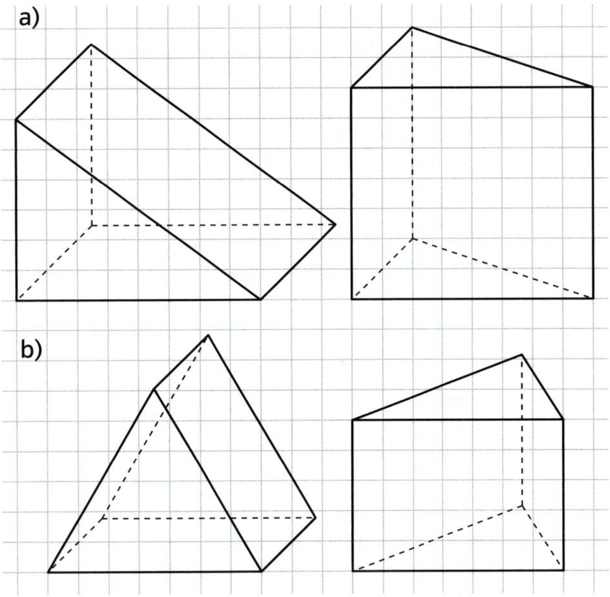

3 Figur im Maßstab 1:2

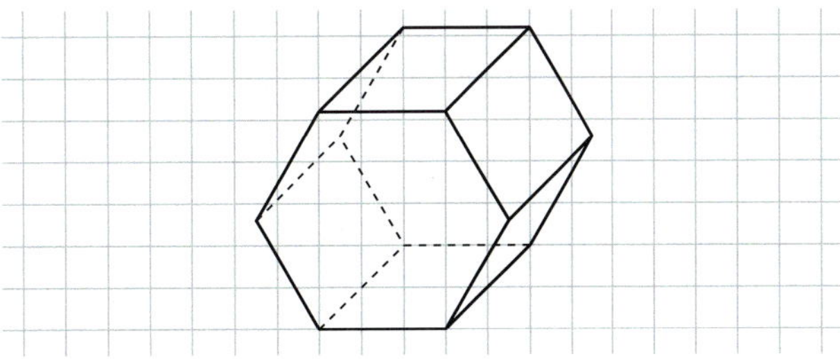

4

a) $V = 67{,}2\,cm^3$; $O = 116{,}4\,cm^2$ b) $V = 80{,}6\,cm^3$; $O = 120{,}7\,cm^2$

5

In der Schrägbildskizze stehen die Eckenbezeichnungen, die im Netz an den Sechsecken stehen, jeweils an erster Stelle.

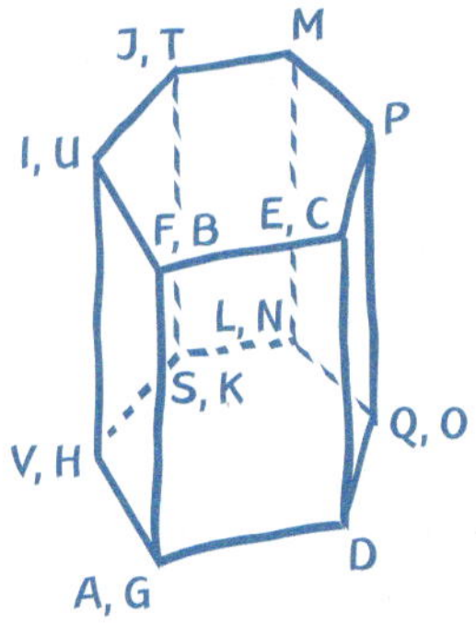

Lösungen der Rückspiegel

Rückspiegel, Seite 37, links

1

a) Die Lösung lautet (3; −2). b) Die Lösung lautet (4; 2).

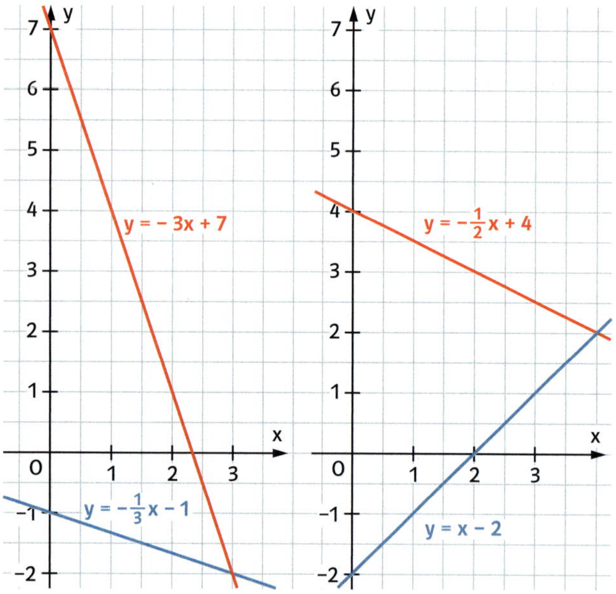

2

a) $y = -\frac{1}{2}x + 5$ und $y = x - 1$; Lösung: (4; 3)

b) $y = 3x + 3$ und $y = \frac{1}{2}x - 2$; Lösung: (−2; −3)

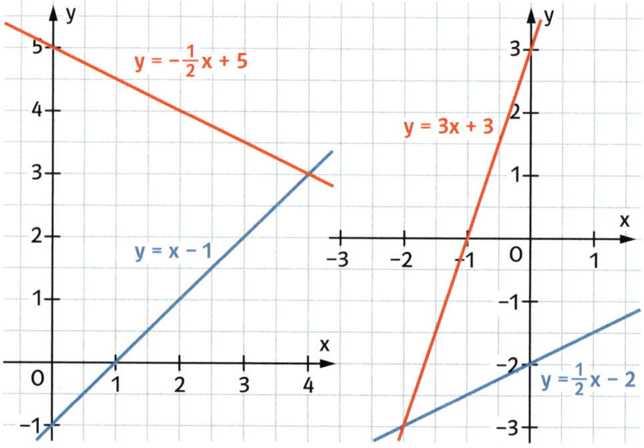

3

a) Lösung: (2; 3) b) Lösung: $\left(1; -\frac{2}{3}\right)$

4

a) Lösung: $\left(4; \frac{3}{2}\right)$ b) Lösung: (4; 3) c) Lösung: (7; 10)

5

g: $y = x + 2$ und h: $y = -\frac{1}{2}x + 5$; $S(2|4)$

6

a) Keine Lösung, Geraden sind parallel.

b) $S(0|-1)$; Lösung: (0; −1)

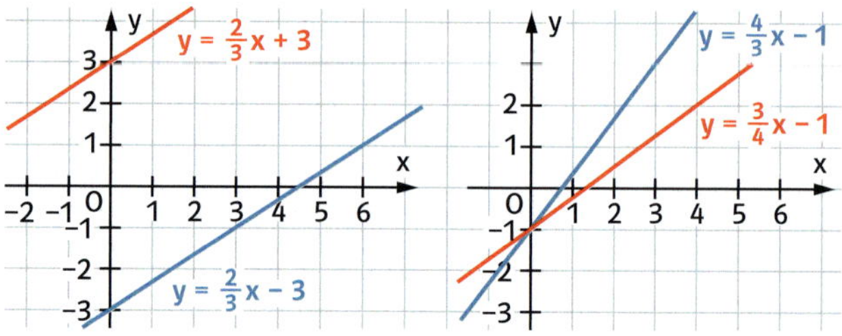

7

Erwachsene zahlen 5 €, Kinder 2 €. Für zwei Erwachsene und zwei Kinder müssen 14 € bezahlt werden.

8

Die Angebote können mit zwei linearen Gleichungen dargestellt werden. A: $y = 120 + 25x$ und B: $y = 100 + 30x$
Familie Hartmann muss die Anzahl der Urlaubstage berücksichtigen. Bei 4 Tagen sind die Angebote gleich, ab 5 Tagen wird das Angebot A günstiger.

Rückspiegel, Seite 37, rechts

1

a) Lösung: (3; 2) b) Lösung: (2; 15)

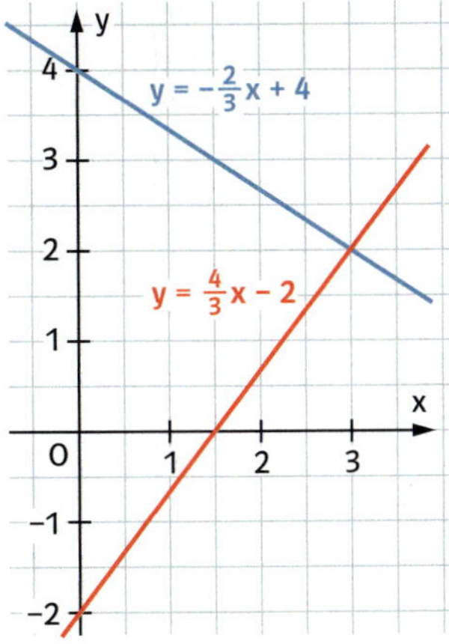

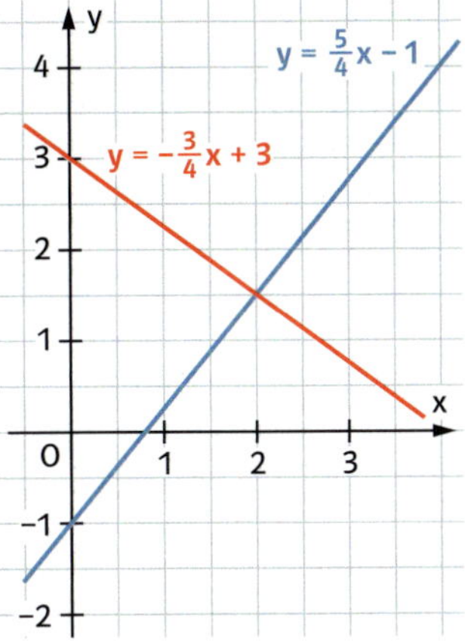

2

a) $y = \frac{1}{2}x + 1$ und $y = -3x + 8$; Lösung: (2; 2)

b) $y = -\frac{2}{5}x - \frac{4}{5}$ und $y = -\frac{5}{2}x + \frac{11}{2}$; Lösung: (3; −2)

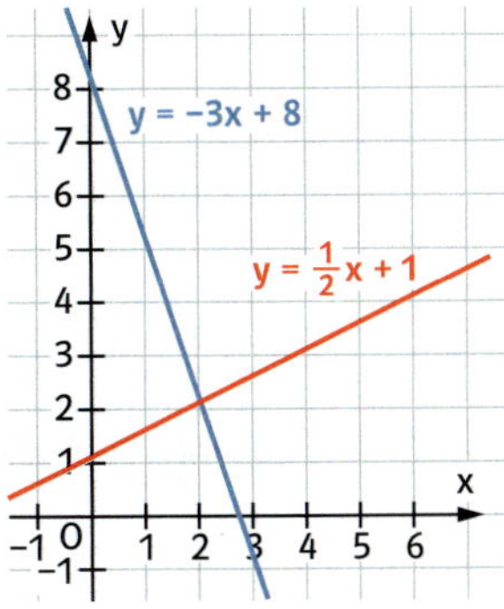

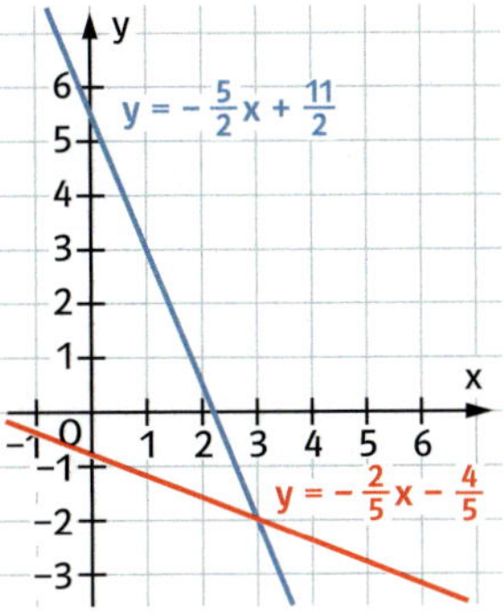

3

a) Lösung: (−1; 2) b) Lösung: (0; 4)

4

a) Lösung: (3; −2) b) Lösung: (24; 16) c) Lösung: (27; 44)

5

g: $y = \frac{1}{3}x + 2$ und h: $y = -x + 4$; S(1,5 | 2,5)

6

a) unendlich viele Lösungen, es ist dieselbe Gerade,
$y = 3x - 4$

b) Keine Lösung, Geraden sind parallel.

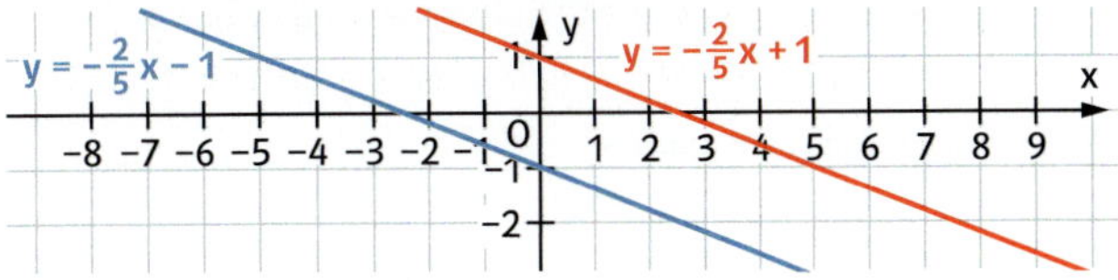

7

Eine Tulpe kostet 0,80 €, eine Rose 1,50 €.
Ein Strauß mit 8 Rosen und 7 Tulpen kostet 17,60 €.

8

Die Tarife können mit zwei linearen Gleichungen dargestellt werden. A: $y = 45{,}50 + 0{,}165x$ und B: $y = 75{,}25 + 0{,}155x$
Familie Munz muss ihren Stromverbrauch ermitteln. Bei 2975 kWh sind beide Tarife gleich teuer, bei einem höheren Verbrauch wird der Tarif B günstiger.

Rückspiegel, Seite 59, links

1

a) $2^8 = 256$ b) $(-3)^5 = -243$

c) $3^3 = 27$ d) $(10)^{-4} = 0{,}0001$

e) $2^{10} = 1024$ f) $(-3)^4 = 81$

2

a) $(-3)^3 = -27$ b) $4^{-4} = \frac{1}{256}$

c) $4^3 = 64$ d) $2^{-4} = \frac{1}{16}$

3

a) n = 13 b) n = 4 c) n = 6 d) n = 22

4

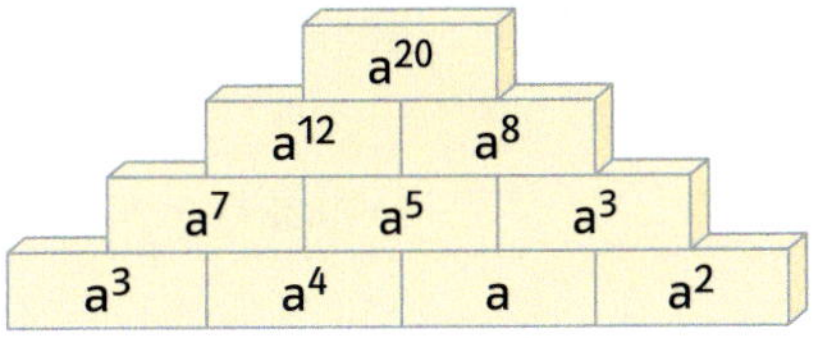

5

a) $5^2 = 25$ b) 6^{m-1} c) y^{2n+1} d) x^{2mn}

e) $\frac{1}{2a^6}$ f) 3^n

6

a) 0,00164 b) 0,00031

7

a) $1{,}98766987 \cdot 10^8$ b) $1{,}0000000001 \cdot 10^{10}$

c) $6{,}7 \cdot 10^{-4}$ d) $1{,}00002 \cdot 10^{-7}$

8

$\frac{1}{4{,}8 \cdot 10^{-7}} = 2{,}083\,333{,}3 \cdot 10^{6}$

Sinnvoll gerundet: In 1m passen etwa 2100000 Wellenlängen.

Rückspiegel, Seite 59, rechts

1

a) x^{a+b} b) $3y^{2n}$

c) $2a^{m+1}b^{m+1} = 2(ab)^{m+1}$ d) x^{3n+6}

e) $(2x)^{m-n}$ f) $(-x)^{6mn}$

2

a) $\frac{1}{2}$ b) 3^x c) t^m

d) $a^{2-n}b^{n-2} = \left(\frac{a}{b}\right)^{2-n} = \left(\frac{b}{a}\right)^{n-2}$

3

2 Nkz	6 Nkz	3Nkz
3 Nkz	9 Nkz	8Nkz
4 Nkz	12 Nkz	15Nkz

4

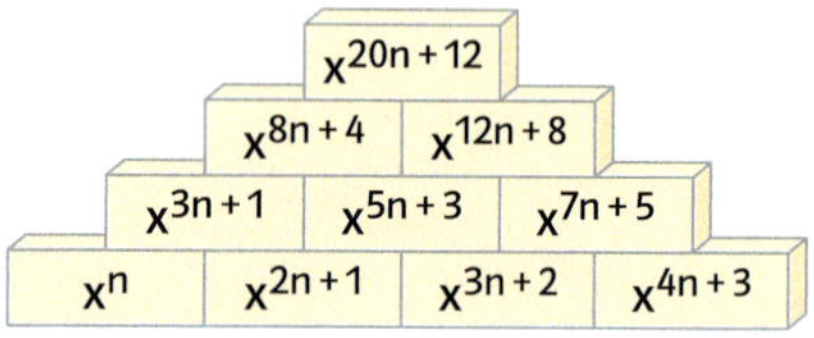

Andere Lösungen ergeben sich, wenn man im mittleren Feld der zweiten Schicht andere Potenzen von x wählt.

5

a) x^n b) x^{m+1} c) $\frac{1}{2}y^{2n+1}$ d) y^{5m+5}

6

$1{,}7^{-8} = 0{,}014$; $1{,}7^{-9} = 0{,}0084$; also $n = 9$

7

$5{,}1675 \cdot 10^{7}$ b) $7{,}8387 \cdot 10^{-19}$

8

untere Grenze: $6 \cdot 10^{-12}\,\text{m} = 6\,\text{pm}$

obere Grenze: $1 \cdot 10^{-8}\,\text{m} = 10 \cdot 10^{-9}\,\text{m} = 10\,\text{nm}$

Rückspiegel, Seite 79, links

1

a) 6 b) 11 c) 15 d) 27

e) 33 f) 45

2

a) 4 b) 6 c) 7 d) 3

e) 6 f) 2

3

a) 12 b) 14 c) 1360 d) 24

e) 21 f) 28

4

a) $6\sqrt{5}$ b) $4\sqrt{17} - 5\sqrt{19}$

c) $12\sqrt{31} + \sqrt{29}$

5

a) $4\sqrt{2}$ b) $6\sqrt{2}$ c) $7\sqrt{3}$ d) $5\sqrt{11}$

e) $4\sqrt{30}$ f) $12\sqrt{3}$

6

a) $\frac{\sqrt{3}}{3}$ b) $\frac{\sqrt{10}}{2}$ c) $3\sqrt{19}$ d) $\sqrt{13}$

e) $\frac{1}{2} + \frac{\sqrt{2}}{4}$ f) 2

7

a) $-3\sqrt{2} + 7\sqrt{3}$ b) $18\sqrt{3}$

c) 200 d) 179 e) 9

8

$4{,}16\,\text{cm}^2$ mit $a = 4\,\text{cm}$

Rückspiegel, Seite 79, rechts

1

a) 0,2 b) 1,2 c) 2,5 d) $\frac{2}{3}$

e) $\frac{11}{14}$ f) $\frac{26}{29}$

2

a) 1,5 b) 2,4 c) 0,7 d) 2,5

e) 0,2 f) 0,2

3

a) $15x$ b) $30x^2$ c) $\frac{8a}{3b}$ d) $105xy$

e) $2x$ f) $8x$

4

a) $15\sqrt{e}$ b) $-\sqrt{a} + \sqrt{b}$ c) $3x\sqrt{yz} + y\sqrt{xz}$

5

a) $7x\sqrt{2}$ b) $6x\sqrt{x}$ c) $4x\sqrt{7y}$ d) $\frac{b}{2}\sqrt{ay}$

e) $\frac{12}{5y}\sqrt{\frac{x}{3}}$ f) $\frac{7x}{24y}\sqrt{2}$

6

a) $2\sqrt{a}$ b) $5\sqrt{2y}$ c) $\frac{\sqrt{t}}{2}$ d) $\frac{\sqrt{y}}{5}$

e) $\frac{x\sqrt{x} + \sqrt{x}}{2x}$ f) $\frac{\sqrt{pq} - q}{pq}$

7

a) $5\sqrt{3y} - 3\sqrt{5y} + 5\sqrt{7y}$ b) $27x$

c) 1   d) 8   e) 1

8

a) Nein, sowohl die Zahl 0 als auch die Zahl 1 stimmen mit ihrem Radikanden überein.

b) 4

c) $\sqrt[3]{8} = \sqrt{4} = 2$; $\sqrt[3]{27} = \sqrt{9} = 3$

Rückspiegel, Seite 113, links

1

a) $S(0|-5)$ b) $S(0|0)$ c) $S(3|0)$ d) $S(-1|-4)$

2

a) $S(-2|1)$ b) $S(3|-2)$

c) $S(2{,}5|1{,}25)$ d) $S(-4{,}5|-20{,}25)$

3

a) p_1: $x_1 = 1$; $x_2 = 3$; p_2: $x_2 = 1$; $x_2 = -3$; $T(1|0)$

b) p_1: $x_1 = 1$; $x_2 = -7$; p_2: $x_1 = 0{,}5$; $x_2 = -4$; $T(2|9)$

4

a) $x^2 + 8x + 16 = 33 + 16$ $x_1 = 3$; $x_2 = -11$

b) $x^2 - 14x + 49 = 15 + 49$ $x_1 = 15$; $x_2 = -1$

c) $x^2 - 10x + 25 = 231 + 25$ $x_1 = 21$; $x_2 = -11$

5

a) $x_1 = 8$; $x_2 = -3$ b) $x_1 = 5$; $x_2 = -9$

c) $x_1 = 2$; $x_2 = -4$

6

$n(n + 7) = 144$; $n = 9$

Die zweite Lösung $n = -16$ ist keine natürliche Zahl.

7

$h = 72\,m$; $w = 800$; $y = a \cdot x^2$

Einsetzen:

$72 = a \cdot 400^2$; $a = 0{,}00045$; $y = 0{,}00045\,x^2$

Rückspiegel, Seite 113, rechts

1

P_3 liegt auf p_1; P_1 liegt auf p_2;
P_4 liegt auf p_3; P_2 liegt auf p_4

2

a) $Q(-3|5)$; $R(1|13)$ b) $Q(2|3{,}5)$; $R(-1|6{,}5)$

c) $Q(5{,}5|5)$; $R(0{,}5|0)$ d) kein Schnittpunkt

e) $Q(2{,}2|-5{,}76)$ f) $Q(2|-3)$

3

a) $S(-3|-1{,}5)$ b) $S(2|-5)$

4

a) $x_1 = 4$; $x_2 = 1{,}5$ b) $x_1 = 2{,}5$; $x_2 = -1{,}5$

c) $x_1 = 8$; $x_2 = 4$

5

a) $x_1 = 5$; $x_2 = -2$ b) $x_1 = 27$; $x_2 = -1$

c) $x_1 = 3$; $x_2 = 2$

6

a) Die natürliche Zahl heißt 5. $(x - 1)(x + 2) = 28$

b) Die gesuchte Zahl heißt 4. $(x - 3) + \frac{1}{x - 3} = 2$

7

Scheitel der Flugkurve $S(0|28)$

a) $0 = -x^2 + 28$; $x_{1,2} = \sqrt{28} \approx 5{,}3\,m$

Etwa 5,3 m vom Felsrand entfernt.

b) Der Scheitel liegt 28 m über der Wasserfläche. Der Springer springt demnach zuerst 1 m in die Höhe.

Rückspiegel, Seite 135, links

1

a)

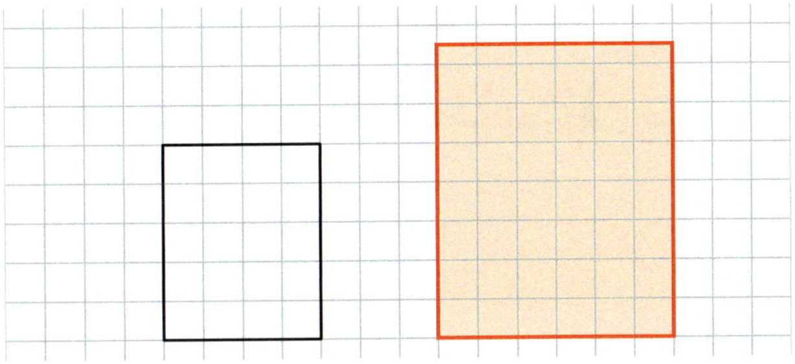

b)

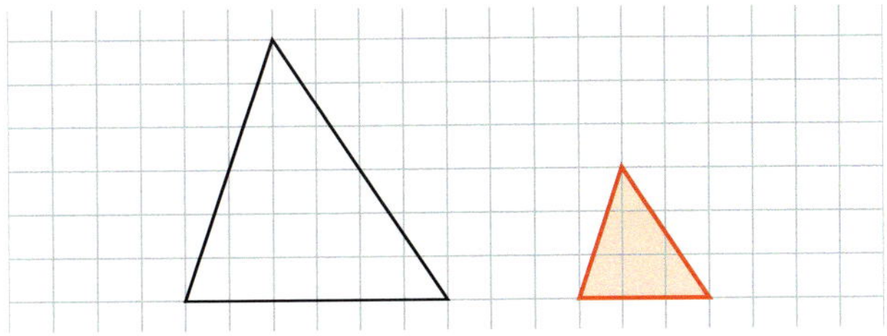

2

$k = \frac{12}{8} = \frac{3}{2} = 1{,}5;\ f = k^2 = 2{,}25$

3

$\frac{b'}{a'} = \frac{b}{a};\ \frac{b'}{7{,}5} = \frac{8{,}4}{10{,}5};\ b' = 6{,}0\,\text{cm}$

Rechteck mit $a' = 7{,}5\,\text{cm}$ und $b' = 6{,}0\,\text{cm}$

4

$\frac{a'}{b'} = \frac{12}{10} = \frac{6}{5};\ \frac{a}{b} = \frac{9}{7{,}5} = \frac{3}{2{,}5} = \frac{6}{5}$

$\frac{b'}{c'} = \frac{10}{16} = \frac{5}{8};\ \frac{b}{c} = \frac{7{,}5}{12} = \frac{2{,}5}{4} = \frac{5}{8}$

$\frac{a'}{c'} = \frac{12}{16} = \frac{3}{4};\ \frac{a}{c} = \frac{9}{12} = \frac{3}{4}$

Die Dreiecke sind ähnlich.

Zweiter Lösungsweg:

Vergrößerungsfaktor $k = \frac{a'}{a} = \frac{4}{3}$ benutzen

5

a) $x = 7{,}5\,\text{cm}$ b) $y = 8{,}4\,\text{cm}$

6

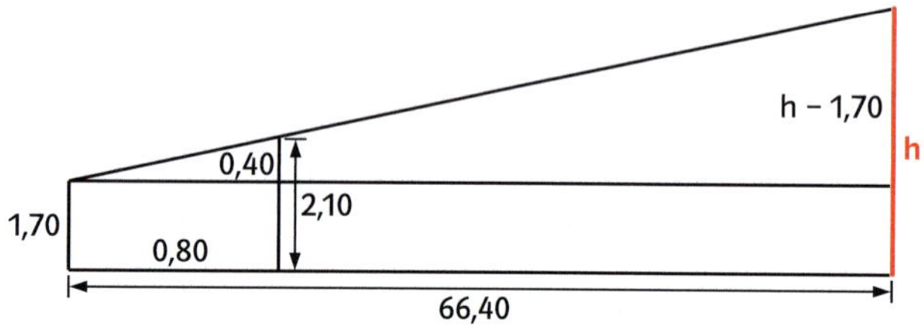

$\frac{h - 1{,}70}{0{,}40} = \frac{66{,}40}{0{,}80}$

$h = 34{,}90\,\text{m}$

Rückspiegel, Seite 135, rechts

1

a)

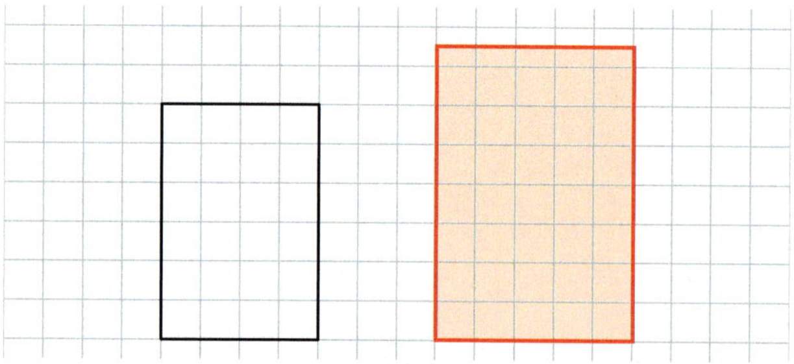

b)

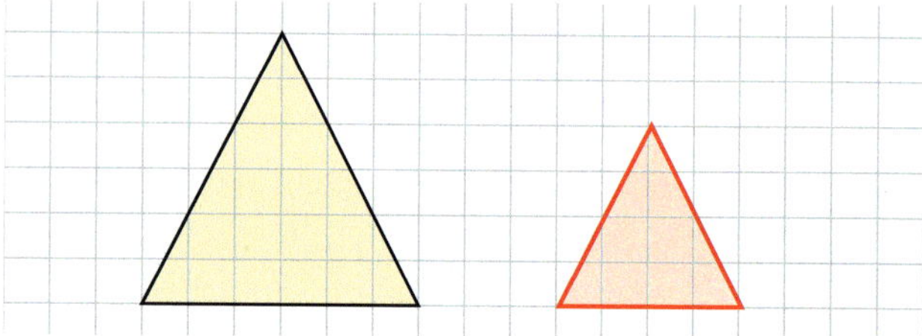

2

$k^2 = \frac{25}{49} \approx 0{,}51;\ k = \sqrt{\frac{25}{49}} = \frac{7}{5} \approx 0{,}71$

3

$u = a + b + c = 19{,}2\,\text{cm}$

$k = \frac{u'}{u} = \frac{12{,}8}{19{,}2} = \frac{2}{3}$

Dreieck mit $a' = 4\,\text{cm};\ b' = 5{,}2\,\text{cm};\ c' = 3{,}6\,\text{cm}$

4

R: $\frac{a}{b} = \frac{57{,}4}{49{,}2} = \frac{574}{492} = \frac{7}{6} = 1{,}1\overline{6}$

R′: $\frac{a'}{b'} = \frac{121}{141} = 0{,}8581\ldots$

Der Quotient für R′ besagt jedoch nichts, da $a' < b'$, aber $a > b$ gilt. Man muss $\frac{b'}{a'}$ berechnen:

$\frac{b'}{a'} = \frac{141}{121} = 1{,}165\ldots$

Also sind R und R′ nicht ähnlich.

R″: $\frac{a''}{b''} = \frac{38{,}5}{33} = \frac{385}{330} = \frac{7}{6} = 1{,}1\overline{6}$

R und R″ sind ähnlich, R′ und R″ sind nicht ähnlich.

5

$x = 5{,}2\,\text{cm};\ y = 7{,}8\,\text{cm}$

6

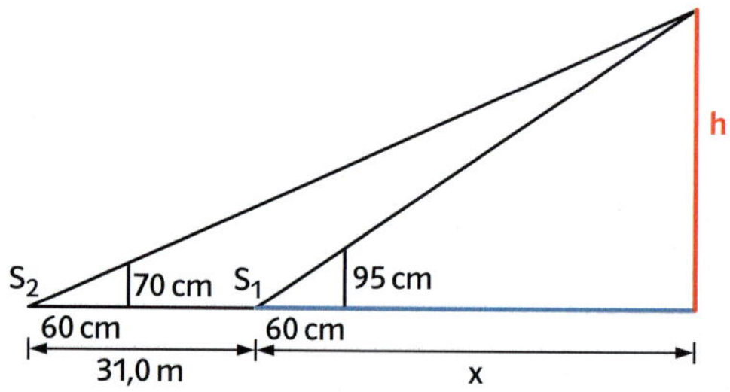

Größen, soweit in cm, in m umwandeln.

Scheitel S_1: $\frac{h}{0{,}95} = \frac{x}{0{,}60}$

Scheitel S_2: $\frac{h}{x + 31} = \frac{0{,}70}{0{,}60}$

$h = 137{,}43\,\text{m}$

Zur Kontrolle: $x = 86{,}80\,\text{m}$

Der Sendemast ist etwa 137 m hoch.

Rückspiegel, Seite 157, links

1
$h^2 + n^2 = p^2$; $h^2 + m^2 = q^2$; $p^2 + q^2 = (n + m)^2$
$h^2 = p \cdot q$; $h \cdot n = p^2$; $h \cdot m = q^2$

2
a) $x = 6{,}02\,cm$ b) $x = 40{,}37\,cm$

3
a) $9^2 + 40^2 = 41^2$; $81 + 1600 = 1681$; rechtwinklig
b) $25^2 + 48^2 < 60^2$; stumpfwinklig
c) $11^2 + 60^2 = 61^2$; rechtwinklig

4
a) $u = 3 \cdot \sqrt{50} = 21{,}2\,cm$
b) $u = 3 \cdot e\sqrt{2}$
$A = \frac{a^2}{4}\sqrt{3} = \frac{(e\sqrt{2})^2}{4}\sqrt{3} = \frac{e^2}{2}\sqrt{3}$

5
$x^2 = 2{,}0^2 + 12{,}0^2$
$x^2 = 148$
$x = 12{,}17\,m$
$l = 12{,}17 + 2 \cdot 0{,}30 = 12{,}77\,m$

Rückspiegel, Seite 157, rechts

1
$\overline{AE}^2 + \overline{BE}^2 = \overline{AB}^2$; $\overline{AE}^2 + \overline{DE}^2 = \overline{AD}^2$
$\overline{BE}^2 + \overline{EC}^2 = \overline{BC}^2$; $\overline{DE}^2 + \overline{EC}^2 = \overline{DC}^2$

2
a) $y = 4e$; $x = \sqrt{9e^2 + 9e^2} = 3e\sqrt{2}$
b) $x = \frac{60}{13}e$

3
a) $7^2 + 24^2 = 25^2$; $48 + 576 = 625$; rechtwinklig
b) $10^2 + 25^2 \neq 26^2$; $10^2 + 24^2 = 26^2$
c) $7{,}5^2 + 18^2 = 19{,}5^2$; rechtwinklig

4
a) $u = 2 \cdot \sqrt{18} + 2 \cdot 3\sqrt{6}$; $u = 23{,}18\,cm$
b) $u = 2 \cdot \frac{e}{2}\sqrt{2} + 2 \cdot \frac{e}{2}\sqrt{6} = e(\sqrt{2} + \sqrt{6})$
$A = \frac{e}{2}\sqrt{2} \cdot \frac{e}{2}\sqrt{6} = \frac{e^2}{2}\sqrt{3}$

5
a) $\overline{AC} = \sqrt{34} = 5{,}83\,km$
$\frac{x}{100} = \frac{5}{5{,}83 + 3}$
$x = 56{,}62$
Die Strecke $\overline{AB}$ ist um 43,37% kürzer.
b) $\frac{8{,}83}{v} = \frac{5}{30}$; $v = 53\,km/h$

Rückspiegel, Seite 185, links

1
a) $u = 75{,}4\,cm$; $A = 452{,}4\,cm^2$
b) $r = 0{,}69\,m$; $u = 4{,}34\,m$; $A = 1{,}5\,m^2$
c) $r = 4{,}12\,cm$; $A = 53{,}38\,cm^2$
d) $r = 14{,}1\,cm$; $u = 88{,}62\,cm$

2
a) $u = 28{,}6\,cm$; $A = 13{,}7\,cm^2$
b) $u = 33{,}1\,cm$; $A = 25{,}1\,cm^2$

3
a) $A_R = 857{,}7\,cm^2$ b) $A_R = 351\,858\,m^2$

4
a) $M = 565{,}5\,cm^2$; $O = 791{,}68\,cm^2$; $V = 1696{,}5\,cm^3$
b) $M = 592{,}8\,cm^2$; $O = 678{,}8\,cm^2$; $V = 1096{,}7\,cm^3$

5
a) $r = 2{,}07\,cm$ b) $r = 95{,}5\,cm$
c) $r = 0{,}96\,m$

6
a) $V = 42\,412\,m^3$ b) $A = 5655\,m^2$

7
$V_1 = 56{,}1\,cm^3$; $V_2 = 254{,}5\,cm^3$; $V = 310{,}6\,cm^3$
$O_1 = 82{,}9\,cm^2$; $O_2 = 240{,}3\,cm^2$; $O = 287{,}0\,cm^2$

Rückspiegel, Seite 185, rechts

1
a) $r = 2{,}9\,cm$; $A = 26{,}6\,cm^2$
b) $r = 1014\,mm$; $A = 3\,232\,049\,mm^2 \approx 3{,}23\,m^2$
c) $r = 15\,mm$; $u = 95\,mm$
d) $r = 4\,cm$; $u = 25\,cm$

2
a) $u = 12{,}57\,cm^2$; $A = 2{,}58\,cm^2$
b) $u = 23{,}95\,cm$; $A = 22{,}57\,cm^2$

3

rote Fläche:	$A = 7{,}07\,cm^2$
gelbe Fläche	$A = 56{,}55\,cm^2$
blaue Fläche	$A = 94{,}75\,cm^2$
grüne Fläche	$A = 113{,}35\,cm^2$
orangefarbene Fläche	$A = 115{,}36\,cm^2$

Die blaue Fläche hat den größten Flächeninhalt.

4
a) $h = 5{,}0\,cm$ b) $h = 2{,}5\,dm$

5
a) $V = 2309{,}1\,cm^3$ b) $V = 6{,}750\,dm^3$
c) $V = 888{,}6\,cm^3$

6
a) $V = 5\,495\,651\,m^3$; 137 392 Güterwagen; 1717,4 km lang
b) 176,5 m

7
$V_Z = 366{,}7\,cm^3$; $V_Q = 56{,}2\,cm^3$; $V = V_Z - V_Q = 310{,}5\,cm^3$
$O = 2\pi rh + 2\pi r^2 - 2ab + 2ah + 2bh = 388{,}6\,cm^2$

Lösungen des Bewerbungstrainings

Bewerbungstraining | Grundrechenarten, Seite 188

1

a) 29,9	b) 1,83	c) 30,5	d) 114,3
e) 1,5	f) 10,04	g) −9,4	h) −1,8
i) 0,21	j) 0,048	k) 0,000 035	l) 0,348
m) 4	n) 1,9	o) 170	p) 110

2

a) 58,94	b) 4670,77	c) 240,9426	d) 5469,153
e) 50			

3

a) 12,15	b) 22,53	c) 127,05	d) 374,64
e) 166,111	f) 3765,19		

4

a) 28,5	b) 396	c) 4532,5	d) 7210
e) 15 625	f) 23 000		

5

a) 1,35	b) 0,783	c) 0,025	d) 0,0056
e) 37,52	f) 0,085		

6

a) 22,88	b) 6,12	c) 0,26145	d) 57,81
e) 111,111	f) 6,29		

7

a) 315	b) 207,25	c) 805	d) 0,0842
e) 5,31	f) 180		

8

a) ≈ 5,6	b) ≈ 4,6	c) ≈ 47,6	d) ≈ 38,8
e) ≈ 10,3	f) ≈ 20,3		

Bewerbungstraining | Schätzen, Seite 189

1

a) ≈ 890 000	b) ≈ 500 000	c) ≈ 400
d) ≈ 300 000	e) ≈ 2 000 000	f) ≈ 40

2
a) ≈ 320 000 (314 191)
b) ≈ 210 000 000 (194 405 421)
c) ≈ 560 000 000 (560 245 221)
d) ≈ 200 000 000 (180 954 242)
e) ≈ 240 (232,631)
f) ≈ 800 (928,6208)

3

a) ≈ 400 (419,06)	b) ≈ 70 (70,91)
c) ≈ 600 (643,04)	d) ≈ 73 (77,21)
e) ≈ 6 (6,12)	f) ≈ 60 (60,78)

4
a) Es werden rund 8 Stunden benötigt.
b) Es werden rund 96 Stunden benötigt.

5

a) ≈ 50 000 000 kg = 50 000 t	b) ≈ 75 000 000 kg = 75 000 t
c) ≈ 120 000 000 kg = 120 000 t	d) ≈ 135 000 000 kg = 135 000 t
e) ≈ 300 000 000 kg = 300 000 t	

6

a) ≈ 1498,6	b) ≈ 840 400 kg
c) ≈ 8 509 500	d) ≈ 6 000 000 000 l

Bewerbungstraining | Schätzen, Seite 190

7
Es sind rund 100 Gummibären.

8
Rund 240 Schmetterlinge sind zu sehen.

9
Es sind rund 280 Flamingos.

10
Es sind rund 350 Menschen zu sehen.

11
Der Zaun ist ca. 3,50 m hoch.

12
Deutschland ist rund 360 000 km^2 groß.

Bewerbungstraining | Bruchrechnung, Seite 191

1

a) $\frac{8}{11}$ b) $\frac{9}{7} = 1\frac{2}{7}$ c) $\frac{4}{8} = \frac{1}{2}$
d) $\frac{10}{25} = \frac{2}{5}$ e) $8\frac{6}{9} = 8\frac{2}{3}$ f) $5\frac{10}{6} = 6\frac{4}{6} = 6\frac{2}{3}$

2

a) $1\frac{1}{6}$ b) $\frac{5}{6}$ c) $1\frac{13}{56}$ d) $1\frac{11}{40}$
e) $16\frac{5}{12}$ f) $6\frac{2}{9}$ g) $2\frac{5}{9}$

3

a) $\frac{37}{65}$ b) $\frac{17}{36}$ c) $\frac{2}{15}$ d) $3\frac{7}{10}$
e) $\frac{23}{30}$ f) $\frac{9}{20}$ g) $6\frac{1}{2}$ h) $-\frac{1}{6}$
i) $-3\frac{8}{15}$

4

a) $\frac{1}{20}$ b) $\frac{1}{6}$ c) $\frac{11}{14}$ d) $4\frac{1}{4}$
e) $40\frac{11}{18}$ f) 4 g) $\frac{1}{3}$ h) $\frac{1}{2}$

5

a) $18\frac{2}{3}$ b) $\frac{3}{28}$ c) $\frac{2}{5}$ d) $1\frac{1}{5}$
e) $1\frac{1}{7}$ f) $1\frac{1}{15}$ g) $\frac{5}{9}$ h) $\frac{9}{10}$

6

a) $x = \frac{3}{7}$ b) $x = 5$ c) $x = 6$ d) $x = \frac{1}{2}$
e) $x = 5\frac{2}{5}$ f) $x = 2\frac{3}{4}$

Bewerbungstraining | Längenmaße, Seite 192

1

a) 120 dm b) 200 cm c) 710 mm
d) 300 cm e) 400 mm f) 5000 m
g) 900 cm h) 12 000 mm

2

a) 37 dm b) 587 cm c) 12 mm d) 5 mm
e) 3 650 m f) 237 cm g) 60 mm h) 1380 mm

3

a) 12,5 cm b) 8,2 cm c) 78 cm d) 5,3 cm
e) 200 000 cm f) 9100 cm

4

a) 4 cm b) 12 dm c) 5 m d) 27 km
e) 8 m f) 120 m g) 70 dm h) 7000 m

5

a) 0,4 cm b) 0,8 dm c) 1,2 m d) 12,987 km
e) 0,428 km f) 0,03 dm g) 0,02 m h) 0,017 km

6

In Hannover war die Elle 1,35 cm länger. Folglich war der Stoff dort geringfügig billiger.

5

a) 2 l b) 12 ml c) 5750 ml d) 3,25 hl
e) 25 000 cm^3 f) 0,75 dm^3 g) 4 m^3 h) 0,8 m^3

6

Es passen 800 Liter hinein.

Bewerbungstraining | Flächenmaße, Seite 193

1

a) 900 cm^2 b) 300 m^2 c) 400 mm^2 d) 2700 dm^2
e) 1200 a f) 3500 ha g) 120 000 mm^2 h) 30 000 cm^2

2

a) 245 ha b) 106 dm^2 c) 46 a
d) 237,5 cm^2 e) 182 mm^2 f) 6 450 m^2
g) 23 000 cm^2 h) 1240 mm^2 i) 4 243 000 mm^2
j) 300 m^2

3

a) 23 cm^2 b) 3 ha c) 5 m^2 d) 50 km^2
e) 12 a f) 31 dm^2 g) 8 m^2 h) 95 a

4

a) 6,34 km^2 b) 1,32 a
c) 0,3 cm^2 d) 0,81 cm^2
e) 0,094 ha f) 0,07 dm^2
g) 0,0243 m^2 h) 0,022 36 ha

5

a) 1,3 m^2 b) 58 000 m^2 c) 0,365 m^2
d) 12 700 m^2 e) 3 000 000 m^2 f) 6 790 000 m^2
g) 17 500 m^2 h) 7500 m^2

6

a) Die Fläche ist 10 404 m^2 groß.
b) 1,0404 ha = 104,04 a
c) Ein Bauplatz wird 578 m^2 groß sein.

Bewerbungstraining | Rauminhalte – Hohlmaße, Seite 194

1

a) 35 000 cm^3 b) 12 000 mm^3 c) 4000 dm^3
d) 4635 dm^3 e) 2870 mm^3 f) 300 mm^3
g) 70 cm^3 h) 7 000 000 cm^3

2

a) $6\,dm^3$ b) $75\,m^3$ c) $4{,}5\,cm^3$
d) $0{,}721\,m^3$ e) $0{,}042\,dm^3$ f) $0{,}004\,mm^3$
g) $0{,}009\,253\,5\,m^3$ h) $0{,}000\,037\,dm^3$

3

a) 3500 l b) 823 000 ml c) 4730 ml d) 420 l
e) 75 000 ml f) 800 000 ml g) 500 ml h) 125 ml

4

a) 80 hl b) 8 l c) 2,5 hl d) 0,47 l
e) 0,67 hl f) 0,091 l g) 0,03 hl h) 0,006 l

Bewerbungstraining | Gewichte und Zeitspannen, Seite 195

1

a) 15 000 kg b) 43 000 g c) 2 100 000 g
d) 0,5 mg e) 70 g f) 560 kg

2

a) 40 kg b) 3,5 t c) 2,03 g d) 0,9 t
e) 0,075 kg f) 0,006 t g) 0,032 75 g h) 0,0036 t

3

a) 500 kg = 10 Ztr. b) 250 g = $\frac{1}{2}$ ℔ (0,5 ℔)
c) 750 kg = 15 Ztr. d) 125 g = $\frac{1}{4}$ ℔ (0,25 ℔)
e) 375 kg = 7,5 Ztr. f) 2500 g = 5 ℔

4

a) 141,75 g b) 30,88 g
c) 31 440 g = 31,44 kg d) 6 250 g

5

a) 1800 s b) 168 h c) 720 min
d) 4 320 min e) 6 d f) 18 h
g) 12 min h) 2 d i) 59 h
j) 465 s k) 84 h l) 450 s

6

a) 210 min b) 84 h c) 276 s

7

a) 118 min b) 219 min

Bewerbungstraining | Textaufgaben – Dreisatz, Seite 196

1

6 Maurer benötigen 16 Tage.

2

400 t Erz müssen abgebaut werden.

3

Die $70\,m^2$ große Wohnung kostet 336 €.

4

Sie zahlte 3000 € zurück.

5

Der Zinssatz lag bei 12,5 %.

6

Die Zahl der Passagiere stieg um rund 7,78 %.

7

Der Fernseher kostete ursprünglich 1150 €.

8

$52\,m^2$ Kopfsteinpflaster wurden bereits verlegt.

9

Der Rucksack kostete vorher 75 €.

10

Es starteten 20 310 Flugzeuge im April 2005.

11

Die Fraport-AG hatte 12 900 Mitarbeiter.

12

Es hätte 33 Stunden 20 Minuten gedauert.

Bewerbungstraining | Zahlenreihen, Seite 197

1

a) 18; 21 b) 32; 64
c) 28; 36 d) 15; 9
e) 10; 6 f) 33; 29
g) 60; 62 h) 19; 23

2

a)

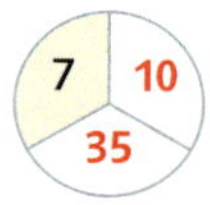

b)

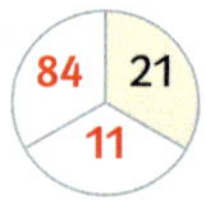

oder

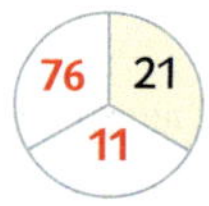

3

a) 14; 13 b) 54; 45 c) 135; 126 d) 69; 63
e) 15 f) 16 g) 21 h) 38

4

a) Dominostein C ergänzt sinnvoll.
b) Dominostein A ergänzt sinnvoll.

Bewerbungstraining | Flächen und Körper I, Seite 198

1
A = 52 cm^2

2
a)

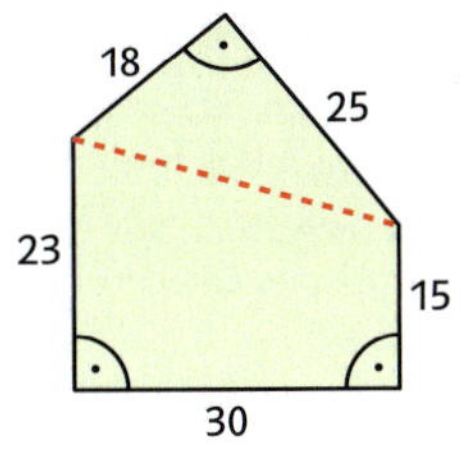

$A_{Trapez} = \frac{(23 + 15)}{2} \cdot 30 = 570$

$A_{Dreieck} = \frac{(25 \cdot 18)}{2} = 225$

Die Gesamtfläche beträgt 570 cm^2 + 225 cm^2 = 795 cm^2.

b)

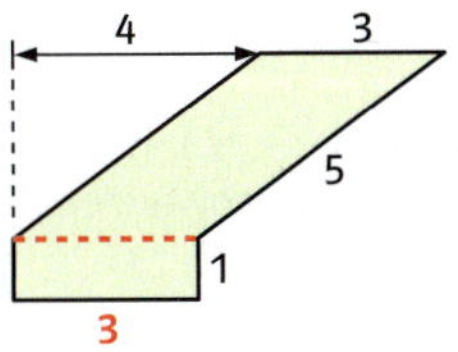

$A_{Rechteck} = 3 \cdot 1 = 3$

$h = \sqrt{5^2 - 4^2} = 3$

$A_{Parallelogramm} = 3 \cdot 3 = 9$

Die Gesamtfläche beträgt 3 cm^2 + 9 cm^2 = 12 cm^2.

3
a) 10 b) 9 c) 8 d) 8

4
Beide Körper haben die gleiche Oberfläche. Jeder Würfel, der vom ersten Körper entfernt wird, hatte drei Außenflächen. An ihrer Stelle kommen jeweils drei neue Flächen hinzu, so dass die Summe der Teilflächen gleich bleibt.

Bewerbungstraining | Flächen und Körper II, Seite 199

1
a) zur vierten Figur b) zur zweiten Figur
c) zur dritten Figur d) zur ersten Figur
e) zur zweiten Figur f) zur dritten Figur

2
3000 m^3

3
Der Durchmesser der Trommel ist ca. 60 cm, genau wie die Tiefe. Also beträgt das Fassungsvermögen ca. 162 l ≈ 160 l.

4
72 m^2 ≈ 70 m^2

5
1400 m^3

6
Die Höhe der Trommel muss etwas kleiner sein als die des Wäschetrockners, also etwa 75 cm.
Ebenso muss der Durchmesser etwas kleiner sein als die Breite des Trockners, etwa 50 cm.
Damit ergibt sich als Fassungsvermögen
$\frac{\pi \cdot d^2}{4 \cdot h} = \pi \cdot 625 \cdot 75\,cm^3 \approx 14\,000\,cm^3 = 14\,l$.

Bewerbungstraining | Zeit-Weg-Diagramme, Seite 200

1
a) Graph 2 b) Graph 6 c) Graph 4
d) Graph 3 e) Graph 1

2
a) Gefäß 3 b) Gefäß 2 c) Gefäß 4 d) Gefäß 1

3
a) Diagramm 2 b) Diagramm 3 c) Diagramm 4

Bewerbungstraining | Textaufgaben – Gleichungen, Seite 201

1
a) x = 1 b) x = 32 c) x = 12

2
a) Tina ist 5 Jahre, Ulf ist 10 Jahre alt.
b) Elke ist 30, Sabine ist 10 Jahre alt.

3
a) Eine Seite ist 3 cm und die andere 7 cm lang.
b) Das Volumen beträgt 512 mm^3.

4
a) x = 30 y = 20 b) x = 7 y = 8
c) x = 40 y = 60 d) x = 3 y = 4
e) Es waren 15 Mofas und 20 PKW.
f) Es sind 25 Enten und 20 Schafe.

Register

Mathematische Symbole

=	gleich
<	kleiner als
>	größer als
$\mathbb{N}$	Menge der natürlichen Zahlen
$\mathbb{R}$	Menge der reellen Zahlen
$\mathbb{Z}$	Menge der ganzen Zahlen
$\mathbb{Q}$	Menge der rationalen Zahlen
$g \perp h$	die Geraden g und h sind zueinander senkrecht
⊾	rechter Winkel
$g \parallel h$	die Geraden g und h sind parallel
g, h, …	Buchstaben für Geraden
A, B, …, P, Q, …	Buchstaben für Punkte
$\alpha, \beta, \gamma, \delta, \ldots$	griechische Buchstaben für Winkel
$\overline{AB}$	Strecke mit den Endpunkten A und B
$A(-2 \mid 4)$	Punkt im Koordinatensystem mit dem x-Wert −2 und y-Wert 4
π	Kreiszahl

Maßeinheiten und Umrechnungen

Zeiteinheiten

Jahr	Tag	Stunde	Minute	Sekunde
1 a =	365 d			
	1 d =	24 h		
		1 h =	60 min	
			1 min =	60 s

Gewichtseinheiten

Tonne	Kilogramm	Gramm	Milligramm
1 t =	1000 kg		
	1 kg =	1000 g	
		1 g =	1000 mg

Längeneinheiten

Kilometer	Meter	Dezimeter	Zentimeter	Millimeter
1 km =	1000 m			
	1 m =	10 dm		
		1 dm =	10 cm	
			1 cm =	10 mm

Flächeneinheiten

Quadratkilometer	Hektar	Ar	Quadratmeter	Quadratdezimeter	Quadratzentimeter	Quadratmillimeter
1 km^2 =	100 ha					
	1 ha =	100 a				
		1 a =	100 m^2			
			1 m^2 =	100 dm^2		
				1 dm^2 =	100 cm^2	
					1 cm^2 =	100 mm^2

Raumeinheiten

Kubikmeter	Kubikdezimeter	Kubikzentimeter	Kubikmillimeter
1 m^3 =	1000 dm^3		
	1 dm^3 =	1000 cm^3	
	1 l =	1000 ml	
		1 cm^3 =	1000 mm^3

Bildquellenverzeichnis

U1: Fotosearch RF, (BrandXPictures), Waukesha, WI – 4.1: Avenue Images GmbH (Stockbyte), Hamburg – 5.1: Getty Images (Taxi), München – 5.2: Avenue Images GmbH (PhotoDisc), Hamburg – 5.3: Getty Images (Woods Wheatcroft), München – 5.4: Picture-Alliance (Wolfgang Thieme), Frankfurt – 10.3: Getty Images (Stock 4B), München – 11: Avenue Images GmbH (Image Source), Hamburg – 16: Imago Stock & People (Niehoff), Berlin – 18: Viscom Fotostudio (Siegfried Schenk), Schwäbisch Gmünd – 24: Mauritius (Hackenberg), Mittenwald – 25: laif (Specht), Köln – 26: Dreamstime (Horler), Brentwood, TN – 28: Corbis (Feingersh/zefa), Düsseldorf – 30: Evonik New Energies, Saarbrücken – 33: Getty Images (Image Bank), München – 34: iStockphoto (RF), Calgary, Alberta – 38.1: Getty Images (Altrendo), München – 38.3: Avenue Images GmbH (Image Source), Hamburg – 39.1: Getty Images (Altrendo), München – 39.2: Avenue Images GmbH (Fstop), Hamburg – 39.3: Getty Images RF (Photodisc), München – 40.1: Casio, Norderstedt – 41: Peter Arnold (Gary Gaugler), New York – 43: MEV, Augsburg – 47.1: Adpics AG, Wetzikon – 47.2: Adpics AG, Wetzikon – 49.1; 49.2; 49.3; 49.4: Kage Mikrofotografie, Lauterstein – 50.1: iStockphoto (Victor Guisado Muñoz), Calgary, Alberta – 50.2: Corbis (Clouds Hill Imaging), Düsseldorf – 50.3: iStockphoto (RF/Alan Hettinger), Calgary, Alberta – 50.4: Statoil ASA, Stavanger – 55: Projektwerkstatt, Berlin – 56.1: Mauritius, Mittenwald – 56.2: Astrofoto, Sörth – 57.1: Okapia (Hans-Peter Schaub), Frankfurt – 57.2: Picture-Alliance (dpaweb), Frankfurt – 57.3: Medenbach, Ulrike, Witten – 58: Focus (SPL, Dr. Tony Brain), Hamburg – 59.1: Jan Lindberg, Nyköping – 59.2: Avenue Images GmbH (Thinkstock), Hamburg – 60.1; 60.2: Avenue Images GmbH (Stockbyte), Hamburg – 61: Getty Images (Image Bank), München – 63: ullstein bild (Fritsch), Berlin – 67: Picture-Alliance (akg-images), Frankfurt – 76: Bananastock RF, Watlington / Oxon – 78: Corbis (Bettmann), Düsseldorf – 80.1: iStockphoto (paulrdunn), Calgary, Alberta – 81: Avenue Images GmbH (Stockbyte), Hamburg – 82: Avenue Images GmbH (Image Source), Hamburg – 84: Getty Images (photonica/Doug Plumm), München – 101: Picture Press (Bettmann/ Corbis), Hamburg – 105.1: BigStockPhoto.com (jramelia), Davis, CA – 105.2: mecom (Bongarts), Hamburg – 105.3: Werner Otto, Oberhausen – 106: Picture-Alliance (dpa – Sportreport), Frankfurt – 111.1: Comstock, Luxemburg – 111.2: Corbis (SUKREE SUKPLANG/Reuters), Düsseldorf – 114.1: Getty Images (Image Bank), München – 114.2: Avenue Images GmbH (Stockbyte), Hamburg – 114.3: Picture-Alliance (Wolfgang Thieme), Frankfurt – 115: Getty Images (Image Bank), München – 119: Picture-Alliance (Heiko Wolfraum), Frankfurt – 122: Corel Corporation, Unterschleissheim – 130: Astrofoto (Dorst), Sörth – 134: Okapia (G. Jendreyzik), Frankfurt – 136.1: Getty Images (Taxi), München – 136.2: Avenue Images GmbH (PhotoDisc), Hamburg – 136.3: Getty Images (Stone), München – 136.4: Getty Images (Photonica), München – 137.1: Avenue Images GmbH (Digital Vision), Hamburg – 137.2: Avenue Images GmbH (Photo Alto), Hamburg – 137.3: Getty Images (First Light), München – 137.4: Avenue Images GmbH (Digital Vision), Hamburg – 143: Corbis (Gianni Dagli Orti), Düsseldorf – 144: MEV, Augsburg – 150: iStockphoto (Vladimir Tatarevic), Calgary, Alberta – 151.1: aus: TIME LIFE „Die Mathematik" – 151.2: Robert Bosch GmbH, Stuttgart – 151.3: Bernd Simon, Hürtgenwald – 152: MEV, Augsburg – 154: Schwaneberger Verlag GmbH, Unterschleißheim – 155: ddp (mecom/Lohnes), Berlin – 160.1: www.vulkaneifelwetter.de – 160.3: Getty Images (Image Bank), München – 160.4: Avenue Images GmbH (Stockbyte), Hamburg – 160.5: Getty Images (Iconica), München – 160.6: Avenue Images GmbH (Stockbyte), Hamburg – 160.7: Avenue Images GmbH (PhotoDisc), Hamburg – 161: Getty Images RF (Photo Alto), München – 161: Fotosearch RF (VisionsofAmerica), Waukesha, WI – 161: Fotosearch RF (Stockbyte/Paul Tearl), Waukesha, WI – 161.1: Getty Images RF (fStop/Ragnar Schmuck), München – 161.2: Getty Images (Gregor Schuster), München – 161.3: Fotolia LLC (ann triling), New York – 161.4: Fotosearch RF (Digital Vision), Waukesha, WI – 163: Conrad Electronic SE, Hirschau – 164.1: PCE Group oHG, Meschede – 166: Corbis (Gianni Dagli Orti), Düsseldorf – 167: augenklick, Bonn – 168.1: AP, Frankfurt am Main – 168.2: ESA/ESOC, Darmstadt – 168.3: Peter Arnold (Jim Wark), New York – 168.4: Corbis (Sidney/ zefa), Düsseldorf – 169: ddp (mecom/ Lohnes), Berlin – 173: Fotosearch RF (Corel), Waukesha, WI – 176: Kage Mikrofotografie, Lauterstein – 177.1: Getty Images RF (PhotoDisc), München – 177.2: Wikimedia Foundation Inc. (public domain), St. Petersburg FL – 177.3: iStockphoto (Don Wilkie), Calgary, Alberta – 177.4: Züblin Services GmbH, Stuttgart – 177.5: Daimler AG, Stuttgart – 182: Corbis (Reg Charity), Düsseldorf – 184: Corbis (Charles E. Rotkin), Düsseldorf – 187: iStockphoto (Craig Barhorst), Calgary, Alberta – 188.1: Getty Images (ColorBlind Images), München – 188.2: Getty Images (Chabruken), München – 188.3: Getty Images (Lisa Pines), München – 188.4: Getty Images (Woods Wheatcroft), München – 189.1: Fotosearch RF (Stockbyte), Waukesha, WI – 189.2: Getty Images (altrendo images), München – 189.3: Getty Images (Justin Pumfrey), München – 192.2: JupiterImages (photos.com), Tucson, AZ – 192.4: Corbis (Arnd Wiegmann/Reuters), Düsseldorf – 192.5: Creativ Collection Verlag GmbH, Freiburg – 192.6: Corbis, Düsseldorf – 194.1: Avenue Images GmbH (PhotoDisc), Hamburg – 194.2: Braunschweig Stadtmarketing GmbH (F.Kornath/BSM), Braunschweig – 196.1: Picture-Alliance (dpa/ Reeh), Frankfurt – 196.2: Hofmeister, Anja, Malmsheim – 197.1: iStockphoto (Jaap2), Calgary, Alberta – 197.2: MEV, Augsburg.

Alle übrigen Fotos entstammen dem Archiv des Ernst Klett Verlages, Stuttgart.

Nicht in allen Fällen war es uns möglich, den uns bekannten Rechteinhaber ausfindig zu machen. Berechtigte Ansprüche werden selbstverständlich im Rahmen der üblichen Vereinbarungen abgegolten.